电工1000个怎么办系列

装饰装修水电工1000个怎么办

阳鸿钧 等 编著

（第二版）

中国电力出版社
CHINA ELECTRIC POWER PRESS

内 容 提 要

门店装饰装修，即门店公装，水电工必不可少。实际工作中，门店装饰装修水电工可能会遇到各种疑问、疑惑，有待解决。本书针对门店装饰装修领域，水电工在实际工作中遇到的、需要解决的1000个问题进行解答，从而促进水电工工作与技能的提升。

本书可供公装、门店装饰装修水电工从业人员阅读，也可供相关门店设计、装饰装修工程监理人员、务工人员参考，还可供家装水电有关人员自学参考阅读。

图书在版编目（CIP）数据

装饰装修水电工1000个怎么办 / 阳鸿钧等编著. —2版. —北京：中国电力出版社，2019.2

ISBN 978-7-5198-2284-2

Ⅰ. ①装… Ⅱ. ①阳… Ⅲ. ①房屋建筑设备—给排水系统—建筑安装—问题解答②房屋建筑设备—电气设备—建筑安装—问题解答 Ⅳ. ① TU82-44 ② TU85-44

中国版本图书馆CIP数据核字（2018）第173745号

出版发行：中国电力出版社
地　　址：北京市东城区北京站西街19号（邮政编码100005）
网　　址：http://www.cepp.sgcc.com.cn
责任编辑：马首鳌　（010-63412396）
责任校对：王小鹏
装帧设计：王红柳
责任印制：杨晓东

印　刷：三河市航远印刷有限公司
版　次：2019年2月第二版
印　次：2019年2月北京第八次印刷
开　本：880毫米×1230毫米 32开本
印　张：13.125
字　数：465千字
印　数：15 001—18 000册
定　价：45.00元

前言

本书第 1 版出版以来，得到了广大读者的肯定、欢迎与支持，因此重印数次。根据门店、公装水电工的特点，以及鉴于新技术、新工艺的不断涌现，加上许多经验、技巧的总结，标准的更新与修订，并结合一些读者的建议及有关专家、行业精英的意见，特在第 1 版的基础上进行了第 2 版的修订。

第 2 版修订主要在第 1 版的基础上保留了必要的知识，增加了新技术、新工艺、新产品相关内容，同时，针对现行标准的更新与修订，修改了不合时宜的内容，从而使内容更新、更全、更实用，更能够满足新老读者的需要。

第 2 版和第 1 版一样，参加本书修订工作的有多位同志，同时也得到了有关单位的大力支持和帮助，并参考了一些珍贵的资料，在此向他们表示感谢。

另外，本书购书咨询指导等事宜，可发邮件至 suidagk@163.com。

由于作者水平与时间有限，书中错漏、不足之处在所难免，恳请广大读者批评指正。

编　者

2018. 8

第1版前言

门店，也就是店铺、店面。无论是大店装修还是小店装修，无论是普通装修还是豪华装修，一般多叫作旺铺装修。门店是商业场所，讲究“招财”——招引顾客、突出广告、促进生意。因此，有人说门店的装饰三个关键：第一是吸引，第二是吸引，第三还是吸引。吸引的手段很多，其中水电是最基本的、必需的装修要素，也是构筑“吸引”的重要手段。为此，水电工程在门店装饰装修中也相当重要，几乎所有门店装饰装修都涉及水电工程，只是有的简易有的复杂。

为此，我们针对门店装饰装修领域水电工在实际工作中遇到的、需要解决的问题进行解答，编写了这本书。列举的问题针对性强，回答言简意赅。

本书分11章，分别针对门店概述，水电基础知识与电器，工具与仪表，照明、灯光与色彩，水电材料与电气设备，识图，设计，安装与施工，水电施工估算与预算，安防与弱电、地暖，检测与维护中的问题进行解答，从而使水电工全面、系统地掌握门店装饰装修水电的基本功、基础知识与设计、识图、预算、选材、安装、调试、维护实用技能技巧。

本书在编写过程中参阅了一些珍贵的资料或文章，在此向这些文章或者资料的作者深表谢意。另外，还得到了其他同志与部门的帮助，在此也表示感谢。

本书可供公装、门店装饰装修水电工从业人员阅读，也可供相关门店设计、装饰装修工程监理人员、务工人员、家装水电有关人员自学参考阅读。

由于编写时间仓促，水平有限，书中如有不尽如人意之处，敬请读者批评指正。

编　者

2011.6

目录

第 1 章　门店概述

第2章 水电基础知识与电器

第 3 章　工具与仪表

第 4 章　照明、灯光与色彩

第5章　水电材料与电气设备

第 6 章　识图

第 7 章　设计

第 8 章　水电施工估算与预算

第 9 章　安防与弱电、地暖

第 10 章 安装与施工

第 11 章　检测与维护

第1章　门店概述

1.1　建筑、门店与物业

▶ 1. 什么是地产?

答: 地产英文为estate，其意为土地与固着其上不可分割的部分所共同形成的物质实体以及依托于物质实体上的权益。也就是说地产包括建筑、土地、权益。

门店地产一般包括商用地产、商业房地产。

▶ 2. 什么是房地产所有权?

答: 房地产所有权英文为real estate title，其意为房地产权属所有人依照法律、法规规定对其所有的房地产享有占有、使用、收益、处分的权利。

有的门店装修需要征得房地产所有权人的认可。

▶ 3. 什么是房屋租赁?

答: 房屋租赁英文为house tenancy，其意为由房屋的所有者或经营者将其所有或经营的房屋交给房屋的消费者使用，房屋消费者通过定期交付一定数额的租金，取得房屋的占有和使用权利的行为。房屋租赁是房屋使用价值零星出售的一种商品流通方式。

门店租赁属于房屋租赁的一种，其与住房租赁形式上差不多，只是具体租赁条款有所差异。

另外，住房租赁中的住房装修一般是房东（一般是房地产所有权人，即出租人）负责完成的。门店租赁中的门店装修往往是门店“生意人”（即承租人）根据自己的经营特点的要求来负责完成的（有的需要告之出租人）。因此，门店转租时，往往会把门店装修产生的费用摊上去。当然，也有装修好的门面房（即门店），则承租人可以根据自己的情况不再装修。

门店租赁的一些注意事项如下：

（1）门店是否具有合法的地权证——产权证、土地使用证。

（2）门店有关证件上是否明确说明是商业用房。

（3）门店是否存在债权、债务纠纷。

（4）门店是否存在抵押、封存等现象。

（5）门店出租地年限是多少。

（6）门店的供水、供电、供气等基础设施是否齐备，以及限额、负荷的要求。

（7）门店是否消防验收。

（8）门店是否预留排污、烟道以及安装空调外机位置。

（9）门店的租金以及租金、押金的交付方式。

（10）是否存在物业管理等其他费用。

（11）是否有装修免租期。

▶ 4. 什么是房屋租赁合同?

答：房屋租赁合同英文为house rental agreement，其意为记载房屋租赁交易的法律文件。

门店房屋租赁合同需要明确装修有关事宜，否则可能会因装修，产生租赁合同解除等事情。

▶ 5. 什么是房屋出租人?

答：房屋出租人英文为house renter ，其意为房屋租赁交易中的所有者或经营者。门店出租人一般就是常称的房东。

▶ 6. 什么是房屋承租人?

答：房屋承租人英文为leaseholder，其意为房屋租赁交易中的法定房屋消费者。门店承租人一般是店主。当然，店主也可能是房东，即房东自己经营门店。

▶ 7. 什么是房地产使用权?

答：房地产使用权英文为real estate user，依照法律法规规定对土地加以利用和对房屋依法占有、使用、收益和有限处分的权利。

▶ 8. 什么是建筑面积?

答：建筑面积就是指某一建筑物外墙外围线测定的各层平面面积之和，它包括使用面积、辅助面积、结构面积。

门店建筑面积也就是包括了墙的面积、公共分摊的面积等。

▶ 9. 什么是使用面积?

答：使用面积就是指某一间门店以墙体的内尺寸来求得的面积。使用面积也就是门店使用的净面积。

▶ 10. 商铺的公摊面积怎样计算?

答：公摊的公用建筑面积＝公摊系数 × 套内建筑面积。其中，公摊系数不是以单户来计算，而是由整栋楼的公用建筑面积除以整栋楼的所有套内面积之和得出的。

▶ 11. 什么是商业房地产?

答: 商业房地产是指用于各种零售、餐饮、娱乐、健身服务、休闲等经营用途的商业类房地产。商业土地的用途有别于居住用地，工业用地，教育、科技、文化、卫生、体育等用地。商业土地的经营模式、功能、用途上也区别于普通住宅、公寓、别墅等房地产产品形式。

商业房地产在商业开发中具体的表现形式主要有购物中心、大卖场、商业街、shoppingmall、主题商场、专业市场、批发市场、物流园、仓储中心、折扣店、工厂直销店、娱乐类商业地产、商务写字楼、各种旺铺、酒店式公寓、时尚Party、大型分割式商场、住宅的底层商铺等与住宅类有很大区别的房地产产品。

商业地产的形式多样，规模也有大有小，其水电装饰工程复杂程度也不同。

▶ 12. 什么是民用建筑?

答: 民用建筑主要是区别于军事建筑、生产性工业建筑。民用建筑是指住宅建筑、旅馆、招待所、大专院校教学楼、国家机关办公建筑以及商业、服务业、教育、卫生、车站等其他公共建筑。也就是说民用建筑包括居住建筑与公共建筑。

一般门店（店铺）就属于民用建筑。

▶ 13. 什么是商用建筑?

答: 商用建筑也就是商业建筑，其指综合百货商店、超级商场、超市、经营各类商品的专业零售店和批发商店，以及包括餐饮等服务的建筑。也就是说商用建筑是供商品交换与商品流通的建筑。

从上面商用建筑的特点可以看出一般门店（店铺）就属于商用建筑。商用建筑的房间叫作商用房。

▶ 14. 商店建筑一些术语解释是怎样的?

答: 商店建筑一些术语解释见表1-1。

表1-1 商店建筑一些术语解释

名称	说明
百货商店	销售多种类物品的一种综合性商场
步行商业街	供人们进行购物、饮食、娱乐、美容、憩息等而设置的步行街道。该类街道一般只能够步行，一般车辆不得行驶
菜市场类	销售菜、肉类、禽蛋、水产和副食品的生活用品商场、商店
联营商场	集中各店铺、摊位在一起的营业场所，也可与百货营业厅并存或附有饮食、修理等服务业铺位
专业商店	专售某一类商品的专一性商店

续表

名　　称	说　　明
自选商场	向顾客开放，顾客可直接挑选商品，按标价付款的营业场所。目前，超市一般采用自选方式
商业服务网点	商业服务网点是指在住宅底部，地上设置的副食店、粮店、百货店、超市、邮政所、储蓄所、理发店、早餐店、书店、服装店等小型商业用房，也就是常称的小门店、小店铺。 该类小型商业用房一般层数不超过两层，建筑面积不超过 300m^2

▶ 15. 什么是住宅？

答：住宅英文为 dwelling house，其意为以个人或以家庭为生活单位供人们长期居住的房屋，即住房。也就是说住宅就是自住的建筑，它与供旅客住的店铺有差别。

住宅土地的使用性质为住宅用地，商业用房土地的使用性质为商业用地。

▶ 16. 什么是用途转变？

答：用途转变英文为 conversion ，其意为将某种用途的物业改变为另一种用途。例如车库改店铺、住房改店铺、杂屋改店铺等，就是用途转变。

▶ 17. 什么是住改商？

答：住改商就是将住房改成商用房。住改商主要有在宅基地上直接将住房改成商业用房，以及连宅基证都没有直接建造商业用房的情况。

另外，常见的住改商就是住房改麻将房、住房改茶馆、住房改餐饮店、住房改美容院、住房改家庭旅馆等。住改商往往需要对水电重新改造，相对而言商用房用电负荷比住房用电负荷要重一些。

▶ 18. 住改商有什么规定？

答：住改商主要带来的问题是防火、治安、扰民、税费等。因此，不同城市、不同时期可能有不同的规定。因此，在从事住改商有关水电施工时，一定要了解当地、当时对于住改商的有关规定以及需要办理哪些手续，以免影响施工。

▶ 19. 商店建筑规模是如何分类的？

答：商店建筑规模的分类见表 1-2。

表 1-2　　商店建筑规模的分类

规模	百货商店、商场建筑面积（m^2）	菜市场类建筑面积（m^2）	专业商店建筑面积（m^2）
大型	>15000	>6000	>5000
中型	3000 ～ 15000	1200 ～ 6000	1000 ～ 5000
小型	<3000	<1200	<1000

▶ 20. 商店建筑可以分为哪些部分？其分配比例是怎样的？

答：商店建筑按使用功能可以分为营业、仓储、辅助三部分。它们常见分配比例见表1-3。

表 1-3　　商店建筑部分常见分配比例

建筑面积（m^2）	营业 (%)	仓储 (%)	辅助 (%)
> 15000	> 34	< 34	< 32
3000 ~ 15000	> 45	< 30	< 25
< 3000	> 55	< 27	< 18

▶ 21. 什么是七通一平？

答：七通一平就是开发建设门店建筑场地在正式开工前，对门店建筑场地进行的道路、供水、供电、供热、供气、排水、邮电通信通畅工作及场地平整工作。七通：通路、通水、通电、通热、通气、通邮、通信。一平：场地平整。

门店的水电装修均应在门店具有七通的前提下进行。有的大型门店的七通可能会涉及市政等工程，因此，装修周期会复杂一点，还需要一些公共部门的支持。

▶ 22. 什么是物业？

答：物业英文为property，其意为特指正在使用中和已经可以投入使用的各类建筑物及附属设备、配套设施、相关场地等组成的单宗房地产实体以及依托于该实体上的权益。

▶ 23. 什么是物业管理？

答：物业管理英文为property management，其意为物业产权人对物业负责区域内共同利益进行维护的行为。

门店的装修需要到门店所在物业管理处进行备案。

▶ 24. 什么是门店房形？

答：门店房形就是门店的平面形状，例如像L字母的就叫作L形门店，不像什么字母的就叫作异常。例如矩形门店平面形状就是矩形，其示意图如图1-1所示。

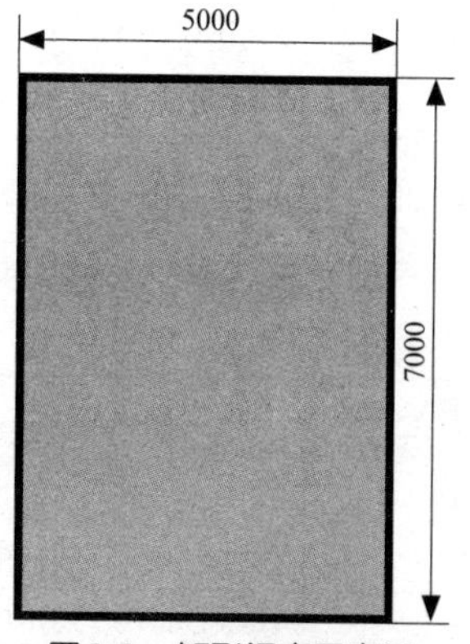

图 1-1　矩形门店示意图

▶ 25. 什么是门头？什么是门头房？

答： 门头就是一个商铺店门外的装饰形式，其指门店在门口设置的牌匾与相关设施。精美、合适的门头是美化销售场所、装饰店铺、吸引顾客的一种手段。因此，一般门店多重视门头的装饰。

门头房就是经营用房，也就是用于经营的沿街门面房屋，即门店、店面、店铺、门面房。

▶ 26. 什么是沙龙？

答： 沙龙是意大利语，源自欧洲，其法文本意是客厅。现在的沙龙一般是指一些人在一定的时间一定的地点因一定的爱好、兴趣、相关而相聚、聚会。以群分的沙龙是有着鲜明的档次与级别的。

一些门店因经营的需要，也策划了一些“沙龙”，或者以沙龙来命名门店的名称与经营对象。

▶ 27. 什么是专柜？

答： 专柜主要是指专人销售某一产品或者某一类品牌的专用柜台，其一般位于大型商场。部分规模不大的门店也存在专柜。

专柜一般需要突出形象、突出产品的特点与对顾客产生吸引。专柜有形象柜（即精品柜）、普通专柜（即类专柜）之分。不同的专柜结合灯效，会具有不同的效果。当然，有的专柜无需什么“水电”施工，这主要取决于产品的特点与经营要求。

▶ 28. 什么是 LOGO？

答： LOGO 就是徽标、商标，它是企业或者门店 CIS（企业形象设计）战略的重要部分。LOGO 具有文字表现形式与抽象标志表现形式。

有的门店装饰需要利用声光电效展示 LOGO，达到宣传与吸引顾客的目的。

▶ 29. 门店营运的一些术语是什么？

答： 门店营运的一些术语见表 1-4。

表 1-4　　门店营运的一些术语

名　称	说　明
货架	门店中用来存放商品、展示商品的架子。有金属架、木架、塑料架等不同种类。另外，货架有高达几米的，有较矮的，与人的身高差不多。货架一般有专用的配件。有的货架还需要灯光照明
端架	端架就是货架两端的位置，也是顾客在卖场回游经过频率最高的地方
堆头	堆头也就是门店、商场的促销区。一般采用栈板、铁筐、周转箱等堆积而成。有的特殊商品，则可以采用打灯的方式以突出显示

续表

名　　称	说　　明
收银台端架	收银台端架也就是收银台前面的、用来陈列货物的货架
专柜	专柜就是专用于陈列一种或者一类货物的玻璃柜。例如精品区、烟酒区、贵重商品等
冷藏柜	冷藏柜温度一般为0~5℃，主要用来陈列需要冷藏的食品的一种冷柜
冷冻柜	冷冻柜温度一般为-18℃以下，主要用来陈列需要冷冻的食品的一种冷柜
冷藏库	冷藏库温度一般为0~5℃，主要用来储存需要冷藏的食品的一种冷库
冷冻库	冷冻库温度一般为-18℃以下，主要用来储存需要冷冻的食品的一种冷库
主通道	商场布局中的主要通道
电脑中心	电脑中心即商场里的电脑信息中心，也就是计算机室
销售区域	销售区域也就是销售商品的区域、顾客可以自由购物的区域
陈列柜	陈列柜是指展出重点、时新商品的展柜
橱窗	橱窗是指展出重点、时新商品的橱窗

1.2　电

▶ 30. 民用电与商用电的差别有哪些？

答：民用电主要是指城乡居民家庭用电，即居民生活用电。商用电主要是指商业机构、商业企业等用电。民用电与商用电是有区别的，商用电的用电单价比民用电的单价要贵一些。民用电与商用电的用电负荷不同，引入的电源电压可能存在差异。

▶ 31. 哪些执行民用电？哪些执行商用电？

答：有的虽然不是居民生活用电，但属下列情况之一的，一般也应执行居民生活电价：

（1）居民住宅楼的楼道照明、电子防盗门、电子门铃等用电。

（2）属国家、集体兴办，在民政部门登记，不以营利为目的的社会福利院、儿童福利院用电。

（3）学生宿舍用电，全日制大专院校内食堂、澡堂用电。

（4）部队营房内照明、电风扇、空调器等用电。

以下执行非居民生活电价：

（1）如果利用居民住宅从事生产、经营活动的用电，则不执行居民生活电价。

（2）凡从事商品交换，提供商业性、金融、服务性的有偿服务的电力用户，不分容量大小、不分照明与动力均执行商业电价。

（3）用户商业用电性质难以界定的，一般参照工商营业执照核准的经营范围来确定。主要有：

1）商业零售业——商场、商店、批发中心、集贸市场、超市等。

2）金融、证券、保险业经营场所。

3）宾馆、饭店、招待所、疗养院、旅社、酒店、餐馆、茶座、咖啡厅、浴室、美容美发厅、影楼、彩扩、洗染店、食品店。

4）影剧院、录像放映点、游艺机室、棋牌室、网吧、健身房、保龄球馆、游泳池、歌舞厅、卡拉OK厅、度假村、收费的旅游点和公园。

5）从事咨询服务、信息服务、技术服务、邮政及通信业经营的场所。

6）房地产经营场所。

7）候机楼、候车室、客货码头经营服务场所、加油站。

8）书报亭、电话亭、自动售货机、自动取款机。

9）商业广告、商业场所户外灯饰用电。

10）物资供销业。

11）从事商业性的家政、中介等场所。

1.3 水

▶ 32. 什么是自来水？

答：自来水就是指通过自来水处理厂净化、消毒后生产出来的符合国家饮用水标准的供人们生活、生产使用的水。

门店与住房使用自来水需要付费。一般的门店在门店建筑物建设时，已经把自来水引入了门店内。因此，装饰时主要针对店内需要进行布管。

▶ 33. 什么是水表？

答：水表包括贸易结算水表与考核表。其中，贸易结算水表也就是立户注册水表，根据用户性质可以分为户表、非户表。户表是指生活用水性质的一户一表。非户表是指生活用水一户一表之外的所有注册贸易结算水表。

考核表是指与用户贸易结算水表进行水量数据比对，并考核该区域漏损率的水表。

▶ 34. 民用水与商用水有什么差别？

答：民用水主要供居民生活用水。商用水主要供经营性场所用水。商用水按商业水价缴纳水费，单独装商业水表。如因建筑结构、供用水设施等限制不能分别装表计量的，则可根据“由供水企业与用户协商确定各类别用水比例后计价收费”的原则。

一般要求商用水表不应与民用水表混合使用。

▶ 35. 门店用水量的参考标准是多少？

答：门店用水量参考标准见表 1-5。

表 1-5　门店用水量参考标准

用水项目	用水量
饮用水	2 ～ 4L/（人·天）
生活用水	20 ～ 30L/（人·天）

注　1. 生活用水包括洗刷、冲洗厕所用水。
2. 门店加工生产、空调冷却用水量可按实际需要确定。

▶ 36. 门店给水排水有哪些要求？

答：门店给水排水的一些要求如下：

（1）给水尽量利用自来水压力。如果门店所在位置常有水压力不足的情况，则需要增设压力泵或者设内部储水箱。

（2）空调设备的冷却用水量按工艺要求确定。一般采用冷却循环用水。

（3）给水管道不宜穿过橱窗、壁柜、木装修等设施。

（4）营业厅内的各种给水管道、排水管道一般隐蔽敷设。

（5）门店的营业和仓储部分建筑的消防设施应符合防火规范的规定。

（6）副食品商店、菜市场等建筑内应设洒水栓和排水设施。

（7）厕所内应设置有冲洗水箱或自闭阀冲洗的便器。

（8）门店排出的污废水，应根据排水要求进行处理，达到规定的排放标准，才能排入城市下水道、明沟、自然水体。

（9）门店水表报装、改造时，需要填写水表报装、改造单，具体到所在地各自来水公司咨询即可。

1.4　装饰装修概述

▶ 37. 什么是建筑装饰装修？

答：建筑装饰装修英文为 building decoration，其意为：为保护建筑物的主体结构，完善建筑物的使用功能与美化建筑物，采用装饰装修材料或饰物对建筑物的内外表面及空间进行各种处理的过程。

门店装饰装修就是对门店内外进行的功能完善、美化的处理过程。

▶ 38. 什么是隐蔽工程？

答：装修中的隐蔽工程就是敷设在装修表面内部的工程。隐蔽工程包括水工程、电工程、防潮、防水等项目。

门店的水电工程如果采用暗敷就属于隐蔽工程。一般对于美观比较讲究的门店，其水电工程均采用暗敷。

▶ 39. 什么是基体？

答：基体英文为 primary structure，其意为建筑物的主体结构或围护结构。

▶ 40. 什么是基层？

答：基层英文为 base course，其意为直接承受装饰装修施工的面层。

▶ 41. 什么是细部？

答：细部英文为 detail，其意为建筑装饰装修工程中局部采用的部件或饰物。

▶ 42. 公装与家装的关系是怎样的？

答：公装与家装既融合又分离，异曲同工、互相影响、互相借鉴，有时很难有很大的差异。特别是一些小规模的门店装饰，公装与家装没有差别。对于大型的门店装饰，则就显示出了一些差异。

门店装饰一般属于公装范畴。

▶ 43. 门店装修有哪几种？

答：门店装修方式见表 1-6。

表 1-6　　门店装修方式

方式	概　述	优　势	劣　势
全包	所有材料采购、施工均由施工方负责并完成	省时、省力、省心，责权清晰	费用较高，性价比不是很高
半包	由店主负责采购主材，施工方负责施工以及购买辅料	辅料种类繁杂、价值较低。店主较省心	辅料种类繁杂，店主难判断其真伪
清包	店主自行购买所有材料，施工方仅负责施工	装修预算完全掌控在店主自己手中，但是店主需要时间	只适用于对装修有相当了解的店主

▶ 44. 门店天棚的种类有哪些？

答：门店天棚的种类见表 1-7。

表 1-7 门店天棚的种类

种　　类	说　　明
不装饰天棚	就是把毛坯房的门店天棚刷白或者清理干净而不做任何装饰
点缀天棚	就是把毛坯房的门店天棚刷白，然后采用丝绸织成一定形状挂在上面
金属板吊顶天棚	金属板造型多样，品种繁多，价格较贵
矿棉板或玻璃纤维板天棚	矿棉板或玻璃纤维板具有耐火、防腐蚀、质轻的特点，而且吸音效果较好，适合于噪声较大的大型商场
木天棚	采用胶合板、长条板、大块板、镶板或者把木板组成蜂窝状等。木天棚具有加工方便、材质轻盈的特点，适合于中小型商店的天棚装饰
石膏板天棚	石膏板表面可组合成各种图案，与灯具配合有较强的艺术表现力

▶ 45. 门店地面的种类有哪些？

答：门店地面的种类见表 1-8。

表 1-8 门店地面的种类

种　　类	说　　明
不装饰地面	门店地面采用原来毛坯门店房的地面。目前，一般毛坯门店房的地面是采用水泥找平的
瓷砖地面	瓷砖是非常耐用的材料，色彩丰富。石材有大理石、花岗岩、砂岩、石板等。 （1）大理石磨光后会发出美丽的光泽，色彩花纹极为丰富，是高档的地面材料。 （2）花岗岩石质坚硬，色泽统一，光洁度极好，是高档的豪华型地面材料。 （3）砂岩和石板风格粗犷，色调沉稳，也是很好的地面材料
地毯地面	门店地面采用的地毯大多为化纤地毯，其装饰性强、保温和吸音性良好。门店地面采用地毯显得比较高档
木地板地面	以木质材料为主，能保温、弹性适当、纹质优美。木板有单层木板、复合木板之分。地面采用木地板的门店显得比较高档
塑料地板地面	塑料地板厚度一般为 3~5mm，平面尺寸为 300mm×300mm。塑料地板色彩丰富、图案简单，有一定弹性，施工很容易，但强度和耐久性较差

▶ 46. 门店墙面的种类有哪些？

答：门店墙面的种类见表 1-9。

表 1-9 门店墙面的种类

种　　类	说　　明
木质壁材	木质建材可以分为纤维板、合成板、木板等。其中，合成板就是胶合板，其富于自然色彩，表面质感较好
涂料	涂料种类繁多、色彩丰富。涂料干燥后形成薄膜，色彩和表面形式可自由选择。用于墙面粉刷的涂料有 888 涂料、腻子粉、双飞粉等
油漆	油漆是一种使用方便的墙面涂层，具有较好的防水性
墙纸	墙纸是贴在墙壁上的一种装饰材料，可以分为编织墙布、塑料墙纸等

▶ 47. 门店装饰有哪些原则？

答： 门店装饰总体原则如下：

（1）酒店、餐厅等门店，光源布置是重点，不同的打光方式，营造的氛围不同。

（2）门店需要讲究节能，因此往往具有全部点亮与部分点亮的控制方式。

（3）门店的装饰不仅要实用，还要按照门店经营思路、经营特点来设计和安装。例如：

凸现个性独占市场——包括商品个性化与店铺个性化，其中店铺个性化很多是采用独特的电光、声音、水效等实现的。

健康消费绿色商机——店铺装饰具有健康消费绿色特点，可以采用优美的背景音乐，增设一些健康保健设备等有关“水电”效果来实现。

女人与孩子——女人身上的商机主要体现在美丽产业与健康产业、教育产业。孩子身上的商机主要体现在教育、娱乐等方面。

（4）门店注重地气和人气，因此，在水电设计、施工时应注意是否达到需要的氛围与效果、目的。

（5）门店最好有后门，符合消防的要求。

（6）门店的门不宜做得太小。

（7）门店装饰的颜色可以根据店面的朝向、所售商品、店主的要求，以及结合风水、实用性来综合考虑。一般情况下，店面的色彩基调以高明度暖色调为宜，突出的构件或重点部位可依其形体特点及体现商业建筑装饰气氛的需要，配以相应的对比色彩。突出商店的识别性。店面的牌、标徽图案及标志物等，还可采用高纯度的鲜明色彩，给人以醒目的展示效果。

（8）音乐的采用，需要根据门店特点来选择具体的音乐，以及考虑门店空间对音效的影响。

（9）门店装修时段需要根据实际需要来确定。注意：门店装修一般要避开传统的家居装修旺季。

（10）门店的立面造型与周围建筑的形式、风格应基本统一。

（11）门店的墙面划分与建筑物的体量、比例、立面尺度的关系要适宜。

（12）门店的装潢是各种形式美因素的组合，应做到突出重点、主从明确、对比变化富有韵律与节奏感。

（13）门店所用材料根据实际需求来选择，并且充分运用材料的质感、纹理、自然色彩。

（14）选择门店所用材料时，也需要考虑其材质坚固耐用，能够抵御风雨侵袭以及一定的抗暴晒、抗冰冻、耐腐蚀能力。

（15）门店的 LOGO 与企业字样必须严格遵照其有关标准。

（16）充分利用并组织好店面的边缘空间，如商店前沿骑楼、柱廊、悬挑雨篷下的临街活动空间等。

（17）入口与橱窗是门店需要重点规划的地方。入口与橱窗的位置、尺寸、布置方式要根据门店的平面形式、地段环境、店面宽度等具体条件确定。

（18）门店的入口与橱窗、匾牌、广告、标志、店徽等的位置尺度需要与店面装潢相宜，并且还具有明显的识别性与导向性。

（19）层高最好在 3.5m 以上，以方便吊顶。

（20）如果是 4.5m，则可以隔成两层使用。

▶ 48. 门头装修需要注意哪些事项？

答：门头装修有采用木档、木工板打底铝塑板饰面、喷绘灯布、霓虹灯屏、玻璃马赛克、防腐木条等形式的，一般会考虑 LOGO、店铺名称、店铺特点、装饰物等。其中，有的 LOGO 采用发光字，有的装饰物需要灯照等。因此，在门头木工量好尺寸，做工前，一定要确定好留出电线的孔以及数量。所以，门头装修前应有一个规划与设计，最好有效果图、施工详图。如果是简单的门头装修，则了解一些注意事项即可。

▶ 49. 门店装修的管理与装修巡查整改通知单是怎样的？

答：门店装修的手续包括店面招牌手续、占道施工手续、房屋装修手续。涉及市区店面房的装修一般属于市建管局稽查处或者城管局管理，装饰时需要向这些部门或者单位提出申请，并且需要提供如下材料：

（1）申请书；

（2）立面装修效果图；

（3）安装施工图及所有材料说明。

如果在装修过程中，出现了一些违反规定的施工，则门店所在物业管理单位会下发整改通知单，因此，门店装修中需要遵守有关规定。装修巡查整改通知单样单如下所示：

XXXX 物业管理公司
门店装修巡查整改通知单

序号：________

情况描述：

我管理处在____月____日____时____分检查____号门店装修发现以下情况：

□ 破坏承重结构　　□ 破坏房屋外观

□ 电线未按照规定敷设　　□ 未按照规定做防水

□ 未按照装修申报内容施工　　□ 改变原房屋使用功能

□ 垃圾未按照规定堆放　　□ 未按照规定配备灭火器

□ 动用明火未申请　　□ 相关施工未能提供防护措施

□ 其他

____

____

____

____

请在接到本通知后，立即整改恢复，否则由此引起的一切后果和法律责任均由你方负责。

×××× 物业管理公司

（公章）

签 收 人：

联系方式：

日　　期：

第 2 章　水电基础知识与电器

2.1　电

▶ 50. 什么是电？

答：电是能量的一种形式，其是与静电荷或动电荷相联系的能量的一种表现形式。电包括负电与正电。

电是客观存在的，平时人的肉眼是看不到的。如果用电操作不当，会出现触电等危害人身安全的事故。

▶ 51. 什么是电荷？它有什么特点？

答：电荷英文为 electric charge，其表示物体中或系统中元电荷的代数和。电荷也是电量的同义语。

失去电子的物体就带有正电荷，得到电子的物体带有负电荷。带有电荷的物体称为带电体。电荷间的相互作用规律：同种电荷互相排斥，异种电荷互相吸引。

电荷很小，平时人的肉眼看不到。

▶ 52. 什么是电场？什么是电场强度？

答：电场英文为 electric field，其表示存在有能力发生力电状态的空间的一个区域。电荷的周围存在着电场，电场中的电荷将受到电场力的作用。

电场中某点的电场强度就是单位正电荷在该点所受到的作用力。

▶ 53. 什么是电动势？什么是反电动势？

答：电动势英文为 electromotive force，其意为在表示有源元件时，理想电压源的端电压。

反电动势英文为 back electromotive force，其意为有反抗电流通过的趋势电动势。

▶ 54. 什么是电压？什么是电压降？

答：电压使电路中形成了电流。电压也称电势差或电位差，是衡量单位电荷在静电场中由于电势不同所产生的能量差的物理量。电压一般用符号 U 表示，其单位为伏特（V），也常用千伏 (kV)、毫伏 (mV)、微伏 (μV) 。其中：

1kV（千伏）=1000V(伏)

1V（伏）=1000mV(毫伏)

1mV（毫伏）=1000μV(微伏)

串联电路中，总电压等于各分路电压之和，即 $U=U_1+U_2+\cdots$。并联电路中总电压等于各支路电压，即 $U=U_1=U_2=\cdots$。

电压可分为高电压与低电压。一般以火线的对地间的电压值为依据：对地电压高于 250V 的为高电压，简称高压。对地电压小于 250V 的为低电压，简称低压。

电压有瞬时值、峰值、平均值、有效值的区分。

电压降英文为 voltage drop，其意为沿有电流通过的导体或在有电流通过的电器中电位的减少。

注：安全电压不高于 36 V。

▶ 55. 什么是电流？电流有什么特点？什么是电源？

答：电流就是电荷在媒质中的运动，即电荷的定向移动形成电流。一般规定电流的方向与电子运动的方向相反，即规定正电荷定向移动方向为电流方向。

电流也定义为 1s 内通过导体横截面的电量，即

$$I=Q/t$$

式中 I——电流（A）；

Q——电荷量（C）；

t——时间（s）。

电流的单位有安培（A）、毫安（mA）、微安（μA），其中：

1A（安）=1000mA（毫安）

1mA（毫安）=1000μA（微安）

串联电路中，电流处处相等，即 $I=I_1=I_2=\cdots$。并联电路中，干路电流等于各支路电流之和，即 $I=I_1+I_2+\cdots$。

电源就是能够提供持续供电的装置，也就是能够把其他形式能转化为电能的装置。

另外，电流的大小称为电流强度，电流强度简称为电流。

持续电流存在的条件：有电源和闭合电路（通路）。

▶ 56. 什么是电流密度？

答：电流密度就是描述电路中某点电流强弱与流动方向的物理量。

▶ 57. 什么是导电性？什么是导体？什么是绝缘体？

答：导电性英文为 conductivity（qualitative），其意为某些物质所具有的能传导电流的性质。

导体就是容易导电的物体，也就是具有能在电场作用下移动的自由电荷的

物体。绝缘体就是不容易导电的物体。因此，通电导体存在电流通过，人体不可以随意接触。

▶ 58. 什么是电阻?

答：电阻就是导体对电流的阻碍作用，一般用符号 R 表示。电阻单位有欧姆、千欧、兆欧，其中：

1MΩ（兆欧）=1000kΩ（千欧）

1kΩ（千欧）=1000Ω（欧）

电阻有大小，其大小由导体长度、横截面积、材料等决定。

▶ 59. 什么是电导率？什么是电阻率?

答：电导率英文为 conductivity，其意为传导电流密度与电场强度之比的一个标量或矩阵量。

电阻率英文为 resistivity，其意为电导率的倒数。

▶ 60. 什么是半导体?

答：半导体英文为 semiconductor，其意为由浓度在一定温度范围内随温度升高而增加的电子和空穴来导电的物质。其电阻率通常处于金属与绝缘体之间，且可通过外部方法改变其载流子密度。

▶ 61. 什么是电路？什么是并联电路？什么是串联电路?

答：电路英文为 electric circuit，其意为电流可在其中流通的器件或媒质的组合。

并联电路英文为 parallel circuits ，其意为当若干电路接在同一对节点上使电流从中分开流过时，这些电路称为互相并联。

串联电路英文为 series circuits，其意为当各被连接的电路通过同一电流时，这些电路称为互相串联。

▶ 62. 什么是直流电？什么是交流电?

答：一般规定正电荷移动的方向为电流的正方向。直流电就是电流方向不随时间变化的电流。交流电就是电流方向随时间变化的电流。

门店引入的市电就是交流电。

▶ 63. 什么是欧姆定律?

答：欧姆定律表示在直流情况下，一闭合电路中的电流与电动势成正比，或当一电路元件中没有电动势时，其中的电流与其两端的电位差成正比。

欧姆定律表示电流、电压、电阻间的关系如下：

$$R=U/I$$

注：应用 $I=U/R$ 公式，则公式中的 I、U、R 必须是同一导体（或同一电路）和同一时间的电压、电流、电阻。

▶ 64. 什么是三相电？什么是单相电？

答：三相交流电简称三相电。三相交流电源是由三个频率相同、振幅相等、相位依次互差 120° 的交流电势组成的电源。

三相四线制就是三根相线，一根零线。平时的照明电一般采用单相电源，也就是在三相四线制系统中任取一根相线，然后再选择零线，就可以成为单相电源供电，即单相电。

▶ 65. 什么是中性线、保护线、PEN 线？

答：中性线、保护线、PEN 线的定义见表 2-1。

表 2-1　中性线、保护线、PEN 线的定义

名　称	定　义
中性线	中性线符号为 N，其意为与系统中性点相连接并能起传输电能作用的导体
保护线	保护线符号为 PE，其意为某些电击保护措施所要求的用来将以下任何部分做电气连接的导体：外露可导电部分、装置外导电部分、接地极、电源接地点或人工中性点等
PEN 线	PEN 线为起中性线和保护线两种作用的接地导体

▶ 66. 说明相电流、线电流、相电压、线电压及相关术语的定义？

答：相电流、线电流、相电压、线电压及相关术语的定义见表 2-2。

表 2-2　相电流、线电流、相电压、线电压有关术语的定义

名　称	说　明
相线	相线即端线、火线。它是连接电源与负载各相端点的导线
线电流	线电流就是流过相线之间的电流
线电压	相线之间的电压称为线电压
相电流	相电流就是流过各相绕组或各相负载的电流
相电压	每相绕组或每相负载上的电压称为相电压，也就是相线与零线间的电压
中点	中点即中性点。三相电源中三个绕组末端或者三个绕组的首端的连接点，称为三相电源的中点或中性点。三相负载星形连接点，称为负载的中点或中性点
中性线	中性线即零线，它是连接电源中点和负载中点的导线。以大地作为中线，则此时中线又称为地线

▶ 67. 什么是电功率？

答：电功率就是电流在单位时内所做的功，表示电流做功的快慢。电功率的单位有 W（瓦）、kW（千瓦），其中 1kW=1000W 。

电器的电功率公式为：$P=UI$。

有的门店用电器铭牌上标有功率值，也就是用电器在额定电压下的电功率值。例如一只灯泡上标有“220V 25W”，则说明该灯泡的额定电压是220V，额定功率是25W。

▶ 68. 什么是焦耳定律？

答： 焦耳定律英文为Joule’s law，其意为以热的形态在一个均匀导体中发生的功率，与此导体的电阻和通过此电阻的电流的平方的乘积成正比。

焦耳定律数学表达式：$Q=I^2Rt$。

▶ 69. 什么是接地线、接地体、接地装置？

答： 接地线就是从引下线断接卡或换线处至接地体的联结导体。接地体就是埋入土壤中或混凝土基础中作散流用的导体。接地装置就是接地体和接地线的总称。

▶ 70. 什么是等电位联结、等电位联结线、总等电位联结、辅助等电位联结？

答： 等电位联结、等电位联结线、总等电位联结、辅助等电位联结的解说见表2-3。

表2-3 等电位联结、等电位联结线、总等电位联结、辅助等电位联结

名　称	说　明
等电位联结	使各个外露可导电部分及装置外导电部分的电位作实质相等的电气联结
等电位联结线	用作等电位联结的保护线
总等电位联结	在建筑物电源线路进线处，将PE干线、接地干线、总水管、采暖与空调立管、建筑物金属构件等相互作电气联结
辅助等电位联结	在某一局部范围内的等电位联结

▶ 71. 常用电工符号及其单位有哪些？

答： 常用电工符号及其单位见表2-4。

表2-4 常用电工符号及其单位

电工名称	符号	单位与代号	辅助单位与代号以及换算
电功率	W	千瓦时（kW·h）	1 MW·h =1000kW·1h
电感	L	亨利（H）	1H（亨）=1000mH（毫亨），1mH（毫亨）=1000μH（微亨）
电流	I	安培（A）	1A（安）=1000mA（毫安），1mA（毫安）=1000μA（微安）
电容	C	法拉（F）	1F（法拉）=1000mF（毫法），1mF（毫法）=1000μF（微法）
电压	V	伏特（V）	1KV（千伏）=1000V（伏），1V（伏）=1000mV（毫伏）
电阻	R	欧姆（Ω）	1MΩ（兆欧）=1000kΩ（千欧），1kΩ（千欧）=1000Ω（欧）

续表

电工名称	符号	单位与代号	辅助单位与代号以及换算
感抗	X_L	欧姆（Ω）	
功率因数	$\cos\varphi$		
频率	f	赫兹（Hz）	1kHz（千赫）=1000Hz（赫）
容抗	X_C	欧姆（Ω）	
视在功率	S	伏安（VA）	1kVA（千伏安）=1000VA（伏安）
无功功率	Q	乏（var）	1kvar（千乏）=1000var（乏）
有功功率	P	瓦特（W）	1kW（千瓦）=1000W（瓦）
转速	n	转 / 分（r/min）	

▶ 72. 有哪些与磁有关的概念与术语？

答：一些与磁有关的概念与术语见表 2-5。

表 2-5　一些与磁有关的概念与术语

名　称	说　明
磁场	磁场英文为 magnetic field。其意为存在着与力有关的磁状态的空间的一个区域，也就是磁体周围存在一种物质，能使磁针偏转。磁场对放入其中的磁体会产生力的作用
磁感线	磁感线是为研究磁场的方便而引入的一个概念。磁感线总是从磁体的北极出来，回到南极
磁化	一些物体在磁体或电流的作用下会获得磁性的一种现象
磁极	磁体两端磁性最强的部分，磁体中间磁性最弱
磁体	具有磁性的物体
磁性	物体具有吸引铁、钴、镍等物质的性质，该物体就具有了磁性
南极、北极	当悬挂磁体，在其静止时，指向南方的一极为南极（S），指向北方的一极叫北极（N）
软磁体	在磁化后磁性在短时间内就会消失的物体
永磁体	在磁化后磁性能长期保存的物体

▶ 73. 临时用电安全管理有哪些规定？

答：临时用电安全管理简称为临电安全管理，其有关规定如下：

（1）配电箱。

1）临时用电配电箱要完整。

2）临时用电配电箱箱内配线绝缘要良好、绑扎成束、导线剥头适宜并压接牢固。

3）所有临电配电箱应由专业电工负责管理、定期检查。

4）固定临电配电箱至流动闸箱的距离最大不要超过 40m。

5）所有配电箱（盘）连接时，需要采用配套的电源插头。

（2）工具与设备。

1）移动式设备、手持电动机具，其电源线应使用三芯或四芯橡胶套缆线，接线时缆线护套应放进设备的接线盒并固定，并且必须装设漏电保护装置。

2）各种电动工具使用前均需要进行严格检查。

3）使用电动工具应戴绝缘手套。

4）所有电动机具连接时，需要采用配套的电源插头。

5）非电气工作人员禁止在施工现场手持电动工具等作业。

6）没有经检查合格的电器设备均不得安装、使用。

7）使用中的电器设备应保持正常状态，不要带故障运行。

8）所有电气设备的金属外壳以及与电气设备连接的金属构架，必须采取保护接零或保护接地措施。

9）采用保护接零的单相220V电气设备，需要设有单独的接零保护，不得利用设备自身的工作零线兼做接零保护。

10）电焊机的外壳要保持完好，其一、二次侧接线柱防护罩安装要牢固，一次电源线宜采用橡胶套缆线。

11）在带电设备附近工作时，禁止用钢卷尺进行测量。

12）各类电气设备、线路不准超负荷，线路接头要接牢，防止设备线路过热或打火短路。

（3）线路。

1）施工现场禁止架设裸露导线。

2）所有电线必须使用双层胶皮护套线。

3）严禁用花线乱拉乱接。

4）各种穿墙电线或靠近易燃物的照明线要穿管保护。

5）临时电源线必须架设牢固，一般要架空，不得绑在管道或金属结构物上。

6）暂时停用的线路应及时切断电源。

7）非电气工作人员禁止在施工现场架设线路。

8）工程完工后，临时线路应立即拆除。

（4）临电水电工。

1）临电水电工要认真执行各有关规定，并且自觉抵制来自任何方面的违章作业指令。

2）临电水电工要制止一切危险操作及违章用电行为，必要时可向有关部门报告。

3）临电水电工工作态度要端正，并且主动配合工作，认真完成各种任务。

4）若带电作业，必须采取防护措施，并要具有三级以上电工合格证人员在场监护才能工作。

（5）照明与灯。

1）施现场的临时照明灯具以地面垂直不应低于 2200mm，灯头与易燃物的净距一般不小于 300mm。

2）流动性碘钨灯支架安装时，支架要稳固，并且采取接地或接零保护。

3）灯具与易燃物应保持安全距离。

4）非电气工作人员禁止在施工现场安装灯具。

5）所有照明灯具连接时，需要采用配套的电源插头。

（6）其他。

1）所有插头及插座应保持完好。

2）电气开关不能一擎多用。

3）接驳电源应先切断电源。

4）不得在高线下面搭设临建或堆放可燃材料。

5）如不慎发生触电事故，应根据实际情况，采取措施使触电者脱离电源，并采用相应的抢救措施，使事故减轻到最低程度。

6）遇电火灾时应使用干粉灭火器，不得用泡沫灭火器。

▶ 74. 设置门店电源的注意事项有哪些？

答：设置门店电源的一些注意事项如下：

（1）搭接引入电源电压，根据不同情况选择三相四线制 380V/220V、单相二线制 220V、三相四线制 220V/110V 等。一般小型的小区门店、小型的街道门店选择单相二线制 220V 即可。大型的门店一般需要选择三相四线制 380V/220V 的电源电压引入。

（2）装修前，需要了解门店电源供给是由供电部门公共电房供给（公共变压器供给），还是用户专用电房供给（专用变压器供给）。

（3）装修前，需要了解门店是否需要采用备用柴油发电机组，以确保负荷用电。

（4）装修前，需要了解门店在低压配电系统中是否要求外电与发电进线开关之间有良好的机械及电气联锁。

（5）装修前，需要了解门店消防用电设备的两个电源或两回线路，是否需要在最末一级配电箱处自动切换。

（6）装修前，需要了解门店自备发电设备是否设有自动启动装置。

▶ 75. 设置配电设备的注意事项有哪些？

答： 设置配电设备的一些注意事项如下：

（1）低压配电屏要安装固定好。

（2）低压配电屏在安装一般要检查设备是否完好无损。

（3）在通电前需要检查操作机构是否灵活，通断是否可靠准确。

（4）在通电前需要检查母线连接是否良好，空气断路器等保护电器的整定值是否符合设计要求。

（5）配电设备需要按国家电气安装工程验收规范的有关规定测试绝缘电阻。

▶ 76. 门店电源变压器低压侧出线至配电屏段配电总干线采用的线路敷设方式有哪些？

答： 门店电源变压器低压侧出线至配电屏段配电总干线采用的线路敷设方式有 FC 埋地敷设、GD 沟内敷设、CP 架空敷设、CT 金属槽敷设、SC 钢管敷设密封母线槽、铜母线、电缆敷设、导线敷设等。

▶ 77. 门店电源室外线路常采用的导线与线路敷设方式有哪些？

答： 门店电源室外线路常采用的导线与线路敷设方式有 FC 埋地敷设、GD 沟内敷设、CT 金属槽内敷设、SC 钢管敷设、NYV-500V 地埋线敷设、VV-1000V 全塑铜芯缆敷设、VV22-1000V 装铜芯缆敷设、NRVV-1000V 难燃塑料铜芯缆敷设、NRVV29-1000V 装难燃塑料铜芯缆等。

▶ 78. 门店室内线路导线与线路敷设方式有哪些？

答： 门店室内线路导线与线路敷设方式有 BVV-500V 双塑绝缘铜芯线敷设、BV-500V 单塑绝缘铜芯线敷设、BVR-500V 单塑绝缘铜芯软线敷设、ZRBV-500V 单塑难燃塑料绝缘铜芯线敷设、ZRBVV-500V 双塑难燃塑料绝缘铜芯线敷设、密封母线槽敷设、QD 线码敷设、CP 街码敷设、CT 金属槽敷设、PR 难燃槽敷设、SC 镀锌钢管敷设、TC 电线管敷设、FPC 难燃线管敷设、PC 硬塑管敷设、WE 沿墙明敷、WC 墙内暗敷、ACC 天花内暗敷、CC 顶板内暗敷、FC 地板内暗敷、CLE 沿柱明敷、CLC 柱内暗敷、BE 沿横梁下敷设等。

▶ 79. 门店线路敷设的注意事项有哪些？

答： 门店线路敷设的一些注意事项如下：

（1）可燃装修内敷线，必须选择难燃塑料绝缘铜芯导线、电缆。

（2）穿管绝缘导线或电缆的总截面一般不要超过管内截面的 40%。

（3）敷于封闭式线槽内的绝缘导线或电缆的总截面一般不要大于线槽的净空截面积的 50%。

（4）库房内敷设的配电线路，一般需要按储存物品分类要求穿金属线管或者难燃线管敷设、金属线槽敷设、难燃线槽敷设进行。

（5）可燃装修或可燃构件上敷设的线路一般需要穿金属管或难燃线管。

（6）可燃装修或可燃构件上敷设的线路，当汇装在一起的控制回路数太多时，可以选择用金属槽敷设或者难燃塑料绝缘铜芯线设。

（7）可燃装修或可燃构件上敷设的线路，当在建筑物顶棚内必须采用金属管或者金属线槽敷线。

（8）弱电线路的电缆竖井与强电线路的竖井一般需要分别设置，如果受条件限制必须合用时，则弱电与强电线路需要分别布置在竖井的两侧。

（9）在电缆井（配电竖井）内敷设线路，一般需要每隔 2~3 层在楼板处用相当于楼板耐火极限的非燃烧体作防火分隔。

（10）电缆井壁上的门一般需要采用防火门。

（11）消防用电设备一般采用单独的供电回路，并且其配电设备需要设有明显标志。

（12）不同电压等级、不同回路的导线一般不要穿于同一根管或同一槽孔内。

（13）穿管或敷槽的交流线路一般要使所有的相线与零线在同一外壳内。

（14）爆炸、火灾危险场所内敷设的配电线路一般要采用厚壁镀锌钢管配线。

2.2 水

▶ 80. 城市用水是怎样分类的?

答：城市用水可以分为居民家庭用水、公共服务用水、生产运营用水、消防及其他特殊用水。其中，理发美容业、沐浴业、洗染业、摄影扩印业、日用品修理业及其他社会服务业的用水，各类批发业、零售业、商业经济等的用水，宾馆、酒家、饭店、旅馆、餐厅、饮食店、招待所等的用水，均属于公共服务用水。公共服务用水的单价与居民家庭用水的单价不同。

▶ 81. 什么是水压?

答：水压就是水的压力，一般进水管需要一定的水压。出水管一般水压不大。因此，进水管的选择要比出水管严格一些。

▶ 82. 什么是给水系统与排水系统?

答：给水系统就是通过管道及辅助设备，按照店主的经营、生活、消防的需要，有组织地输送到用水地点的网络。排水系统就是通过管道及辅助设备，把门店房的雨水及生活、经营过程所产生的污水、废水及时排放出去的网络。

▶ 83. 什么是热水供应系统？

答： 为满足门店在经营或者店员生活、工作过程中对水温的某些特定要求而由管道及辅助设备组成的输送热水的网络。

▶ 84. 水管走向的类型有哪些？

答： 水管走向的类型有吊顶排列、墙壁排列、地面排列、明管敷设、综合排列等。

▶ 85. 什么是卫生器具？

答： 卫生器具是用来满足门店在经营或者店员生活、工作过程中的各种卫生要求，收集与排放生活及工作中的污水、废水的设备。

▶ 86. 什么是给水配件？

答： 在给水与热水供应系统中，用以调节、分配水量、水压，关断与改变水流方向的各种管件、阀门、水嘴的统称。

▶ 87. 什么是阀门？它有什么作用？

答： 阀门是一种流体管路的控制装置。它的基本功能是接通或切断管路介质的流通，改变介质的流通，改变介质的流动方向，调节介质的压力和流量，保护管路设备的正常运行等。

水路中的阀门用于改变水的流通与水的流动方向，调节水的压力与流量。如果阀门选择不当、安装不当、维修不当，则可能引起水路滴、漏现象。

▶ 88. 阀门的种类有哪些？

答： 阀门的种类见表 2-6。

表 2-6　　**阀门的种类**

依　据	种　类	说　明
结构特征——关闭件相对于阀座移动的方向	闸门形阀门	关闭件沿着垂直阀座中心移动的一种阀门
	截门形阀门	关闭件沿着阀座中心移动的一种阀门
	滑阀形阀门	关闭件在垂直于通道的方向滑动的一种阀门
	蝶形阀门	关闭件的圆盘，围绕阀座内的轴旋转的一种阀门
	旋启形阀门	关闭件围绕阀座外的轴旋转的一种阀门
	旋塞、球形阀门	关闭件是柱塞或球，围绕本身的中心线旋转的一种阀门

续表

依　据	种　类	说　明
用途	安全阀	在介质压力超过规定值时，用来排放多余的介质，保证管路系统及设备安全的一种阀门，如安全阀、事故阀
	分配用	用来改变介质流向、分配介质的一种阀门，如三通旋塞、分配阀、滑阀
	调节用	用来调节介质的压力与流量的一种阀门，如调节阀、减压阀
	止回用	用来防止介质倒流的一种阀门，如止回阀
	开断用	用来接通或切断管路介质的一种阀门，如截止阀、闸阀、球阀、蝶阀等
	其他特殊用途	如疏水阀、放空阀、排污阀
驱动方式	气动	借助压缩空气来驱动的一种阀门
	液动	借助（水、油）来驱动的一种阀门
	电动	借助电动机或其他电气装置来驱动的一种阀门
	手动	借助手轮、手柄、杠杆或链轮等，有人力驱动，传动较大力矩时装有蜗轮、齿轮等减速装置的一种阀门
压力	真空阀	绝对压力 <0.1MPa，即 760mm 汞柱高的一种阀门
	低压阀	公称压力 $P_N \leqslant$ 1.6MPa 的一种阀门（包括 $P_N \leqslant$ 1.6MPa 的钢阀）
	中压阀	公称压力 P_N=2.5~6.4MPa 的一种阀门
	高压阀	公称压力 P_N=10.0~80.0MPa 的一种阀门
	超高压阀	公称压力 $P_N \geqslant$ 100.0MPa 的一种阀门
介质温度	普通阀门	适用于介质温度 −40 ～ 425℃的一种阀门
	高温阀门	适用于介质温度 425 ～ 600℃的一种阀门
	耐热阀门	适用于介质温度 600℃以上的一种阀门
	低温阀门	适用于介质温度 −40 ～ −150℃的一种阀门
	超低温阀门	适用于介质温度 −150℃以下的一种阀门
公称通径	小口径阀门	公称通径 D_N<40mm 的一种阀门
	中口径阀门	公称通径 D_N=50~300mm 的一种阀门
	大口径阀门	公称通径 D_N=350~1200mm 的一种阀门
	特大口径阀门	公称通径 $D_N \geqslant$ 1400mm 的一种阀门
与管道连接方式	卡套连接阀门	采用卡套与管道连接的一种阀门
	夹箍连接阀门	阀体上带有夹口，与管道采用夹箍连接的一种阀门
	焊接连接阀门	阀体带有焊口，与管道采用焊接连接的一种阀门
	螺纹连接阀门	阀体带有内螺纹或外螺纹，与管道采用螺纹连接的一种阀门
	法兰连接阀门	阀体带有法兰，与管道采用法兰连接的一种阀门

▶ 89. 什么是试验压力？

答： 管道、容器、设备进行耐压强度与气密性试验规定所要达到的压力。

▶ 90. 什么是卡套式连接？

答： 由带锁紧螺母与丝扣管件组成的专用接头而进行的管道连接的一种连接形式。

▶ 91. 什么是回水？

答： 回水就是指二次循环水。装了回水后打开热水龙头能够在短时间内出热水，从而避免要放掉一大盆冷水后，才出热水的现象。

▶ 92. 什么是净水？

答： 净水就是净化自来水。净水需要安装专用净水设备，从能够起到过滤作用。

▶ 93. 什么是前置过滤器？

答： 前置过滤器主要是过滤自来水杂质的一种水设备。

2.3　电器

▶ 94. 什么是 3C？

答： 3C 就是中国强制认证“China Compulsory Certification”的英文缩写。3C 是我国按照世贸有关协议与国际通行规则，依法对涉及人类健康安全，动植物生命安全、健康，以及环境保护、公共安全的产品实行统一的强制性产品认证制度。

原实行的“长城”标志与“CCIB”标志现被“3C”标志所取代。

▶ 95. 电工产品一些名称与定义是怎样的？

答： 电工产品一些名称与定义见表 2-7。

表 2-7　电工产品一些名称与定义

名　称	说　明
安装盒	使用时，明装或暗装在墙壁、地板或天花板上，与固定式开关插座一起使用的盒子
插头	具有用于与插座的插套插合的插销，并且装有用于软缆进行电气连接与机械定位部分的电器附件
插座	具有用于与插头的插销插合的插套，并且装有用于连接软缆的端子的电器附件
插座保护门	装有插座里，用于在插头拔出时能自动地，至少将插套遮蔽起来的活动部件

续表

名　称	说　明
插座转换器	由一个插头部分与一个或多个插座部分两者作为一整体单元所构成的移动式电器附件
额定电流	指产品生产厂家给开关、插座等电器附件规定的使用电流
额定电压	指产品生产厂家给开关、插座等电器附件规定的使用电压
负载	具体的用电设备，即对电能有消耗的器件
接线端子	用于进行外导线电气连接的、可重复使用的、有绝缘的连接器件
开关	设计用于接通或分断一个或多个电路中的电流的装置

▶ 96. 门店电冰箱的水电设计及安装有哪些注意事项？

答：门店电冰箱水电设计、安装的一些注意事项如下：

（1）电冰箱必须采用独立的专用插座，如图 2-1 所示。

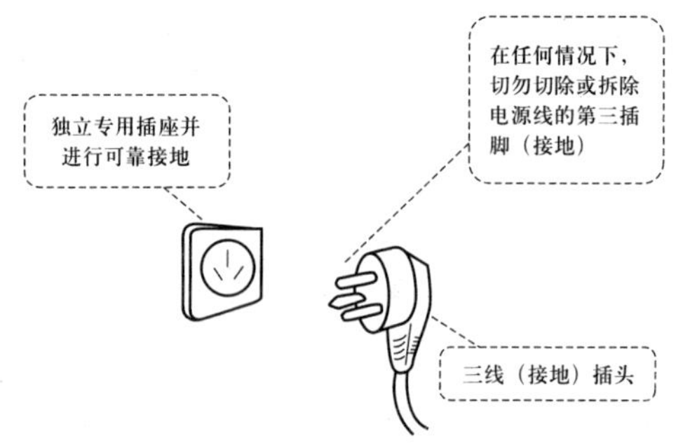

图 2-1　电冰箱必须采用独立的专用插座

（2）电冰箱插座位置要考虑电冰箱安装后插头应可以触及。

（3）电冰箱插座与插头应能够插接牢靠。

（4）设计安放电冰箱的附近不得存放或销售汽油及其他易燃物品，以免引起火灾。

（5）不要设计在电冰箱台面上放置电源插座、稳压电源、微波炉等电器。因此，其他电器所需要的插座要充分考虑好。

（6）电冰箱不要设计在潮湿、易溅水的地方。

（7）电冰箱不要设计在离热源近或者太阳光直射的地方，以免影响电冰箱的工作性能。

（8）电冰箱安放要设计在通风良好的地方，电冰箱周围包括后背应留有 10cm 以上的空间。

（9）普通电冰箱不要设计放置在户外使用。

（10）普通电冰箱一般单独使用交流 220V 的电源插口。

▶ 97. 制冷量与“匹”数是怎样的关系？

答：空调的“匹”数原指输入功率，而制冷量是以输出功率来计算的。因此，空调的“匹”数与制冷量需要换算：1 匹的制冷量大致为 2000 大卡，其换算成国际单位 W（瓦）应乘以 1.162，即 1 匹的制冷量为：2000 大卡 × 1.162 = 2324（W），2324 W就表示制冷量。

▶ 98. 怎样识别空调的能效标识？

答：定速空调标识名称为“中国能效标识”，其等级排列为：EER5 级为高能耗；EER3 级为中等耗能；EER1 级为耗能低。

变频空调能效的标识名称为“变频空调器能效信息明示卡”，其等级排列为：SEER5 级为节能较少；SEER3 级为中等节能；SEER1 级为节能较多。

▶ 99. 空调的“匹”数与制冷量的对应关系是怎样的？

答：空调几匹机与制冷量的对应关系为：1 匹机的制冷量大约为 2500W；1.5 匹机的制冷量大约为 3200~3500W；2 匹机的制冷量大约为 4500~5000W。

1 匹左右的空调称为小功率空调。1~3 匹的空调称为中型空调。3 匹以上的空调称为大功率空调。

▶ 100. 空调冷负荷概算指标是什么？

答：空调冷负荷概算指标见表 2-8。

表 2-8　　空调冷负荷概算指标

建筑物类型及房间用途	冷负荷指标 (W/m^2)
办公	90 ～ 120
餐馆	200 ～ 350
大会议室 (不允许吸烟)	180 ～ 280
弹子房	90 ～ 120
公寓、住宅	80 ～ 90
会堂、报告厅	150 ～ 200
健身房、保龄球	100 ～ 200
酒吧、咖啡厅	100 ～ 180
科研、办公	90 ～ 140
理发、美容	120 ～ 180
旅馆、客房（标准间）	80 ～ 110
商场、百货大楼	150 ～ 250
商店、小卖部	100 ～ 160
室内游泳池	200 ～ 350

续表

建筑物类型及房间用途	冷负荷指标 (W/m^2)
体育馆：比赛馆	120 ～ 250
体育馆：观众休息厅 (允许吸烟)	300 ～ 400
体育馆：贵宾室	100 ～ 200
图书阅览室	75 ～ 100
舞厅 (迪斯科)	250 ～ 350
舞厅 (交谊舞)	200 ～ 350
西餐厅	160 ～ 2000
小会议室 (少量吸烟)	200 ～ 300
影剧院：观众席	180 ～ 350
影剧院：化妆室	90 ～ 120
影剧院：休息厅 (允许吸烟)	300 ～ 400
展览馆、陈列室	130 ～ 200
中餐厅、宴会厅	180 ～ 350
中庭、接待	90 ～ 120

▶ 101. 门店空调水电设计及安装有哪些注意事项？

答：空调有关门店水电设计、安装的一些注意事项如下：

（1）如果空调安放位置设计不当、安装不当，则会造成空调效果差或者具体安放时没有插座、没有打孔、外机太远等情况。

（2）空调挂机与室外机设计安装的距离不能够太近，以免形成共振，引起噪声。

（3）空调设计安装位置不宜太低，因为“冷气往下，热气往上”，如果太低，抽出的空气温度低，相对来说空调没有把上层的热气抽出。

（4）空调设计安装需要避开易燃气体发生泄漏的地方或有强烈腐蚀气体的环境。

（5）空调设计安装需要避开人工强电、磁场直接作用的地方。

（6）空调设计安装需要尽量避开易产生噪声、振动的地点。

（7）空调设计安装需要尽量避开油烟重的地方。

（8）空调设计安装需要选择儿童、顾客不易触及的地方。

（9）空调设计安装需要尽量缩短室内机与室外机连接的长度。

（10）空调设计安装需要维护、检修方便与通风合理的地方。

（11）建筑物内部的过道、楼梯、出口等公用地方不应设计安装空调器的室外机。

（12）空调的室外机组应尽可能地远离相邻方的门窗与绿色植物，与相对方门窗距离不得小于下述值：空调额定制冷量不大于 4.5kW 的为 3m；空调额定制冷量大于 4.5kW 的为 4m。

（13）通过建筑物内自由空间的空调连接管线，其安装高度距地面不宜低于 2.5m，除非该管线是贴着天花板安装或经过有关部门的认可。

（14）空调的连接管线不应阻塞通道，一般不要设计穿过地面、楼板或屋顶，否则应采取相应的防漏和电气绝缘措施。

（15）空调的管线通过砖、混凝土结构时应有套管，并应采取适当的绝缘和支撑措施，以防止受到振动、应力或腐蚀带来的损害。

（16）采用柔性软管时，应对其进行良好的防护以防受到机械损坏，并且需要定期进行检查。

（17）门店装修时，需要考虑好空调的出水孔、插座位置。

▶ 102. 门店如何选择空调？

答：一般情况下，可以根据门店房的面积，并通过以下公式来估算：

制冷量≈房间面积 ×（160 ～ 180W）

制热量≈房间面积 ×（240 ～ 280W）

然后根据估算值，再按表 2-9 中列出的各种因素的影响值适当增加。

表 2-9　　各种因素影响下制冷量、制热量的建议增加值（参考值）

因　素	条　件	增加值（制冷量）
玻璃门窗	＞ $5m^2$	$110W/m^2$
电器用量	＞ 30W	11W/10W
居住人数	＞ 5 人	130W/ 人
楼层朝向	阳照	$3W/m^2$
楼层结构	顶层	$17W/m^2$

另外，也可以根据表 2-10 来选择空调。小门店空调的选择可以根据家居空调的选择方法进行。

表 2-10　　制冷 / 制热量与适用房间面积适配参考

制冷 / 制热量（W）	适用房间面积（mm^2）				
	办公室（180~200）	商店（220~240）	娱乐场所（220~280）	饭店（250~350）	家庭（160~180）
2500	10 ～ 15	8 ～ 12	6 ～ 12	6 ～ 12	12 ～ 18
2800	10 ～ 18	10 ～ 15	8 ～ 15	8 ～ 15	13 ～ 20
3200	15 ～ 22	15 ～ 18	10 ～ 16	10 ～ 16	14 ～ 22
4500	20 ～ 28	18 ～ 28	16 ～ 25	16 ～ 25	23 ～ 30

续表

制冷 / 制热量（W）	适用房间面积（mm²）				
	办公室（180~200）	商店（220~240）	娱乐场所（220~280）	饭店（250~350）	家庭（160~180）
5000	22 ～ 32	18 ～ 30	20 ～ 30	18 ～ 28	25 ～ 35
6100	30 ～ 33	25 ～ 28	22 ～ 28	17 ～ 24	33 ～ 38
7000	35 ～ 39	29 ～ 32	25 ～ 29	20 ～ 28	39 ～ 43
7500	37 ～ 42	31 ～ 34	27 ～ 31	21 ～ 30	42 ～ 47
12000	60 ～ 67	50 ～ 55	43 ～ 50	34 ～ 48	67 ～ 75

▶ 103. 怎样根据空调来配备电能表？

答：根据门店面积选择好空调器后，应按其额定输入电流来配备电能表，一般以额定输入电流 1.5~2 倍来确定电能表的容量即可。

▶ 104. 什么是中央空调？它用于什么场合？

答：一般把制冷量大于 14000W，带有风道的空调称为中央空调，即商用空调。

商用空调主要用于大型的门店、酒店、办公等场所。不过，小型的门店采用家用空调就足够了。

▶ 105. 中央空调有哪些类型？

答：中央空调的一些类型如图 2-2 所示。

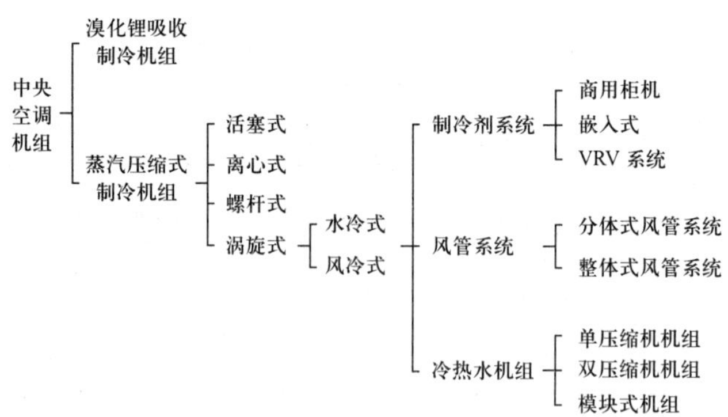

图 2-2　中央空调的一些类型

▶ 106. 中央空调电气安装有哪些要求？

答：中央空调电气安装的一些要求见表 2-11。

表 2-11　中央空调电气安装的一些要求

项　目	说　明
一般规定	（1）空调电源配线需要按设计规定执行。 （2）空调电气设备安装必须使用符合国家电气标准的专用设备。 （3）电气设备安装选用的导线、电缆及电气附件，必须使用经国家强制认证的产品。 （4）硬质电线管口与穿线孔一般需要加装护圈、护套等。 （5）穿墙电缆、电线一般要采用钢管作保护套管。 （6）电缆、电线与设备连接应用软质电线管，长度一般不超过 1.5m
电源制式	（1）电源需要根据空调设备所用的额定电压为基准来选择，一般所使用的电源频率为 50Hz，要求单相 220V 或三相 380V 交流电的允许电压波动范围为 ±10%，三相 380V 交流电的各相间电压波动范围为 ±2%。 （2）一般需要设置空调专用电源，并匹配符合空调设备的功率，单独安装相应容量的漏电保护器、断路器等保护装置。 （3）电气工程必须有可靠接地系统
电气配线	（1）选用的电线、电缆要考虑其安全载流量。 （2）空调电气的配线，必须满足室外机、室内机、辅助设备额定总电流值的要求。 （3）空调配线允许电流等于 1.25 倍的额定总电流值。同时要校验导线的电压降不得超过额定电压 2%。 （4）铺设线路时，对线路相线、中性线、保护接地线要选择不同的颜色： 单相电源的相线一般选择红色线，也可选择绿色线、黄色线。 三相电源的三根相线（L1、L2、L3）应分别选择黄色、绿色、红色，中性线一般选择淡蓝色，保护地线（PE 线）一般选择为黄绿双色
电缆、电线穿线管的要求	（1）隐蔽工程的电源线、控制线连接均不能与制冷剂管捆绑在一起布线。 （2）硬质塑料管一般用于室内场所敷设，不宜用在有机械损伤的环境敷设。 （3）金属穿线管一般可用于室内、室外场所敷设，不宜用在对金属管有腐蚀的环境敷设
抗电磁干扰的要求	（1）室外机安装位置应尽可能远离电磁干扰源。 （2）室内机的安装应尽可能避开电视机、音响等设备。 （3）电源电缆线与控制电缆线不能捆扎在一起敷设。 （4）电源电缆线与控制电缆线间的间距一般控制在 300 ～ 500mm。 （5）控制电缆一般选择 0.5 ～ 1.25mm^2 线径的护套线，在电磁场强的地方或长度超过 25m 时，应选择双绞线或屏蔽线
电气安装	（1）根据室内机、室外机接线盒中配对的电线编号或颜色来连接电线。 （2）截面面积为 6mm^2 以上的电源线一般要装接线耳，然后才能够连接到端子排上。 （3）电线的剥线长度不能够太长，以能安全插入接线柱即可。 （4）配线连到端子板后，不能有裸露部分。 （5）接地线都要装上接线耳，才能够接到接地螺钉上。 （6）接线端子的引出电线均要通过线夹

▶ 107. 门店电视机的水电设计及安装有哪些注意事项？

答：门店电视机有关水电设计、安装的一些注意事项如下：

（1）电视机不得受水滴或者水溅，以免发生火灾或者电击。因此，设计摆放电视机的附近不得设计水龙头等水设施。

（2）电视机的上面不要设计装有放水容器的架子。

（3）不得在电视机的上面设计安放以防停电需要点燃蜡烛的地方。

（4）电视机电源插座要预留好，一般电视机是 2 孔插座的，如图 2-3 所示。

（5）针对门店经营特点来选择电视机的类型以及安装位置。

（6）考虑是否需要播放门店广告，从而确定电视机是否需要配接 DVD 等电气设备。

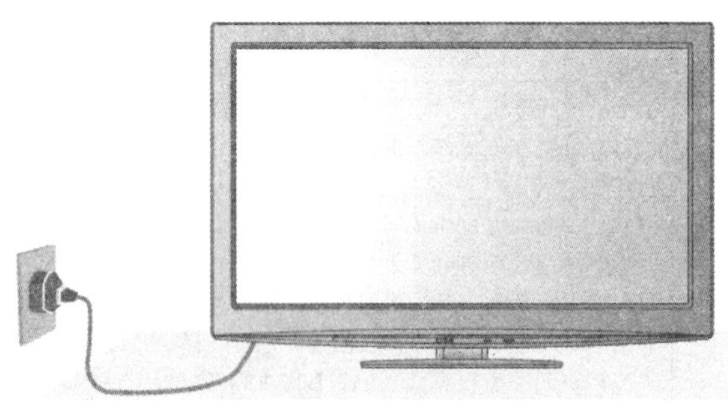

图 2–3　电视机连接插座

▶ 108. 门店电水壶的水电设计及安装有哪些注意事项？

答：门店电水壶有关水电设计、安装的一些注意事项如下：

（1）电水壶用插座需要选择带有地线装置的插座。

（2）电水壶设计安放的位置时，不能够将电水壶置于热源的表面或热源旁，如烹调器、烘炉、微波炉等热源旁。

（3）不要将电水壶或基座设计、安放在潮湿的地方。

（4）电水壶置于的台面上要平坦。

（5）电水壶一般只能用于烧水，不能够用来煮牛奶、汤、咖啡、茶等，也不能用作蒸煮食物。因此，门店需要蒸煮食物时，则需要考虑其他电器的布线。

（6）电水壶在烧水过程中必须要有人看管，并要把它置放在儿童触及不到的地方。

（7）电水壶的位置，不得妨碍顾客对店内商品的选购以及不得出现顾客选购商品时，会碰到电水壶的现象。

（8）一般电水壶适用于家庭使用，不适于商用、户外、工业使用。

（9）一些小型门店常在店外用电水壶烧水，因此设计了电水壶的插座。对于这样的设计，一定要注意不得给来往的人群带来安全隐患，以及要能够在监管方面也方便、及时。

▶ 109. 门店电饭煲（电饭锅）的水电设计及安装有哪些注意事项？

答：门店电饭煲（电饭锅）有关水电设计、安装的一些注意事项如下：

（1）电饭煲（电饭锅）注意不要同时与其他电器在同一插座上。

（2）电饭煲（电饭锅）插座一般需要 10A 以上，并且具有可靠接地的插座。

（3）家用电饭煲（电饭锅）一般不能用于经营性行业。

（4）一些小型门店店主往往中餐、晚餐需要守店，因此干脆就在店里采用电饭煲（电饭锅）做饭。要注意电饭煲（电饭锅）的插座位置一定不要妨碍顾客的来往，以及电饭煲工作时的汽、水不得损伤商品。

（5）一些小型快餐店需要考虑电饭煲（电饭锅）的插座要预留几个，并且一般不要设计在营业区。

（6）电饭煲（电饭锅）属于耗电较大的电器，一般不采用多用排插。因此，门店装修时就要布好插座。

▶ 110. 有关消毒柜的一些名称与定义。

答：有关消毒柜的一些名称与定义见表 2-12。

表 2-12　有关消毒柜的一些名称与定义

名　　称	说　　明
臭氧食具消毒柜	通过臭氧发生器产生的臭氧来消毒食具的食具消毒柜
臭氧泄漏量	在一个密闭的房间内，食具消毒柜在额定电压下按充分放热条件工作，离食具消毒柜外表 20cm 处的臭氧浓度
电热食具消毒柜	由电热元件加热空气来消毒食具的食具消毒柜
空载	食具消毒柜内不放置食具的状态
满载	食具消毒柜内放入标称承载量食具的状态
食具消毒	用物理或化学手段杀灭用水清洗过的自然食具中残留的微生物的大部或全部
食具消毒柜	有适当的容积和装备，用物理或化学方法来消毒食具的器具
组合型食具消毒柜	由电热消毒室与臭氧消毒室组合而成的食具消毒柜

▶ 111. 门店消毒柜、饮水机、微波炉的水电设计及安装有哪些注意事项？

答：门店消毒柜有关水电设计、安装的一些注意事项如下：

（1）消毒柜的插头必须采用具有接地线的配套插座。

（2）消毒柜的排气孔不能堵住，因此，消毒柜设计安放的位置要准确。

（3）消毒柜不能够设计安装在易燃物或高温附近，也不得将毛巾、衣服等物品设计放在柜内、柜上或旁边。

（4）一些小型快餐店可以在营业区设计、安放消毒柜。

门店饮水机有关水电设计、安装的一些注意事项如下：

（1）不管使用何种类型的饮水机，都应配置漏电保护开关，并且接上牢固可靠的地线。

（2）尽量选择采用安全型水龙头的饮水机。

（3）饮水机的位置不得妨碍顾客的来往。

（4）饮水机的颜色、外形要与门店装修要求协调。

门店微波炉有关水电设计、安装的一些注意事项如下：

（1）不可将微波炉设计放置于高温潮湿的地方。例如煤气炉、带电区或水槽旁边等。

（2）微波炉必须单独使用接地插头，并且应用时其插头必须接插在确实接地的插座上。因此，门店在装修时需要设计、安装好微波炉的带接地的插座，如图 2-4 所示。

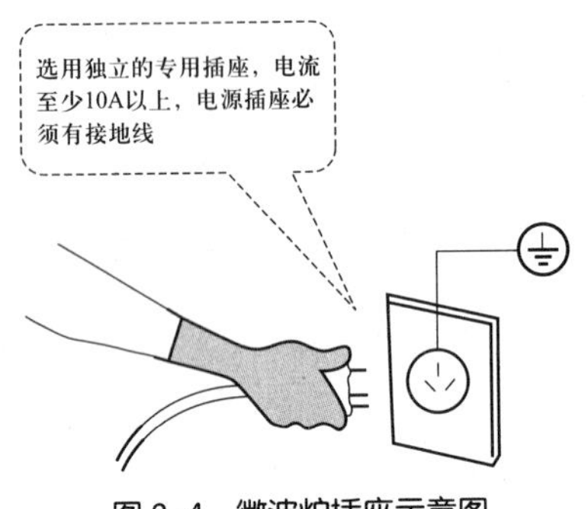

图 2-4　微波炉插座示意图

（3）微波炉一般需要放置在离地面 85cm 以上的地方。正常使用时，微波炉的周围必须保持空气流通。微波炉的顶端需留 25cm 空隙，右壁需留 5cm 空隙，左壁需留 10cm 空隙，后壁需留 10cm 空隙。

（4）微波炉不要接近电视机、收音机、天线等摆放。

（5）微波炉的电源线或插头不得浸入水中。

（6）微波炉的电源线不得接近高温处。

（7）微波炉的电源线不得挂在桌子或柜台边。

（8）应用微波炉时，可以设计、安装剩余电流动作保护器进行保护。

▶ 112. 小门店抽油烟机的水电设计及安装有哪些注意事项？

答：小门店抽油烟机有关水电设计、安装的一些注意事项图例如图 2-5 所示。

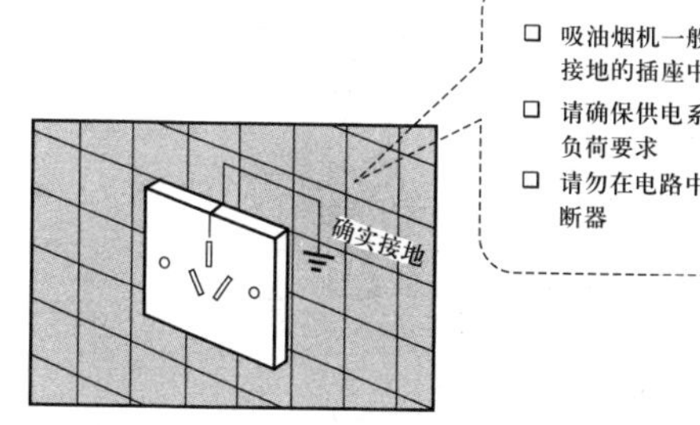

图 2-5　小门店抽油烟机水电设计、安装的一些注意事项图例

▶ 113. 门店燃气暖风机的水电设计及安装有哪些注意事项？

答：门店燃气暖风机的有关水电设计、安装的一些注意事项图例如图 2-6 所示。

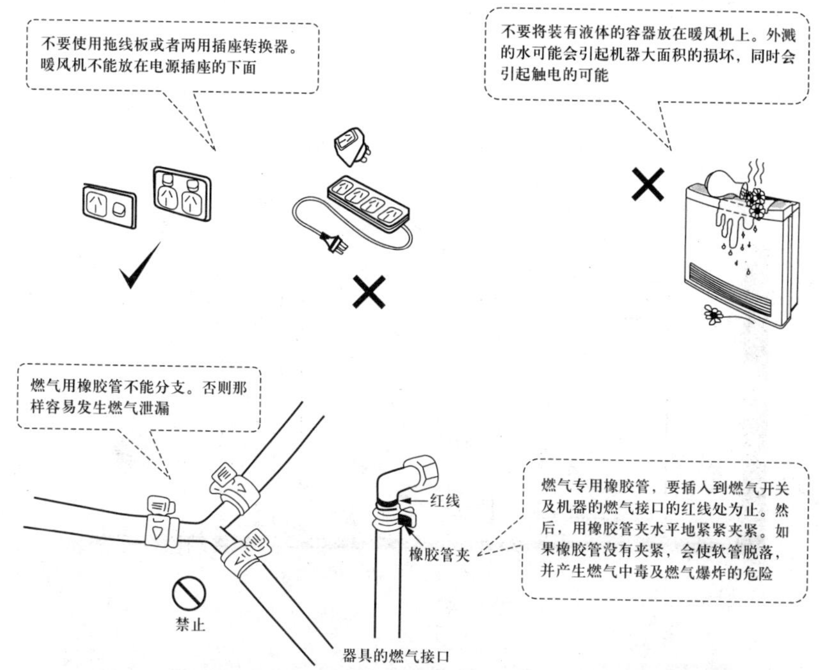

图 2-6　门店燃气暖风机的水电设计及安装的一些注意事项图例（一）

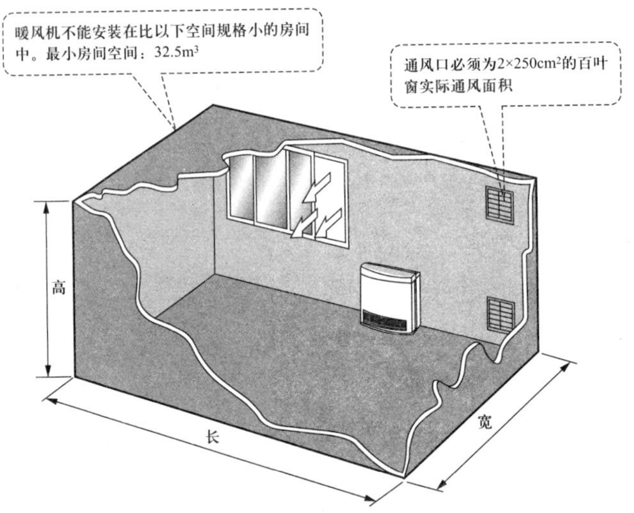

图 2-6　门店燃气暖风机的水电设计及安装的一些注意事项图例（二）

▶ 114. 门店洗碗机的水电设计及安装有哪些注意事项?

答：门店洗碗机的有关水电设计、安装的一些注意事项图例如图 2-7、图 2-8 所示。

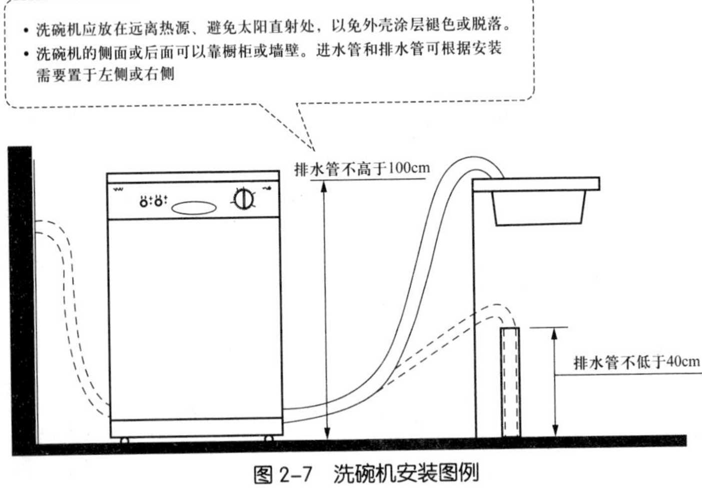

图 2-7　洗碗机安装图例

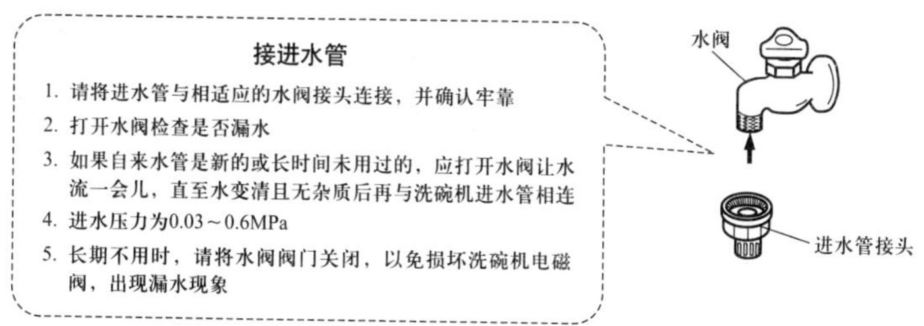

图 2-8　进水管安装图例

▶ 115. 电热水器的特点与应用有哪些？

答：电热水器除了热水管、冷水管需要敷设外，还需要考虑电源插座的敷设。一般电热水器的电源为频率 50Hz、电压额定值在 85% ~ 110% 范围内的单相 220V 电源。如果用户所在地区电压波动太大，超出了范围，则需要加装稳压器配合使用。

电热水器安装面的承载能力应不低于热水器注满水后的 4 倍重量，必要时需要采取加固或防护措施，以确保热水器的安全运行与人身安全。

电热水器电源插座需要单独接线，以及具有一定防潮、防湿、耐高温、绝缘等性能。电热水器电源插座一般不与其他电器共用一条线路，并且接线截面积必须大于 $4mm^2$。热水器电源插座一般采用 16A 的插座。

电热水器的安装位置需要选择距离经常用水点尽可能近的地方，以减少管道内的热水损失。另外，还要留有足够的空间，以便维修与保养。电热水器安装位置需要设有地漏等安全排水处，以防止管道与热水器发生泄漏时，对附近与下层设施造成破坏。

电热水器设计、安装图例如图 2-9 所示。

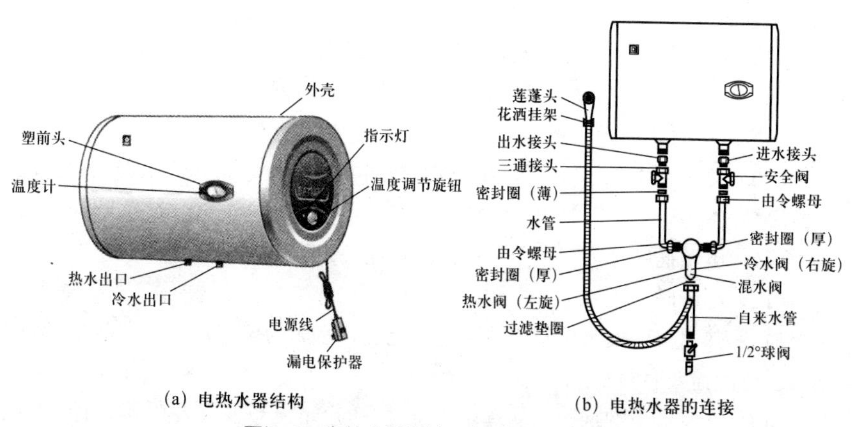

(a) 电热水器结构　　(b) 电热水器的连接

图 2-9　电热水器设计、安装图例（一）

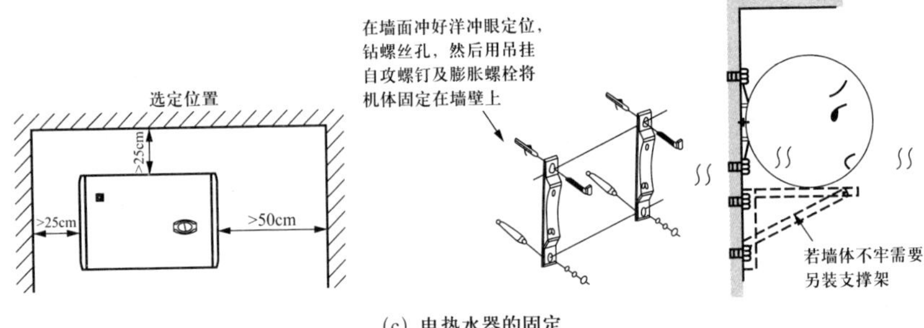

(c) 电热水器的固定

图 2-9　电热水器设计、安装图例（二）

▶ 116. 类似家用小厨宝电热水器的特点与应用有哪些?

答：类似一般家用小厨宝电热水器所用电源为频率 50Hz、电压额定值在 85 % ~110% 范围内的单相 220V 电源，如果用户所在地区电压波动太大，超出该范围，则需要加装稳压器配合使用。

类似家用小厨宝电热水器安装的一些要求与注意事项如下：

（1）类似一般家用小厨宝电热水器可以选用坚硬墙体安装挂架。安装时，用膨胀螺丝固定挂架。

（2）安装面的承载能力应不低于热水器注满水后的 4 倍重量，必要时采取加固或防护措施。

（3）热水器需要安装在室内，不要安装在室外。

（4）热水器周围不得有易燃、易爆物品。

（5）热水器安装需要避开易燃气体发生泄漏的地方或有强烈腐蚀气体的环境。

（6）热水器安装需要避开强电、强磁场直接作用的地方。

（7）热水器安装需要尽量避开易产生振动的地方。

（8）热水器安装需要尽量缩短热水器与取水点间连接的长度。

（9）根据热水器的具体型号选择合适的安装方式。

（10）热水器电源插座必须单独接线，并且具有一定防潮、防湿、耐高温、绝缘等性能。

（11）电源插座必须使用单独的固定插座。

（12）配管时，不要插上电源。

（13）热水器的安装位置需要考虑到电源、水源的位置，其水可能喷溅到的地方，电源需要有防水措施。

（14）热水器电源插座需要选用质量可靠的产品，以及安装在远离电磁干扰源的、不会被水淋湿的地方。

（15）在管道接口处，需要使用生料带或密封圈，防止漏水。同时，泄压安全阀不能旋得过紧，以防损坏。

（16）热水器电源插座必须有可靠接地，才能够通电使用。严禁在没有可靠接地的情况下使用热水器。

（17）完成机体安装后，再进行冷热水管、安全阀、管路的安装。

（18）管路安装时，需要保持管内清洁无杂物，以免管路堵塞。

（19）热水器的固定：选定位置，用冲击钻在墙上打螺钉孔，然后用膨胀螺丝将吊铁钉在安装面上，以及锁紧。然后将电热水器后壳吊挂孔，对准吊铁向下挂牢。如果安装面不坚硬或不够牢固，则可能会导致机体坠落等事故发生。

类似家用小厨宝电热水器设计、安装图例如图 2-10 所示。

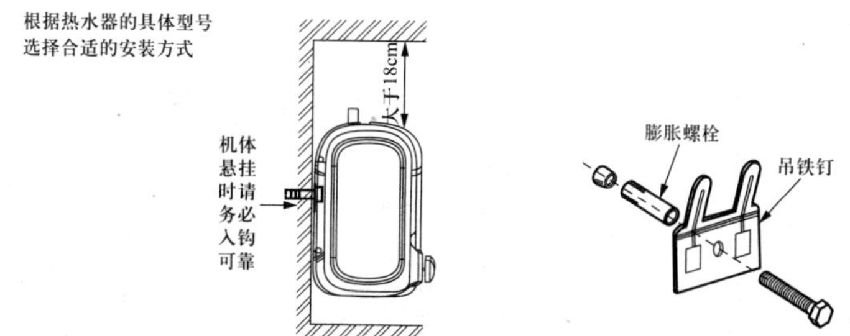

图 2-10　类似家用小厨宝电热水器设计及安装图例

▶ 117. 门店强排式燃气快速热水器的水电设计及安装有哪些注意事项？

答：门店强排式燃气快速热水器的有关水电设计、安装的一些注意事项见表 2-13。

表 2-13　门店强排式燃气快速热水器的有关水电设计、安装的一些注意事项

名　称	图　例
插座、阀门	插座一定要采用带接地的插座。为方便强排式燃气快速热水器的操作与维修，一般需要设计进水阀。插座与进水阀图例如下：

续表

名　　称	图　　例
导线连接与紧固	导线的紧固可以采用导线夹来实现，导线夹实物如下图所示： 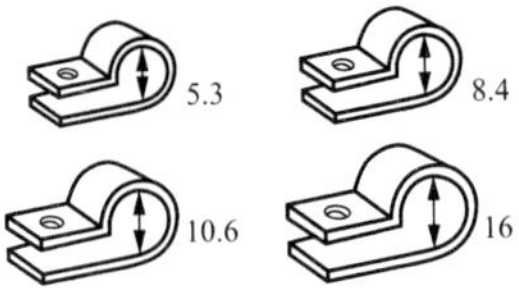 导线夹
	导线连接可以采用线帽进行，如下图所示： 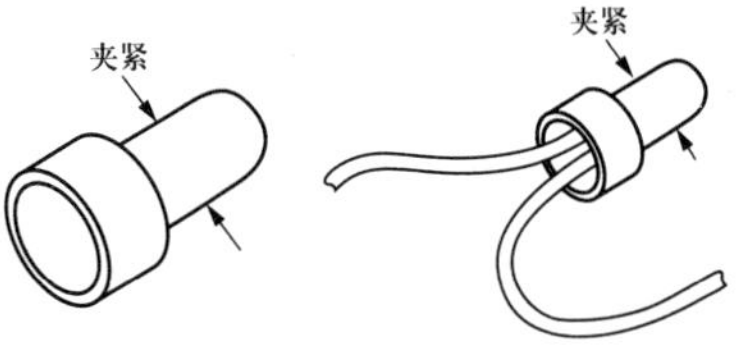
水龙头安装	水龙头安装图例如下图所示： 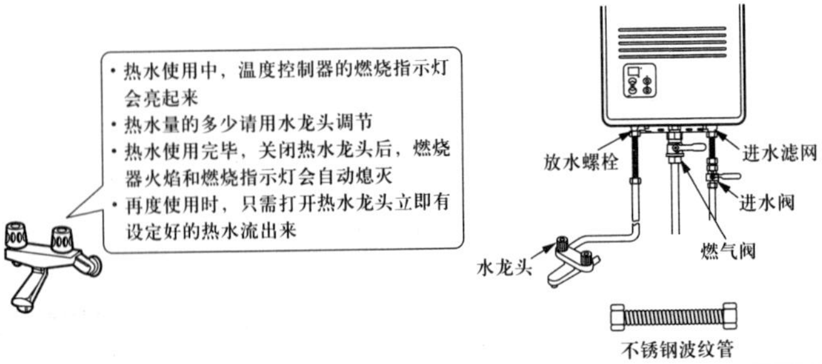
烟囱	强排式燃气快速热水器烟要排到室外，因此，装修时最好首先预留孔，如下图所示： 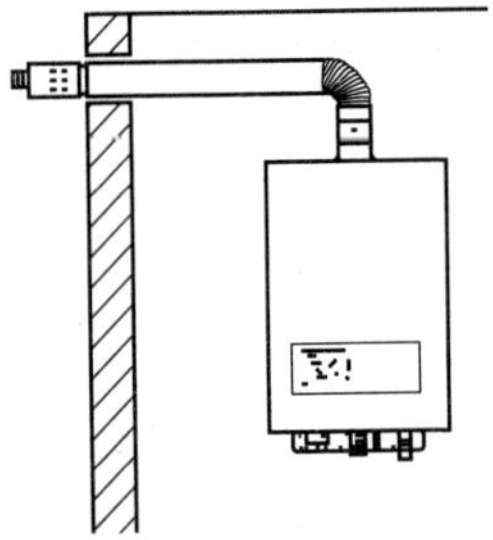

▶ 118. 门店燃气式热水器的水电设计及安装有哪些注意事项？

答：门店燃气式热水器的有关水电设计、安装的一些注意事项图例如图2-11、图2-12所示。

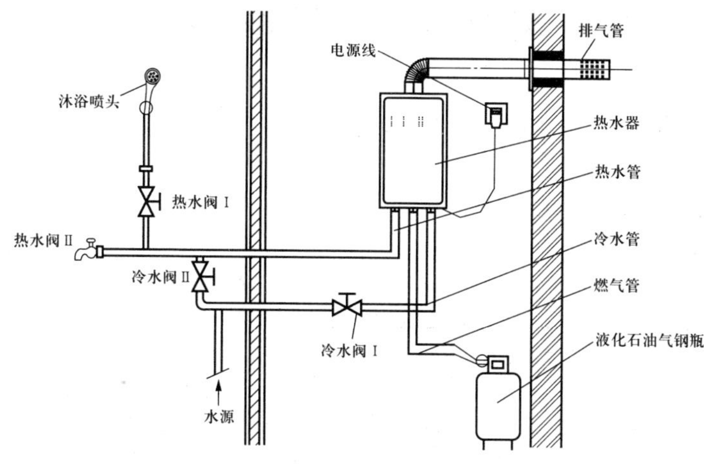

图 2-11 燃气式热水器安装图例

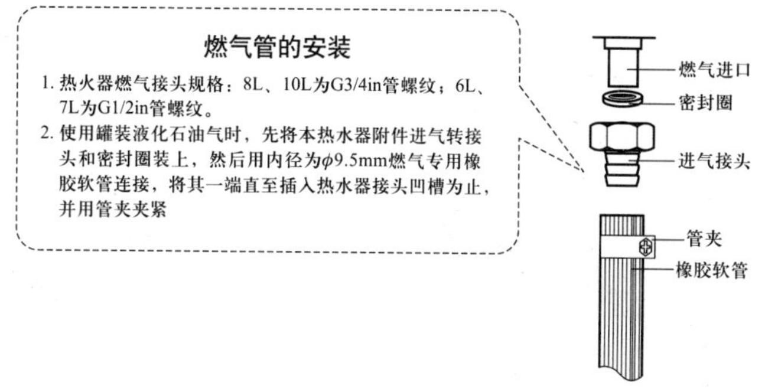

图 2-12 燃气管安装图例

▶ 119. 门店电路改造的工艺流程是怎样的？

答：门店电路改造的工艺流程如下：

（1）首先草拟布线图。

（2）然后根据布线图在门店现场画线，也就是确定线槽、终端插座、终端开关面板的位置。注意：位置与尺寸要准确。

（3）开线槽。

（4）埋设暗盒及敷设 PVC 电线管。

（5）穿线。

（6）安装开关面板、插座、强弱电箱、灯具。

（7）再检查电路情况。

（8）最后完成电路布线图，特别是修改的地方一定要记录清楚。

第 3 章　工具与仪表

▶ 120. 水电安装需要哪些工具与仪表？

答： 水电安装必需的工具有电锤、热熔器、起子和扳手。有时需要其他一些工具，如套丝机、开槽机、电焊机、手持电动工具等。一些工具与仪表的名称与外形见表 3-1。

表 3-1　一些工具与仪表的名称与外形

名　称	外　形	名　称	外　形
扳手		镍铁合金双色柄斜嘴钳	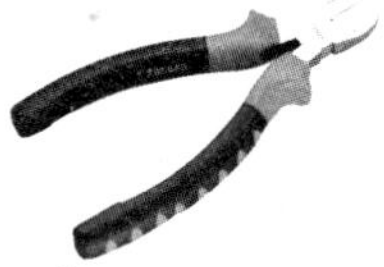
镍铁合金双色柄尖嘴钳		绝缘耐压尖嘴钳	
铝合金管子钳		斜嘴钳	
穿心螺丝批		花型螺丝批	
精抛双色纤维柄羊角锤		橡塑双色 8 节重型美工刀	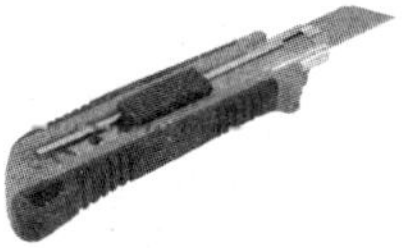
标准型卷尺		PP-R 剪刀（有的 PP-R 剪刀的刀片采用优质 65 猛钢，真空热处理，表面精磨加工而成。手柄有的采用整体铝合金压铸成型）	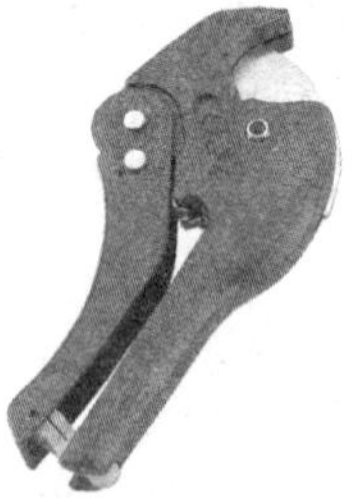

续表

名　　称	外　　形	名　　称	外　　形
铝塑管PVC剪刀（可以分为加强型、普通型、轻型等不同种类）	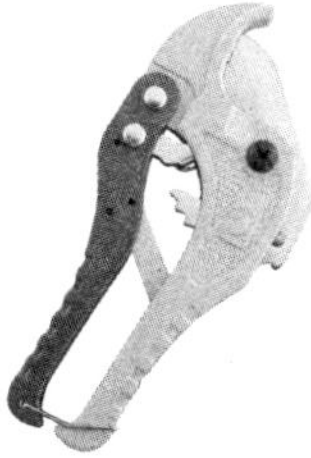	万用表	
绝缘电阻表		剥线钳	
呆扳手		梅花扳手	
套筒扳手		内六角扳手	
试电笔	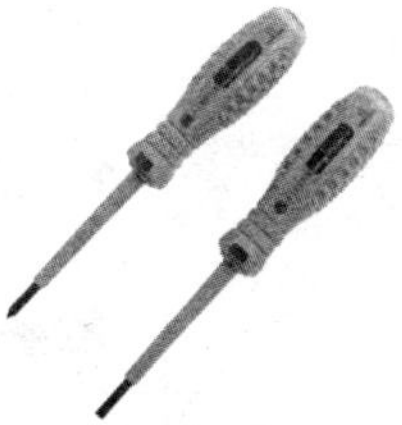	电工刀	
电线管弯管器		梯子	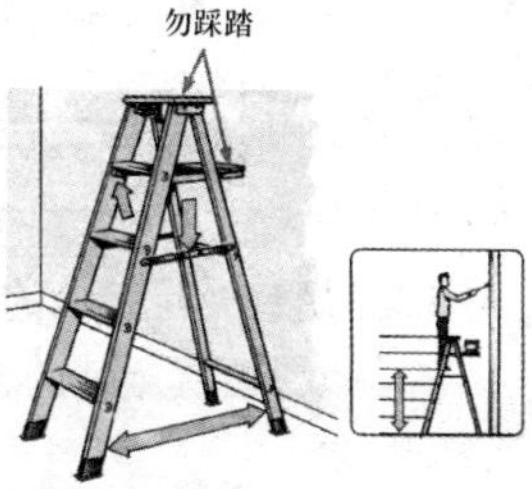 勿踩踏

续表

名　　称	外　　形	名　　称	外　　形
墙壁开槽机		电钻	
电镐		石材切割机	

▶ 121. 螺钉旋具的名称与外形是怎样的?

答：螺钉旋具的名称与外形见表3-2。

表3-2　　螺钉旋具的名称与外形

名　　称	外　　形	名　　称	外　　形
一字槽螺钉旋具		十字槽螺钉旋具	
双弯头一字槽螺钉旋具		双弯头十字槽螺钉旋具	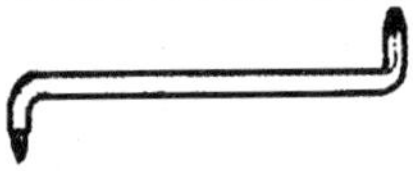
内六角螺钉旋具		内六角花形螺钉旋具	
凹槽螺钉旋具		内角套筒螺钉旋具	
内多角螺钉旋具		冲击螺钉旋具	
可逆式磁性螺钉旋具		夹柄螺钉旋具	

▶ 122. 螺钉旋具旋柄的名称与外形是怎样的?

答：螺钉旋具旋柄的名称与外形见表3-3。

表 3-3　　螺钉旋具旋柄的名称与外形

名　称	外　形	名　称	外　形
木柄旋柄		塑料旋柄	
粗短型木柄旋柄		粗短型塑料旋柄	
装夹式塑料旋柄		可逆式旋柄	

▶ 123. 螺钉旋具旋杆的名称与外形是怎样的？

答：螺钉旋具旋杆的名称与外形见表 3-4。

表 3-4　　螺钉旋具旋杆的名称与外形

名　称	外　形	名　称	外　形
圆形旋杆		方形旋杆	
缩径旋杆		两用旋杆	
六角旋杆			

▶ 124. 螺钉旋具各部位名称是什么？

答：螺钉旋具各部位名称如图 3-1 所示。

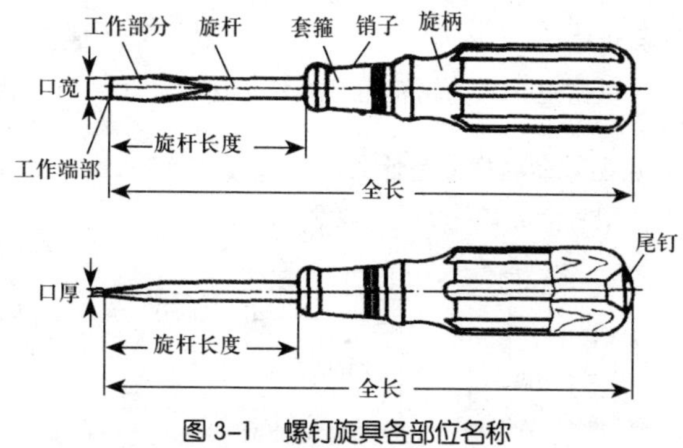

图 3-1　螺钉旋具各部位名称

▶ 125. 手持式电动工具可以分为哪些类型？

答： 手持式电动工具可以分为Ⅰ类工具、Ⅱ类工具、Ⅲ类工具，各种工具的特点见表3-5。

表3-5 手持式电动工具的特点

名称	说明
Ⅰ类工具	工具在防止触电的保护方面不仅依靠基本绝缘，并且包含一个附加的安全预防措施：将可触及的可导电的零件与已安装的固定线路中的保护接地导线连接起来，从而使可触及的可导电的零件在基本绝缘损坏的事故中不成为带电体
Ⅱ类工具	工具在防止触电的保护方面不仅依靠基本绝缘，而且还提供双重绝缘或加强绝缘的附加安全预防措施、没有保护接地或依赖安装条件的措施
Ⅲ类工具	工具在防止触电的保护方面依靠安全特低电压供电与在工具内部不会产生比安全特低电压高的电压

▶ 126. 什么是定子？

答： 一般电动工具具有电机，而定子是电机的主要组成部分。定子也就是有刷或无刷电机工作时不转动的部分。轮毂式有刷或无刷无齿电机的电机轴叫作定子，因此，此种电机也叫作内定子电机。

电机的定子内部一般嵌有绕组。

▶ 127. 什么叫碳刷？

答： 碳刷是在有刷电机中顶在换向器表面，电机转动的时候，将电能通过换向器输送给绕组，其主要成分为碳，故为碳刷。

碳刷主要作为传递能量或信号的装置或者滑动装置。

▶ 128. 什么叫齿轮传动？

答： 齿轮传动就是利用两齿轮的轮齿相互啮合传递动力和运动的机械传动。按齿轮轴线的相对位置可以分为平行轴圆柱齿轮传动、相交轴圆锥齿轮传动、交错轴螺旋齿轮传动。

齿轮传动也可以指主、从动轮轮齿直接、传递运动和动力的装置。

▶ 129. 冲击电钻型号命名规律是什么？

答： 冲击电钻型号命名规律如图3-2所示。

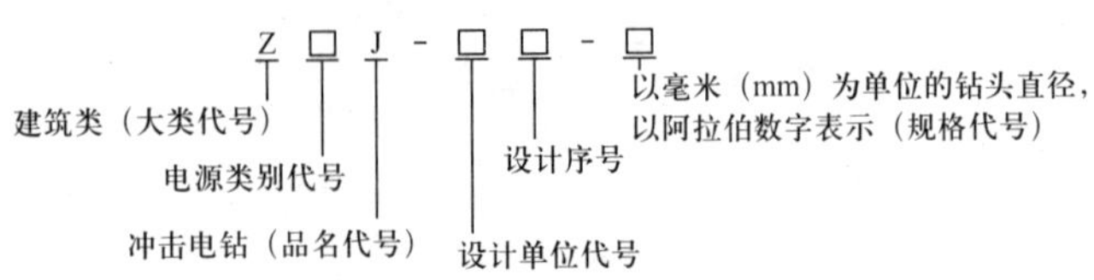

图3-2 冲击电钻型号命名规律

▶ 130. 什么是电镐？它有什么作用？

答：电镐是具有内装的冲击机构并不受操作者影响。电镐系列机器一般适合在混凝土、砖墙、石材、沥青上进行凿削作业。其实物如图 3-3 所示，结构特点如图 3-4 所示。

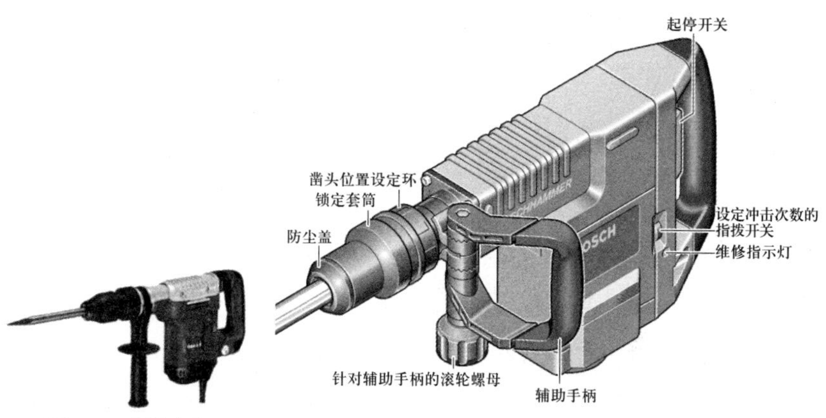

图 3-3　电镐实物　　图 3-4　电镐结构特点

注：电镐等手持电动工具，在使用前必须采取保护性接地或者接零的措施。

▶ 131. 什么是电锤？它有什么作用？

答：电锤与电镐相同，但同时增加了旋转运动。电锤可以采用四坑钻头、五坑钻头等，如图 3-5 所示。

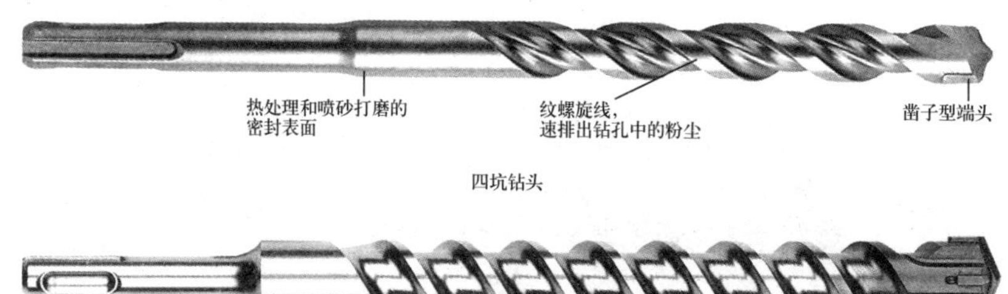

图 3-5　钻头

电锤在水电安装中是常用的工具，安装膨胀管就需要电锤首先打孔才行，图例如图 3-6 所示。

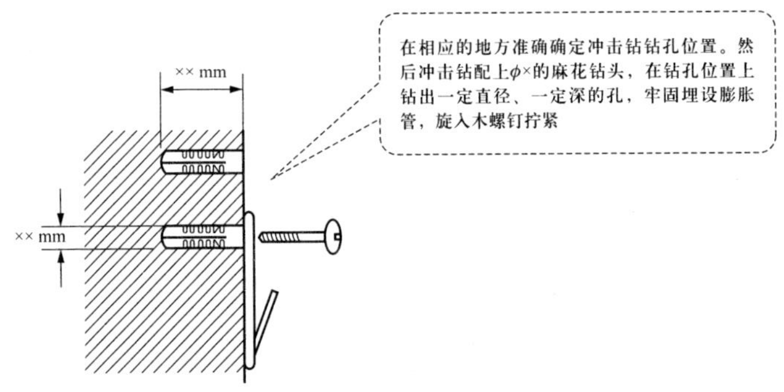

图 3-6　电锤的应用

▶ 132. 什么是锤钻？它有什么特点？

答：锤钻是当冲击机构脱开时只能进行旋转作业的锤类工具。

▶ 133. 什么是电钻？它有什么特点？

答：电钻是对金属、塑料、木料等构件进行钻孔用的电动工具。其具有单速、双速、多速等类型。电钻没有冲击机构，一般采用串励电动机做动力，有些产品也会采用三相异步电动机做动力。

▶ 134. 什么是冲击电钻？它有什么特点？

答：冲击电钻就是用装在输出轴上的钻头，靠冲击机构在砖块、水泥构件、轻质墙等上面钻孔用的电动工具。其可通过调节冲击旋转装置，去除冲击功能但保留旋转功能，从而可在金属、木料、塑料构件上进行钻孔作业。

冲击电钻一般采用串励电动机作动力。冲击钻内部结构如图 3-7 所示。

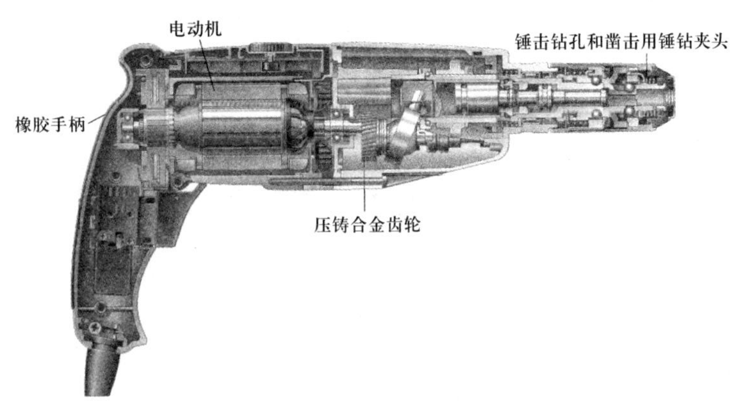

图 3-7　冲击钻内部结构

▶ 135. 什么是电动螺丝刀？它有什么特点？

答：电动螺丝刀是用永磁电动机驱动的一种工具。其具有以下一些特点：

（1）电动螺丝刀是一种用螺丝刀头来拧紧、旋松螺钉的电动工具。

（2）电动螺丝刀没有装冲击机构，但装有调节、限制扭矩的机构。

（3）电动螺丝刀一般采用串励电动机驱动。

（4）电动螺丝刀当采用永磁电动机驱动时，其由电源箱供电。

▶ 136. 什么是冲击扳手？它有什么特点？

答：冲击扳手是一种带冲击机构的扳手，这也是其与普通扳手的差异所在。冲击扳手主要用来拧紧、旋松螺钉、螺母和其他类似零件的工具。冲击扳手一般采用串励电动机驱动，有些产品也会采用三相异步电动机作驱动。

▶ 137. 什么是切割机？它有什么特点？

答：切割机主要是对金属、石材材料进行切割作业的一种工具。

一般而言，墙壁的开槽工具不应选择普通的切割机，否则容易烧坏切割机或者引起齿轮磨损。但如果开槽比较少，墙壁不是很硬，也可以选择切割机用来开槽。开槽时，需要注意下面几点：

（1）明确手提式大理石切割机（即普通切割机）不是专用开槽工具，而是应急、偶尔使用。

（2）针对墙壁种类选择切割片，一般混凝土墙选择专用于切瓷砖、大理石的金刚砂切割片即可。也可以选择专用于砖墙、混凝土的开墙片，如图 3-8 所示。

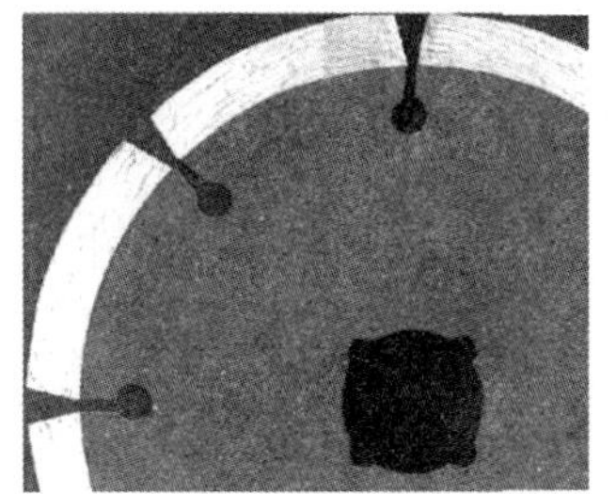

图 3–8 开墙片

（3）开槽（即切墙）时，应一边加适量水，以去掉灰尘且使切割机不易烧坏。

（4）切割机如果是在木地板上开槽，则需要换专门切木头的锯齿切割片。

（5）操作时，首先应慢慢靠近、慢慢深入，一点一点地进行，不可以太用力去切。一旦发热，应停下，待放凉后再切。另外，操作一段时间后要停下来，并且把槽屑去掉。

（6）切割机开槽时，最好只切槽的两边线，中间的可以采用锤子或凿子进行。另外，也可以采用电锤、电镐配合来开槽，这样可以减少切割机的使用量。

▶ 138. 锤子或凿子可以开槽（电线槽）吗?

答：切割砖上槽纹可以采用锤子或凿子来进行。但是，采用锤子或凿子开槽比较费力，一般适用于没有其他开槽机、开槽工作量不多的门店水电施工工程。

采用锤子或凿子开槽可能会毁坏墙壁的砖泥材料，因此，操作需要仔细并掌握好分寸。

▶ 139. 怎样使用电锤开槽（电线）?

答：若采用垂钻两用工具，则调到电锤挡进行即可。

选择的钻头如果太粗不一定好打，一般选择直径 10~12mm 的钻头就可以了。

▶ 140. 自动水电线管开槽机的结构及特点是怎样的?

答：有的墙壁开槽机属于自动水电线管开槽机。其主要由机身、电动机、刀罩、齿轮、输出轴、电动机外壳、齿轮箱、刀具、手柄、托架、开关盒等组合而成。一般自动水电线管开槽机的有以下特点：

（1）自动水电线管开槽机一般能切割直线与弯曲槽痕。

（2）质量好的自动水电线管开槽机开槽时一般不会在边线角落留下痕迹。

（3）有的全自动墙面开槽机还可以随意上下、左右或作圆形式切割。

（4）自动水电线管开槽机一般宽度、深度、角度均可调。

（5）自动水电线管开槽机一般可以自动掘槽去渣。

（6）自动水电线管开槽机一般可适应沙砖、红砖、白砖、水泥覆盖等墙体的开槽。

（7）有的水电线管开槽机还能够平挂在墙壁上，但实际操作时，挂墙有点难度。

注：目前自动水电线管开槽机还处于发展阶段，实际使用情况及使用中的意见、看法有所不同。

▶ 141. 什么是反丝自动水电线管开槽机?

答：反丝自动水电线管开槽机上刀头全部采用反丝，越打越紧，无须在刀头外部加固螺母。因此，反丝自动水电线管开槽机维护时，需要在上刀头加注黄油到螺栓孔、螺杆上，以免卸刀打磨时有吃紧的状态。

▶ 142. 怎样实现旋转式挖线盒?

答：目前有一种全自动水电线管开槽机可以实现旋转式挖线盒，具体操作步骤如下：首先用粉笔在要开线盒处画好线，把全自动水电线管开槽机齿刀贴在线盒眼正中央，启动开槽机迅速上下旋转，待开进一定深度后，把四周平面处理平整即可。

▶ 143. 什么是45°开槽法?

答: 当开槽机贴在墙面上时，人要与机器保持45°的斜角姿势，这样进刀与开槽非常顺利，也非常轻松，这就是45°开槽法。开槽一般不可站成90°正面使用。

▶ 144. 怎样保护开槽机切割片?

答: 由于开槽机切割片的造价较高，但又容易损坏，因此，有必要采用恰当的保护措施：用开槽机开槽时，可以边浇水边开槽，这样不仅可以保护切割片，还可以去灰尘。

目前，市面上已产出一种工作时无需水冷采用A级硬质合金制成，刀柄由精钢一次性浇注而成的切割片。

▶ 145. 开槽时怎样去掉灰尘?

答: 无论是采用墙壁开槽机还是电镐开槽，都会产生较多的灰尘，有的装饰水电将其描绘成“打了烟幕弹差不多”“几分钟看不到人”。可见，开槽时还应采取一些措施来去掉灰尘：

（1）可以一边浇水一边开槽，这是传统方法，也是比较实用的方法。

（2）采用吸尘器。但根据实际工作反馈，此法有时效果不是很理想。

（3）采用压力喷水壶，边切槽边喷水。

目前，有一种全自动水电线管开槽机，其副机采用特制强力一体化接驳除尘装置，主机产生的全粉尘、亚粉尘均可以经吸排管回收到桶里，实现绿色作业环境。

▶ 146. 使用电动工具有哪些注意事项?

答: 使用电动工具的一些注意事项如下：

（1）使用电动工具的工作场所要保持照明充足，杂乱或昏暗的工作场所容易导致意外发生。

（2）不可在有爆炸危险的环境下操作一般电动工具。

（3）操作电动工具时，不能够让儿童或旁观者靠近工作场所。

（4）使用电动工具时需要集中注意力，以免因为第三者的干扰而分散注意力而导致操作失控。

（5）电动工具使用的插座必须能够配合电动工具的插头。不得擅自更改插头。

（6）电动工具所采用的转接插头不可以和接了零线的电动工具一起使用。

（7）电动工具出厂时的原装插头要与合适的插座配套使用，这样可以降低遭受电击的危险。

（8）水电工操作电动工具时应避免让身体碰触接地的物体，如水管、冰箱等，以免容易遭受电击。

（9）水电工操作电动工具时必须远离雨水或湿气，如果水渗入电动工具中，会增加遭受电击的危险。

（10）水电工应用电动工具时不可以使用电动工具的电线提携工具、悬挂电动工具或者以抽拉电线的方式拔出插头。

（11）水电工应用电动工具时，工具的电线需要远离高温、油垢、锋利的边缘或转动中的机件。如果电线受损或缠绕在一起，会增加遭受电击的危险。

（12）如果电动工具原电线不够，则可以采用合适的专用延长线，以降低操作者遭受电击的危险。

（13）如果必须在潮湿的环境中使用电动工具，则一般需要使用剩余电流动作保护器。

（14）水电工操作电动工具时需要全神贯注，不但要保持头脑清醒，更要理性地操作电动工具。疲惫时、喝酒之后，不要操作电动工具。

（15）水电工操作电动工具时需要穿好个人防护装备并且戴上护目镜。

（16）水电工操作电动工具插上电源之前，务必先检查电动工具是否处在关闭状态。

（17）水电工开动电动工具之前必须拆除仍然插在机器上的调整工具或螺丝扳手。如果机器已经开始转动，而机器上仍然插着调整工具，就容易造成危险。

（18）水电工操作电动工具时要避免错误的持机姿势。一般操作工具时要确保立足稳固，并且随时保持平衡，这样能够帮助在突发状况下及时控制住电动工具。

（19）水电工操作电动工具时不可以穿太宽松的衣服，也不可以戴首饰。

（20）水电工操作电动工具时不可以让头发、衣服、手套接触机器上的转动机件。

（21）如果能够在机器上安装吸尘装置、集尘装备，务必按照指示安装此类辅助工具，并且正确地操作该装置。

（22）不要让工具承载过重的负荷。

（23）不要使用开关故障的电动工具。 如果无法正常操控启停开关，在操作机器时极容易产生意外。

（24）在调整工具设定、更换零件、不使用机器时，都必须先从插座上拔出插头或者取出蓄电池。

（25）使用电动工具时，必须把工具存放在儿童无法触及的地方。

（26）不要让不熟悉工具操作方法的人使用电动工具。

（27）电动工具需要细心地保养、维护。

（28）不要使用电线已经损坏的电动工具。

（29）使用合适的侦测装置侦察隐藏的电线，或者向当地的相关单位寻求支援。

（30）电动工具损坏瓦斯管会引起爆炸，造成危险，应注意。

（31）电动工具凿穿水管不仅会造成严重的财物损失，也可能导致触电。

（32）如果工作时可能割断隐藏着的电线或工具本身的电源线，那么一定要握着绝缘手柄操作机器。

（33）电动工具如果接触了带电线路，机器上的金属部件会导电，且可能造成操作者触电，还可能引起火灾。因此操作时注意按要求进行。

▶ 147.PPR 怎样实现熔接连接?

答：PPR 管道系统中管材与管件的连接是采用热熔承插实现连接，也就是借助专用热熔工具（例如塑料管材熔接器）在规定的温度、时间条件下，使需要连接部件的管件、管材的内外表面同时进行熔化并且承插，待两部件冷却并且形成一致密封的整体。

PPR 熔接器外形如图 3-9 所示。

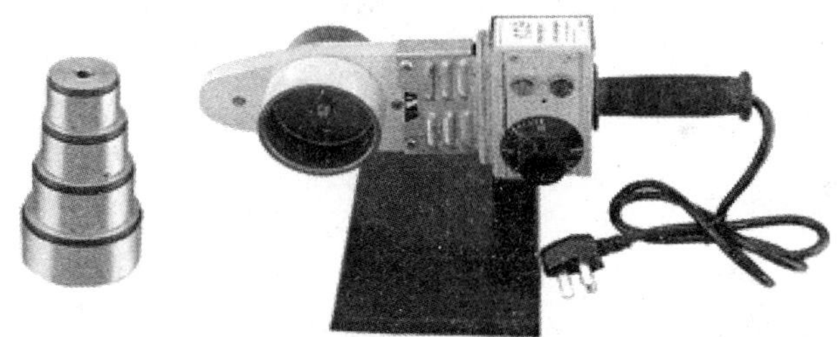

图 3-9　PPR 熔接器外形

▶ 148.PVC 电线管弯管器的特点与要求是什么?

答：PVC 电线管弯管器又叫作弯管弹簧，其有多种规格，需要根据电线管规格来选择。弯管弹簧的特点与有关要求如下：

（1）弯管器分为 205 号弯管器 、305 号弯管器。其中，205 号弯管器适合轻型线管，305 号弯管器适合中型线管。

（2）4 分电线管外径为 16mm，壁厚 1mm 的，需要选用 205 号弯管器，弹簧外径 13mm。

（3）4 分电线管外径为 16mm，壁厚 1.5mm 的，需要选用 305 号弯管器，弹簧外径 12mm。

（4）4 分 PVC 电线管弯管器可以选择直径为 13.5mm、长度为 38cm。

（5）6 分电线管外径为 20mm，有壁厚 1mm 的，需要选用 205 号弯管器，弹簧外径 17mm。

（6）6 分电线管外径为 20mm，有壁厚 1.5mm 的，需要选用 305 号弯管器，弹簧外径 16mm。

（7）6 分管 PVC 电线弯管器可以选择直径为 16.5mm、长度为 41cm。

（8）1 寸电线管外径为 25mm，有壁厚 1mm 的，需要选用 205 号弯管器，弹簧外径 22 mm。

（9）1 寸弯管器可以选择直径为 21.5mm、长度为 43cm。

（10）32mm 的 PVC 电线管弯管器可以选择直径为 28mm、长度为 43mm。

（11）4 分弹簧（直径 16mm）价格一般比 6 分弹簧（直径 20mm）要贵一些。

（12）另外，还有加长型的弯管器。加长型的弯管器长度有 410mm、450mm、510mm、540mm 等长度类型。

（13）PVC 电线管有厚有薄 ，厚的电线管也叫中型线管，需要选择直径比较小的弹簧；薄的电线管也叫轻型线管，需要选择直径比较粗的弹簧。

▶ 149. 消防安装需要哪些机具？

答：消防安装需要的机具有：砂轮切割机、葫芦、电焊机、套丝机、台虎钳、绝缘电阻表、电烙铁、固定套管扳手、万用表、对讲机、角面磨光机、手电钻、冲击钻、台式钻床、砂轮切割机等。

第 4 章　照明、灯光与色彩

4.1　照明

▶ 150. 什么是光？什么是照明？

答：光的英文为 light，其意为对视觉系统特有的所有知觉与感觉的普遍与基本属性。通常（但不总是）光是作为光刺激对视觉系统作用的结果而被感知的。光有自然光与人造光。自然光如太阳光、月光等。人造光如灯光等。

光照射到场景、物体及其环境使其可以被看见的过程就是照明。门店照明就是光照射到门店空间、商品及其环境使其可以被看见的过程。

▶ 151. 什么是视亮度？

答：视亮度是与表面呈现发光多少有关的视觉属性。视亮度即是明亮的、暗淡的。其中“明亮的”是用于描述高水平视亮度的形容词，“暗淡的”是用于描述低水平视亮度的形容词。

▶ 152. 什么是明度？

答：明度是指在相同照明条件下，相对于白色表面或高度透明面的视亮度来判断的表面视亮度。明度即是光亮的、黑暗的。其中“光亮的”是用于描述高水平明度的形容词，“黑暗的”是用于描述低水平明度的形容词。

▶ 153. 什么是照明体？

答：照明体就是在影响物体色知觉的波长范围内具有确定相对光谱功率分布的辐射。日常中，照明体也指用于投在物体或屏上的任何一种光。其中日光照明体就是具有与一种时相的日光相同或近似相同的相对光谱功率分布的照明体。

▶ 154. 什么是闪烁？

答：闪烁是指由光刺激的光亮度或光谱分布随时间波动所引起的不稳定的目视感觉。

▶ 155. 什么是眩光？

答：眩光的英文为 glare，其意为由于光亮度的分布或范围不适当，或对比度太强而引起不舒适感，或分辨细节或物体的能力减弱的视觉条件。

眩光可以分为失能眩光和不舒适眩光。眩光是影响照明质量的重要因素。

▶ 156. 什么是光环境？

答：光环境是指光 (照度水平、照度分布、照明形式、光色等) 与颜色 (色调、饱和度、室内色彩分布、显色性能等) 与门店房形状结合，在门店房内所形成的生理、心理的环境。

▶ 157. 什么是工作面？

答：工作面是指在其上面进行工作的平面。当没有特别指定工作位置时，一般把门店房室内照明的工作面假设为距离地面 0.75m 高的水平面。

▶ 158. 哪些属于普通照明？

答：在照明工程设计中通常把工厂车间、学校、教室、办公室、实验室及体育场所等场合以功能为主的照明系统，称为普通照明或一般照明。

▶ 159. 哪些属于装饰照明？

答：宾馆酒店、广告、橱窗、舞厅、餐厅等场合的照明称为装饰与艺术照明，简称装饰照明。也就是说多数门店的照明属于装饰照明。

▶ 160. 什么是应急照明？

答：应急照明就是在正常照明因故熄灭的情况下，供暂时继续工作、保障安全以及人员疏散用的照明。

门店一般也要设计应急照明。

▶ 161. 什么是照度？

答：照度就是在一个面上的光通密度，即射入单位面积的光通量，也就是单位面积内所入射光的量。

照度符号为 E，单位为勒克斯（lx）。照度是光束除以面积（m^2）所得到的值，用来表示某一场所的明亮度。

▶ 162. 什么是色调？

答：色调就是非彩色（即黑、白、灰以外）呈现的彩色名称，如红、黄、蓝、绿等视觉的颜色特性。

▶ 163. 什么是色温？

答：光源发射的光的颜色与黑体在某一温度下辐射的光色相同时，黑体的温度称为该光源的色温。黑体的温度越高，光谱中蓝色的成分则越多，而红色的成分则越少。

色温符号为 K，单位为开尔文（K）。例如，白炽灯的光色是暖白色，其色温表示为2700K，而日光色荧光灯的色温表示方法则是6000K。

▶ 164. 什么是视野?

答： 视野是指当头与眼睛不动时，人眼能观察到的空间范围。

▶ 165. 什么是可见度?

答： 可见度是指人眼能够感知的物体清晰可见的程度，也称为视度。

▶ 166. 什么是亮度?

答： 亮度是指表面上一点在某一方向的亮度，是围绕该点的微单位表面在给定方向所发射或反射的发光强度除以该单元投影到同一方向的面积。

亮度符号为L，单位为坎德拉每平方米（cd/m^2）。

▶ 167. 眩光的类型有哪些?

答： 眩光有多种类型，具体见表4-1。

表4-1　眩光的类型

名　称	说　明
直接眩光	由处于视场中的自发光物体而引起的眩光
反射眩光	由于反射，特别是反射像出现在被观察物体相同或邻近方向时所产生的眩光
不舒适眩光	引起不舒适感觉，而不一定降低物体可见度的眩光
失能眩光	降低物体可见度而不一定引起不适感觉的眩光

▶ 168. 照明的其他一些概念与术语是什么?

答： 照明的其他一些概念与术语见表4-2。

表4-2　照明的其他一些概念与术语

名　称	说　明
光束（光通量）	光束的符号为Φ，单位为流明（lm）。发光量简单地说就是光源每秒钟所发出的光的总和
发光强度	光强符号为I，单位为灯光（cd）。光的强度简单地说就是在某一特定方向角内所放射的量
光色	光色实际上就是色温。色温大致分为三类：暖色，<3300K；中间色，3300~5300K；日光色，>5300K。由于光线中光谱的组成有差别，因此即使光色相同，光的显色性也可能不同
显色性	光源对于物体颜色呈现的程度即为显色性，也叫作显色指数（*Ra*）。其也就是由被测照明体照明物体所呈现的心理物理色与由参照照明体照明同一物体所呈现的心理物理色一致程度的度量
灯具效率	灯具效率也叫作光输出系数，它是衡量灯具利用能量效率的重要标准。灯具效率也就是灯具输出的光通量与灯具内光源输出的光通量之间的比例

续表

名　　称	说　　明
光源效率	光源效率表示每 1w 电力所发出的量，其数值越高表示光源的效率越高，所以对于使用时间较长的门店场所，如办公室走廊等，效率通常是一个重要的考虑因素
功率因数	电路中有用功率与视在功率（电压与电流的乘积）的比值
光束角	光束角是指灯具 1/10 最大光强之间的夹角
绿色照明	绿色照明就是节约能源、保护环境，有益于提高人们生产、工作、学习效率与生活质量，保护身心健康的照明
波长	在周期波的传播方向上，相位相同的相邻两点间的距离
光刺激	进入眼睛并引起光感觉的可见辐射

▶ 169. 光源的色表类别有哪些？

答：光源的色表类别见表 4-3。

表 4-3　　光源的色表类别

色表类别	色表	相关色温 (K)	应用场所举例
I	暖	<3300	客房、卧室、病房、酒吧、餐厅
II	中间	3300 ～ 5300	办公室、阅览室、教室、诊室、机加工车间、仪表装配
III	冷	>5300	高照度场所，热加工车间，或白天需补充自然光的房间

▶ 170. 照明的类型有哪些？

答：照明的类型及其说明见表 4-4。

表 4-4　　照明的类型及其说明

名　　称	说　　明
普通照明	一个门店的基本均匀照明，而不提供特殊局部照明
局部照明	特殊目视工作用照明，作为普通照明辅助并与其分开控制的照明
定位照明	为提高某一特殊位置的照度而设置的照明
昼光补充照明（室内的）	在单独利用自然采光不足或不适宜时，为进行补充而采用的恒定人工昼光照明
应急照明	供正常照明失效时而采用的照明
安全照明	属应急照明一类，为防止人们陷入潜在危险境地的照明
备用照明	属应急照明一类，用于保证正常活动能继续不被中断的照明
直接照明	借助于灯具的光强度分布特性，将 90% ~100% 的光通量直接照射到无假定边界的工作面上的照明
半直接照明	借助于灯具的光强度分布特性，将 60%~90% 的光通量直接照射到无假定边界的工作面上的照明
普通漫射照明	借助于灯具的光强度分布特性，将 40%~60% 的光通量直接照射到无假定边界的工作面上的照明
半间接照明	借助于灯具的光强度分布特性，将 10%~40% 的光通量直接照射到无假定边界的工作面上的照明

续表

名　称	说　明
间接照明	借助于灯具的光强度分布特性，将 0 ～ 10%的光通量直接照射到无假定边界的工作面上的照明
定向照明	投射到工作面或物体上的光主要是从特定方向发出的照明
漫射照明	投射到工作面或物体上的光不是从特定方向发出的照明
泛光照明	通常使用投光器使场景或物体的照度明显高于四周环境的照明
聚光照明	使用小型聚光灯使一限定面积或物体的照度明显高于四周环境的照明
基准照明	由一项工作背景（四周）的标准光源发出的完全漫射、非偏振照明

▶ 171. 办公建筑照明标准值是多少？

答：办公建筑照明标准值见表 4-5。

表 4-5　办公建筑照明标准值

房间或场所	参考平面及其高度	照度标准值（lx）	照明眩光指数	显色指数
普通办公室	0.75m 水平面	300	19	80
高档办公室	0.75m 水平面	500	19	80
会议室	0.75m 水平面	300	19	80
接待室、前台	0.75m 水平面	300	—	80
营业厅	0.75m 水平面	300	22	80
设计室	实际工作面	500	19	80
文件整理、复印、发行室	0.75m 水平面	300	—	80
资料、档案室	0.75m 水平面	200	—	80

▶ 172. 商业建筑照明标准值是多少？

答：商业建筑照明标准值见表 4-6。

表 4-6　商业建筑照明标准值

房间或场所	参考平面及其高度	照度标准值（lx）	照明眩光指数	显色指数
一般商店营业厅	0.75m 水平面	300	22	80
高档商店营业厅	0.75m 水平面	500	22	80
一般超市营业厅	0.75m 水平面	300	22	80
高档超市营业厅	0.75m 水平面	500	22	80
收款台	台面	500	—	80

▶ 173. 展览馆展厅照明标准值是多少？

答：展览馆展厅照明标准值见表 4-7。

表 4-7　　展览馆展厅照明标准值

房间或场所	参考平面及其高度	照度标准值（lx）	照明眩光指数	显色指数
一般展厅	地　面	200	22	80
高档展厅	地　面	300	22	80

注　高于 6m 的展厅显色指数可降低到 60。

▶ 174. 公用场所照明标准值是多少？

答：公用场所照明标准值见表 4-8。

表 4-8　　公用场所照明标准值

房间或场所	参考平面	照度标准值（lx）	照明眩光指数	显色指数
门厅（普通）	地面	100	—	60
门厅（高档）	地面	200	—	80
走廊、流动区域（普通）	地面	50	—	60
走廊、流动区域（高档）	地面	100	—	80
楼梯、平台（普通）	地面	30	—	60
楼梯、平台（高档）	地面	75	—	80
自动扶梯	地面	150	—	60
厕所、盥洗室、浴室（普通）	地面	75	—	60
厕所、盥洗室、浴室（高档）	地面	150	—	80
电梯前厅（普通）	地面	75	—	60
电梯前厅（高档）	地面	150	—	80
休息室	地面	100	22	80
储藏室、仓库	地面	100	—	60
车库——停车间	地面	75	28	60
车库——检修间	地面	200	25	60

▶ 175. 商业照明有什么要求？

答：商业照明的一些要求如下：

（1）商业照明整体上要体现商业主活动。

（2）商业照明要体现为顾客着想，也要为店主着想的设计、安装理念。

（3）规定在 0.8m 水平面上达到 75 ～ 500lx 的照度值。

4.2　灯光

▶ 176. 什么是灯的额定值？

答：灯的额定值是灯的一组工作条件和额定参数值，用来表示灯的特性、标志。

▶ 177. 什么是灯的额定光通量？

答： 灯的额定光通量是由灯的生产商或销售商宣称的某一给定型号灯在规定条件下工作时的初始光通量值。额定光通量单位为 lm。灯的额定光通量一般标明在灯上或者灯的包装上。

▶ 178. 什么是灯的额定功率？

答： 灯的额定功率是由灯的生产商或销售商宣称的某一给定型号灯在规定条件下工作时的功率值。灯的额定功率一般用瓦（W）来表示。灯的额定功率一般标明在灯上或者灯的包装上。

▶ 179. 什么是灯的寿命？

答： 灯的寿命表示灯工作到失效时，或根据标准规定认为其已失效时的总时间。

灯的寿命一般用小时（h）来表示。

平均寿命也就是额定寿命，是指 50% 的灯失效时的寿命。

▶ 180. 什么是光通量维护系数？

答： 光通量维护系数就是灯在其寿命中给一定时间的光通量与其初始光通量之比，此期间灯在规定的条件下燃点。光通量维护系数一般用百分比来表示。

▶ 181. 常见电光源的种类有哪些？

答： 常见电光源的种类如图 4-1 所示。

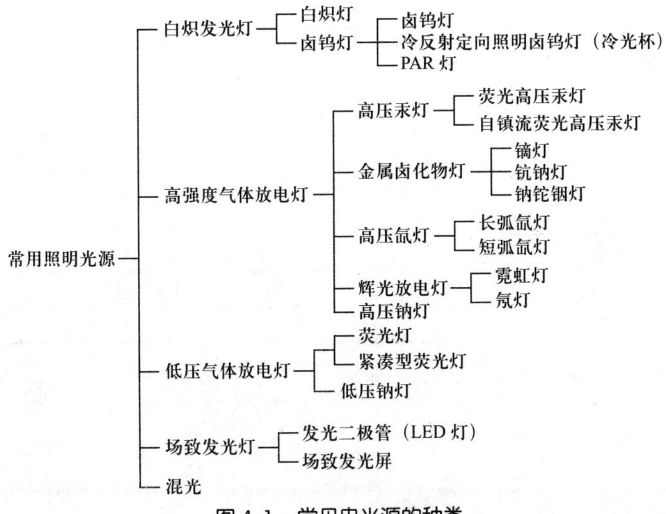

图 4-1　常见电光源的种类

▶ 182. 什么是 IP 防护等级?

答：IP 也就是 Ingress Protection 的缩写，也就是防护等级的意思。IP 防护等级是国际上用来认定灯具的防护等级的代号。IP 等级一般采用两个数字组成：第一个数字表示灯具防尘；第二个数字表示灯具防水，其中数字越大表示其防护效果越佳。

▶ 183. IP 防护等级的防止固定异物进入的等级是什么?

答：IP 防护等级的防止固定异物进入的等级具体内容见表 4-9。

表 4-9　　IP 防护等级的防止固定异物进入的等级

第一位特征数字	防护等级	
	简要说明	含　义
0	无防护	—
1	防止直径不小于 50 mm 的固体异物	直径 50 mm 的球形物体试具不得完全进入壳内
2	防止直径不小于 12.5 mm 的固体异物	直径 12.5 mm 的球形物体试具不得完全进入壳内
3	防止直径不小于 2.5 mm 的固体异物	直径 2.5 mm 的物体试具不得完全进入壳内
4	防止直径不小于 1.0 mm 的固体异物	直径 1.0 mm 的物体试具不得完全进入壳内
5	防尘	不能完全防止尘埃进入，但进入的灰尘量不得影响设备的正常运行，不得影响安全
6	尘密	无灰尘进入

▶ 184. IP 防护等级的防水等级是什么?

答：IP 防护等级的防水等级具体内容见表 4-10。

表 4-10　　IP 防护等级的防水等级

第一位特征数字	防护等级	
	简要说明	含　义
0	无防护	—
1	防止垂直方向滴水	垂直方向滴水应无有害影响
2	防止当外壳在 15° 倾斜时垂直方向滴水	当外壳的各垂直面在 15° 倾斜时，垂直滴水应无有害影响
3	防淋水	当外壳的各垂直面在 60° 范围内淋水，无有害影响
4	防溅水	向外壳各方向溅水无有害影响
5	防喷水	向外壳各方向喷水无有害影响
6	防强烈喷水	向外壳各方向强烈喷水无有害影响
7	防短时间浸水影响	浸入规定压力的水中经规定时间后外壳进水量不致达有害程度
8	防持续浸水影响	按生产厂和用户双方同意的条件（应比特征数字为 7 时严酷）持续潜水后外壳进水量不致达有害程度
9	防高温 / 高压喷水的影响	向外壳各方向喷射高温 / 高压水无有害影响

▶ 185. 室内灯具有哪些类型？

答：室内灯具的类型见表 4-11。

表 4-11 室内灯具的类型

名　　称	上半球光通比（%）	下半球光通比（%）
直接型	0~10	100~90
半直接型	10~40	90~60
直接—间接均匀扩散型	40~60	60~40
半间接型	60~90	40~10
间接型	90~100	10~0

▶ 186. 一般场所灯具内导线最小线芯截面积是多少？

答：一般场所灯具内导线其电压等级不应低于交流 500V，其最小线芯截面积应符合表 4-12 的要求。

表 4-12 一般场所灯具内导线最小线芯截面积

名　　称	安装场所	铜芯软线线芯最小截面积	铜线线芯最小截面积	铝线线芯最小截面积
照明用灯头线	民用建筑室内	0.5	0.5	2.5
	工业建筑室内	0.5	1.0	2.5
	室外	1.0	1.0	2.5
移动式用电设备	生活用	0.5	—	—
	生产用	1.0	—	—

▶ 187. 一般场所灯具的种类和防爆结构的选型是怎样的？

答：灯具的防爆标志、外壳防护等级和温度组别与爆炸危险环境相适配。当设计无要求时，灯具的种类和防爆结构的选型应符合表 4-13 的规定。

表 4-13 一般场所灯具的种类和防爆结构的选型

爆炸危险区域防爆结构 照明设备种类	Ⅱ区		Ⅰ区	
	隔爆型 d	隔爆型 d	增安型 e	增安型 e
固定式灯	○	○	×	○
移动式灯	○	△	—	—
携带式电池灯	○	○	—	—
镇流器	○	○	△	○

注　○为适用；△为慎用；× 为不适用。

▶ 188. 什么是照明装置的间距与接近度？

答：照明装置的间距就是照明装置中相邻灯具的发光中心之间的距离。照明装置的接近度就是室内与墙壁最接近的一排灯具的发光中心与墙壁之间的距离。

▶ 189. 什么是照明装置的悬挂长度与悬挂系数?

答: 照明装置的悬挂长度就是灯具发光中心与天花板之间的距离。照明装置的悬挂系数就是照明装置的灯具悬挂长度与天花板到工作面之间的距离之比。

▶ 190. 灯具的种类有哪些?

答: 灯具的种类见表 4-14。

表 4-14　　灯具的种类

名　称	说　明
壁灯灯具	一般直接固定在垂直面或水平面上的紧凑型的一类灯具
槽形灯具	长形嵌入式灯具，安装时通常为敞开并与天花板齐平
灯串	沿电缆线串联或并联连接的成组的一类灯具
对称灯具	具有对称光强度分布的一类灯具
泛光灯	可较大面积泛光照明用，通常可以照射任一方向的投光灯
防护灯具	具有特殊防尘、防潮和防水功能的一类灯具
非对称灯具	具有非对称光强度分布的一类灯具
格栅灯具	嵌在天花板内的带有透光格栅或圆罩的一类灯具
隔爆型防爆灯具	符合带防爆外壳装置的规则，用于存在有爆炸危险场合的一类灯具
广角灯具	使光在较大立体角内散发的一类灯具
聚光灯	孔径通常小于 0.2m 所发出的聚光束，通常其角度不超过 0.35rad（20°）误差的投光灯
可调式灯具	通过适当安装可使其主要部件旋转或移动的一类灯具
可移式灯具	在与电源相连接后，可容易地从一处移到另一处的一类灯具
落地灯具	安装在高支架上，底座放置在地板上的可移式一类灯具
普通灯具	不具备特殊的防尘与防潮性能的一类灯具
嵌入式灯具	适用于全部或部分地嵌入安装表面的一类灯具
升降式悬挂灯具	通过配有滑轮、平衡器等悬吊装置来调节其高度的悬挂式一类灯具
手提灯	装配有手柄和电源连接线的可移式一类灯具
台灯	放置在家具上的可移式一类灯具
探照灯	孔径通常大于 0.2m，发出基本平行光束的高强度投光灯
投光灯具	借助反射和 / 或折射增加限定的立体角内的光强的一类灯具
下射灯具	通常嵌在天花板内的小型聚光的一类灯具
信号灯	设计用于发射光信号的装置
悬挂式灯具	配有电线、拉链、拉管等，而能将其悬吊在天花板或墙壁支架上的一类灯具

▶ 191. 可移式通用灯具有什么特点?

答: 可移式通用灯具的特点如下:

（1）灯具正常使用时，连接电源后能够从一处移到另一处。

（2）除手提灯以外，电源电压不超过250V的钨丝灯、管形荧光灯及其他气体放电灯作为光源的可移式通用灯具。

▶ 192. 固定式通用灯具有什么特点？

答：固定式通用灯具的特点如下：

（1）不能够轻易地从一处移到另一处。

（2）该类灯具是固定的，因此，拆卸需要借助工具才能完成。

（3）有的固定式通用灯具安装于不易接触到的地方。

（4）有的固定式通用灯具以钨丝灯、管形荧光灯及其他放电灯作为光源。

▶ 193. 嵌入式灯具有什么特点？

答：嵌入式灯具的特点如下：

（1）可以分为完全嵌入式灯具、部分嵌入式灯具。

（2）嵌入式灯具有的以钨丝灯、管形荧光灯及其他气体放电灯为光源。

▶ 194. 聚光灯的种类有哪些？

答：聚光灯的种类见表4-15。

表4-15　聚光灯的种类

名　称	说　明
反射型聚光灯	具有简单反射器并且可通过相对移动灯和反射镜的距离来调整发散角的投光灯
透镜聚光灯	具有简单透镜，带有或不带反射器，通过相对移动灯和透镜的距离可调整发散角的投光灯
菲涅尔透镜聚光灯	具有分步透镜的透镜聚光灯
轮廓聚光灯	产生边界清晰的光束，其外形可随光阑、遮光板或轮廓遮光罩变化的投光灯

▶ 195. 状态灯光的种类有哪些？

答：状态灯光的种类见表4-16。

表4-16　状态灯光的种类

名　称	说　明
固定灯光	以恒定不变的发光强度和颜色向任一给定方向连续发出的信号灯光
间歇灯光	以固定的间歇频率向一给定的方向断续发出的信号灯光
闪烁灯光	每一灯光（闪烁）状态均具有相同的持续时间，并且在一个周期内亮灯总时间明显短于黑灯总时间的间歇灯光，但快速闪烁频率的灯光除外
等相灯光	所指定的亮灯与黑灯的全部时间均感觉相等的间歇灯光
隐显灯光	每一黑灯（隐藏）间隔时间均相等，并且某一时段的亮灯总时间明显长于黑灯总时间的间歇灯光
交变灯光	以规律的重复顺序显示不同的颜色的信号灯光
摆动灯光	能调整至交替发光的成对等相的灯光

▶ 196. 天花灯的种类有哪些？

答：天花灯可以用于书柜、橱柜、衣柜、酒柜等地方。天花灯可以分为冲压类型、锌合金喷涂类型、锌合金电镀类型、树脂类型、树脂水晶类型等，具体见表 4-17。

表 4-17　　天花灯的种类

名　称	外　形	说　明
冲压类型	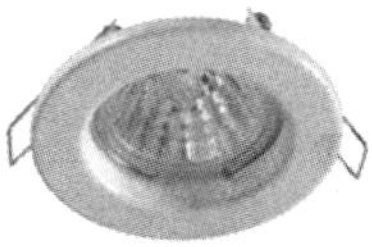	面盖采用冷轧钢板冲压而成，采用双边簧的嵌入式安装结构。适用光源有 MR16、MR11 等。灯座有 Gu5.3、Gu4 等。开孔尺寸有 φ74mm、φ66 mm、φ56 mm、φ45 mm 等
树脂水晶类型		采用树脂与玻璃工艺，形成多种材料与色彩的组合。灯具上加水晶材料，营造流光溢彩的照明装饰效果。采用双边簧的嵌入式安装结构。灯座有 Gu5.3、Gu4 等。开孔尺寸有 φ74mm、φ66 mm、φ56 mm、φ45 mm 等。颜色有闪光银、七彩白、珍珠黑等
锌合金喷涂类型		灯盖采用压铸锌合金喷粉工艺以及双边簧的嵌入式安装结构。灯座有 Gu5.3、Gu4 等。开孔尺寸有 φ74mm、φ66 mm、φ56 mm、φ45 mm 等。颜色有象牙白等
锌合金电镀类型	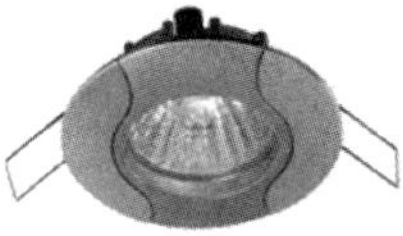	灯盖采用压铸锌合金电镀工艺以及双边簧的嵌入式安装结构。灯座有 Gu5.3、Gu4 等。开孔尺寸有 φ74mm、φ66 mm、φ56 mm、φ45 mm 等。颜色有砂镍、外镀铬内砂镍等
树脂类型		采用树脂工艺，形成多种材料与色彩的组合。采用双边簧的嵌入式安装结构。灯座有 Gu5.3、Gu4 等。开孔尺寸有 φ74mm、φ66 mm、φ56 mm、φ45 mm 等。颜色有闪光银、珍珠黑等

▶ 197. 筒灯的种类有哪些？

答：筒灯有冲压类型、锌合金类型、树脂类型等，具体见表 4-18。

表 4-18　　筒灯的种类

名　称	外　形	说　明
冲压类型		采用高光效三基色紧凑型节能灯、纯铝反光器，采用冷轧板冲压成形。适配光源有 5W 节能灯、7W 螺旋节能灯、9W 螺旋节能灯、5W2U 节能灯、7W2U 节能灯等。开孔尺寸有 φ85mm、φ95mm 等。颜色有砂镍、白色、黑色等

续表

名　　称	外　　形	说　　明
锌合金类型		采用压铸锌合金电镀工艺。适配光源有 5W 节能灯、7W 螺旋节能灯、9W 螺旋节能灯、5W2U 节能灯、7W2U 节能灯等。开孔尺寸有 ϕ100mm、ϕ105mm 等。颜色有砂镍等
树脂类型		采用树脂工艺。适配光源有 5W 节能灯、7W 螺旋节能灯、9W 螺旋节能灯、5W2U 节能灯、7W2U 节能灯等。开孔尺寸有 ϕ100mm、ϕ105mm 等。颜色有闪光银、珍珠黑、七彩白等

▶ 198. 镜前灯有什么特点?

答: 镜前灯主要用于镜子前、梳妆镜台等处。有的镜前灯采用铝合金型材，灯座有 G5 等类型。镜前灯的安装方式主要为吸壁方式。镜前灯具有滚轴、椭圆、圆弧等多种类型。镜前灯外形如图 4-2 所示。

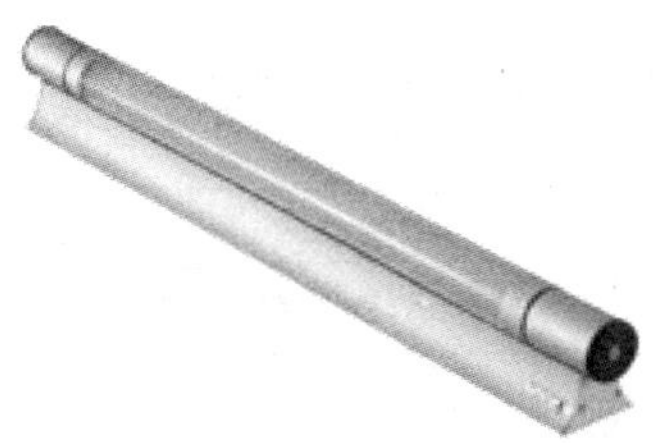

图 4-2　镜前灯外形

▶ 199. 白炽灯有什么特点?

答: 白炽灯有较宽的工作电压范围，不需要附加电路。其主要应用在需要密集的低工作电压灯的地方等。因白炽灯仅有 10% 的输入能量转化为可见光能，一般寿命从几十小时到几千小时不等。

白炽灯的主要组成部件有灯丝、支架、泡壳、填充气体、灯架等。

白炽灯是通过通电加热其玻璃泡壳内的灯丝，使灯丝产生热辐射而发光的一种光源。

白炽灯灯头根据形式、用途可以分为螺口式灯头、聚焦灯头、特种灯头等。装饰中常用的螺口式灯头有 E14、E27；插口灯头有 B15、B22。

▶ 200. 白炽灯灯丝的种类有哪些?

答: 白炽灯灯丝一般是钨制成的丝状导体，当电流通过灯丝并加热发出白炽光。其种类见表 4-19。

表 4-19　　白炽灯灯丝的种类

名　称	说　明
直丝灯丝	非螺旋的而且平直的灯丝
单螺旋灯丝	绕成螺旋状的灯丝
双螺旋灯丝	用螺旋灯丝绕成较大螺旋状的灯丝

▶ 201. 灯玻壳的种类有哪些?

答：灯玻壳一般是透明或半透明的内有发光体的密封外壳，其种类见表 4-20。

表 4-20　　灯玻壳的种类

名　称	说　明
透明玻壳	对于可见辐射是透明的玻壳
磨砂玻壳	内或外表面经打磨而使光漫射的玻壳
乳白玻壳	整个或其中一层用漫射光的材料制成的玻壳
涂层玻壳	内或外表面涂有漫射薄层的玻壳
反射玻壳	内或外表面部分地涂有涂层，形成反射面，使光向特定方向发出的玻壳
漆膜玻壳	涂有半透明漆膜层的玻壳
彩色玻壳	用彩色玻璃或者内或外涂有可透射或漫射色层的玻璃制成的玻壳
硬料玻壳	用高软化点和耐热冲击的玻璃制成的玻壳

▶ 202. 灯头的种类有哪些?

答：灯头是用于通过灯座或灯连接件与电源连接的灯部件，并且多数情况下用于将灯固定在灯座上。其种类见表 4-21。

表 4-21　　灯头的种类

名　称	说　明
螺口式灯头	灯头壳体带有螺纹状与灯座配套的灯头（国际命名 E 型）
卡口式灯头	灯头壳体带有可卡于灯座槽内的销钉的灯头（国际命名 B 型）
圆筒式灯头	灯头为光滑圆筒形灯头（国际命名 S 型）
插脚式灯头	灯头上带有一个或几个插脚的灯头（国际命名：对于单插脚为 F 型；对于两个或多个插脚为 G 型）
预聚焦式灯头	灯泡在制造过程中将发光体装在相对于灯头某一特定位置的灯头，这样可使灯泡装入配套灯座内时精确重复性定位（国际命名 P 型）

▶ 203. 螺口式灯头的种类与外形是怎样的?

答：一些螺口式灯头的种类与外形见表 4-22。

表 4-22 一些螺口式灯头的种类与外形

类型	外形	类型	外形
E5/9	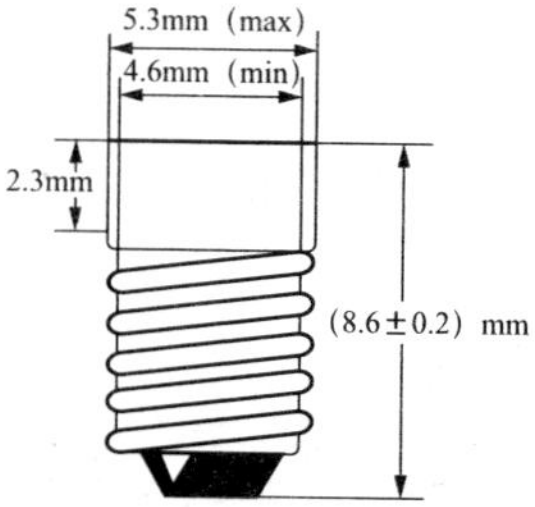 5.3mm（max） 4.6mm（min） 2.3mm （8.6±0.2）mm	E10/12	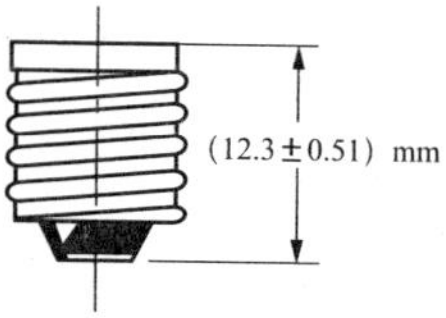 （12.3±0.51）mm
E10/13	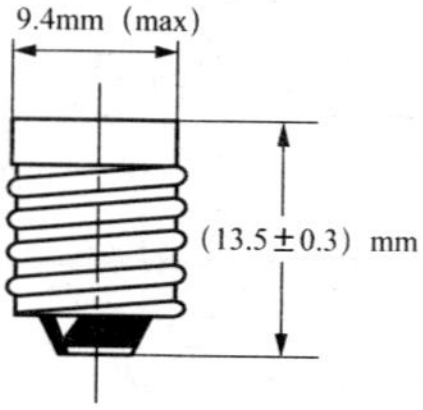 9.4mm（max） （13.5±0.3）mm	E10/19×13	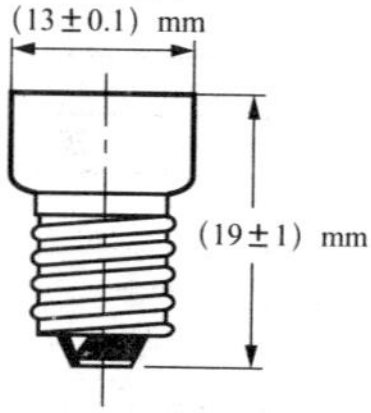 （13±0.1）mm （19±1）mm
E14/20	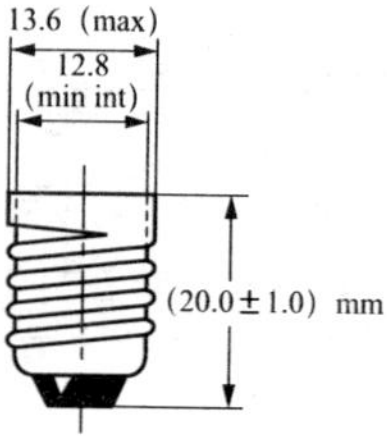 13.6（max） 12.8 （min int） （20.0±1.0）mm	E14/23×15	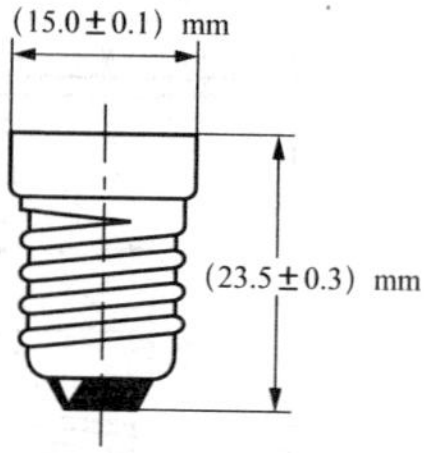 （15.0±0.1）mm （23.5±0.3）mm
E14/25×17	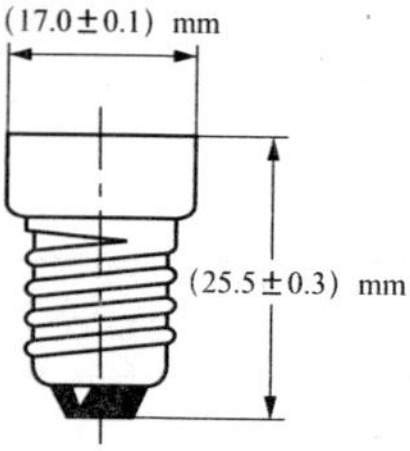 （17.0±0.1）mm （25.5±0.3）mm	E17/20	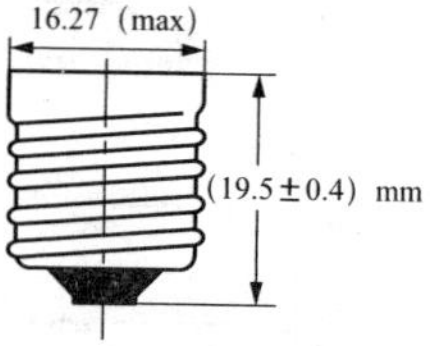 16.27（max） （19.5±0.4）mm
EY10	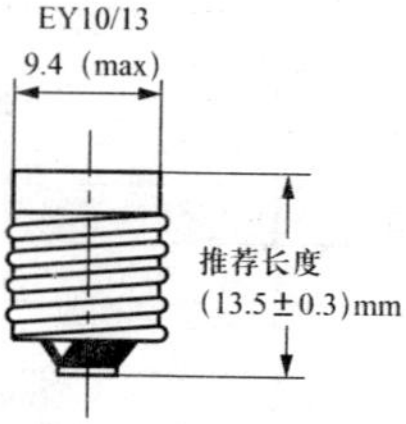 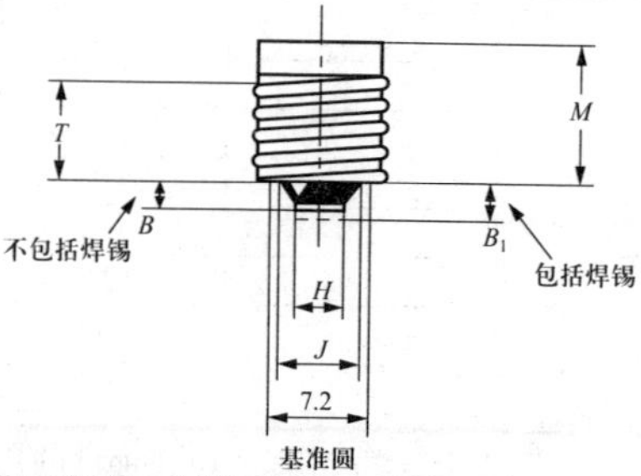 EY10/13 9.4（max） 推荐长度 （13.5±0.3)mm		T M B 不包括焊锡 B_1 包括焊锡 H J 7.2 基准圆

续表

类　型	外　形
EY10	螺纹放大图；单位：mm；尺寸表见下
EP10 预聚焦螺口式灯头	EP10/14×11灯头的尺寸；单位：mm；尺寸表见下

EY10

1.814

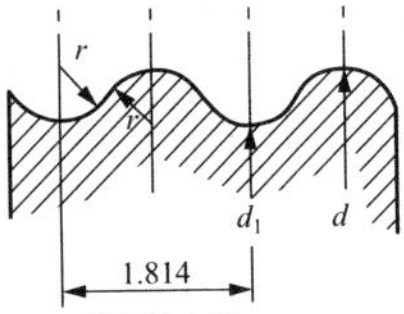

螺纹放大图

单位：mm

尺寸	未安装的灯头		成品灯上的灯头	
	最小值	最大值	最小值	最大值
B	—	2.5	—	—
B_1	—	—	1.9	3.5
H	3.5	4.0	—	—
J	—	6.6	—	6.6
M	11.0	—	11.0	—
T	7.4	—	7.4	—
d	9.27	9.53（待定）	9.27	9.53
d_1	—	8.51（待定）	—	8.51
r	0.531			

EP10 预聚焦螺口式灯头

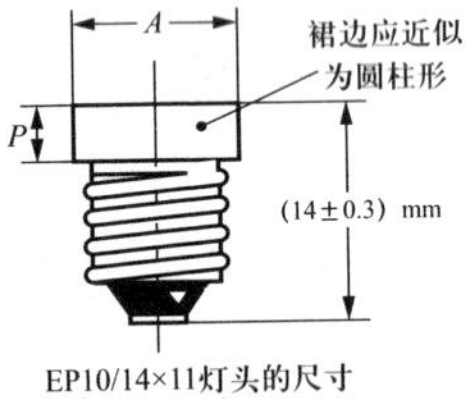

裙边应近似为圆柱形

(14±0.3) mm

EP10/14×11灯头的尺寸

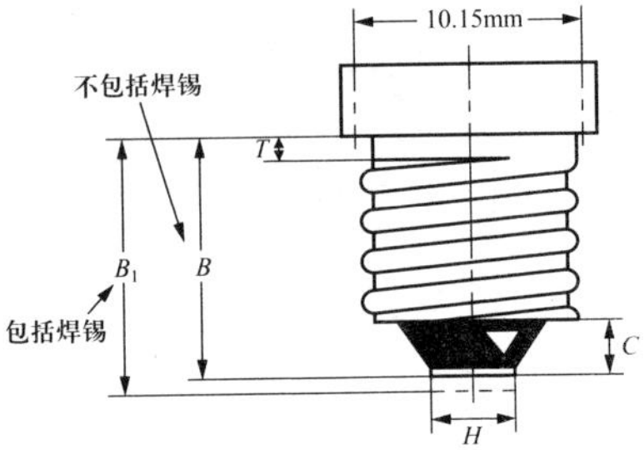

10.15mm

不包括焊锡

包括焊锡

单位：mm

尺寸	未安装的灯头		成品灯上的灯头	
	最小值	最大值	最小值	最大值
A	10.9	11.1	—	—
B	10.2	10.9	—	—
B_1	—	—	10.3	11.8
C	标称值 2.5		—	—
H	3.5	4.0	—	—
P	3.4	3.5	—	—
T（1）	—	1.0	—	—
d	9.36	9.53	9.36	9.53
d_1	—	8.51	—	8.51
r（2）	0.531		0.531	

注　1.“T”指有效螺纹端部至 10.15mm 基准圆的距离。

2. 该尺寸由螺纹剖面得出，仅用于量规设计，不作灯头检验。

▶ 204. 说明灯的其他一些部位或者配件的名称与含义。

答：灯的其他一些部位或者配件的名称与含义见表 4-23。

表 4-23 灯的其他一些部位或者配件的名称与含义

名　称	含　义
插脚	插脚一般固定在灯头端部，并且常为圆柱形的金属部件。为了与灯座的相应插孔连接，用于使灯头固定或与灯座电接触
灯座	使灯固定位置，通常将灯头插入其中并且使灯与电源相接的器件
调光器	改变照明装置中光源的光通量而安装在电路中的装置
接触片	在灯头上（与壳体相绝缘）与一条引入线相连接，使灯与电源相连接的金属片
卡口销钉	从灯头（尤其是卡口灯头）壳体上凸出的金属部件，它与灯座上的槽口卡合能够使灯头固定
连接器	由相应的绝缘体及弹性连接部件组成的器件，使灯与电源相连接，但不起支撑灯的作用
启动器	为电极预热，并且与镇流器串联使施加在灯的电压产生脉冲的启动装置，通常用于荧光灯
镇流器	连接于电源和一只或几只放电灯之间，主要用于将灯电流限制到规定值。 镇流器也可以装有转换电源电压，校正功率因数的装置，其自身或与启动装置配套为启动灯提供所需的条件

▶ 205. 什么是放电灯的启动电压与灯电压？

答：放电灯的启动电压就是灯启动放电需要的电极间的电压。放电灯的灯电压就是在 稳定的工作条件下，灯电极之间的电压（在交流时为有效值）。

▶ 206. 荧光灯的种类有哪些？

答：荧光灯在门店照明中应用较多，它的性能主要取决于灯管的几何尺寸、涂敷荧光灯粉、制造工艺、填充气体的种类、变压器。荧光灯的种类见表 4-24。

表 4-24 荧光灯的种类

种　类	说　明
直管灯	办公室、商场、一般门店常使用的直管灯有 T5、T8、T12。 注：T 表示灯管直径，一个“T”表示 1/8in
高流明单端荧光灯	高流明单端荧光灯是一种为高级商业照明应用设计的荧光灯。这种灯管与直管型高流明单端荧光灯具有结构紧凑、流明维护系数高等特点
紧凑型荧光灯	紧凑型荧光灯称为节能灯。紧凑型荧光灯广泛应用于一般门店、商场、办公室等场所。 紧凑型荧光灯是采用 ϕ9~16 mm 细管弯曲或拼接成 H 形、U 形、螺旋形等形状，以缩短放电的线形长度。紧凑型荧光灯常用于局部照明、紧急照明。 紧凑型荧光灯有带镇流器的一体化紧凑型荧光灯、与灯具中电路分离的灯管（PLC）等种类

▶ 207. 镇流器有什么特点与要求？

答：镇流器的特点与要求见表 4-25。

表 4-25　　镇流器的特点与要求

名　称	说　明
荧光灯电感镇流器	用于 1000V 以下、50Hz 或 60Hz 交流电源的荧光灯用镇流器，与其配套的荧光灯可以带预热阴极，也可以不带预热阴极，可以带启动器工作，也可以不带启动器工作，这些灯的额定功率、尺寸及特性应符合相关规定
高压汞灯、低压钠灯、高压钠灯和金属卤化物灯用的镇流器	采用 1000V 以下、50Hz 或 60Hz 交流电源的镇流器，与其配套的放电灯的额定功率、尺寸及特性应符合相关规定
荧光灯交流电子镇流器要求	由电网电源供电并包含有稳定器件的直流—交流逆变器，其通常在高频下启动并使一支或几支管形荧光灯工作

▶ 208. 怎样识读节能灯？

答：下面以型号为：“YPZ230/9-3U · RR · D·6500K”的节能灯为例进行介绍。

YPZ——普通照明用自镇流荧光灯（即节能灯）。

230/9——额定电压为 230V、额定功率为 9W。

3U——灯的结构（3U 表示为 3 个 U 形灯管组成）。

RR——灯的发光颜色。

D——电子式自镇流。

6500K——相关色温，或用中文表示成日光色（6500K 表示色温为 6500K）。

注：一般节能灯产品只标注前三项的较多。

▶ 209. 怎样选购与选择节能灯？

答：选购节能灯的方法如下：

（1）选择具有权威认证标记的产品，例如安全认证“CQC”标记、节能认证“节”字标记。

（2）看包装。正规的产品外包装上一般标出来源标志、额定电压、电压范围、额定功率、额定频率、灯电流以及其他与安全使用有关的说明。

（3）选择功率。照明效果相同的情况下，节能灯的功率为白炽灯的 1/6。因此，如果想获得与 60W 白炽灯相同的照明效果，选择 10W 的节能灯即可。

（4）发光颜色。主要根据使用环境、装修特点来选择。

（5）选择互换性强的节能灯，更换方便一些。

（6）不选择灯头、灯管松动的节能灯。

（7）选择节能灯时，要选择涂层均匀的、无漏涂的、掉粉的、晶莹洁白的灯管，不选择有发黄、发灰现象的灯管。

（8）当通电点亮灯管，灯管发光要正常均匀，灯管没有明显黑斑，发光体无闪烁。否则，不应选择。

（9）选择互换性强的节能灯。

（10）整灯的塑料壳，应选择耐高温阻燃的塑壳。

▶ 210. 怎样安装吸顶荧光灯？

答： 吸顶荧光灯的安装技巧如下：

（1）根据相关图纸规定的荧光灯位置进行定位。

（2）将荧光灯贴紧建筑物表面，并且注意荧光灯的灯箱需要完全遮盖住灯头盒。

（3）对着灯头盒的位置打好进线孔。

（4）将电源线甩入灯箱，在进线孔处应套上塑料软管。

（5）找好灯头盒螺孔的位置，在灯箱的底板上用电钻打好孔，用机螺钉牢固。

（6）在灯箱的另一端应使用膨胀螺栓加以固定。

（7）灯箱固定好后，将电源线压入灯箱内的端子板上。

（8）把灯具的反光板固定在灯箱上，并将灯箱调整顺直。

（9）最后把荧光灯管装好即可。

注： 如果荧光灯是安装在吊顶上的，应预先在顶板上打膨胀螺栓，下吊杆与灯箱固定好，且吊杆直径不得小于6mm。不得利用吊顶龙骨固定灯箱。

▶ 211. 怎样安装吊链荧光灯？

答： 吊链荧光灯的安装技巧如下：

（1）根据灯具的安装高度，将全部吊链编好。

（2）把吊链挂在灯箱挂钩上，并且在建筑物顶棚上安装好塑料（木）台。

（3）将导线依顺序编叉在吊链内，并引入灯箱。

（4）在灯箱的进线孔处套上软塑料管以保护导线。

（5）压入灯箱内的端子板（瓷接头）内。

（6）将灯具导线与灯头盒中甩出的电源线连接，并用黏塑料带和黑胶布分层包扎紧密。

（7）理顺接头扣于法兰盘内。

（8）法兰盘的中心应与塑料台(或者木台)的中心对正，并且用木螺钉将其拧牢固。

（9）将灯具的反光板用机螺钉固定在灯箱上，调整好灯脚。

（10）将灯管装好即可。

▶ 212. 什么是 LED 投光灯？它有什么特点？

答： LED 投光灯，英文为 LED downlight，又称为聚光灯、投射灯、射灯等。LED 投光灯可以用于门店建筑装饰照明、商业空间照明。LED 投光灯装饰性作用明显。LED 投光灯外形有圆形、方形等多种。

LED 投光灯有的选择 1W 大功率 LED 组成，有的采用 3W 甚至更高功率的 LED 组成。其功率越大，则更适合大场合的投光照明。

LED 投光灯的反射板选择高纯度铝反射板时，则具有反射效果佳、光束精确等特点。

选择 LED 投光灯时还需要考虑维护简便，一般选择背后开启式的。

LED 投光灯还可以通过内置芯片的控制，实现渐变、跳变、色彩闪烁、随机闪烁、渐变交替、追逐、扫描等效果，因此常用于门店室内局部照明、广告牌照明、娱乐场所气氛照明等。

▶ 213. 什么是 LED 泛光灯？它有什么特点？

答： 泛光灯可以放置在场景中的任何地方。LED 泛光灯就是向四面八方均匀照射的点光源，其照射范围可以任意调整，起到照亮整个场景的作用。

LED 泛光灯有类比灯泡与蜡烛一说。

▶ 214. 什么是 LED 天花灯？

答： 天花灯可以安装于门店、商场、酒楼、展览室、会议室等照明场所，其主要用于天花上，其灯体嵌入到先开好孔的天花内。

▶ 215. 怎样选择与安装 LED 天花灯？

答： LED 天花灯有不同的使用电压、外形尺寸等参数。因此，在安装时，需要注意开孔尺寸不要小于灯体的开孔尺寸，以及提供的供电电源要相符合。

具体安装时，接上电源，把 LED 天花灯嵌入到先开好孔的天花内即可。

▶ 216. 什么是 LED 洗墙灯？

答： LED 洗墙灯又叫线形 LED 投光灯、LED 线条灯。LED 洗墙灯主要用于建筑装饰照明及勾勒大型建筑的轮廓。

LED 洗墙灯为条形结构。

▶ 217. LED 洗墙灯的基本参数有哪些？

答： LED 洗墙灯的基本参数见表 4-26。

表 4-26　　LED 洗墙灯的基本参数

名　　称	说　　明
LED 灯珠数	通用洗墙灯的 LED 数量有 9/300mm、18/600mm、27/900mm、36/1000mm、36/1200mm 等。根据实际需要选择
电压	LED 洗墙灯的电压有 220V、10V、36V、24V、12V 等不同种类。安装时，一定要选择正确的电源电压
发光角度	发光角度一般有窄（20° 左右）、中（50° 左右）、宽（120° 左右）
防护等级	除了考虑防水等级（一般要求在 IP65 以上是最佳）外，还要考虑耐燃、抗冲击老化、耐高低温等级
工作温度	如果是户外安装，则需要考虑近年来天气异常温度。因此，一般要选择温度在 － 40℃～ +60℃都能够正常工作的洗墙灯
控制方式	洗墙灯有内控、外控控制方式。内控不需要用外接控制器，外控需要外接控制器
颜色规格	颜色规格具有 2 段、4 段、6 段、8 段全彩颜色、七彩颜色、红、蓝、紫、黄、绿、白等颜色

▶ 218. LED 吸顶灯的安装、使用中应注意哪些方面？

答：LED 吸顶灯的安装、使用注意事项见表 4-27。

表 4-27　　LED 吸顶灯的安装、使用注意事项

项　　目	说　　明
砖石结构中安装、使用 LED 吸顶灯	在砖石结构中安装吸顶灯，应采用预埋螺栓或用膨胀螺栓、尼龙塞或塑料塞固定，并且承载能力应与吸顶灯的重量相匹配。 在砖石结构中安装吸顶灯不要使用木楔安装
膨胀螺栓固定	采用膨胀螺栓固定时，应根据产品的技术要求选择螺栓规格，其钻孔直径、埋设深度要与螺栓规格相符合
固定灯座螺栓的数量	固定灯座螺栓的数量要求如下： （1）固定灯座螺栓的数量不应少于灯具底座上的固定孔数，且螺栓直径应与孔径相配。 （2）底座上无固定安装孔的灯具，安装时自行打孔，并且每个灯具用于固定的螺栓或螺钉不应少于 2 个，且灯具的重心要与螺栓或螺钉的重心相吻合。 （3）只有当绝缘台的直径在 75mm 及以下时，才可采用 1 个螺栓或螺钉固定
不可直接安装在可燃的物件上	LED 吸顶灯不可直接安装在可燃的物件上，即吸顶灯后不能直接衬有油漆的三夹板，必须采用相应的隔热措施。 LED 吸顶灯表面高温部位靠近可燃物时，必须采取相应的隔热或散热措施
导线要求	引向每个灯具的导线线芯的截面积，铜芯软线不小于 0.4mm^2，铜芯不小于 0.5mm^2
连接情况	导线与灯头的连接、灯头间并联导线的连接要牢固，电气接触要良好
灯具上的饰物	注意不要向门店灯具抛掷气球等物，以免灯上悬挂的装饰物落下影响灯具的装饰效果或伤人

吸顶灯外形如下：

吸顶灯

▶ 219. LED 筒灯的参数有哪些？

答：LED 筒灯的参数见表 4-28。

表 4-28　LED 筒灯的参数

项　目	说　明
初始光通量	LED 筒灯所发出的总光通量的初始值，单位为 lm（流明）
初始光效	LED 筒灯的光效的初始值，单位为流明 lm/W（每瓦）
初始显色性	LED 筒灯的显色指数的初始值
初始相关色温	LED 筒灯的相关色温的初始值，单位为 K（开尔文）
初始值	老炼 1000h 的 LED 筒灯稳定工作时的光电参数值，初始值用于评价 LED 筒灯的初始性能
额定光通量	初始光通量的额定值，该值由产品生产商指定
额定相关色温	相关色温的额定值，该值由产品生产商指定
额定值	给定工作条件下 LED 筒灯的参数值，该值由产品生产商指定
光通维持率	LED 筒灯在额定条件下持续老炼达到 3000h 后所发出的总光通量与其初始光通量的比值，用百分比表示

▶ 220. LED 筒灯的规格有哪些？

答：按照 LED 筒灯的孔径尺寸，LED 筒灯可分为 2in、2.5in、3in、3.5in、4in、5in、6in、8in、10in 等。

▶ 221.LED 筒灯上有哪些标志？

答：LED 筒灯上的标志如下：

（1）额定光通量。

（2）国家相关安全标准所要求的标注项目。

（3）显色指数。

（4）额定相关色温。

（5）功率因数。

▶ 222. 怎样为筒灯选择灯泡？

答：筒灯应配置品牌的、质量好的节能灯泡，配置的节能灯泡的功率不宜过高，否则容易导致灯杯变形甚至损坏。

▶ 223. 怎样安装 LED 投光灯？

答：LED 投光灯广泛用于城市亮化、景观照明、商业及厂矿照明等领域，下面以 LM—TGF 系列 LED 投光灯为例进行介绍，具体如图 4-3 所示。

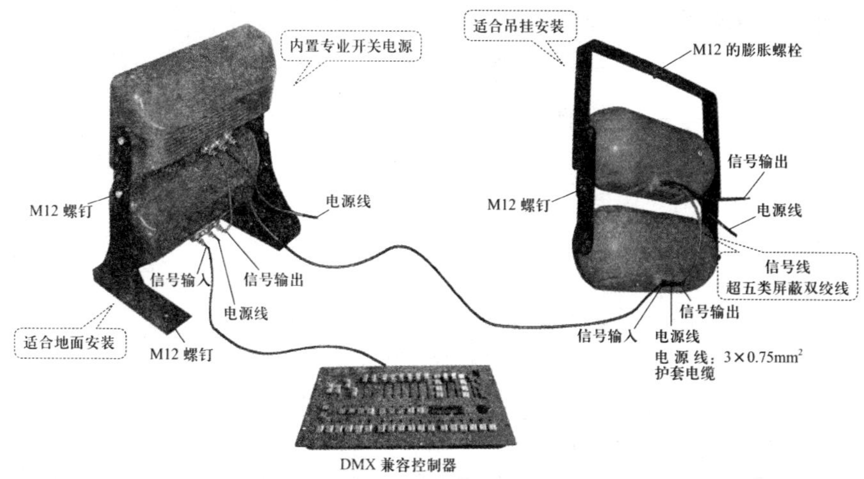

图 4-3　LED 投光灯的安装

▶ 224. 射灯可以应用于哪些场所？

答：射灯可以应用于所有商场柜台、橱窗、一般门店装饰、展柜、商场酒店室内、辅助光源、时装店、汽车展厅、体育用品店、画廊、室内形象喷绘、珠宝店、眼镜店、艺术厅、各类展会展厅照明以及其他需要重点照明的场合等。LED 射灯往往采用了隔离的 AC-DC 驱动电源或 DC-DC 驱动电源，如图 4-4 所示。因此，LED 射灯使用电压与工作电压是两个不同的参数，许多射灯使用电压是市电，并且射灯使用电压比其工作电压高得多。

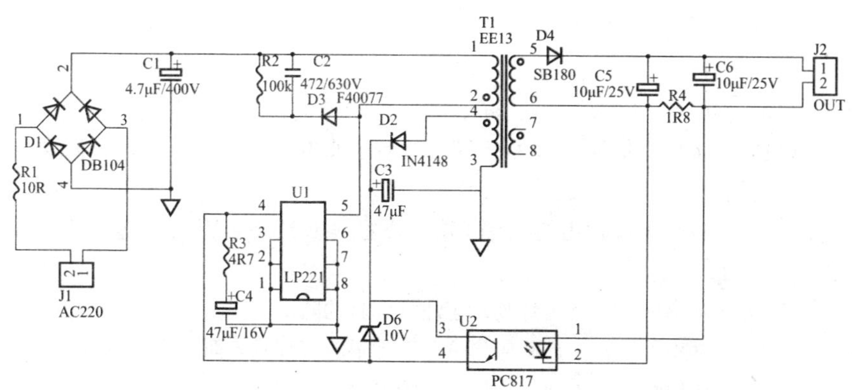

图 4-4　射灯驱动电源

另外，射灯也有专门应用种类的灯，如珠宝橱窗专用的小射灯等。

▶ 225. 射灯要配镇流器吗?

答: 每个射灯一般需要配镇流器（有的射灯自带镇流器），否则容易损坏。

▶ 226. 如何安装 LED 射灯?

答: LED 射灯可以用于门店柜台照明、橱窗照明。选择 LED 射灯时主要考虑的参数有电源电压（例如 AC 220V，85 ～ 250V，AC/DC12 ～ 24V）、LED 功率（例如 1W、2W）、功率因数、光通量等。

一些具体安装注意事项如下：

（1）如果是已经采购好的 LED 射灯，也要在安装前进行验收。

（2）安装前切断电源，安装完成后再通电，以防止触电。

（3）射灯应避免安装在高温环境、腐蚀性气体的场所。

（4）水电工在安装 LED 射灯时，首先要考虑选择的 LED 射灯的具体型号，因为不同的 LED 射灯其电源电压要求不同。一般具有电源电压 AC 220V、85 ～ 250V、AC/DC12 ～ 24V 等种类，使用不同的电源电压，决定着采用直接安装，还是需要接电源转换器。

（5）有的 LED 射灯灯具已包含光源驱动电路。因此，只要按产品名牌上标明的电源电压要求连接接通电源即可。

（6）在安装前确定一下 LED 的功率、功率因数、灯的光通量是否满足需要，以免出错而延误工期。

（7）有的射灯采用传统光源的标准接口，安装时，不同接口类型的射灯安装在相对应的灯座里即可，不分极性。

（8）在给射灯通电前，要先确认供电电压是否是射灯指定的工作电压，高于工作电压范围会造成射灯损坏。

（9）小射灯往往需要专用电源。

（10）小射灯一般输入为低压直流电，接 LED 电源时要注意区分正负极。

（11）一定要先把灯与 LED 电源接好后才通电，严禁先给 LED 电源供电再用输出线去碰接灯的电线。

（12）小射灯电源输出的红黑线端不要随意接 220V 高压，以免烧坏转用电源。

（13）大功率射灯是室内灯具，应注意灯具的防水。

（14）大功率射灯在工作时应尽量避免用手触摸灯具表面。

（15）安装射灯时，不要用力拉灯具的电线，以免把线拉松脱，造成损坏。

▶ 227. 格栅节能灯使用注意事项有哪些?

答: 使用格栅节能灯的一些注意事项如下：

（1）大多数节能灯不可以用于调光电路。因此，多数情况下节能灯不可以用于可调光的台灯或其他可调光的灯具。

（2）由于节能灯中含有镇流器电路，因此在需频繁开关光源的场所最好不要使用节能灯。

（3）节能灯应避免在高温、高湿环境下使用。

（4）更换格栅灯时，应避免手握灯管。

▶ 228. LED 单色灯有哪些分类？

答：LED 单色灯可以分为以下几种：

（1）LED 单色点光源灯。

（2）LED 单色地埋灯。

（3）LED 单色轮廓灯。

（4）LED 单色异形灯。

另外，根据 LED 单色灯所采用的工作电压可以分为低压 LED 单色灯（如 DC24V）、高压产品 LED 单色灯（如 AC220V）。

▶ 229. 什么是 LED 节能灯？

答：LED 节能灯就是半导体节能灯，LED 即是 Light Emitting Diode (发光二极管) 的缩写。LED 是一种固态的半导体器件，它可以直接把电转化为光。LED 灯外形如图 4-5 所示。

图 4–5　LED 灯外形

▶ 230. 如何选择水晶灯？ .

答：挑选水晶灯时应注意以下几点：

（1）留心品牌标志，不同品牌的水晶灯，质量及价格会相差很大。

（2）注意仿制品的识别。

（3）要选择垂饰大小、体形一致的水晶灯。

（4）从水晶的清脆度、透明度来识别品质好的水晶。

▶ 231. 安装水下灯及防水灯时有哪些注意事项？

答：安装水下灯及防水灯具时的一些注意事项如下：

（1）等电位连接要可靠。

（2）要有明显的标识。

（3）电源的专用剩余电流动作保护装置应合格。

（4）自电源引入灯具的导管必须采用绝缘导管，严禁采用金属导管或有金属保护层的导管。

▶ 232. 消防应急灯具的种类有哪些？

答：消防应急灯具的种类如下：

（1）根据应急实现方式来分，有子母控制型、集中控制型、独立型。

（2）根据工作方式来分，有持续型、非持续型。

（3）根据用途来分，有标志灯、照明灯、照明标志灯。

（4）根据应急供电形式来分，有自带电源型、集中电源型、子母电源型。

▶ 233. 怎样选择与应用应急照明灯具？

答：应急照明灯具的选择方法如下：

疏散照明——选择采用荧光灯或白炽灯。

安全照明——选择采用卤钨灯或采用瞬时可靠点燃的荧光灯。

应急照明灯具的应用注意事项如下：

（1）应急照明线路在每个防火分区有独立的应急照明回路，穿越不同防火分区的线路有防火隔堵措施。

（2）应急照明灯具、运行中温度大于60℃的灯具，当靠近可燃物时，应采取隔热、散热等防火措施。

（3）应急照明灯的电源除正常电源外，一般需要另有一路电源供电。

（4）应急照明灯另一路电源可以是柴油发电机组、蓄电池柜、自带电源型应急灯具。

（5）应急照明在正常电源断电后，电源转换时间为：疏散照明≤15s；安全照明≤0.5s；备用照明≤15s（金融商店交易所≤1.5s）。

▶ 234. 安全出口标志灯的应用与特点有哪些？

答：安全出口标志灯的应用与特点如下：

（1）安全出口标志灯装有玻璃或非燃材料的保护罩，面板亮度均匀度一般为1：10（最低亮度：最高亮度）。

（2）安全出口标志灯保护罩需要完整、无裂纹。

（3）安全出口标志灯距地高度不低于2m，且安装在疏散出口与楼梯口里侧的上方。

（4）不易安装的部位可安装在上部。疏散通道上的标志灯间距不大于20m（人防工程不大于10m）。

（5）当采用白炽灯、卤钨灯等光源时，不能够直接安装在可燃装修材料或可燃物件上。

▶ 235. 疏散标志灯的应用与特点是怎样的？

答：疏散标志灯的应用与特点如下：

（1）疏散标志灯装有玻璃或非燃材料的保护罩，面板亮度均匀度一般为1∶10（最低亮度∶最高亮度）。

（2）疏散标志灯保护罩需要完整、无裂纹。

（3）疏散照明由安全出口标志灯与疏散标志灯组成。

（4）疏散标志灯安装在安全出口的顶部、楼梯间、疏散走道及其转角处应安装在1m以下的墙面上。

（5）当采用白炽灯、卤钨灯等光源时，不能够直接安装在可燃装修材料或可燃物件上。

（6）疏散照明线路采用耐火电线、电缆，穿管明敷或在非燃烧体内穿刚性导管暗敷，暗敷保护层厚度不小于30mm。电线采用额定电压不低于750V的铜芯绝缘电线。

▶ 236. 怎样安装金属卤化物灯（钠铊铟灯、镝灯等）？

答：金属卤化物灯安装技巧如下：

（1）灯管必须与触发器、限流器配套使用。

（2）投光灯的底座应固定牢固，按需要的方向将驱轴拧紧固定。

（3）灯具安装高度宜在5m以上，电源线应经接线柱连接，并不得使用电源线靠近灯具的表面。

▶ 237. 门店照明设计时如何选择光源？

答：门店照明设计时选择光源的方法如下：

（1）商店营业厅宜采用细管径直管形荧光灯、紧凑型荧光灯、小功率的金属卤化物灯。

（2）高度较低的房间，如办公室、教室、会议室等，宜采用细管径直管形荧光灯。

（3）高度较高的工业厂房，按照生产要求，可采用金属卤化物灯、高压钠灯、大功率细管径荧光灯。

（4）一般照明场所不宜采用荧光高压汞灯，不应采用自镇流荧光高压汞灯。

（5）应急照明应选用能快速点燃的光源。

（6）根据识别颜色要求和场所的特点，选用相应显色指数的光源。

（7）一般情况下，室内外照明不应采用普通照明白炽灯；特殊情况下需采用时，其额定功率不应超过100W。

（8）下列工作场所可采用白炽灯：

1）开、关灯频繁的场所。

2）要求瞬时启动和连续调光的场所，使用其他光源技术经济不合理时。

3）对防止电磁干扰要求严格的场所。

4）照度要求不高，且照明时间较短的场所。

5）对装饰有特殊要求的场所。

▶ 238. 一些场所应用LED灯具的选择与要求是怎样的？

答：一些场所应用LED灯具的选择与要求见表4-29。

表4-29　一些场所应用LED灯具的选择与要求

类型与项目	LED灯具的选择与要求
旅馆建筑照明应用LED灯具	(1) 额定光通量大于250lm的灯具不宜作为客房夜灯。 (2) 中庭、共享空间用LED灯具，应安装窄配光的直接型高天棚灯具。 (3) 西餐厅、酒吧等区域的LED灯具地脚灯，防护等级不应低于IP44，并且需要具备足够的抗冲击程度。 (4) 直接型LED灯具遮光角、发光面亮度需要符合有关规定。 (5) 客房卫生间镜前灯需要安装在主视野范围以外，灯具发光面平均亮度不宜大于2000cd/m^2。 (6) 防护等级低于IP44的LED灯具不应安装在后厨作业区
医疗建筑照明应用LED灯具	(1) 出光口平均亮度高于2000cd/m^{2}的LED灯具不应用于治疗区域、护士站的一般照明。 (2) 安装精细检查的局部照明用LED灯具，显色指数不应低于90，并且不应产生阴影
博览建筑照明应用LED灯具	(1) 灯具安装高度大于8m的展厅的一般照明应安装窄配光LED灯具。 (2) 立体展品安装照明用LED灯具，不应产生阴影。 (3) 对光线敏感的展品照明用LED灯具，紫外线含量应小于20μW/lm。 (4) 展厅内一般照明应安装直接型灯具。 (5) 洽谈室、会议室、新闻发布厅等的一般照明宜安装宽配光LED灯具
办公建筑照明应用LED灯具	(1) LED灯具应与空调回风口结合设置，以便散热、保证最佳的光通量输出。 (2) 办公室、会议室的一般照明宜安装半直接型宽配光吊装LED灯具。 (3) 会议室的一般照明可以采用变色温LED灯具，以及设置多种照明模式
商店建筑照明应用LED灯具	(1) 重点照明应安装光线控制性较强的LED灯具。 (2) 小型超市应安装宽配光LED灯具，以及沿货架间通道布设。 (3) 一般照明应安装直接型LED灯具。 (4) 橱窗照明用LED灯具，应安装带格栅或漫射型灯具。 (5) 橱窗照明用LED灯具，当采用带有遮光格栅的灯具并安装在橱窗顶部距地高度大于3m时，灯具遮光角不宜小于30°；如果安装高度低于3m，则灯具遮光角不宜小于45°。 (6) 大型超市促销区的重点照明用LED灯具，应安装轨道式移动灯架，灯具光束角不宜大于60°

▶ 239. LED 灯的一些控制要求是怎样的?

答: LED 灯的一些控制要求如下:

(1) LED 灯具的照明控制系统需要具备多场景控制功能，以及可以进行现场调整。

(2) LED 灯具一般需要采用脉宽调制的调光方式。用于长时间无人逗留区域的 LED 灯具，一般宜配备智能传感器、外接传感器控制接口，并且根据使用需求自动关灯或降低照度水平。

(3) LED 灯具的自动照明控制系统一般需要具备信息采集功能，并且可以自动生成分析、统计报表，以及预留与其他系统的联动接口。

(4) 用于消防疏散照明的 LED 灯具，一般应具备消防强制点亮的控制接口。

(5) 用于大空间一般照明的 LED 灯具，一般应具备控制接口，并且能够进行分级分区控制。

(6) 用于门厅、大堂、电梯厅等场所的 LED 灯具，可以配备或外接夜间定时降低照度的自动控制装置。

(7) 用于地下车库一般照明的 LED 灯具，可以兼容或匹配车位探测、空位显示等辅助功能。

(8) LED 灯具一般需要具有以太网供电的功能。

(9) 用于有天然采光的场所的 LED 灯具，一般需要配备随自然光变化自动词节照度的智能传感器、外接传感器控制接口。

▶ 240. LED 荧光灯灯管的特点与适用范围是怎样的?

答: LED 荧光灯灯管一般由灯管外壳、堵头、灯珠、电路板、电源等组成。LED 灯管每个件一般可以拆除，其中任何一个部件坏了，均可以维修或更换。

LED 灯管属于第四代新型冷光源，主要是为了代替现有的荧光灯。因此，许多 LED 灯管的结构尺寸与现在的荧光灯是一致的。LED 灯管常根据灯管的直径来标称，例如 T5、T8、T9、T10 等，T 是 tube 的简写。每个 T 就是 1/8 in，例如 T8 灯管也就是灯管直径为 1in 的灯管。

LED 灯管的长度有 0.6m、0.9m、1.2m 、1.5m 等。

LED 荧光灯的适用范围有写字楼、商场、学校、医院、超市、酒店、工厂车间、居家等室内照明场所。

▶ 241. 怎样选择色彩灯具?

答: 色彩灯具的选择要服从整个门店的色彩。为了不破坏门店的整体色彩，选择灯具的灯罩、外壳的颜色与墙面色彩、窗帘以及衬托物的色彩要协调。

▶ 242. 门店用现代灯具的种类有哪些？

答： 门店用现代灯具有仿古灯具、创新灯具、常用灯具。仿古灯具包括大吊灯、壁灯、吸顶灯等。创新灯具包括射灯、牛眼灯等。常用灯具包括日光灯、台灯、落地灯、床头灯等。

▶ 243. 门店在灯具使用上应如何节约用电？

答： 门店在灯具使用上方法节约用电方法如下：

（1）选择高效率的省电灯具（如节能灯），避免使用耗电的白炽灯。特别是需长时间照明的地方更是要选择高效率的省电灯具。

（2）如果采用的是日光灯，则当日光灯管两端变黑，则应马上更换灯管。

（3）如果门店的天花板、墙壁的颜色可以选用乳白或白色，则考虑选用乳白或白色，以增加反射光线。

（4）灯具采用分控的方式，这样视情况全部或者局部打开。

▶ 244. 门店灯具的常见安装方式有哪些？

答： 门店在灯具的常见安装方式如下：

安全出口标志灯，梁侧安装；

暗藏灯带，吊顶内连续排列；

电子镇流格栅灯，嵌入吊顶安装；

豆胆灯，嵌入吊顶安装；

防水防潮灯，吸顶安装；

花灯，顾客接待室吊装；

节能筒灯，嵌入吊顶安装；

嵌入式筒灯，嵌顶安装；

疏散指示灯，吊管、壁装；

双管荧光灯，吊管安装；

天棚灯，吸顶安装；

应急兼照明天棚灯，吸顶安装；

照明兼应急灯，吊管安装。

▶ 245. 举例列出一些灯具适合安装的空间。

答： 一些灯具适合安装的空间如下：

大吊灯，适合于空间较大的社交场合；

壁灯，适合于空间较大的社交场合；

吸顶灯，适合于空间较大的社交场合；

时髦灯，适合于服装店、精品店等场合；

吸顶灯，适合于低于 2.8m 层高的场合。

▶ 246. 门店照明设计有什么要求？有什么特点？

答：门店照明设计的一些要求与特点如下：

（1）需要防止门店货架、柜台、橱窗的直接眩光与反射眩光。

（2）门店营业厅照明装置的位置与方向需要考虑变化的可能。

（3）门店照明立体展品 (例如服装店服装模特) 灯具的位置应使光线方向和照度分布有利于加强展品的立体感。

（4）一般在单层层高低于 5m 的门店，照明灯具宜采用吸顶式或嵌入式安装方式。

（5）一般单层高于 5m，或装饰后的高度超过 5m 时，门店照明宜采用吊式或大型而且高度比较高的吸顶灯安装方式。

（6）当门店很宽大时，可以增加灯的数量或者采用组合型灯具或者采用设计非标灯具。

（7）门店前厅照明的照度标准不宜超过场内的照度，这样越往里走越亮堂，在放商品的地方最亮，顾客心理上会感到舒适，有利于提高其购物欲望。

（8）门店照度也不能太低，应高于街道照度的 5 倍以上为宜，有利于吸引顾客。

（9）门店的橱窗突出照明，给以很高的照度值。

（10）门店内部的商品需要突出照度，可以从亮度、对比度、色彩等方面体现出来。

▶ 247. 门店橱窗照明设计有哪几种常用方式？

答：门店橱窗照明是由基本光、加强光组成的。门店橱窗照明设计常用方式见表 4-30。

表 4-30 门店橱窗照明设计常用方式

方　式	说　明
投光灯突出方式	利用投光灯对需要突出的门店展品加强照明，这样能够将顾客的注意力诱导到门店主题上来，并且能够使门店展品的阴面产生亮度对比，体现出门店展品的立体感
有色电光源照耀方式	采用有色电光源对门店商品进行装饰照明，目的是让门店商品光彩夺目，透出诱人的魅力，吸引顾客
变换方式	采用调光的方式，不断变换明亮情形，使之更加生动、灵动，从而使顾客感动

注 在商店内对展品的照明也可以采用这些方式。

4.3 色彩

▶ 248. 什么是颜色？

答： 颜色的英文为colour，是由彩色和非彩色成分的任意组合所构成的目视知觉的属性。该属性可以用彩色名称，如黄色、棕色、红色、粉色、绿色、蓝色、紫色等或用非彩色名称，如白色、灰色、黑色等，并用光亮、暗淡、明亮、黑暗等修饰词或用这些名称的组合来描述。

知觉（颜）色取决于：颜色刺激的光谱分布；刺激区域的大小、形状、结构及周围环境；观测者视觉系统的适应状态；以及观察者已有的经验和熟练程度。

知觉（颜）色可以通过几种形式的色貌出现。

▶ 249. 什么是色调？

答： 色调的英文为hue，其意为表面呈现出类似知觉颜色红、黄、绿与蓝中的一种或其中两种色的组合的视觉属性。色调有单一色调与二元色调。

▶ 250. 什么是色刺激？

答： 色刺激就是进入眼睛而引起彩色或非彩色色觉的可见辐射。

▶ 251. 色彩的基本要素有哪些？

答： 色彩的基本要素如下：

（1）色相：色彩的相貌，包括红、黄、蓝三原色和三原色相互吸收形成的其他色彩。

（2）色度：色彩的纯度、浓度、饱和度。

（3）明度：色彩本身的明暗度。

▶ 252. 不同色彩给人的心理感觉是怎样的？

答： 不同色彩的心理感觉见表4-31。

表4-31　　不同色彩的心理感觉

色　彩	说　明
白色	白色具有洁净和膨胀感，在门店布置时，如空间较小时，可以白色为主，使空间增加宽敞感
粉红色	粉红是温柔的最佳诠释，在平息雷霆之怒中有着奇妙的功效
红色	红色属于刺激性的颜色，能够使人产生热烈、活泼的情绪。但不宜接触过多，过久凝视大红颜色，不但会影响视力，而且易产生头晕目眩之感
黄色	黄色属于暖色系统，它象征着温情、华贵、欢乐、热烈、跃动、活泼，是一种象征健康的颜色。黄色能促进血液循环，刺激食欲

续表

色　彩	说　明
蓝色	蓝色是一种能令人产生遐想的色彩
绿色	绿色是一种令人感到稳重和舒适的色彩，它对人的视觉神经最为适宜，是视觉调节和休息最为理想的颜色。但长时间在绿色的环境中，易使人感到冷清，导致食欲减退
奶油色	使人觉得可爱、天真、朴实
深咖啡色、橄榄色	能产生稳重、沉着的感觉
紫色	可使孕妇的情绪得到安慰
紫色	淡紫色让人觉得充满雅致、神秘、优美的情调

▶ 253. 色彩的心理感觉是怎样的?

答：色彩的心理感觉见表 4-32。

表 4-32　色彩的心理感觉

心理感觉	色　彩
前进色（凸）	暖色系——红、橙、黄等
退缩色（凹）	冷色系——绿、蓝、紫等

▶ 254. 色彩的视觉心理感受是怎样的?

答：色彩的视觉心理感受见表 4-33。

表 4-33　色彩的视觉心理感受

心理感觉	色　彩
面积大	高明度色、淡色（白）
面积小	低明度色、浓色（黑）
轻色（软）	高明度色（中等纯度、中高明度）、浅色、浅蓝、粉紫、黄色、白色（淡黄草绿）
重色（硬）	低明度色（表面粗糙色）、深色、黑色、紫、深蓝、单一暗色

▶ 255. 色彩的触觉心理感受是怎样的?

答：色彩的触觉心理感受见表 4-34。

表 4-34　色彩的触觉心理感受

心理感觉	色　彩
干	暖色系：红、橙、黄等
高音	红、橙、黄、白（高明度）
冷色	绿、蓝、紫、白等
暖色	红、橙、黄、褐色
湿	冷色系：蓝、青、紫等

▶ 256. 色彩的精神心理感受是怎样的？

答：色彩的精神心理感受见表4-35。

表4-35　色彩的精神心理感受

心理感觉	色　彩
华丽	彩度高、高明度、不同色搭配
积极色	（欢乐）：红、棕、橙、黄等
朴实	彩度低、低明度、不同色搭配
消极色	（忧伤）：蓝、紫、黑等

▶ 257. 不同颜色在不同的底色衬托下给人的视觉心理感受是怎样的？

答：不同颜色在不同的底色衬托下给人的视觉心理感受见表4-36。

表4-36　不同颜色在不同的底色衬托下给人的视觉心理感受

颜　色	底　色	视觉心理感受
红色	黑色	激情、力量
	黄色	从属
黄色	黑色	富进取性的辉煌
	蓝色	辉煌而喧闹
	橙色	成熟的韵味
	绿色	张性、亮丽非凡
绿色	黄色	轻盈明快
	黑色	稳重高雅

▶ 258. 红色色彩与联想有什么关系？

答：红色色彩与联想的关系见表4-37。

表4-37　红色色彩与联想的关系

联想的类型	说　明
抽象联想	热烈、积极、青春、健康、新鲜、温暖、革命、愤怒、危险
触觉感受	烫热、酥松、牢 固、坚硬
具体联想	太阳、红旗、火焰
听觉感受	呐喊、吵闹、嘶哑
味觉感受	甜蜜、醇美、辛辣、生涩
嗅觉感受	艳香、霉味

▶ 259. 黄色色彩与联想有什么关系？

答：黄色色彩与联想的关系见表4-38。

表 4-38 黄色色彩与联想的关系

联想的类型	说　　明
抽象联想	光明、愉快、富贵、快乐、刺激、警惕
触觉感受	光滑、柔软、流动、湿润
具体联想	黄金、沙漠、灯光
听觉感受	响亮、尖锐、悠扬、沙哑
味觉感受	甜逆、酸苦
嗅觉感受	甜香、清香、酸梅味

▶ 260. 绿色色彩与联想有什么关系?

答： 绿色色彩与联想的关系见表 4-39。

表 4-39 绿色色彩与联想的关系

联想的类型	说　　明
抽象联想	自然、健康、新鲜、安静、清爽、和平、成长
触觉感受	平滑、细嫩、阴凉、黏稠
具体联想	草原、森林、大地
听觉感受	清脆、柔和、低沉
味觉感受	酸涩、微苦
嗅觉感受	芳草的清香

▶ 261. 蓝色色彩与联想有什么关系?

答： 蓝色色彩与联想的关系见表 4-40。

表 4-40 蓝色色彩与联想的关系

联想的类型	说　　明
抽象联想	理智、科技、深邃、诚实、寂寞、冷静
触觉感受	冷冰、平滑、硬、黏
具体联想	天空、海洋
听觉感受	嘹亮、和谐、幽远、沉重
味觉感受	酸脆、油腻
嗅觉感受	烈香、药味、腥味

▶ 262. 白色色彩与联想有什么关系?

答： 白色色彩与联想的关系见表 4-41。

表 4-41 白色色彩与联想的关系

联想的类型	说　　明
抽象联想	纯洁、神圣、清白、明快、空虚
触觉感受	清洁、光亮、平坦

续表

联想的类型	说　　明
具体联想	雪、云
听觉感受	宁静
味觉感受	平淡、无味
嗅觉感受	桂花香、无味

▶ 263. 黑色色彩与联想有什么关系？

答： 黑色色彩与联想的关系见表 4-42。

表 4-42　　黑色色彩与联想的关系

联想的类型	说　　明
抽象联想	沉着、厚重、高级、衰老、绝望
触觉感受	厚硬
具体联想	夜晚、黑发
听觉感受	浑厚
味觉感受	焦苦
嗅觉感受	焦煳味

▶ 264. 怎样根据门店行业来选择产品的颜色？

答： 门店行业与产品颜色的关系见表 4-43。

表 4-43　　门店行业与产品颜色的关系

门店行业	色　　彩
百货业	红色系
	橙色系
	黄色系
	绿色系
	蓝色系
出版业	紫色系
电器业	黄色系
服装业	紫色系
化工业	黄色系
	蓝色系
化装业	紫色系
建筑业	橙色系
	黄色系
	绿色系
交通业	红色系
	蓝色系

续表

门店行业	色　　彩
金融业	绿色系
农林业	绿色系
石化业	橙色系
食品业	红色系
	橙色系
药品业	红色系
	蓝色系

第5章　水电材料与电气设备

5.1　电

5.1.1　电线电缆

▶ 265. 电线与电缆有什么区别?

答：电线、电缆是用于传输电能、信息与实现电磁能转换的一种产品。电线与电缆没有很明确的界限区分，一般额定电压低、芯数少、产品直径小、结构比较简单、规格比较小的叫作电线；而额定电压高、芯数多、产品直径大、结构比较复杂、规格比较大的导线则称为电缆。

▶ 266. 什么是裸电线？什么是布电线?

答：裸电线就是没有绝缘的电线，门店装饰中基本不选择裸电线。布电线是绝缘电线的另外一种称呼。

▶ 267. 什么是大电线？什么是小电线?

答：大电线就是导体截面积较大的电线，一般＞ $6mm^2$。小电线就是较小导体截面积的电线，一般≤ $6mm^2$。

▶ 268. 常用电线电缆的标准与对应的代号是什么?

答：常用电线电缆的标准与对应的代号如下：

/T 一推荐标准。

GB—国家标准。

GY—广电部标准。

JB—机械部标准。

YD—邮电部标准。

SJ—电子部标准。

JIS—日本标准。

BS—英国标准。

UL—美国标准。

VDE—德国标准。

▶ 269. 电线电缆命名规则中的字母与数字的含义是什么?

答：电线电缆命名规则中的字母与数字的含义见表 5-1。

表 5-1　　电线电缆命名规则中的字母与数字的含义

项　　目	字母或者数字的含义
类别	ZR—阻燃 NH—耐火 BC—低烟低卤 E—低烟无卤 K—控制电缆类 DJ—电子计算机 N—农用直埋 JK—架空电缆类 B—布电线
导体	T—铜导体 L—铝导体 G—钢芯 R—铜软线
绝缘	V—聚氯乙烯 YJ—交联聚乙烯 Y—聚乙烯 X—天然丁苯胶混合物绝缘 G—硅橡胶混合物绝缘 YY—乙酸乙烯橡皮混合物绝缘
护套	V—聚氯乙烯护套 Y—聚乙烯护套 F—氯丁胶混合物护套
屏蔽	P—铜网屏蔽 P1—铜丝缠绕 P2—铜带屏蔽 P3—铝塑复合带屏蔽

▶ 270. 怎样识读控制电缆与信号电缆?

答：控制电缆与信号电缆的命名规律：

[用途][导体][绝缘层][护套][外护层]——[额定电压（kV）]线芯数 × 线芯截面（mm^2）。

控制电缆与信号电缆的识读见表 5-2。

表 5-2　　控制电缆与信号电缆的识读

型号组成	名　　称	代　　号
用途	控制电缆	K
	信号电缆	P
导体	铜芯	不表示
	铝芯	L
绝缘层	橡皮	X
	聚氯乙烯	V
	聚乙烯	Y

续表

型号组成	名　　称	代　　号
护套	铅包	Q
	聚氯乙烯	V
	非燃性护套	HF
外护层	麻包	1
	钢带铠装麻包	2
	细钢丝铠装麻包	3
	粗钢丝铠装麻包	5
	相应裸外护层	0
	相应内铠装外护层	9

▶ 271. 控制电缆型号编制及字母表示的含义是什么？

答：控制电缆型号编制及字母表示的含义见表5-3。

表 5-3　　控制电缆型号编制及字母表示的含义

类别用途	导体	绝缘	护套、屏蔽特征	外护层	派生、特性
K—控制电缆系列代号	T—铜芯（铜芯代表字母“T”型号中一般略写） L—铝芯	Y—聚乙烯 V—聚氯乙烯 X—橡皮 YJ—交联聚乙烯	Y—聚乙烯 V—聚氯乙烯 F—氯丁胶 Q—铅套 P—编织屏蔽	02，03 20，22 23，30 32，33	80，105 1，2

其中，外户层的含义见表5-4。

表 5-4　　外户层的含义

标　　记	加　强　层	铠　装　层	外被层或外护套
0	—	无	—
1	径向铜带	联锁钢带	纤维外被
2	径向不锈钢带	双钢带	聚氯乙烯外套
3	径、纵向铜带	细圆钢丝	聚乙烯外套
4	径、纵向不锈钢带	粗圆钢丝	
5		皱纹钢带	
6		双铅带或铝合金带	

▶ 272. 塑料绝缘控制电缆的产品代号是什么？

答：塑料绝缘控制电缆的产品代号如下：

（1）系列代号—K。

（2）材料特征代号：

铜—省略；

聚氯乙烯绝缘—V；

交联聚乙烯或交联聚烯烃绝缘—YJ；

聚氯乙烯护套—V；
聚乙烯或聚烯烃护套—Y。

（3）结构特征代号：
聚氯乙烯外护套—2；
双钢带铠装—2；
钢丝铠装—3；
聚乙烯或聚烯烃外护套—3；
编织屏蔽—P；
铜带屏蔽—P2；
铝 / 塑复合薄膜（带）屏蔽—P3；
软结构（移动敷设）—R。

同一品种采用规定的不同导体结构时，第 1 种导体用“A”表示（省略），第 2 种导体用“B”表示，在规格后标明。电缆中的黄 / 绿双色绝缘线芯应与其他线芯分别表示。例如：铜芯聚氯乙烯绝缘聚氯乙烯护套控制电缆，固定敷设用，额定电压 450/750V，24 芯，1.5mm^2，有黄 / 绿双色绝缘线芯，表示如下：

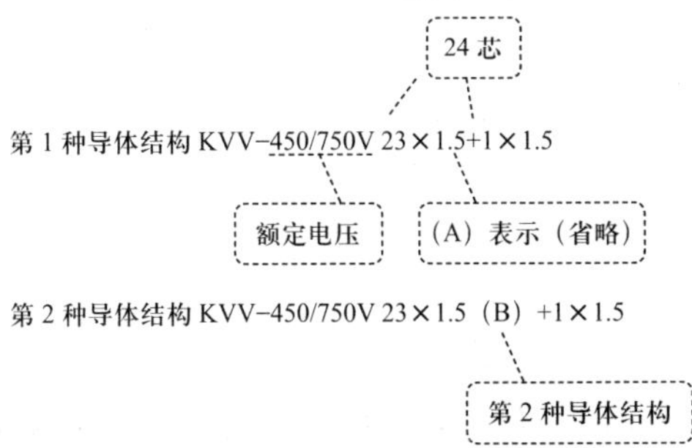

▶ 273. 塑料绝缘控制电缆的绝缘线芯的颜色有哪些？

答： 除了黄、绿组合色外，一般采用非组合色。黄、绿组合色颜色分配要求为 30%、70%。

▶ 274. 简单说明塑料绝缘控制电缆的一些型号及名称。

答： 塑料绝缘控制电缆的一些型号及名称见表 5-5。

表 5-5　塑料绝缘控制电缆的一些型号及名称

型　号	名　称
KYJV	交联聚乙烯绝缘聚氯乙烯护套控制电缆
KYJVP	交联聚乙烯绝缘聚氯乙烯护套编织屏蔽控制电缆
KYJVP2	交联聚乙烯绝缘聚氯乙烯护套铜带屏蔽控制电缆
KYJVP3	交联聚乙烯绝缘聚氯乙烯护套铝塑复合带屏蔽控制电缆

续表

名　称	代　号
KYJV22	交联聚乙烯绝缘聚氯乙烯护套钢带铠装控制电缆
KYJVP2-22	交联聚乙烯绝缘聚氯乙烯护套铜带屏蔽钢带铠装控制电缆
KYJV32	交联聚乙烯绝缘聚氯乙烯护套钢丝铠 装控制电缆
KYJY	交联聚乙烯绝缘聚烯烃护套控制电缆
KYJYP	交联聚乙烯绝缘聚烯烃护套编织屏蔽控制电缆
KYJYP2	交联聚乙烯绝缘聚烯烃护套铜带屏蔽控制电缆
KYJYP3	交联聚乙烯绝缘聚烯烃护套铝塑复合带屏蔽控制电缆
KYJY23	交联聚乙烯绝缘聚烯烃护套铜带铠装控制电缆
KYJYP2-23	交联聚乙烯绝缘聚烯烃护套铜带屏蔽钢带铠装控制电缆
KYJY33	交联聚乙烯绝缘聚烯烃护套钢丝铠装控制电缆

▶ 275. 塑料绝缘控制电缆有哪些常见规格？

答：塑料绝缘控制电缆常见规格见表 5-6。

表 5-6　　塑料绝缘控制电缆常见规格

<table>
<tr><th rowspan="3">型　号</th><th colspan="7">导体标称截面积（mm^2）</th></tr>
<tr><th>0.75</th><th>1.0</th><th>1.5</th><th>2.5</th><th>4</th><th>6</th><th>10</th></tr>
<tr><th colspan="7">芯　数</th></tr>
<tr><td>KYJY，KYJVP
KYJY，KYJYP</td><td colspan="4">2~61</td><td colspan="2">2~14</td><td>2~10</td></tr>
<tr><td>KYJYP2，KYJYP3
KYJYP2，KYJYP3</td><td colspan="4">4~61</td><td colspan="2">4~14</td><td>4~10</td></tr>
<tr><td>KYJV22，KYJY23</td><td colspan="3">7~61</td><td>4~61</td><td colspan="2">4~14</td><td>4~10</td></tr>
<tr><td>KYJVP2—22，KYJY—23</td><td colspan="3">7~61</td><td>4~61</td><td colspan="2">4~14</td><td>4~10</td></tr>
<tr><td>KYJV32，KYJY33</td><td colspan="2">19~61</td><td colspan="2">7~61</td><td colspan="2">4~14</td><td>4~10</td></tr>
</table>

▶ 276. 怎样识读电力电缆型号？

答：电力电缆型号的命名规律如下：

[绝缘层] [导体] [护套] [外护层] ——[额定电压（kV）] 线芯数 × 线芯截面积（mm^2）+ 中性线芯（用“1”表示）× 中性线芯截面积（mm^2）。

电力电缆型号的识读方法见表 5-7。

表 5-7　　电力电缆型号的识读方法

型号组成	名　称	代　号
绝缘层	纸绝缘	Z
	橡皮绝缘	X
	聚氯乙烯绝缘	V
	聚乙烯绝缘	Y
	交联聚乙烯绝缘	YJ

续表

型号组成		名　　称	代　　号
导体		铜	不表示
		铝	L
护套		铅包	Q
		铝包	L
		聚氯乙烯护套	V
		非燃性橡套	HF
特征		统包型	不表示
		分相铅包、分相护套	F
		干绝缘	P
		不滴流	D
		充油	CY
		滤尘器用	C
外护层	防腐	一级	1
		二级	2
麻包及铠装		麻包	1
		钢带铠装麻包	2
		细钢丝铠装麻包	3
		粗钢丝铠装麻包	5
		相应裸外护层	0
		相应内铠装外护层	9
		聚氯乙烯护套	02
		聚乙烯护套	03

▶ 277. 怎样识读通信电缆？

答：通信电缆型号命名规律如下：

[类别用途][导体][绝缘][内护层][特征][外护层（数字）表示][派生][数字含义]。

通信电缆的识读方法见表 5-8。

表 5-8　　通信电缆的识读方法

型号组成	代号名称
类别用途	CH—船用话缆 HB—通信线 HE—长途通信电缆 HH—海底通信电缆 HJ—局用电缆 HO—同轴电缆 HP—配线电缆 HR—电话软线 HU—矿用话缆 HW—岛屿通信电缆 H—市内电话电缆

续表

型号组成	代号名称
导体	G—铁芯 L—铝芯 T—铜芯
绝缘	V—聚氯乙烯 X—橡皮 YF—泡沫聚乙烯 Y—聚乙烯 Z—纸
内护套	H—橡套 L—铝套 Q—铅套 V—聚氯乙烯等
特征	C—自承式 D—带形 E—耳机用 J—交换机用 P—屏蔽 S—水下 Z—综合型
外护套	02、03、20、21、22、23、32、33、41、42、43 等
派生	1—第一种 2—第二种 252—252kHz
数字	0—无铠装 2—双钢带 3—细圆钢丝 4—粗圆钢网

▶ 278. 圆铜线型号与名称、规格是如何对照的？

答：圆铜线型号与名称、规格的对照关系见表 5-9。

表 5-9　　圆铜线型号与名称、规格的对照关系

型　　号	名　　称	规格（mm）
TR	软圆铜线	0.020~14 .00
TY	硬圆铜线	0.020 ~14.00
TYT	特硬圆铜线	1.50~5.00

▶ 279. 怎样判断电线的好坏？

答：电线好坏的判断方法见表 5-10。

表 5-10　　电线好坏的判断方法

项　　目	质量好的电线	低劣的电线
外观	护套线绝缘层、护套层比较厚	护套线绝缘层、护套层比较薄，外观粗糙，光洁度差
线芯	线芯粗	线芯细
根数	足够	不够
隔离层	具有	有的缺少隔离层
铜丝	正常颜色	铜丝氧化发黑
绝缘材料	颗粒塑料	绝缘性能差，没有可塑性，没有韧性的再生塑料
线截面	线截面没有气孔	线截面有气孔
绝缘部分	绝缘部分难折断，并且绝缘部分从导线上不易拽下来	绝缘部分易折断，并且绝缘部分从导线上容易拽下来
外裹玻璃丝	黑皮线绝缘体外裹玻璃丝整齐、密集	外裹玻璃丝稀疏
灯口双股花线	花节一般在 3.4cm 左右	花纹稀疏
长度	足量或者符合标准	不够
质量	重	轻
标志	清楚、全面	模糊、残缺
耐温	一定的温度，线皮表面完好	温度稍高时，线皮表面发黏

▶ 280. 怎样选择小门店导线截面积？

答：小门店用导线截面可以根据家居导线截面来选择。一般照明选择不应小于 2.5mm² 的铜芯导线。考虑有的小门店店主需要做饭，厨卫电器电源插座回路用 2.5mm² 铜芯导线。空调回路宜选择 4mm² 铜芯导线。

▶ 281. 什么是双绞线？

答：双绞线是一个通用的称呼，导线的数量与绞合的类型并没有限制，但在电缆的结构上只有两种：带屏蔽网的双绞线（Shielded Twisted Pair，STP）、不带屏蔽网的双绞线（Uunshielded Twisted Pair，UTP）。

双绞线主要应用在电信、互联网、专业音响中，这种电缆由两条或两条以上独立的、互相绝缘的线缆连续绞合组成，被互相绞合的其中两条电缆称为组。双绞线每一组导线具备同等的抗干扰能力，可以有效抑制外界的电磁干扰（EMI），也有效屏蔽了传输信号对外界的电磁干扰。传输阻抗一般为 100Ω。

▶ 282. UTP 的特点有哪些？

答：UTP 也就是不带屏蔽网的双绞线。UTP 主要应用于电信传输、计算机网络环境。根据绞合的类型不同，UTP 分为五类、超五类、六类电缆，其传输速率一般可以达到 100Mbit/s（每秒 100 百万位）。

▶ 283. STP 的特点有哪些？

答： STP 也就是带屏蔽网的双绞线。STP 在导线组的外围增加了一层编织金属网或锡箔，有利于提高信号抑制外界无线电电波的冲击的能力。STP 的每个连接头的金属外壳必须保持与屏蔽网的良好接触。

▶ 284. 线槽敷设对电线有什么要求？

答： 线槽敷设的绝缘导线的型号、规格必须符合设计要求。一般线槽内敷设导线的线蕊最小允许截面积为：铜导线为 $1.0mm^2$，铝导线为 $2.5mm^2$。

▶ 285. 怎样选择电线的颜色？

答： 同一建筑物的电线绝缘颜色应一致，保护线一般选择黄、绿双色的电线，零线采用淡蓝色电线，相线 A 相选择黄色电线、B 相选择绿色电线、C 相选择红色电线。

5.1.2 电线电缆护套管

▶ 286. 线槽有哪几种类型？

答： 线槽有两种，即木线槽与塑料线槽。其中，塑料线槽一般由槽底板、板槽盖板、附件组成。塑料线槽一般由难燃型硬聚氯乙烯工程塑料挤压成型。

木线槽也由槽底板、板槽盖板、附件组成，只是槽底板、板槽盖板是木材料制作的。

▶ 287. 怎样选择线槽？

答： 线槽的选择方法如下：

（1）根据设计要求选择型号、规格相应的定型产品。

（2）塑料线槽敷设场所的环境温度不得低于 -15℃，其氧指数不应低于 27%。

（3）木线槽应涂绝缘漆及防火涂料。

（4）线槽内外应光滑无棱刺，不应有扭曲、翘边、变形现象。

（5）线槽应有间距不大于 1m 的连续阻燃标记。

（6）线槽外壁应有产品合格证、制造厂标。

▶ 288. 怎样选择 PVC 电线管？

答： 选择 PVC 电线管时一定要选择电工专用阻燃的 PVC 管，并且管壁厚度不能够太薄。

5.1.3　开关、插座与线盒

▶ 289. 开关的组成构件有哪些？

答：开关的组成构件有面板、基座、滑杆、边框、接线柱组件、内按键（桥梁）、触点、荧光条、翘板、动触片、压簧等。

边框、面板具有多种款式、颜色，应用时，可以针对门店装修风格来选择。

▶ 290. 开关的“位”是什么意思？

答：开关的“位”，也叫作“联”，它是指在一个开关面板上，有几个开关功能模块。“一位”就是有一个开关，“两位”就是有两个开关，能分别控制两个用电设备。

▶ 291. 开关的“控”是什么意思？

答：开关的“控”就是一个开关选择性地控制几条电路。如双控开关，以字母 a、b 表示电路，开关的过程就是接通 a 断开 b，或接通 b 断开 a 的过程。两条线路不会同时开启，也不会同时断开。

▶ 292. 开关的“极”是什么意思？

答：开关的“极”就是一个开关同时控制几条电路。如双极开关，同样以字母 a、b 表示电路，开关的过程就是同时接通 a、b 两条电路或同时断开 a、b 两条电路的过程。

▶ 293. 翘板式分断开关有什么特点？

答：翘板式分断开关就是开关内部以金属片（铜片或锡磷青铜片）翘动形成闭合或断开的效果的一类开关。

翘板式分断开关具有分断速度快、爬电距离大的特点，后座相对较大。

注：国家规定开关断开时两触点间的距离大于 3mm，而翘板式的一般可以达到 5mm 左右。

▶ 294. 摆杆式分断开关有什么特点？

答：摆杆式分断开关内部与开关按键垂直方向上有一根套着弹簧的摆杆，而触点就在摆杆的侧面。通过摆杆扭动，动静触点接触或分开，从而实现电路的闭合或断开。

摆杆式分断开关具有手感有弹性、安装暗盒散热较好，耐久性能方面明显不如翘板式分断开关。

▶ 295. 机械复位开关有什么特点？

答：机械复位开关就是开关按键按下去还会弹回来，按一下开，再按一下关的一类开关。

机械复位开关内部滚轮转动摩擦较大容易产生涩感甚至卡住，如果所接照明设备损坏难以从开关上判断是处于通电状态还是断开状态。

▶ 296. 滑动式开关与拨动式开关内部结构是怎样的？

答：滑动式开关与拨动式开关内部结构见表5-11。

表5-11　　滑动式开关与拨动式开关内部结构

名　称	滑动式开关	拨动式开关
图例	内按键 压簧 接线柱组件 基座 动触片 滑杆	

▶ 297. 怎样选择开关的触点？

答：选择开关，主要是看开关的触点，也就是开关过程中导电零件的接触点，一般触点越大越好，具体的选择方法见表5-12。

表5-12　　开关触点的选择

项目	类型	说　明
材料	银镍合金	银镍合金是目前比较理想的开关触点材料，具有导电性能好、硬度较好、不容易氧化生锈等特点
	银镉合金	银镉合金触点性能良好，但镉元素属于重金属，对人体有害，且镉与银的融合性也不太理想，会在触点表面形成镉金属小颗粒，导电时可能拉出电弧
	纯银	用纯银做触点导电性能好，但纯银质地比较软、容易氧化。因此，开关多了会出现触点变形、导电性能变差、锈点容易发热等现象

▶ 298. 开关的类别有哪些？

答：开关的类别见表5-13。

表5-13　　开关的类别

依　据	类　别
面板规格	86系列开关、120系列开关、118系列开关
连接方式	单极开关、双极开关、双控开关、双控换向开关
保护等级	普通IPX0、防溅开关IPX4、防喷开关IPX5
启动方式	拉线开关、旋转开关、翘板开关、按钮开关、倒扳开关

续表

依　　据	类　　别
安装方式	明装开关、暗装开关
颜色	白色、金色、银色
应用	大翘板门铃开关、无极调光开关、电帘开关
额定电流	10A、16A 等

▶ 299. 简单说明一些开关的实际外形。

答： 一些开关的实际外形见表 5-14。

表 5-14　　一些开关的实际外形

名　称	外　　形	名　称	外　　形	名　称	外　　形
一位单极开关、一位双控开关		二位单极开关、二位双控开关		三位单极开关、三位双控开关	
四位单极开关、四位双控开关		五位单极开关、五位双控开关		一位单极带熔丝管开关	
二位单极带熔丝管开关		二位单极/双控带双熔丝管开关		四位双控大翘板 H 形开关	
五位单极/双控大翘板开关	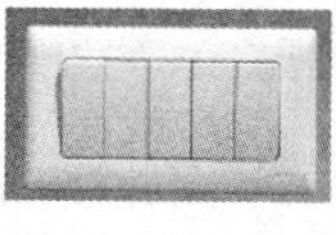	一位单极大翘板开关（带荧光指示）		二位双控大翘板开关（带荧光指示）	
一位单极大翘板开关带门铃		一位双控大翘板大弧面外形开关（带荧光条）		二位单极大翘板银色开关	

▶ 300. 简单说明一些特殊开关的实际外形。

答：一些特殊开关的实际外形见表 5-15。

表 5-15　　一些特殊开关的实际外形

名　称	外　　形	名　称	外　　形	名　称	外　　形
高级调光开关		二位调光开关		节能小插卡开关（带延时）	
轻触延时开关		声光控延时开关		红外线感应开关	

注　特殊开关有遥控开关、声光控开关、遥感开关等，一般用于特殊场合。

▶ 301. 简单说明一些开关的作用。

答：一些开关的作用见表 5-16。

表 5-16　　开关的作用

名　　称	说　　明
按键式延时开关	通过按动面板的按键，来控制亮灯，并延时一定时间后断开的开关
插卡取电开关	依靠插入卡片或其他遮光物接通电路，取出卡片后延时一定时间断电的开关
触摸式延时开关	以手指触摸面板的金属片的方式来亮灯，并延时一定时间后断开的开关
带消防接口延时开关	带消防接口延时开关与普通延时开关的不同点就是它多了一个消防电源备用端子，紧急情况下，消防备用电源接通后，灯保持长亮
单极开关	单极开关就是控制一个支路的开关，也就是一个翘板的开关。单极开关分为小按钮开关、大翘板开关。单极开关有接入、输出两个接线端子
电铃开关	可以控制电铃的振铃，是一种在动作后通过机械装置能自动恢复到初始状态的瞬动式的开关
调光开关	通过机械式电位器调节晶闸管的导通角来调节负载两端的电压，从而实现灯光亮度的调节
调速开关	通过机械式电位器调节晶闸管的导通角来调节负载两端的电压，从而实现调节电动机速度的目的
红外人体感应延时开关	在一定的光照度下，以人体内发出的特定红外光来触发工作，并延时一定时间断开的开关
空调风机开关	用于控制中央空调末端风机设备的开关
声光控延时开关	控制电路利用光敏和声敏传感元件所产生的微弱电信号来控制晶闸管的导通，并延时关断，从而控制灯的亮灭

续表

名　　称	说　　明
双极开关	双极开关就是控制二个支路的开关。双极开关最简单的形式就是可以同时接通或断开电路二个电极。 双极开关可以用于同时切断相线与中性线，因此，也称双断开关或双刀开关
双极双路开关	双极双路开关就是可以分别控制两个电路各自两极的一种开关。通过两个电路各自两极的交叉跳线，可转换电路电流方向。 双极双路开关操作区有的只有一个按键，接线区有 6 个接线端子。 双极双路开关有双断、异地双断、换向、在两个双路开关配合下由一个该开关组成三点控制、在两个双路开关配合下由多个该开关组成多点控制等方式。 多点控制一般用于有许多进口、出口的长廊的照明控制
双路开关	双路开关可分别接通或断开两个电路。拨动开关就是一种双路开关。双路开关接线区一般有 3 个接线端子。 双路开关主要用于两个不同的点联合控制同一负载
音量调节开关	具有一定的电阻与功率调节范围。一般用于以定压输出的背景音乐的音量调节

▶ 302. 什么是多位开关？

答： 多位开关就是几个开关并列，各自控制各自的灯。多位开关也称为双联、三联或一开、二开、四开等。多位开关包括墙壁开关等多种类型。

▶ 303. 双控开关的控制有什么特点。

答： 双控开关就是两个开关在不同位置可控制同一盏灯，一般一个开关同时带有动合、动断两个触点。双控开关一般需要预先布线。双控开关的控制图例如图 5-1 所示。

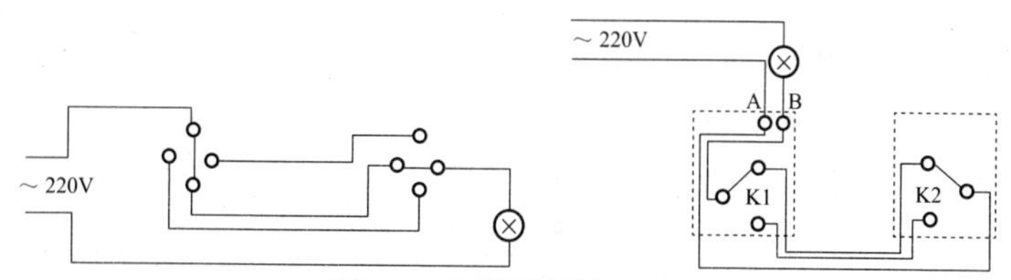

图 5-1　双控开关控制图例

▶ 304. 什么是夜光开关？

答： 夜光开关就是开关上带有荧光或微光指示灯的开关，便于夜间寻找、发现开关的位置。

▶ 305. 什么是调光开关？

答： 调光开关就是可开、可关，并且可通过旋钮来调节灯光强弱大小的一类开关。

注：调光开关不能与节能灯、荧光灯配合使用。

▶ 306. 大翘板开关与小按钮开关各有什么特点？

答：大翘板开关与小按钮开关对比见表 5-17。

表 5-17　　大翘板开关与小按钮开关对比

项　　目	大翘板开关	小按钮开关
分断幅度	小按钮与大翘板同样的按压幅度下，大翘板开关能给活动部件以更大的分断幅度	如果要实现相近的分断幅度，小按钮开关内部弹簧的扭度将比大翘板更高，也更容易出现卡住等问题
接线数量限制	大翘板开关一般在 4 位以下，一些产品往往最多只有 3 位，这样可以限制开关后部的接线数量，保证暗盒内有充足的空间	小按钮开关一般在 4 位以上，最多可到 6 位，因此开关后部将接非常多的线。过多的电线塞满暗盒，一方面散热难，另一方面电线容易脱扣，造成断路、短路、漏电等事故
漏电危险	大翘板开关的按压空间比较大，减少了用户手处在潮湿状态，手指与按钮充分接触的同时因开关质量较差，可能产生开关内部导体接触到水分而漏电的可能性	小按钮开关一般只有手指大小，如果用户手处在潮湿状态，手指与按钮充分接触的同时，也接触到了按钮和面板之间的缝隙。若开关质量较差，可能导致开关内部导体接触到水分而漏电

▶ 307. 什么是色彩开关？

答：普通开关一般为白色，色彩开关就是为某一色彩的开关。

▶ 308. 色彩开关是怎样“上色”的？

答：色彩开关的“上色”方法见表 5-18。

表 5-18　　色彩开关的“上色”方法

方　　法	说　　明
彩色 PC 原料注塑	使用彩色的 PC 原料注塑，长期使用不会褪色，成品多会出现较明显的溶接痕，不同批次也可能出现色差，彩色的 PC 原料选择面比较小，金属色 / 较深的颜色目前都很难实现应用
喷涂着色	喷涂着色就是在白色的产品生产出来后，在表面喷上需要的颜色。采用该方式，所有色彩都能实现，喷涂效果差别很大，喷涂质量控制较好的产品色泽均匀、长期使用不褪色。 另外，有的产品表面颗粒不均匀，使用时间一长，经常触摸的部位颜色可能会泛白

▶ 309. 怎样评估判断开关喷涂质量？

答：开关喷涂质量的评估判断方法如下：首先取一张白纸，然后将喷涂色彩的开关一角在纸上划一下，然后根据“划”的效果来判断——质量差的产品会在白纸上留下明显的色痕，划的这一角会直接露出里面的白色；质量好的产品留下的颜色痕迹非常浅，划的开关角上也不会显出白色。

▶ 310. 怎样选择开关底盒？

答：开关底盒一般选择通用 86 型底盒。86 型底盒外形如图 5-2 所示。也可以选择其他类型的，例如 PVC 材料的、金属材质的。

图 5-2　86 型底盒外形

▶ 311. 插座的组成构件有哪些？

答：插座的组成构件有面板、铜片、保护门、弹簧、基座、后罩、接线柱组件等。

▶ 312. 插座铜片有什么特点？

答：插座铜片的特点见表 5-19。

表 5-19　插座铜片的特点

名　称	说　明
锡磷青铜	锡磷青铜插座铜片有以下特点：弹力强；耐疲劳性好；可插拔 10000 次以上，为紫红色
黄铜	黄铜插座铜片软，易变形，长期使用易接触不良
玻青铜	玻青铜加工成型后是软的，经过热处理以后变硬，性能较好
锡青铜	锡青铜较软
磷青铜	磷青铜导电性能较差

▶ 313. 怎样选择插座弹片？

答：选择插座弹片主要看铜件用料，可以通过插孔来察看：

（1）黄铜为明黄色，容易生锈，质地偏软，时间一长接触导电性能都会下降，应不选择。

（2）紫铜为紫红色，比较韧，不容易生锈，可以选择。紫铜质量有高低，如果紫铜不太纯，其上会有通电时的发热源黑色锈点。好的铜很光亮，导电性能也好。

如果通过插孔直接看不到，则可以拆开看。插孔用紫铜，里面用黄铜，也容易生锈。

▶ 314. 插座的类别有哪些？

答：插座的类别见表 5-20。

表 5-20　　插座的类别

依　据	类　别
保护门	有保护门插座、无保护门插座
安装方式	明装式插座、暗装式插座、移动式插座、台式插座、地板暗装式插座
保护外壳	有外壳式插座、无外壳式插座

▶ 315. 地插有哪些种类？

答：地插的种类如下：

（1）单相二、三极插座。

（2）电话 / 电脑插座。

（3）电视 / 电话插座。

（4）二极双用插座带多功能插座。

（5）二位八芯电脑插座。

（6）二位电话插座。

（7）二位电视终端插座。

（8）三相四线插座。

例如单相二、三极地插如图 5-3 所示。

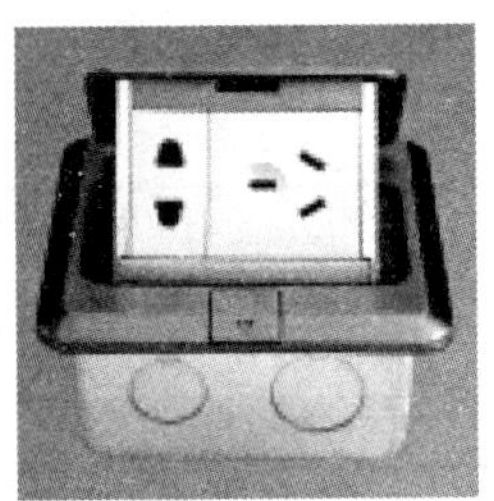

图 5-3　单相二、三极地插

▶ 316. 什么是带开关插座？

答：带开关插座就是插座面板上除了插座外，还有开关。有的开关已经连接好控制插座的线，有的开关，需要门店水电工连接，才能够控制插座通断电。因此，有的开关可以单独作为开关使用，也可以单独作为插座使用。

常见的带开关插座是指甲型开关，标志 ON 的应为插座带电，开关置于 OFF 的，应为插座没电。

带开关插座多用于常用电器的控制。

▶ 317. 简单说明一些插座的实际外形。

答：一些插座的实际外形见表 5-21。

表 5-21　　一些插座的实际外形

名　称	外　形	名　称	外　形	名　称	外　形
单相二极及三极插座		单相三极插座		单相二极扁圆双用插座	
单相二位二极扁圆带开关插座		三相四线插座		万能二、三极插座	
二、三、三极插座		连体二、三极插座		单相六位插座	
带开关圆脚插座（小三圆）		方形万能插座		圆形万能插座	
2 插智能化插座	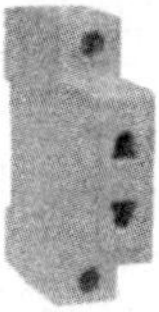	3 插智能化插座		4 插智能化插座	

▶ 318. 简单说明一些弱电插座的组合件实际外形。

答：一些弱电插座的组合件实际外形见表 5-22。

表 5-22　　一些弱电插座的组合件实际外形

名　称	外　形	名　称	外　形	名　称	外　形
一位四芯电话插座（带保护门）		四芯电话/八芯电脑信息插座（带保护门）		一位电视插座带一分支	

续表

名　称	外　形	名　称	外　形	名　称	外　形
一位电视、电话插座		二位音频插座		四位音频插座	
刮须插座（内附变压器及过电流保护）		电视带二、三极插座		宽带全屏蔽电视插座	
调音调台开关		VGA 插座		话筒插座	

▶ 319. 电视插座有哪些类型?

答：电视插座有插入式、带 F 头（螺纹）的。插入式的可以分为两种，一种是直接接入信号的终端，另一种是既接终端同时又能续接一路终端，衰减小于 8dB。

▶ 320. 带一分支的电视插座与一位电视插座有什么异同?

答：串接式电视插座又称为电视分支插座，它是电视插座面板后带一路或多路电视信号分配器。带一分支的电视插座与一位电视插座的异同如下：

（1）正面：带一分支的电视插座的正面与一位电视插座的正面一般相同。

（2）背面：带一分支一位的电视插座有两个铜轴电缆端子，即标注 IN、OUT 的端子，也就是带一分支一位的电视插座具有 TV 分接口输出。 一位电视插座的背面一般仅有一个端子。

▶ 321. 宽频电视插座有什么特点?

答：宽频电视插座可以适应 5~1000MHz 高频有线电视信号。其外形与普通电视插座相近，但其抗干扰能力更强、频带覆盖范围更宽。

▶ 322. TV-FM 插座有什么特点?

答：TV-FM 插座功能与电视插座差不多，只是多出了调频广播功能。其也可以作为两位电视使用。

▶ 323. 信息插座有什么特点？

答： 信息插座常见的有电话、电脑、电视等信号源接入插座。不同的信息插座后端的接插模块不同。

信息插座包括可卡接超五类、六类模块等。

▶ 324. 专用插座有什么特点？

答： 专用插座包括英式方孔、欧式圆脚、美式电话插座，等等。需要注意的是，这些专用插座是国内电器不普通配套的。

▶ 325. 多功能插座有什么特点？

答： 多功能插座可以兼容多种插头，如扁圆二插、扁三插、方脚插头等。该类型插座是非标插座，一般用于插座转换器，即排插中。

▶ 326. 插座有什么作用？

答： 插座的作用见表 5-23。

表 5-23 插座的作用

名　称	说　明
VGA 插座	主要用于电脑与投影仪的连接或等离子彩电、液晶显示屏与输出设备的连接
话筒插座	用于话筒接头的插接
拾音器插座	有 6.35、3.5 两种接口，供插不同直径的拾音器插头。插座接电缆方式相同
音视频插座	用于音频、音视频线连接
电话插座	分二线制、标准的 RJ11 四线制插座
双极双路插座	有的插座可以插扁、圆两极插头。有的为保证安全要求有单极插拔力，带有保护门，即仅一极不能插入
两极带接地插座	即具有中性线极、相线极、接地极的插座
三相四线插座	主要用于三相系统的取电，具有三个连接电路电极的插套和一个接地插套的插座
三相五线插座	主要用于三相五线制 TN-C-S 系统或 TN-S 系统电路的取电，具有三个连接相线极、一个中性线极和一个接地极插套的插座

▶ 327. 怎样识别插座的好坏？

答： 劣质插座易漏电、易燃烧、易短路。因此，门店装饰时建议不要选择低劣插座。低劣插座与优质插座的识别方法见表 5-24。

表 5-24 低劣插座与优质插座的识别方法

项　目	优质插座	低劣插座
编码	有的品牌开关上有机器喷涂的编码，这些编码清晰，用手擦没有墨痕	低劣的或者冒充的插座虽然具有编码，但是用手擦有墨痕

续表

项　目	优质插座	低劣插座
辨外观	质量较好的插头插座，产品外观平整，色泽均匀光亮，电源线和插座的连接处结实，厚实感较强	低劣的插座粗糙，色泽无光亮
产品合格	具有产品合格证	无产品合格证或者产品合格证字迹模糊
弹簧片	锡磷铜片等	黄铜
看分量	掂量一下单个开关的分量。因为只有开关里部的铜片厚，单个开关的才重	掂量时明显感到轻
看认证	有 3C 认证	有的无 3C 认证
品牌	品牌的产品一般质量较好	没有厂家地址的插座，购买时需要注意
认标识	正规的插座包装上具有产品规格型号、额定电压值、额定电流值、电源性质符号及相关警示语，标志清晰可辨	低劣的插座没有相应标识或者标识缺少不全

▶ 328. 选择插座时，是否选择插孔越多的越好？有什么注意事项？

答：多用孔插座主要是满足不同类型的电器插头的需要，但选择插座时，并不是插孔越多越好。选择插座的一些注意事项如下：

（1）实用就够，与电器匹配就好。如果不匹配，插孔越多越是闲置，造成浪费。

（2）插座插孔多，对插座技术要求就相对高一些，如果设计不当，精度不足，可能引发触电事故。

（3）插座插孔越多，一旦该插座损坏，则可能其他多余的插座可用。

▶ 329. 怎样选择固定式插座与移动式插座？

答：固定式插座就是一种安装在墙壁上或地板内不再移动位置的插座。固定式插座具有与电器连接点少、造成温升因素少、安全系数高等特点。因此，门店装修应尽量采用固定式插座。

移动式插座就是可以随需要场合的变化而移动其位置的插座。移动式插座具有使用方便、造成损坏及破损的可能性较大、造成温升因素多、安全系数低等特点。门店采用移动式插座也不美观，本来小门店一般面积就小，采用移动式插座会给人造成一种拥挤的感觉。如果是维修电器、汽修类门店需要，还是要采用移动式插座或者插排。

▶ 330. 使用多位插座时电器能同时启动吗？为什么？

答：多位插座上标注的额定电流或功率是产品的总容量。因此，多位插座插入的多个用电器加起来的总功率不得超过插座额定总功率。由于电器启动时，电流均大于正常工作电流，因此，使用多位插座需要注意电器不要同时启动。

主要是在停电后，没有关掉开关或者拔掉多位插座的电器插头，忽然来电时多位插座上的电器会一起启动，这样容易损坏多位插座或者引发事故。

▶ 331. 为什么要选择具有防误插功能的插座?

答：两极插头能跨接插入三极插座的带电插孔与接地插孔而形成错位误插，多用插孔插套与插头插销不配容易引起接触不良、打火等安全隐患。

多用插孔中心距离呈等边三角形容易引起错位误插，如果三孔插座不呈等边三角形，则可以起到防误插的作用。防误插图示对比如图 5-4 所示。

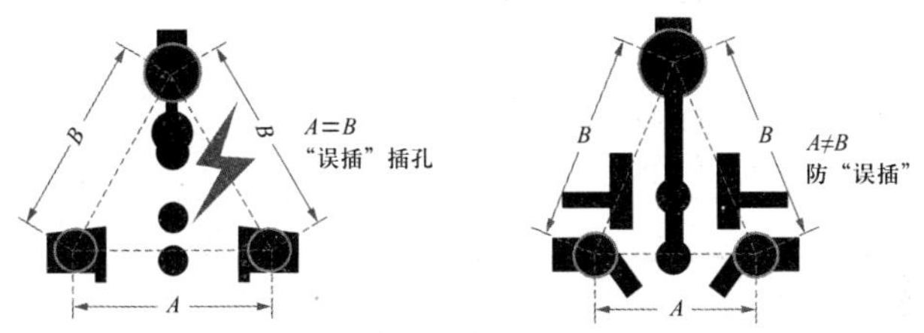

图 5–4　防误插图示对比

▶ 332. 插座的保护门有什么作用?

答：插座的保护门主要用于预防外部金属意外插入开关内部造成的漏电、触电等事故。开关的保护门更能够起到对儿童的保护作用。因此，对于一些开架经营儿童用品的门店，更需要采用具有保护门的插座。

▶ 333. 怎样判断插座保护门的质量?

答：插座保护门的质量可以通过目测来判断，具体见表 5-25。

表 5-25　插座保护门质量的判断

项　目	优　　质	次　　级
材料	一般采用黑色尼龙 66 材料	可能采用 ABS 等劣质材料
劣质材料	插入与拔出均适当	插脚反复刮擦容易造成保护门上出现划痕，增加插头插入难度
设计不合理	有的采用防单极插入设计： （1）两极插头，只有两个插脚同时插入才能将保护门顶开。 （2）三极插头的防单极插入有两种情况： 1）接地极无保护门，相线、零线两极也要同时插入才能顶开保护门； 2）三极都有保护门，在接地插脚顶开保护门时，相线、零线两极保护门才会打开（合格的三极插头，接地插脚应比另两极插脚略长）	如果用螺丝刀或钥匙仍可以插入（注：不得带电试验）

▶ 334. 哪些场所需要选择带保护门的插座?

答：国家电气标准规定，安装高度在 1.8m 以下的插座，应采用有保护门设置的安全插座。普通室内插座下沿当离地面 300mm 位置时，除空调插座及一些特定用途插座外，也要选择带有保护门的插座。

▶ 335. 怎样选择门店空调插座?

答：门店空调插座可以根据空调的类型来选择，具体见表 5-26。

表 5-26　　门店空调插座的选择

类　型	说　明
小功率空调	小功率空调可以选择 10A 普通三极插头、16A 三极插头两种。 如果小门店只有几平方米，则采用 10A 普通插座即可。如果门店属于西晒的方位，面积也比较大，则建议采用 16A 插座
中型空调	中型空调的功率较高，必须使用相应的 16A 插座。另外，由于空调一般接电源就处于待机状态，因此，建议选择带开关的插座
大功率空调	大功率空调建议采用 20A、25A 甚至三相四线插座。但由于电流较大，也可以将空调电源线直接连到配电箱内，用断路器控制

▶ 336. 常见电器所采用的插座与插头有哪些类型?

答：常见电器所采用的插座与插头类型见表 5-27。

表 5-27　　常见电器所采用的插座与插头类型

名　称	插座与插头类型	名　称	插座与插头类型
电压力锅	带接地三孔插	洗碗机	带接地三孔插
紫砂煲	带接地三孔插	饮水机	带接地三孔插
电饭锅	带接地三孔插	电视机	两孔插
电热锅	带接地三孔插	笔记本电脑电源适配器	两孔插
吸油烟机	带接地三孔插	小风扇	两孔插
燃气暖风机	带接地三孔插	大风扇	带接地三孔插
小功率吹风机	两孔插		

▶ 337. 举例说明一些开关与插座的组合件实际外形。

答：一些开关与插座的组合件实际外形见表 5-28。

表 5-28　　一些开关与插座的组合件实际外形

名　称	外　形	名　称	外　形	名　称	外　形
单相三极带熔丝管带开关插座		单相二极及三极带开关插座		二位美式电脑插座、带开关方脚插座	

续表

名　称	外　　形	名　称	外　　形	名　称	外　　形
带开关多用插座		带开关二、二极插座		单相三、三极带开关插座	
四位双控大翘板开关二、三极插座					

▶ 338. 常见开关插座有哪些规格？

答： 常见开关插座的规格见表 5-29。

表 5-29　　**常见开关插座的规格**

类　　型	外形尺寸	安装孔心距尺寸
86 型	86mm（长度）× 86mm（宽度）	60mm
120 型（竖装）	73mm（宽度）× 120mm（高度）	88mm
118 型（横装）	118mm（宽度）× 70mm（高度）	88mm（不包括非规格的型号）

▶ 339. 多位开关插座有什么特点？

答： 多位开关插座是 2 个、3 个或更多的 86 型开关插座的连体。有的多位开关插座可与普通 86 型暗盒通用，有的则需要特殊暗盒才能够使用。

▶ 340. 开关、插座安装材料有什么要求？

答： 开关、插座安装材料有关要求见表 5-30。

表 5-30　　**开关、插座安装材料有关要求**

名　　称	说　　明
开关	根据设计的要求选择相应规格的开关，并且选择的开关必须是合格的产品
插座	根据设计的要求选择相应规格的插座，并且选择的插座必须是合格的产品
塑料 (台) 板	选择的塑料 (台) 板需要有足够强度，平整，无弯翘变形等异常现象
木制（台）板	选择的木制（台）板厚度要符合要求，板面平整无劈裂、无弯翘变形现象，油漆层完好无脱落
其他材料	安装开关、插座可能还需要金属膨胀螺栓、镀锌木螺栓、镀锌机螺钉、塑料胀管、木砖等材料

▶ 341. 开关插座外壳各材料有什么特点？

答： 开关插座外壳各材料间的比较见表 5-31。

表 5-31　　开关插座外壳各材料间的比较

名　　称	说　　明
PC 料	PC 料也就是聚碳酸酯、防弹胶，其具有耐热性高、阻燃性高、抗冲击性高、对紫外线有非常好的抵抗力、长期使用不会变色等特点。 一般中高档的开关插座会选择 PC 料作为正面面板材料。一些高端产品后部功能件底座外壳也是 PC 料的。 PC 料也要加以区分，有的 PC 料是回收 PC 料再加工生产的，在各方面性能上远不及真正的 PC 料
尼龙 66	尼龙 66 阻燃性较好，抗冲击性与耐热性能不如 PC 料。一些中低档开关插座产品以尼龙 66 作为开关插座后部功能件底座外壳材料，以此降低原料成本
电玉粉与 ABS	电玉粉与 ABS（丙烯腈—苯乙烯—丁二烯共聚物）在 20 世纪 90 年代以前都是中国开关插座的主要材料，其在各方面指标上远不及 PC 料。 采用电玉粉的产品表面粗糙、颜色略显灰白。ABS 材料阻燃性能较差，若长期使用，表面泛黄色

▶ 342. 什么是 PBT 料？它有什么特点？

答：有些开关插座的后座使用了 PBT 料。PBT 料学名为聚对苯二甲酸丁二（醇）酯，其电阻率远大于 PC 料，对比传统绝缘材料没有应力开裂问题。

▶ 343. 接线盒面板有什么特点？

答：接线盒面板有空白面板、装饰面板等。其属于标准产品，应用时选购即可。

空白面板主要用来封闭墙上预留的查线盒或弃用的墙孔。装饰面板主要是单一彩色的或者组合颜色的，其主要是配合装修环境的要求。

▶ 344. 暗盒有什么特点？

答：暗盒主要安装于墙体内，走线前一般要预埋。暗盒有 86 型、120 型、118 型、146 型等不同的规格。

暗盒有时也叫作线盒、底盒。

▶ 345.146 型暗盒有什么特点？

答：146 型暗盒的宽度比普通 86 型暗盒多 60mm。因此，有些四位开关、十孔插座等需要配 146 型暗盒才能安装。

▶ 346. 怎样选择防溅盒？

答：防溅盒分为开关防溅盒、插座防溅盒。另外，防溅盒尺寸规格也有多种，可根据所用面板、线盒来选择。

5.2 水

▶ 347. 水管的公称直径怎么表示？

答： 水管的公称直径采用 DN×× 表示，例如 DN20 表示公称直径为 20 毫米的水管。常见的有 DN15、DN20、DN25、DN32、DN40、DN50、DN65、DN80、DN100 等。

▶ 348. 水管的几分几是一种什么称呼？

答： 水管的几分几是早期的一种称呼，沿用了英国的单位。英制单位中 1ft=12in 英寸，其中水管的规格是英寸的分数，也就是刚好把 1in 分成了 8 份，表示水管的规格，即一英分。（注：ft 为英尺，in 为英寸）

▶ 349. 进店水管对店内水管的选择有什么影响？

答： 如果进店水管是 4 分管，则店内水管选择 6 分管则没意义了。因为，前面水路采用水管直径一般要比后面水路采用水管直径要大，才能够达到目的。

▶ 350. 水管口径对用水有什么影响？

答： 如果考虑同时用水，则口径大的水管的储水量比口径小的水管多。因此，水管口径大自然好一些，但是口径大的水管单价也比口径小的水管贵一些。

▶ 351. 水管口径与水龙头的出水口径有什么关系？

答： 水龙头的出水口是 4 分的接口，一般采用的水管口径是 6 分，这样有利于水压。

▶ 352. 什么是 4 分管、6 分管？

答： 4 分管、6 分管均是平时讲的口头语，其中 4 分管就是 ϕ20mm 的管，6 分管就是 ϕ25mm 的管。

▶ 353. 水管尺寸明细是怎样的？

答： 水管尺寸明细速查见表 5-32。

表 5-32　　水管尺寸明细速查

管内径标称（mm）	规格（in）	国内公称直径（DIN）规格	
		管外径（mm）	管厚度（mm）
10	3/8	16±0.2	
15	1/2	20±0.3	2.0±0.4
20	3/4	25±0.3	3.0±0.5
25	1	32±0.3	4.0±0.6
32	1+1/4	40±0.3	4.6±0.7

续表

管内径标称（mm）	规格（in）	国内公称直径（DIN）规格	
		管外径（mm）	管厚度（mm）
40	1+1/2	50±0.3	5.3±0.8
50	2	63±0.3	6.0±0.9
65	2+1/2	75±0.3	6.6±1.0
80	3	90±0.3	7.3±1.1
100	4	110±0.4	8.0±1.2
125	5	140±0.4	9.3±1.4
150	6	160±0.5	10±1.5
200	8	225±0.7	12±1.8
250	10	250±0.8	12.6±1.9
300	12	315	14±2.1

▶ 354. 什么是均聚物？什么是共聚物？

答：均聚物是由一种分子单体聚合而成的大分子。共聚物是由两种或两种以上的分子单体聚合而成的大分子。

▶ 355. 什么是 PC 料？它有什么特点？

答：PC 料学名为聚碳酸脂，俗称防弹胶，它的特点如下：

（1）电气强度高。

（2）表面颜色均匀、抗氧化。

（3）阻燃、耐高温、耐低温，可适用于温差大区域。

（4）抗冲击性能好。

（5）一般开关采用 ABS 易氧化变色，强度差，高温下易变形；而采用 PC 料则不易出现此类问题。

▶ 356. 什么是 PPH？

答：PPH 就是丙烯，一种分子单体聚合而成的均聚物。

▶ 357. 什么是 PPB？

答：PPB 就是嵌段共聚聚丙烯，它是用 PP（聚丙烯）与 PE（聚乙烯）嵌段共聚。PPB 管也是冷、热水管的一种，其耐热、耐压性能与 PPR 相差很大。不得与 PPB 混合使用。

▶ 358. 什么是 PB？

答：聚丁烯管材 PB 由聚丁烯塑料单体聚合而成。原料及产品生产过程中无任何添加剂，是无毒、无味、性能稳定的高分子聚合物。

▶ 359. 什么是 PPR 管？它有什么特点？

答： PPR 管又叫三型聚丙类管。它是采用无规共聚聚丙烯经挤出成为管材，注塑成为管件。PPR 采用气相共聚工艺使 5% 左右 PE 在 PP 的分子链中随机地均匀聚合（无规共聚）而成为新一代管道材料。它具有较好的抗冲击性能、长期蠕变等性能。

▶ 360.PPR 的原料来源有哪几种？

答： PPR 的化学名称为无规共聚聚丙烯，它的材料构成成分为聚丙烯，采用的工艺为气相共聚法。PPR 原料来自欧洲、韩国等地，也有的选择回收的废料重新加工，但采用回收的废料重新加工的 PPR 质量得不到保证。

▶ 361.PPR 管主要应用于哪些领域？

答： PPR 管主要应用领域如下：

（1）建筑物的冷热水系统。

（2）建筑物内的采暖系统。

（3）可直接饮用的纯净水供水系统。

（4）输送或排放化学介质等工业用管道系统。

（5）中央空调系统。

▶ 362. 常见 PPR 冷热水管件有哪些？

答： 常见 PPR 冷热水管件见表 5-33。

表 5-33　　常见 PPR 冷热水管件

名　称	外　　形	名　称	外　　形
PPR 球阀（冷水）	有多种规格，如 20、25、32、40、50、63、75 等	止回阀	有多种规格，如 20、25、32、40、50、63、75、90、110 等
外丝三通	外丝 外丝三通有多种规格，主要是管径不同	90° 弯头	90° 弯头也有不同规格，主要是管径不同，例如 20、25、32、40、50、63、75、90、110 等

续表

名　称	外　　形	名　称	外　　形
异径直接头	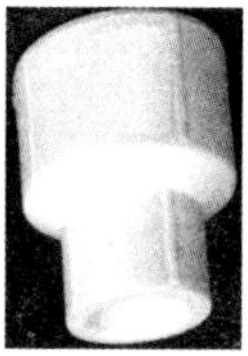 异径直接头有多种规格，如 25×20、32×20、32×435、40×20、40×25、40×32、50×20、50×25、50×32、63×50、75×25、75×32、75×40、75×50、75×63、90×32、90×40 等	90° 度内接弯头	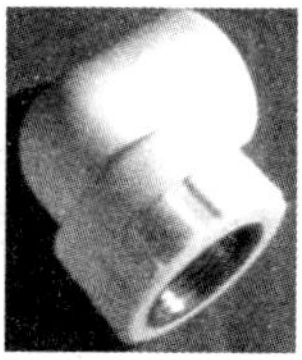
直接		外丝弯头	
堵头		管卡	
绕曲管	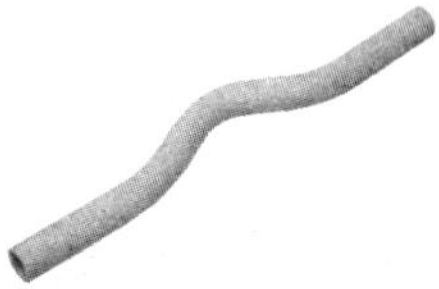		

▶ 363. 常见 PPR 冷热水管件（配件）有什么功能与特点?

答：常见 PPR 冷热水管件（配件）的功能与特点见表 5-34。

表 5-34　　常见 PPR 冷热水管件（配件）的功能与特点

名　　称	说　　明
三通	三通又叫作正三通，就是连接三根 PPR 水管
弯头	PPR 水管均是直的管子。弯头主要用于管子需要拐弯的连接处。弯头是水管工中用得最多的一种弯头。具体所需数量一般是管子长度减 30m。弯头可以分为 90° 弯头、45° 弯头
直接	直接又叫作套管、管套接头。当水管直通长度不够时，连接两根管子或者加长管子就用直接。直接是连接两路水路

续表

名　称	说　明
内丝	内丝就是具有内螺纹的配件，有水龙头、水表、软管等处一般需要用内丝。内丝有弯头内丝、直接内丝、三通内丝
外丝	外丝就是具有外螺纹的配件，有的热水器连接需要外丝。外丝有弯头外丝、直接外丝、三通外丝
堵头	堵头又叫作管堵、闷头，堵头就是装水龙头之前用于堵住水路的管件。如果有管子经常不用，建议用不锈钢堵头堵住内丝口。另外，装堵头要缠上生料带，以免漏水。堵头是配合内螺纹使用的
堵帽	堵帽是配合外螺纹使用的
PPR 球阀	PPR 球阀要采用热熔接头类型的
绕曲管	绕曲管又叫作过桥。当两路独立的水路交叉时，需要其中一路绕一个弯，这样可以避免互相影响
异径直接	异径直接是两头的规格不同的直接，即连接管径不同的两根水管的连接件。异径直接也就是大小头连接
异径三通	异径三通是指两头的规格相同，单一端头规格不相同的三通
管卡	管卡是用来把管子固定在槽里或墙上的一种配件
截止阀 / 球阀	主要起到启闭水流的作用

注　PPR 冷热水管件（配件）规格型号与管径有关，常用的有 20、25、32 等。PPR 的尺寸是以外径来算的，常标 DE××；以内径来算的，常标 DN××。

▶ 364. 什么是 PPR 管、PPR 铜管、PPR 覆铝管？

答： PPR 管即三型聚丙烯管，是很常见的一种水管，常指普通的 PPR。

PPR 铜管就是内层是铜表面覆的一种特殊的 PPR。

PPR 覆铝管就是表面覆有一层铝的一种特殊的 PPR。

▶ 365. 什么是 PPR 抗菌管？它有什么特点？

答： PPR 抗菌管是在普通的 PPR 管道上复合一层无机抗菌剂保护层。PPR 抗菌管具有以下特点：

（1）具有普通 PPR 管的特点，又具有抗菌效果。

（2）能够有效仰菌、抗菌。

（3）有的在高温 500℃以下，仍具有抗菌性能。

（4）流量大、噪声低。

▶ 366.PPR 冷水管、热水管有什么区别？

答： PPR 冷水管、热水管的区别如下：

（1）冷、热水管的壁厚不同。

（2）所能承受的压力也不同，冷水管是 16kg，热水管是 20kg。

（3）导热系数不一样，热水管可以通冷水，冷水管不可以通热水。

（4）冷水管的要求较低，价格低。

（5）如果经济条件允许，可以全都使用热水管，但是不能够全都使用冷水管。

▶ 367. PPR 水管壁厚一般是多少?

答： PPR 冷水管、热水管的壁厚不同，冷水管有 2.8mm、3.4mm 等。热水管的壁厚一般为 4.2mm。

▶ 368. 怎样根据颜色线判断是 PPR 热水管还是 PPR 冷水管?

答： 热水管上一般采用一条红线标记。

冷水管上一般采用一条绿线标记。

▶ 369. 常见的 PPR 颜色有哪几种?

答： PPR 颜色不表示质量等级，常见的 PPR 颜色有白色、灰色、绿色等。

▶ 370. PPR 管一根是多长?

答： PPR 管一根一般是 4m，有的不足 4m。采购时需要留有余量。

▶ 371. PPR 管材的公称外径与壁厚以及允许偏差是怎样规定的?

答： PPR 管材的公称外径与壁厚以及允许偏差见表 5-35。

表 5-35　PPR 管材的公称外径与壁厚以及允许偏差　单位：mm

公称外径（d_n）		管系列（S）									
		S5		S4		S3.2		S2.5		S2	
		壁厚（e_n）及偏差									
20	+0.3 0	2.0	+0.3 0	2.3	+0.4 0	2.8	+0.4 0	3.4	+0.5 0	4.1	+0.6 0
25	+0.3 0	2.3	+0.4 0	2.8	+0.4 0	3.5	+0.5 0	4.2	+0.6 0	5.1	+0.7 0
32	+0.3 0	2.9	+0.4 0	3.6	+0.5 0	4.4	+0.6 0	5.4	+0.7 0	6.5	+0.8 0
40	+0.4 0	3.7	+0.5 0	4.5	+0.6 0	5.5	+0.7 0	6.7	+0.8 0	8.1	+1.0 0
50	+0.5 0	4.6	+0.6 0	5.6	+0.7 0	6.9	+0.8 0	8.3	+1.0 0	10.1	+1.2 0
63	+0.6 0	5.8	+0.7 0	7.1	+0.9 0	8.6	+1.0 0	10.5	+1.2 0	12.7	+1.4 0
75	+0.7 0	6.8	+0.8 0	8.4	+1.0 0	10.3	+1.2 0	12.5	+1.4 0	15.1	+1.7 0

续表

公称外径（d_n）		管系列（S）									
		S5		S4		S3.2		S2.5		S2	
		壁厚（e_n）及偏差									
90	+0.9 0	8.2	+1.0 0	10.1	+1.2 0	12.3	+1.4 0	15.0	+1.6 0	18.1	+2.0 0
110	+1.0 0	10.0	+1.1 0	12.3	+1.4 0	15.1	+1.7 0	18.3	+2.0 0	22.1	+2.4 0

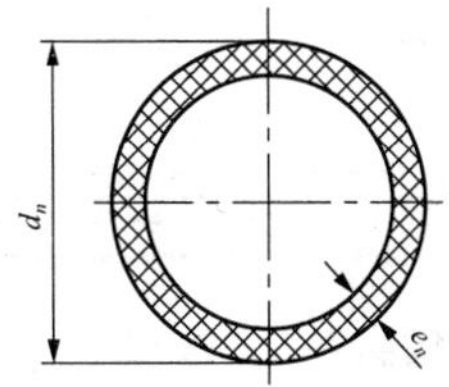

▶ 372.PPR 管材的承口与插口尺寸以及允许偏差是怎样规定的?

答： PPR 管材的承口与插口尺寸以及允许偏差见表 5-36。

表 5-36　PPR 管材的承口与插口尺寸以及允许偏差　单位：mm

公称外径（d_n）	承口的平均内径				最大圆度	最小通径	最小承口深度	最小承插深度	插口处径和壁厚
	d_{sm2}		d_{sm1}						
	基本尺寸	允许偏差	基本尺寸	允许偏差		D	L_1	L_2	
20	19.5	0 ~0.5	19.3	0 ~0.5	0.6	13.0	14.5	11.0	插口外径和壁厚参照相同规格的管材外径，壁厚和圆度公差
25	24.4	0 ~0.6	24.1	0 ~0.6	0.7	18.0	16.0	12.5	
32	31.3	0 ~0.6	31.0	0 ~0.6	0.7	25.0	18.1	14.6	
40	39.3	0 ~0.6	38.9	0 ~0.6	0.7	31.0	20.5	17.0	
50	49.3	0 ~0.6	48.9	0 ~0.6	0.8	39.8	23.5	20.0	
63	62.2	0 ~0.6	61.7	0 ~0.6	0.8	49.0	27.4	23.9	
75	74.0	0 ~0.8	72.7	0 ~0.8	1.0	58.2	31.0	27.5	
90	88.8	0 ~1.0	87.4	0 ~1.0	1.2	69.8	35.5	32.0	
110	108.5	0 ~1.2	106.8	0 ~1.0	1.4	85.4	41.5	38.0	

续表

公称外径（d_n）	承口的平均内径				最大圆度	最小通径 D	最小承口深度 L_1	最小承插深度 L_2	插口处径和壁厚
	d_{sm2}		d_{sm1}						
	基本尺寸	允许偏差	基本尺寸	允许偏差					

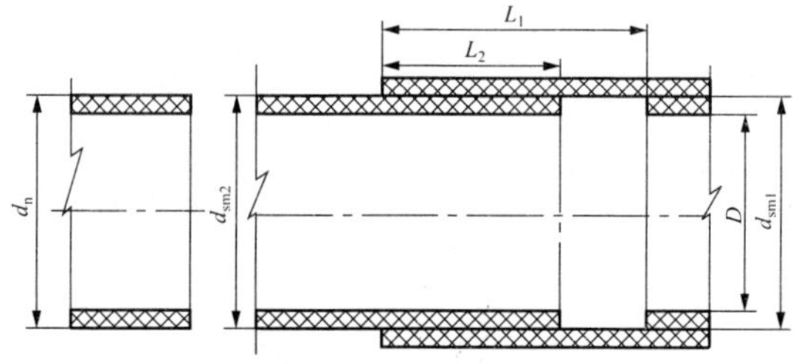

▶ 373. 怎样判断 PPR 管的优劣？

答：PPR 管的优劣判断方法见表 5-37。

表 5-37　PPR 管的优劣判断方法

方　法	优　质	劣　质
掂	用手掂，优质 PPR 水管的分量要比劣质 PPR 水管重一些。由于优质 PPR 金属管件大多数具有 3 道以上防水渗漏沟槽的铜件（铜含量要大于 58%），其铜件尺寸较长，厚度也较厚	劣质 PPR 水管要比优质 PPR 水管轻一些
灰渣	取少许 PPR 材料点燃，烧熔滴在白纸上，像蜡一样，色泽呈半透明状	取少许 PPR 材料点燃，待烧熔后再看灰渣，劣质的 PPR 灰渣多
看	优质的 PPR 水管色泽柔亮并有油质感。优质管采用 100% 进口 PPR 原料，外表光滑，标识齐全，配件上也有防伪标识	劣质的 PPR 水管由于混入了劣质塑料甚至是石灰粉，其色泽不自然，切口断面干涩无油质感，所以感觉像加 入了粉笔灰
拉丝	首先把少许 PPR 材料熔化，然后用铁钳夹住拉丝，质量好的丝长	首先把少许 PPR 材料熔化，然后用铁钳夹住拉丝，劣质管丝短，容易拉断
摸	优质 PPR 水管的内外壁光滑，无凹凸裂纹	劣质 PPR 水管内壁粗糙、有凹凸感
捏	具有相当的硬度，捏不会变形	随便一捏变形的管则为劣质管
热胀冷缩	热胀冷缩符合要求	水温下就被软化
韧性	好的 PPR 管韧性好，可轻松弯成一圈不断裂	劣质管较脆，一弯即断
烧	优质的 PPR 原料是一种烃链化合物，在火苗温度高于 800℃，理想燃烧情况下并有充足氧气的条件下，燃烧时只有二氧化碳和水蒸气释放，燃烧时应该没有任何异味、残渣	劣质的 PPR 水管由于混入劣质塑料及其他杂质，燃烧时会有异味和残渣
使用寿命	优质产品质保 50 年	劣质产品仅 5~6 年
闻	没有气味	有怪味
砸	砸 PPR 管时，回弹性好	容易砸碎

▶ 374. 怎样判断伪 PPR 管?

答：伪 PPR 管的判断方法见表 5-38。

表 5-38　　伪 PPR 管的判断方法

方　法	正 PPR 管	伪 PPR 管
冠名	正规的标识为“冷热水用 PPR 管”	冠以“超细粒子改性聚丙烯管”“PPE 管”等非正规名称的，均为伪 PPR 水管
密度	正 PPR 水管的密度要比伪 PPR 水管略小	伪 PPR 水管的密度要比正 PPR 管略大，用手掂一下，伪 PPR 水管更重一些
色彩	呈白色亚光或其他色彩的亚光	色泽明亮或色彩特别鲜艳
透光	完全不透光	轻微透光或半透光
手感	手感柔和	手感光滑
落地声	落地声较沉闷	落地声较清脆

▶ 375. PPR 水管需要选择保温套吗?

答：PPR 水管可以暗敷，也可以明敷。但是，明敷时不要直接曝露于太阳光下，也不要直接曝露于紫外线辐射下，以免破坏 PPR 水管材料分子结构。如果需要把 PPR 水管曝露于太阳光下，则需要为 PPR 水管套上保温套。

注：PPR 管的线膨胀系数较大 (0.15mm/m℃)，明装或非直埋暗敷布管时必须采取防止管道膨胀变形的技术措施。

▶ 376. 什么是 PE 管? 它有什么特点?

答：PE 管就是聚乙烯管，其特点如下：

（1）一般情况下，使用温度不超过 45℃。但是，使用在燃气领域、给水领域的具体下限温度是不同的。

（2）目前 PE 管道主要应用在燃气输配、市政给水领域领域。

（3）目前 PE 管道在室内冷水输送、排污、灌溉、养殖等方面也有应用。

（4）PE 管适宜作冷水管道，可广泛用于饮水管、雨水管等。

▶ 377. PE 管有哪些优缺点?

答：PE 管的优缺点见表 5-39。

表 5-39　　PE 管的优缺点

名　　称	优　　点	缺　　点
PE(聚乙烯) 管	（1）抗机械震动。 （2）低温性能好。 （3）韧性好，可盘绕	（1）容易开裂，不易染色。 （2）熔点为 100~130℃，不宜用于热水管道，宜用于工作温度不大于 40℃的环境

▶ 378. 什么是 PE-RT 管？

答： PE-RT 管就是耐热聚乙烯管、高温聚乙烯管，是一种可以用于热水的非交联的聚乙烯管。PE-RT 管也可以用于地板采暖系统。

▶ 379.PE-RT 管材的公称外径与壁厚以及允许偏差是怎样规定的？

答： PE-RT 管材的公称外径与壁厚以及允许偏差见表 5-40。

表 5-40　　PE-RT 管材的公称外径与壁厚以及允许偏差　　单位：mm

公称外径（d_n）		最大圆度		管系列（S）									
				S6.3		S5		S4		S3.2		S2.5	
		直管	盘管	壁厚（e_n）及偏差									
16	+0.3 0	1.0	1.0	—	—	—	—	2.0	+0.3 0	2.2	+0.4 0	2.7	+0.4 0
20	+0.3 0	1.0	1.2	—	—	2.0	+0.3 0	2.3	+0.4 0	2.8	+0.4 0	3.4	+0.5 0
25	+0.3 0	1.0	1.5	2.0	+0.3 0	2.3	+0.4 0	2.8	+0.4 0	3.5	+0.5 0	4.2	+0.6 0
32	+0.3 0	1.0	2.0	2.4	+0.4 0	2.9	+0.4 0	3.6	+0.5 0	4.4	+0.6 0	5.4	+0.7 0
40	+0.4 0	1.0	2.4	3.0	+0.4 0	3.7	+0.5 0	4.5	+0.6 0	5.5	+0.7 0	6.7	+0.8 0
50	+0.5 0	1.2	3.0	3.7	+0.5 0	4.6	+0.6 0	5.6	+0.7 0	6.9	+0.8 0	8.3	+1.0 0
63	+0.6 0	1.6	3.8	4.7	+0.6 0	5.8	+0.7 0	7.1	+0.9 0	8.6	+1.0 0	10.5	+1.2 0
75	+0.7 0	1.8	—	5.6	+0.7 0	6.8	+0.8 0	8.4	+1.0 0	10.3	+1.2 0	12.5	+1.4 0
90	+0.9 0	2.2	—	6.7	+0.8 0	8.2	+1.0 0	10.1	+1.2 0	12.3	+1.4 0	15.0	+1.6 0
110	+1.0 0	2.7	—	8.1	+1.0 0	10.0	+1.1 0	12.3	+1.4 0	15.1	+1.7 0	18.3	+2.0 0

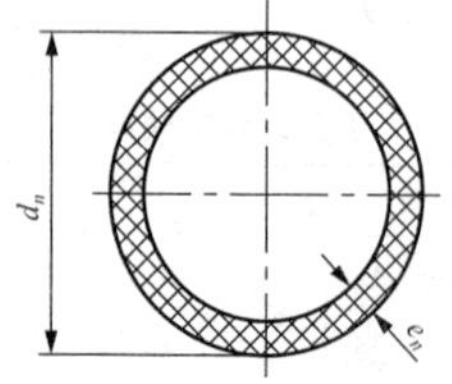

▶ 380.PE-RT 管材的承口与插口尺寸以及允许偏差是怎样规定的？

答： PE-RT 管材的承口与插口尺寸以及允许偏差见表 5-41。

表 5-41　　PE-RT 管材的承口与插口尺寸以及允许偏差　　单位：mm

公称外径 d_n	承口的平均内径				最大圆度	最小通径 D	最小承口深度 L_1	最小承插深度 L_2
	d_{sm2}		d_{sm1}					
	基本尺寸	允许偏差	基本尺寸	允许偏差				
16	15.5	0 ~0.5	15.3	0 ~0.5	0.6	9.0	13.3	9.8
20	19.5	0 ~0.5	19.3	0 ~0.5	0.6	13.0	14.5	11.0
25	24.4	0 ~0.6	24.1	0 ~0.6	0.7	18.0	16.0	12.5
32	31.3	0 ~0.6	31.0	0 ~0.6	0.7	25.0	18.1	14.6
40	39.3	0 ~0.6	38.9	0 ~0.6	0.7	31.0	20.5	17.0
50	49.3	0 ~0.6	48.9	0 ~0.6	0.8	39.0	23.5	20.0
63	62.2	0 ~0.6	61.7	0 ~0.6	0.8	49.0	27.4	23.9
75	74.0	0 ~0.8	72.7	0 ~0.8	1.0	58.2	31.0	27.5
90	88.8	0 ~1.0	87.4	0 ~1.0	1.2	69.8	35.5	32.0
110	108.5	0 ~1.2	106.8	0 ~1.0	1.4	85.4	41.5	38.0

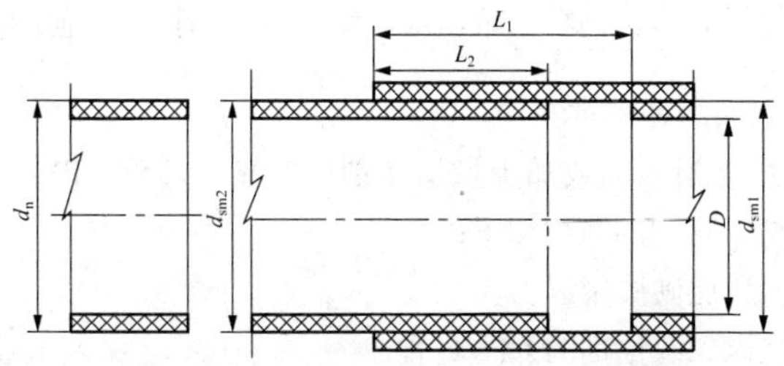

注　1. 一般情况下 PE-RT 使用较少的管件，通常是三通和套管接头，由于其自身可以以较小弯曲半径进行弯曲，因此弯头也是较少使用。

2. 目前对大于 d_n= 32mm 规格的产品不推荐应用于给水和采暖普通领域。

▶ 381. 怎样辨别 PEX-B 管材的好坏？

答：PEX-B 管材的好坏辨别方法见表 5-42。

表 5-42　PEX-B 管材的好坏辨别方法

项　目	说　明
温度标识	一般正规厂家标识温度为 -70~+95℃。如果温度标识超出此范围，则需要留意是否虚标
用电炉加热试验	有的 PEX-B 管材省略了蒸煮工序或者加了硅烷，这样的管材往往不交联或者交联度不够。 判断方法：用电炉或打火机烘烤，烘烤后合格产品仍能保持透明的管状，而不合格的产品往往黏结或塌陷。另外，合格产品在透明状态下仍能保持较好的恢复弹性，拉断后切口整齐
颜色	国产非专用料生产的 PEX-B 管材较专用料生产的 PEX-B 管材相对要黄一些
强度	国产非专用料生产的 PEX-B 管材拉伸强度相对要低些
眼看外观	合格的 PEX-B 管材，外表面一般暗淡（亚光），内表面光滑并且在内或外表面的一边有较多注意看才能够看见的细小的纵向条纹

▶ 382. 什么是 PVC？

答：PVC 就是聚氯乙烯，它是由 43% 的油、57% 的盐合成出来的一种塑胶制品。

▶ 383. 什么是 PVC 管材？

答：PVC 管材是一种以聚氯乙烯（PVC）树脂为原料，不含增塑剂的塑料管材。常见的 PVC 管材就是平时常看到的排水用的白色水管以及保护电线的 PVC 管。

▶ 384.PVC 排水管的大致配方是怎样的？

答：PVC 排水管主要是以 PVC 树脂粉为主体，另外还有硬脂酸钙、硬脂酸、三盐、二盐、石蜡、钙粉、聚乙烯、钛白粉、蜡以及其他助剂等。

▶ 385.PVC 管有哪些种类？

答：PVC 管是指未加或加少量增塑剂的聚氯乙烯管。PVC 管一般分为Ⅰ型、Ⅱ型、Ⅲ型，它们的名称如下：

Ⅰ型——为普通硬质聚氯乙烯。

Ⅱ型——为添加改性剂的 UPVC 管。

Ⅲ型——为具有良好的耐热性能的氯化 PVC 管材。

▶ 386. PVC 管有哪些优缺点？

答：PVC 管的优缺点见表 5-43。

表 5-43　PVC 管的优缺点

名称	优　点	缺　点
PVC	（1）不溶于石油、矿物油等非极性溶剂，能耐一般的酸、碱侵蚀。 （2）有良好的自熄性能。 （3）产品质量轻，施工容易。 （4）产品规格最多，管材直径从 DN20~DN750，全塑管件直径从 DN20~DN200，直径 DN200 以上的管材也有金属管件、塑钢管件可供连接。 （5）内径光滑，降低输水能耗 。 （6）符合饮用水卫生指标，可达到自来水生饮的严格要求。 （7）售价比镀锌管便宜 30%，比球墨铸铁管材便宜 40%	（1）不宜用于热水管道。 （2）可用作生活用水供水管。 （3）不宜作为直接饮用水供水管。 （4）受冲击时易脆裂。 （5）某些低质的 UPVC 管，生产中加入了增塑剂，会造成介质污染，且大大缩短了 UPVC 管的老化期

▶ 387. 什么是 UPVC 管?

答：UPVC 管就是硬 PVC。UPVC 就是氯乙烯单体经聚合反应而制成的无定形热塑性树脂加一定的添加剂或者除了用添加剂外，还采用与其他树脂进行共混改性的办法组成的管材。

▶ 388. UPVC 管适用于哪些领域?

答：UPVC 管是一种塑料管，接口处一般用胶连接。UPVC 管抗冻差、耐热性差、承性差压、熔体黏度大、易分解。因此，UPVC 管不可以作为热水管，也不宜作为冷水管。一般适用于电线管道、排污管道。

▶ 389. UPVC 管件、管材有什么优点?

答：UPVC 管件、管材的优点见表 5-44。

表 5-44　UPVC 管件、管材的优点

优　点	说　明
安装简易	可以用专用 PVC 切割刀进行切割，应急情况可以采用锯条或者美工刀
保养性好	保养简单、保养费用低
不导电	UPVC 材料不导电、不电解、不受电流的腐蚀
不能燃烧	UPVC 材料不能燃烧，也不助燃
菌类不会腐化	UPVC 不能被细菌及菌类所腐化
连接容易	UPVC 的连接采用 PVC 胶水连接即可
轻便	UPVC 材料的密度只有铸铁的 1/10，因此，UPVC 管件、管材具有轻便性
阻力小，流率高	内壁光滑，流体流动性损耗小

▶ 390. 铜水管有什么特点?

答：铜水管就是采用铜管作为水管。应用铜水管具有卫生、成本高、连接难度较大等特点。

▶ 391. PE 型塑敷铜管尺寸与规格是怎样规定的?

答：PE 型塑敷铜管尺寸与规格见表见表 5-45。

表 5-45　　PE 型塑敷铜管尺寸与规格　　单位：mm

铜管外径 D_w	塑覆铜管外径 D_n		外径允许公差	塑覆层壁厚 T		壁厚允许公差	齿数 N
	平型环	齿型环		平型环	齿型环		
6	8.20	8.60	±0.30	1.10	1.30	±0.25	6~8
8	10.20	10.60	±0.30	1.10	1.30	±0.25	8~10
10	12.20	12.60	±0.30	1.10	1.30	±0.25	10~12
12	14.20	14.60	±0.30	1.10	1.30	±0.25	12~20
15	17.60	18.60	±0.35	1.30	1.80	±0.30	16~25
16	18.60	19.60	±0.35	1.30	1.80	±0.30	16~25
18	20.60	21.60	±0.35	1.30	1.80	±0.30	16~26
19	21.60	22.60	±0.35	1.30	1.80	±0.30	16~26
22	24.60	25.60	±0.35	1.30	1.80	±0.30	20~30
28	30.60	31.60	±0.35	1.30	1.80	±0.30	20~30
35	38.60	40.00	±0.40	1.80	2.50	±0.25	28~35
42	45.60	47.00	±0.40	1.80	2.50	±0.35	32~42
54	58.00	60.00	±0.50	2.00	3.00	±0.40	42~52

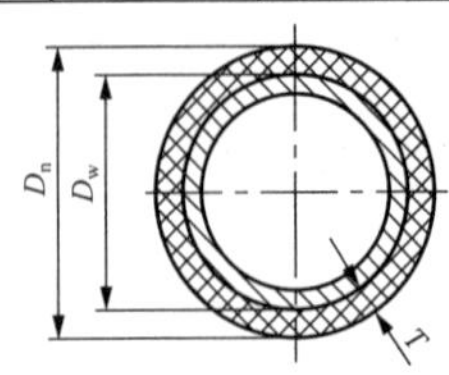

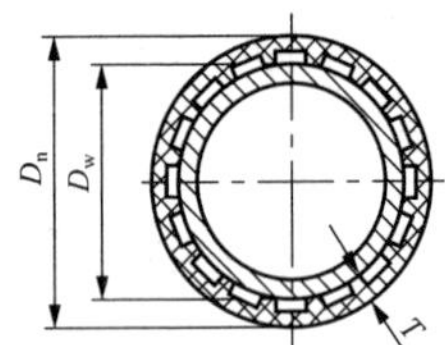

▶ 392. 紫铜水管尺寸与规格是怎样规定的?

答：紫铜水管尺寸与规格见表 5-46。

表 5-46　　紫铜水管尺寸与规格　　单位：mm

公称通径 D_N	铜管外径 D_W	壁厚 T			理论重量（kg/m）			平均外径允许偏差	
		A 类	B 类	C 类	A 类	B 类	C 类	普通级	高精级
5	6	1.0	0.8	0.6	0.140	0.116	0.091	±0.06	±0.03
6	8	1.0	0.8	0.6	0.196	0.161	0.124		
8	10	1.0	0.8	0.6	0.252	0.206	0.158		
10	12	1.2	0.8	0.6	0.362	0.251	0.191		
15	15	1.2	1.0	0.7	0.463	0.391	0.280		
	16	1.2	1.0	0.7	0.496	0.419	0.299		
	19	1.2	1.0	0.8	0.597	0.503	0.407		

续表

公称通径 D_N	铜管外径 D_W	壁厚 T			理论重量（kg/m）			平均外径允许偏差	
		A 类	B 类	C 类	A 类	B 类	C 类	普通级	高精级
20	22	1.5	1.2	0.9	0.860	0.698	0.531	±0.08	±0.04
25	28	1.5	1.2	0.9	1.111	0.899	0.682		
32	35	2.0	1.5	1.2	1.845	1.405	1.134	±0.10	±0.05
40	42	2.0	1.5	1.2	2.237	1.699	1.369		
	44	2.0	1.5	1.2	2.349	1.783	1.436		
50	54	2.5	2.0	1.2	3.600	2.908	1.772	±0.20	±0.05
	55	2.5	2.0	1.2	3.671	2.965	1.806		
65	67	2.5	2.0	1.5	4.509	3.635	2.747	±0.24	±0.06
	70	2.5	2.0	1.5	4.721	3.805	2.874		
80	85	2.5	2.0	1.5	5.138	4.138	3.125		
100	105	3.5	2.5	1.5	9.937	7.168	4.343	±0.30	±0.06
	108	3.5	2.5	1.5	10.226	7.374	4.467		
125	133	3.5	2.5	1.5	12.673	9.122	5.515	±0.40	±0.10
150	159	4.0	3.0	2.0	17.335	13.085	8.779	±0.60	±0.18
200	219	6.0	5.0	4.0	35.733	29.917	24.046	±0.70	±0.25

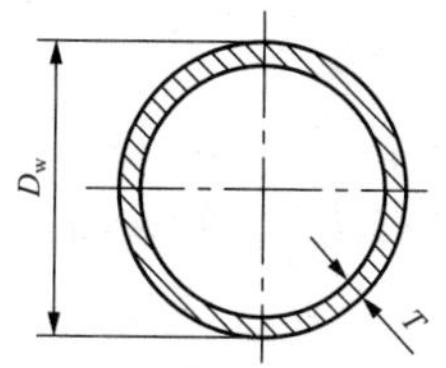

▶ 393. 铜水管的连接方式有哪几种？

答：铜水管的连接方式有焊接（分为带锡、不带锡）、管件卡接（分为卡箍式、倒牙咬合、胶圈密封等）。

▶ 394. 铜水管钎焊钎料的种类有哪些？

答：钎料又叫焊料，它是钎焊时在低于母体熔点温度下熔化并填充进钎焊接头的金属或合金。铜水管钎焊钎料分为铜磷钎焊料、银钎焊料。

铜磷钎焊料由铜磷二元合金组成，属硬钎焊料，由于磷可以还原氧化铜，因此采用铜磷钎焊料钎焊紫铜件时无须另加钎剂。

银钎焊料主要是由银铜等合金组成，属硬钎焊料，具有钎焊接头强度高、润湿性好等特点，主要用于对质量要求较高的钎焊接头。

▶ 395. 4 分铸铁管与 PPR 几分管是对应的?

答：铸铁管的 4 分管内径与 PPR 的 6 分管内径是一样的。

▶ 396. 镀锌管有什么特点?

答：镀锌管由于容易锈垢，滋生细菌，锈蚀造成水中重金属含量过高，危害人体的健康。因此，目前水管不再用镀锌管。改造门店水管时，发现还是采用镀锌管，则建议要换成 PPR 管等。

目前，煤气、暖气管道还有的采用镀锌管作为管道。

▶ 397. 铝塑管有什么特点?

答：铝塑管具有质轻、耐用、施工方便、可弯曲、价格适中、易老化等特点，它采用卡套式连接。

目前，也有一些门店装修采用铝塑管。使用铝塑管时需要注意铝塑管接口因热胀冷缩容易引发渗漏现象。另外，不同厂家的管材与管件不一定配套。

▶ 398. 纹软管有什么特点?

答：纹软管的特点如下：

（1）可绕曲。

（2）可用来取代机械强度较低的石墨、陶瓷、玻璃等管道。

（3）长度有 20~20000mm 不等。

（4）壁厚有 0.5~2.5mm 不等。

（5）波纹软管的连接方式有法兰连接、油任连接、螺纹连接、快速接头、直接连接、管件连接等。

（6）固定方式有管卡固定、金属丝固定等。

▶ 399. 什么是钎剂? 它有什么作用?

答：钎剂又叫钎焊熔剂。它的主要作用是清除母体材料、钎料表面的氧化膜，抑制母材料及钎料在钎焊过程中再氧化，从而改善钎料对被钎焊材料的润湿作用。在紫铜和紫铜钎焊时一般不用钎剂；在紫铜和黄铜配件钎焊时要用钎剂。

▶ 400. 太阳能热水器使用的上水管应怎样选择?

答：太阳能热水器使用的上水管应选择 PE-X 聚乙烯交联管。

▶ 401. 水电材料验收单是怎样的?

答：水电材料验收单如下所示：

水电材料验收单

施工地址：　　　　　　　　　　　　　　　　　　　　　　　　　项目经理：

名称	单位	品牌	厂家	等级	规格	预算及合同规定用料	进场材料是否合标准	备注
电线							合格：□　不合格：□	
电脑线							合格：□　不合格：□	
电话线							合格：□　不合格：□	
有线电缆线							合格：□　不合格：□	
音响							合格：□　不合格：□	
PPR 热水管及配件							合格：□　不合格：□	
PPR 冷水管及配件								
PVC 穿线管							合格：□　不合格：□	
给排水管							合格：□　不合格：□	
线盒							合格：□　不合格：□	
材料验收检验结果： 店主：________（签字）　施工监理：_______（签字）　水电工：_______（签字） 日期：　日期：　日期：								

验收日期：　　年　月　日

▶ 402. 什么时候需要选择增压泵？

答： 如果自来水供水很小，其他因素正常的情况下，只是水压不够的情况下，则需要选择增加增压泵，以增加水流的作用。

5.3 配件与设施

▶ 403. 怎样选择灯具塑料（木）台?

答：塑料台需要选择足够强度、受力后无弯翘变形现象的产品。木台需要选择完整、无劈裂、油漆完好无脱落的产品。

▶ 404. 怎样选择灯具的安装配件?

答：灯具的安装配件选择方法见表 5-47。

表 5-47　灯具的安装配件选择方法

名　称	说　明
吊管（杆）	选择钢管作为灯具吊管时，钢管内径一般不小于 10mm，钢管厚度不小于 1.5mm
吊钩	选择圆钢作为灯具安装时，圆钢的直径不小于吊挂销钉的直径，且一般不小于 6mm
瓷接头	选择的瓷接头应完好无损，所有配件齐全
灯卡具	选择的塑料灯卡具应没有裂纹、缺损等异常现象

▶ 405. 哪些属于过时或者不合格的插头?

答：目前，我国插头形式主要是扁形，有两极扁形插头、两极带接地（俗称三极）扁形插头。有的插头属于过时或者不合格的插头，在门店装饰时，则不要选择，例如：

（1）插销上带孔眼的插头承载力不足，为危险产品，不要选择。

（2）插销可旋转的插头不符合标准要求，不要选择。

（3）地极插脚可藏式插头，不要选择。

（4）三极插头地极插脚和其他两个插脚一样长的，不要选择。合格的三极插头，地极插脚当比其他两个插脚长 1mm 以上，以保证在接通电源时接地极保护已被接通。

（5）圆柱形插头是已被淘汰的不合格产品。

▶ 406. 水龙头的种类有哪些?

答：水龙头的种类见表 5-48。

表 5-48　水龙头的种类

依　据	种　类
使用功能	浴缸水龙头、面盆水龙头、厨房水龙头
结构	单柄类水龙头、带 90° 开关的水龙头、传统螺旋稳升式水龙头、橡胶密式的水龙头、特殊功能水龙头

▶ 407. 怎样选择水龙头?

答：水龙头的选择方法见表 5-49。

表 5-49　　**水龙头的选择方法**

项　目	优质水龙头	劣质水龙头
看外表	加工精细、表面光洁度好	表面光洁度差
转动把手	水龙头与开关间没有过度间隙、开关轻松无阻不打滑	间隙大、受阻感大
装配	装配紧密	装配不紧密
材料	是否使用铜镀铬，一般用铜材质的较重。较重的水龙头一般是优质水龙头	
阀芯	水龙头的阀芯决定了水龙头的寿命与出水效果，最好选择陶瓷阀芯的水龙头	
出水口滤网	一般水龙头的出水均有整流网罩，好的水龙头出水口有双层滤网	
表面处理	镀铬层无须特别维护而能保持长久，好的镀铬有 3 层	

▶ 408. 选择水表时有哪些注意事项?

答：选择水表时应注意如下事项：

（1）必须选择经过计量测试中心检定的产品，并且采用计量测试中心统一认可的产品，不采用未经检定或检定不合格的产品。

（2）DN15~DN25 居民生活用水性质贸易结算水表必须有塑料防盗表扣，其他贸易结算水表及考核表需要使用防盗钢丝铅封。

▶ 409. 怎样识读阀门?

答：阀门型号的命名规律：[阀门类型代号][传动方式代号][连接形式代号][结构形式代号][阀座密封面或衬里材料代号][公称压力数值][阀体材料代号]。

阀门的识读方法见表 5-50。

表 5-50　　**阀门的识读方法**

阀门类型（汉语拼音字母）	A—安全阀	DZ—电磁阀	D—蝶阀	
	G—隔膜阀	H—止回阀和底阀	J—截止阀	
	L—节流阀	Q—球阀	S—疏水阀	
	T—调节阀	X—旋塞阀	Y—减压阀	Z—闸阀
传动方式（一位数字）	0—电磁动	1—电磁—液动	2—电—液动	3—蜗轮
	4—正齿轮转动	5—伞齿轮转动	6—气动	7—液动
	8—气—液动	9—电动	其他手轮、手柄、扳手无数字表示	
连接形式（一位数字）	1—内螺纹	2—外螺纹	3—法兰（用于双弹簧安全阀）	
	4—法兰	5—法兰（用于杠杆式、安全门、单弹簧安全门）		
	6—焊接	7—对夹	8—卡箍	9—卡套

续表

	名称	1	2	3	4	5	6	7	8	9	10
结构形式（一位数字）	闸阀	明杆楔式单闸阀	明杆楔式双闸阀	—	明杆平行式双闸阀	暗杆楔式双闸阀	暗杆楔式双闸阀	—	暗杆平行式	—	—
	截止阀、节流阀	直通式（铸造）	角式（铸造）	直通式（锻造）	角式（锻造）	直流式	—	—	直通式（无填料）	压力计用	—
	隔膜阀	直通式	角式	—	—	直流式	—	—	—	—	—
	球阀	直通式（铸造）	—	直通式（铸造）	—	—	—	—	—	—	—
	旋塞阀	直通式	调节式	直通填料式	三通填料式	四通填料式	—	油封式	三通油封式	液面指标器用	—
	止回阀	直通升降式（锻造）	立式升降式	直通升降式（锻造）	角瓣旋启式	多瓣旋启式	—	—	—	—	摇板式
	蝶阀	旋转偏心轴式	—	—	—	—	—	—	—	—	杠杆式
	弹簧式安全阀	封闭全启式	封闭全启式	封闭带扳手微启式	封闭带扳手全启式	—	—	不封闭带扳手微启式	不封闭带扳手全启式	—	带散热器全启式
	杠杆式安全阀	单杆式微启式	单杠式微启式	双杠式微启式膜片	双杠式全启式	—	—	—	—	—	—
	减压阀	外弹簧薄膜式	内弹簧薄膜式	活塞式	波纹管式	杠杆弹簧式	气垫薄膜式	—	—	—	—
密封面或衬里（汉语拼音字母）	B—锡基轴（巴承合金氏合金） CJ—衬胶 CQ—衬铅 CS—衬塑料 D—渗氮钢 F—氟塑料 H—合金钢 J—硬橡胶 P— 革（渗硼钢） S—塑料 SA—聚四氟乙烯 SB—聚三氟乙烯 SC—聚氟乙烯 SD—酚醛塑料 SN—尼龙 TC—搪瓷 T—铜合金 W—密封圈由阀体加工 X—橡胶 Y—硬质合金										
公称压力（数字表示，kg/m^2）											
阀体材料（汉语拼音字母）	B—铅合金 II—铬钼合金钢 L—铬合金 P—铬镍钛钢 Q—球墨铸铁 R—铬镍钼钛钢 T—铜合金 V（II）—铬钼钒合金钢 X—可锻铸铁 Z—灰铸件（一般不表示）										

▶ 410. 减压阀内部结构是怎样的?

答：青铜支管减压阀的内部结构如图 5-5 所示，比例减压阀的内部结构如图 5-6 所示。

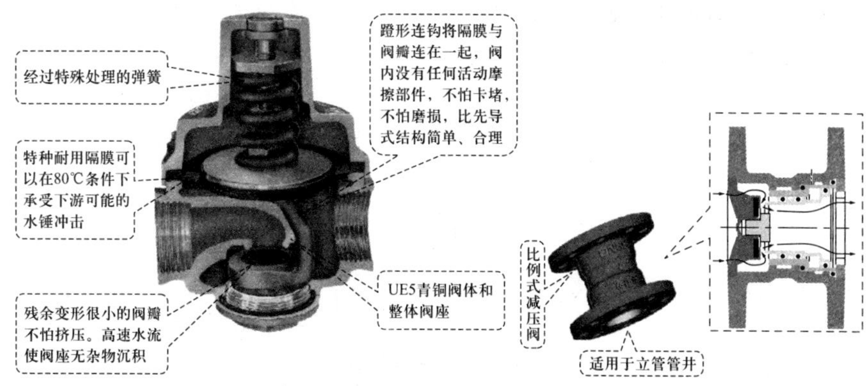

图 5-5　青铜支管减压阀的内部结构　　图 5-6　比例减压阀的内部结构

5.4　电气设备

▶ 411. 怎样选择简易门店总开关？

答： 选择门店总开关主要考虑便于门店停电检修或者照明、设备异常需要及时停电，并起到保护作用。

可以作为总开关的电器有胶木闸刀、瓷插式熔断器、低压断路器、剩余电流动作保护器、剩余电流动作保护断路器，具体选择要点见表 5-51。

表 5-51　　简易门店总开关的选择

名　称	说　明
瓷插式熔断器	门店统一安装了电能表与总开关，而门店主要是白天营业、用电器也比较少，则可以选择瓷插式熔断器。需要注意瓷插式熔断器更换熔丝需要取下瓷盖。瓷插式熔断器目前一般不选择
胶木闸刀	胶木闸刀成本低、短路保护可靠，但是没有过负荷保护。胶木闸刀可以用于具有小容量动力设备的门店。采用胶木闸刀比采用瓷插式熔断器要好一些。不过，目前胶木闸刀基本上不作为门店总开关
低压断路器	低压断路器又叫空气开关，其具有短路保护、过负荷保护，其自动跳闸后合上或稍等片刻合上就能继续供电。低压断路器可以作为门店总开关、分开关
剩余电流动作保护器	剩余电流动作保护器具有漏电保护作用，基本可以保证门店家电、线路的正常，没有严重的漏电现象。 注意：安装了剩余电流动作保护器不等于就万无一失，即使质量好的剩余电流动作保护器也不能保证可靠跳闸。 门店选择剩余电流动作保护器一般额定电压为 230V、400V，额定电流有 10A、16A、20A 等，具体根据实际电路参数来选择
剩余电流动作保护断路器	剩余电流动作保护断路器其实就是低压断路器与剩余电流动作断路器组合在一起的一种电器，也就是断路器加装剩余电流动作附件。剩余电流动作保护断路器具有过负荷保护、短路保护、剩余电流动作保护功能。因此应尽量选择剩余电流动作保护断路器

▶ 412. 怎样识读断路器？

答： 断路器的实物如图 5-7 所示。

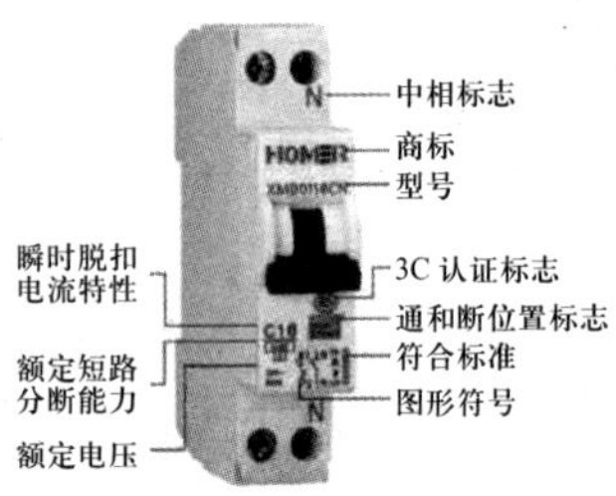

图 5-7　断路器的实物识读

▶ 413. 怎样识读剩余电流动作断路器？

答： 剩余电流动作断路器的实物如图 5-9 所示。

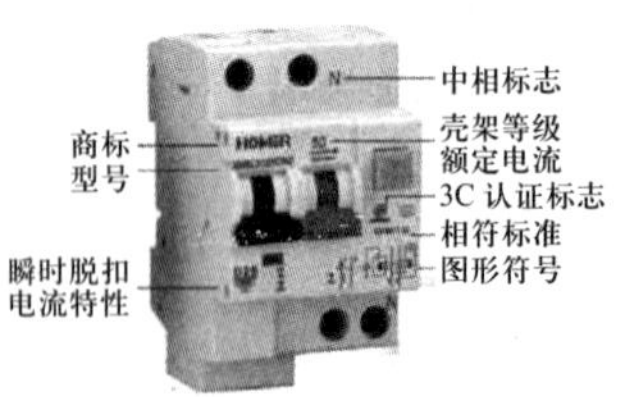

图 5-8　剩余电流动作断路器的实物识读

▶ 414. 微型断路器的极数与实物如何对照？

答： 微型断路器的极数与实物对照见表 5-52。

表 5-52　微型断路器的极数与实物对照

极数	图例	实物	极数	图例	实物
1P	1 2		2P	1 3 2 4	
3P	1 3 5 2 4 6		4P	1 3 5 7 2 4 6 8	

▶ 415. 瞬时脱扣特征为 5~10I_N 是什么意思？

答：瞬时脱扣特征为 5~10I_N 表示的是脱扣电流，具体的 5~10I_N 是表示指脱扣电流是其额定电流的 5~10 倍。

额定电流就是断路器能够长期工作的最大允许通过电流。脱扣电流就是指断路器的断流能力，也就是断路器出现故障时，断路器的动作电流。

▶ 416. 不同类型的瞬时脱扣特征的断路器适应范围是怎样的？

答：不同类型的瞬时脱扣特征的断路器适应范围如下：B 型断路器，无感或微感电路短路及过负荷保护；C 型断路器，照明配电电路短路及过负荷保护；D 型断路器，工业配电系统短路及过负荷保护 。

▶ 417. 怎样识读 TCL 国际电工微型断路器？请举例说明。

答：TCL 国际电工微型断路器的命名规律如下：表示的 TCL 国际电工代号 + 表示微型断路器的字母 B + 设计序号 + 是否带剩余电流动作保护 + 壳架等级电流 + 断路器保护曲线 + 脱扣器整定电流 + 极数

例如 TIB1L-50C40/2，含义如下：

TI——TCL International，即 TCL 国际电工；

B——微型断路器；

1——设计序号；

L——带剩余电流动作保护的断路器；

50——壳架等级电流，单位为 A。例如 50 表示壳架等级电流是 50A；

C——断路器保护 C 曲线，也就是配电保护用。C 曲线瞬时脱扣特征一般为 5~10I_N，D 曲线瞬时脱扣特征一般为 10~15I_N，B 曲线瞬时脱扣特征一般为 3~5I_N；

40——脱扣器整定电流，单位为 A。例如 40 表示脱扣器整定电流是 40A；

/2——极数，2 表示两极。

▶ 418. 怎样识读德力西微型断路器？

答：德力西微型断路器的命名规律如图 5-9 所示。

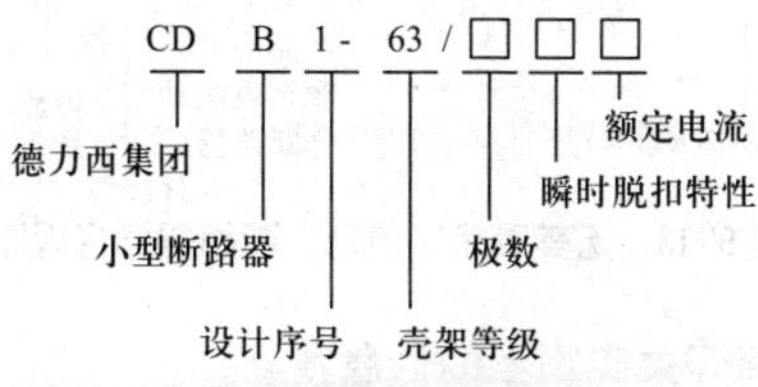

图 5-9　德力西微型断路器的命名规律

▶ 419. 怎样识读博顿 BE1-L 系列塑料外壳剩余电流动作断路器？

答： 博顿 BE1-L 系列塑料外壳剩余电流动作断路器命名规律如图 5-10 所示。

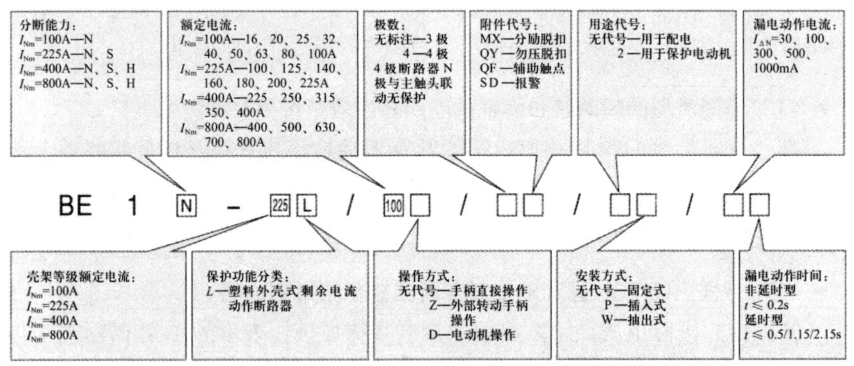

图 5-10 博顿 BE1-L 系列塑料外壳剩余电流动作断路器命名规律

▶ 420. 怎样识读宏美断路器？

答： 宏美断路器命名规律如图 5-11、图 5-12 所示。

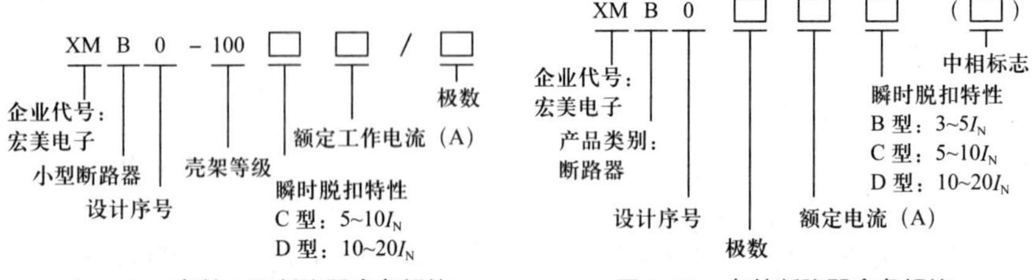

图 5-11 宏美小型断路器命名规律　　图 5-12 宏美断路器命名规律

▶ 421. 怎样识读宏美剩余电流动作断路器？

答： 宏美剩余电流动作断路器命名规律如图 5-13 所示。

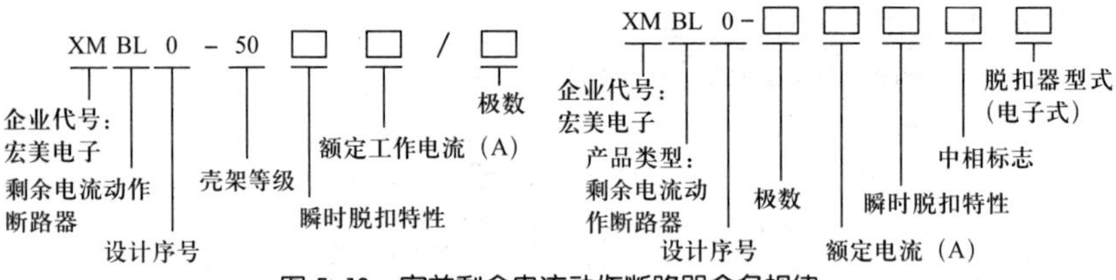

图 5-13 宏美剩余电流动作断路器命名规律

▶ 422. 怎样识读隔离开关实物上的信息？

答： 隔离开关的实物识读如图 5-14 所示。

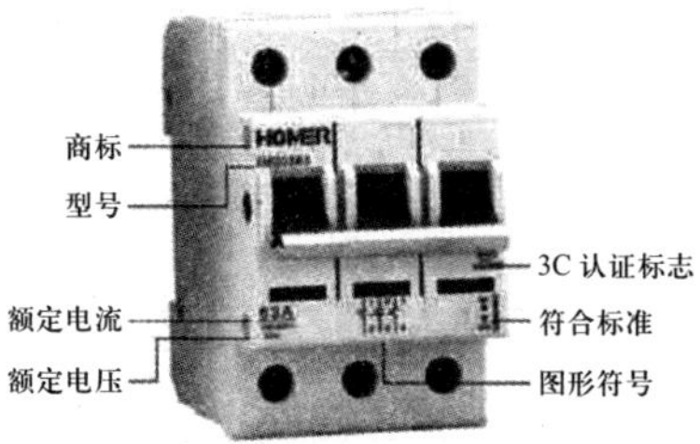

图 5-14　隔离开关的实物识读

▶ 423. 怎样识读宏美隔离开关?

答: 宏美隔离开关命名规律如图 5-15 所示。

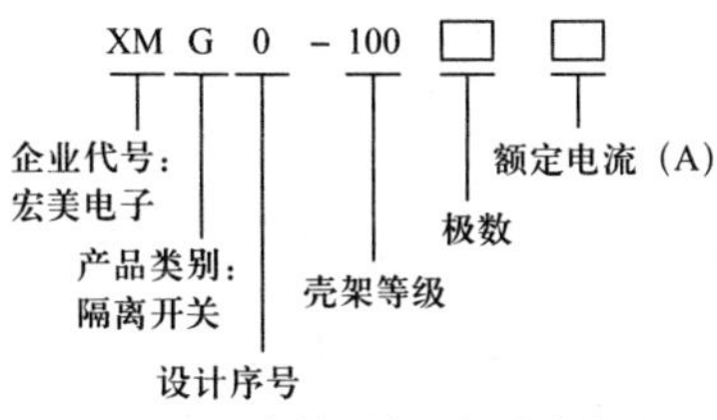

图 5-15　宏美隔离开关命名规律

▶ 424. 怎样识读富士电机断路器?

答: 富士电机断路器命名规律如图 5-16 所示。

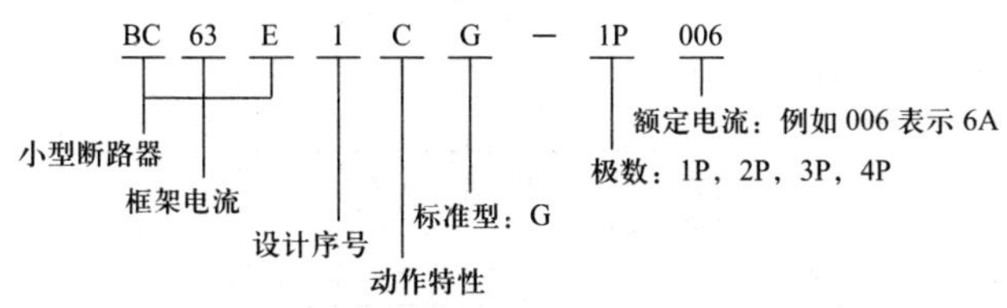

图 5-16　富士电机断路器命名规律

▶ 425. 什么是剩余电流动作断路器?

答: 剩余电流动作断路器是通过检测剩余电流，并且将剩余电流值与基准值相比较，如果剩余电流值超过基准值，则会使主电路触头断开机械开关，则电气电路断开。剩余电流动作断路器带有过负荷保护、短路保护功能，有的剩余电流动作断路器还具有过电压保护。

▶ 426. 剩余电流动作断路器的极数与实物如何对照?

答: 剩余电流动作断路器的极数与实物对照见表 5-53。

表 5-53 剩余电流动作断路器的极数与实物对照

极数	图例	实物	极数	图例	实物
1P	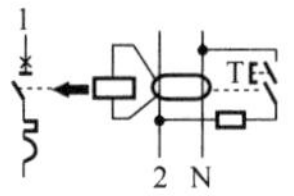		2P	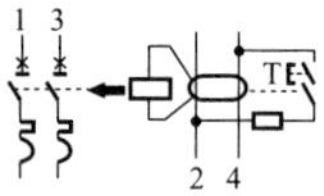	
3P	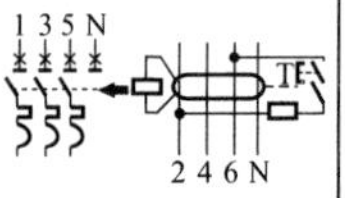		4P	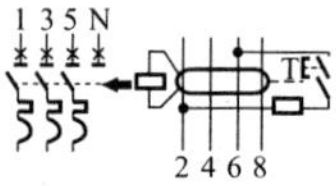	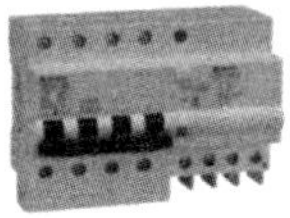

▶ 427. 简单说明一些断路器的特点。

答：一些断路器的特点见表 5-54。

表 5-54 一些断路器的特点

名　　称	适　　用	作　　用
DZ108 系列塑料外壳式断路器	适用于交流 50Hz、60Hz，电压 660V，额定电流 0.1~63A 的电路	可以用于电动机的过负荷、短路保护，也可以用于启动与分断电动机全压启动器，配电网络中用于线路与电源设备的过负荷、短路保护
DZ10 系列塑壳断路器	适用于交流 50Hz、380V 或直流 220V 及以下的配电线路	分配电能，在线路及电源设备过负荷、欠电压和短路时起保护作用，以及在正常工作条件下不频繁分断和接通线路
DZ12 系列塑料外壳式断路器	交流 50Hz 单相 230V 及以下的照明线路	照明配电箱中用于线路的过负荷保护、短路保护，在正常情况下用于线路的不频繁转换
DZ15 系列塑料外壳式断路器	交流 50Hz、额定电压 380V、额定电流 63A 的线路	可用来进行通断操作，也可用来保护线路和作为电动机的过负荷及短路保护，还可在为线路不频繁转换及电动机不频繁启动时应用
DZ20 系列塑料外壳式断路器	适用于交流 50Hz，额定绝缘电压 660V、额定工作电压 380V（400V）及以下线路	一般用于配电线路中，以及用于保护电动机
DZ47 漏电脱扣断路器	适用于交流 50Hz 或 60Hz，额定工作电压为 230V、额定电流 63A 的线路	对线路进行远距离控制分断或自动信号控制分断，同时作为线路的过负荷和短路保护，也可以用于线路的不频繁操作转换
DZ47 系列小型断路器	适用于交流 50Hz（60Hz），额定工作电压为 240V（415V）及以下，额定电流 60A 的电路中	主要用于现代建筑物中电气线路及设备的过负荷、短路保护，也适用于线路的不频繁操作及隔离
DZ5 系列塑料外壳式断路器	适用于交流 50Hz、380V、额定电流自 0.15~50A 的电路中	可以作为电动机用断路器、配电用断路器，以及在电动机不频繁启动及线路的不频繁转换时用

例如 DZ47 在标准客房配电箱中的应用如图 5-17 所示。

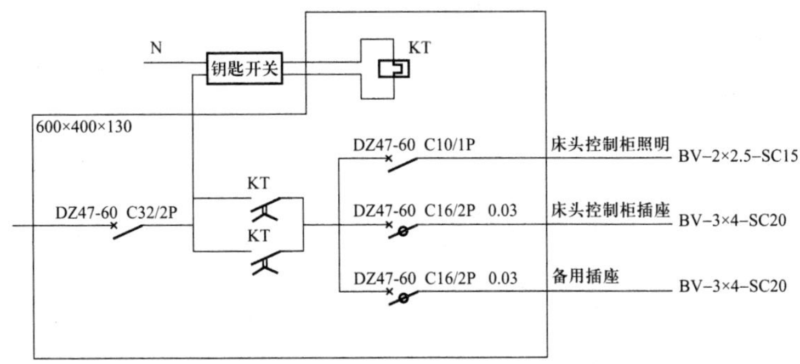

图 5–17　DZ47 在标准客房配电箱中的应用

▶ 428. 怎样识读梅兰日兰空气断路器？

答：下面以 C65AD-20A-1P 为例来介绍：

C65——C65 系列空气断路器，表示用于一般配电使用。

20A——开关的额定工作电流。

1P——开关是 1 极的开关。

另外，AD 表示用于电动机配电保护，N 表示用于普通的配电保护。

▶ 429. 低压断路器有哪些类型？

答：低压断路器根据结构形式，可以分为开启式、装置式。其中开启式也叫作框架式、万能式，装置式也叫作塑料壳式，见表 5-55。

表 5-55　低压断路器的类型

类　型	说　明
装置式断路器	装置式断路器由内装触点系统、绝缘塑料外壳、灭弧室及脱扣器等组成。其能进行手动或电动 (对大容量断路器而言) 合闸，有较高的分断能力和动稳定性，有较完善的选择性保护功能。主要应用于配电线路
框架式低压断路器	框架式低压断路器由过电流脱扣器、分励脱扣器及欠压脱扣器、触点系统、操作机构、附件及框架等组成，全部组件进行绝缘后装于框架结构底座中。框架式低压断路器具有较高的短路分断能力、较高的动稳定性，容量较大。主要应用于交流 50Hz、额定电流 380V 的配电网络中作为配电干线的主保护
智能化断路器	智能化断路器主要采用了以微处理器或单片机为核心的智能控制器，其不仅具备普通断路器的各种保护功能，同时还具备实时显示电路、对电路进行在线监视 / 测量 / 自诊断等功能。 智能化断路器有框架式、塑料外壳式。框架式智能化断路器主要作为智能化自动配电系统中的主断路器。塑料外壳式智能化断路器主要用在配电网络中分配电能和作为线路及电源设备的控制与保护

▶ 430. 怎样选择低压断路器？

答： 低压断路器的选择方法如下：

（1）类型与保护形式。根据线路对保护的要求来确定。

（2）额定电压。断路器的额定电压应等于或大于被保护线路的额定电压。

（3）欠压脱扣器额定电压。断路器欠压脱扣器额定电压应等于被保护线路的额定电压。

（4）额定电流。断路器的额定电流及过流脱扣器的额定电流应大于或等于被保护线路的计算电流。

（5）分断能力。断路器的极限分断能力应大于线路的最大短路电流的有效值。

▶ 431. 怎样识读电能表？

答： 电能表型号命名规则为：类别代号 + 组别代号（用途）+ 设计序号 + 派生号，见表 5-56。

表 5-56　　电能表的型号含义

项　目	说　明
类别代号	D—电能表
组别代号	D—单相；S—三相三线；T——三相四线
用途	D—多功能；S—电子式；X—无功；Y—预付费；F—复费率
设计序号	用阿拉伯数字表示，每个制造厂的设计序号不同

▶ 432. 怎样选择木制配电箱（盘）？

答： 木制配电箱（盘）的选择要点如下：

（1）应选择刷有防腐涂料的。

（2）应选择刷有防火涂料的。

（3）木制板盘面厚度不应小于 20mm。

▶ 433. 怎样选择塑料配电箱（盘）？

答： 塑料配电箱（盘）的选择要点如下：

（1）选择箱体有一定机械强度的塑料配电箱（盘）。

（2）选择周边平整无损伤的塑料配电箱（盘）。

（3）选择塑料二层底板厚度不小于 8mm 的塑料配电箱（盘）。

（4）选择具有产品合格证的塑料配电箱（盘）。

▶ 434. 怎样选择铁制配电箱（盘）？

答： 铁制配电箱（盘）的选择要点如下：

（1）应选用合格证产品。

（2）箱体需要有一定的机械强度。

（3）油漆没有脱落。

（4）周边应平整无损伤。

（5）底板厚度一般不小于 1.5mm。

（6）底板不得采用阻燃型塑料板做二层底板。

（7）箱内各种器具应安装牢固、压接牢固、导线排列整齐。

5.5　其他

▶ 435. 什么是甲醛？其用于什么场合？

答：甲醛是一种无色、具有刺激性且易溶于水的气体。甲醛是较高毒性，有凝固蛋白质的作用。

甲醛用于合成树脂、塑料、橡胶、皮革、造纸、染料、建筑材料等。甲醛使用量有一定标准，一旦使用超越了标准和限量，就会对环境有害。

水电材料一般涉及甲醛较少，主要问题是装修中应用的木材甲醛含量超标，会带来装修污染问题。

▶ 436. 怎样选择要导电的密封材料？

答：选择要导电的密封材料不能够选择生料带，因为生料带不导电。可以选择很薄的铅皮、浸泡过铅油的麻绳等。

▶ 437. 简单说明电工用螺钉外形与名称。

答：电工用螺钉外形与名称见表 5-57。

表 5-57　　电工用螺钉外形与名称

名称	外　形	名称	外　形
开槽半沉头木螺钉	圆的或平的	六角头木螺钉	可以用于木材质的有关固定安装
M4 木螺钉		膨胀螺栓	可以用于水泥墙壁的有关固定安装

▶ 438. 怎样选择 LC 型压线帽？

答：LC 型压线帽一般选择具有阻燃性能氧指数为 27% 以上，适用于铜导线 1~4mm^2 的接头压接。LC 型压线帽具有黄、白、红等颜色，可根据导线截面积、根数、装修要求来选择使用。

▶ 439. 怎样选择塑料胀管？

答： 塑料胀管规格应与被紧固的电气器具荷重相对应，并且选择相同型号的圆头螺钉与垫圈配合使用。目前，建议采用塑料胀管代替木榫子。

▶ 440. 什么是生料带？

答： 生料带又叫作聚四氟乙烯密封带、聚四氟乙烯生料带、密封带、止泄带，简称 PTFE。生料带是聚四氟乙烯分散树脂经糊状挤出、压延、加热拉伸，在此过程中温度不超 370℃，而形成的未经烧结的像胶布一样的塑料带子。

▶ 441. 生料带有什么特点？

答： 生料带主要起密封作用，主要用于绑在带螺纹的配件和 PPR 水管的接口处起密封作用。它的特点为：呈白色、表面光滑、摩擦系数低、质地均匀、有自黏性、贴合性好、耐腐蚀、耐热、绝缘强度较高、使用温度宽广（-180℃ ~260℃）等。

▶ 442. 生料带有哪些规格？

答： 生料带有不同的规格，具体见表 5-58。

表 5-58　生料带的规格

项　目	规　格
厚度 (mm)	0.075、0.10 等
宽度 (mm)	12、13、18、24、26、52、100、150 等
长度 (mm)	5、10、15、20、40、60、80、100 等

注　生料带可以分为液态生料带、彩色生料带、常规生料带等。实际水电安装中，选择生料带时，无需很多技巧，只要向建材店说明用途即可。

▶ 443. 生料带属于哪类产品？

答： 生料带属于化工产品，许多建材市场的五金配件、建材店均有，反而化工店不常有。

▶ 444. 铝合金有哪些系列？

答： 铝合金一般分为以下系列：

1××× 系列——纯铝。

3××× 系列——锰（Mn）在这个系列是主要的合金元素。

4××× 系列——硅（Si）在这个系列是主要的合金元素。

5××× 系列——镁（Mg）在这个系列是主要的合金元素。

6××× 系列——硅（Si）和镁（Mg）在这个系列是主要的合金元素。

若用于扣板，最好的是 5 系的铝镁合金、3 系的铝锰合金。

▶ 445. 怎样选择铝合金扣板的厚度？

答：如果门店需要大面积采用，则可以选择厚一点的铝合金扣板，例如 0.7、0.8 的。如果使用面积不大，则可以采用薄一点的铝合金扣板。另外，门店也可以采用塑料扣板吊顶。

有时水电布管可以利用铝合金扣板遮住，因此，不需要开槽。

▶ 446. 怎样识读管道式泵？

答：以 GD100-32A 为例，含义如下：

GD——管道式离心泵；

100——进出口直径；

32——扬程为 32m；

A——叶轮第一次切割。

管道式水泵外形如图 5-18 所示。

图 5–18　管道式水泵

▶ 447. 怎样识读 DL 立式多级离心泵？

答：DL 立式多级离心泵可以用于建筑生活给水、消防恒压供水、自动喷淋水、自动水幕供水、远距离送水、各种生产工艺用水等。DL 立式多级离心泵的识读方法如图 5-19 所示。

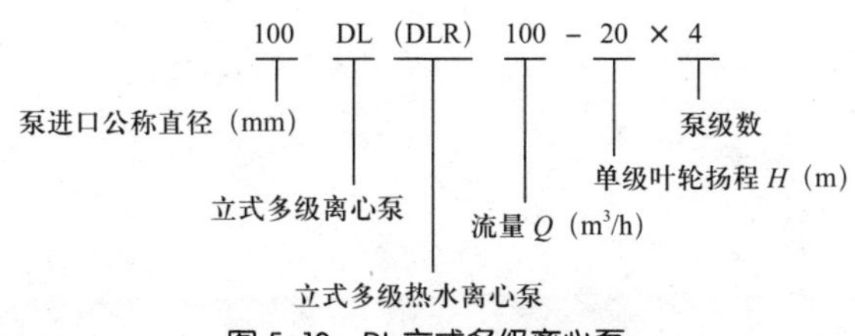

图 5–19　DL 立式多级离心泵

▶ 448. 什么是过滤砂罐?

答：过滤砂罐可以应用于大型游泳池、海洋馆、水上乐园等场所的水处理设备。过滤砂罐外形如图 5-20 所示。过滤砂罐侧出过滤砂罐与顶出过滤砂罐。侧出过滤砂罐的型号为“L+ 数字”，其中数字表示直径（mm）。例 L1800 表示直径为 1800mm 的侧出过滤砂罐。

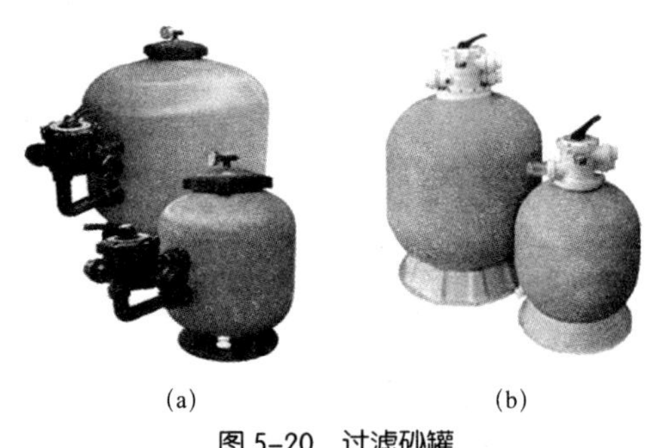

(a)　　(b)

图 5-20　过滤砂罐

(a) 侧出过滤砂罐；(b) 顶出过滤砂罐

第 6 章　识图

6.1　概述

▶ 449. 简述有关投影的一些概念。

答：有关投影的一些概念见表 6-1。

表 6-1　　有关投影的一些概念

名 称	说　明
投影线	表示光线的线
投影面	落影的平面
投影图	产生的影子，可以借鉴太阳光线照射物体在地面或墙上产生影子的现象来理解
中心投影	由一点放射的投影线所产生的投影。中心投影所得的中心投影图通常称作透视图
平行投影	由相互平行的投射线所产生的投影。平行投射可以分为斜投影与正投影
斜投影	平行投射线与投影面斜交
正投影	平行投射线垂直于投影面。
正投影图	用这种正投影方法画得的图形称作正投影图。 正投影图是广为采用的一种图，在画形体的正投影图时，可见的轮廓用实线表示，被遮挡的不可见轮廓用虚线表示

▶ 450. 点、直线、平面形的正投影的基本特性是什么？

答：点、直线、平面形的正投影的基本特性见表 6-2。

表 6-2　　点、直线、平面形的正投影的基本特性

名称	特　性
点	（1）点的投影仍是点。 （2）若点在直线上，则该点的投影必定在直线的投影上，投影结果仍保留其原有从属关系不变。点的投影示意图如下所示： 点的正投影 A a
直线	（1）直线的投影一般情况下仍是直线，投影结果仍保留其原有几何元素的特性。 （2）平行于投射线的空间直线，其投影积聚为一个点。 （3）平行于投射线的平面形，其投影积聚为一直线。 （4）空间平行两直线的投影仍保持互相平行的关系。

续表

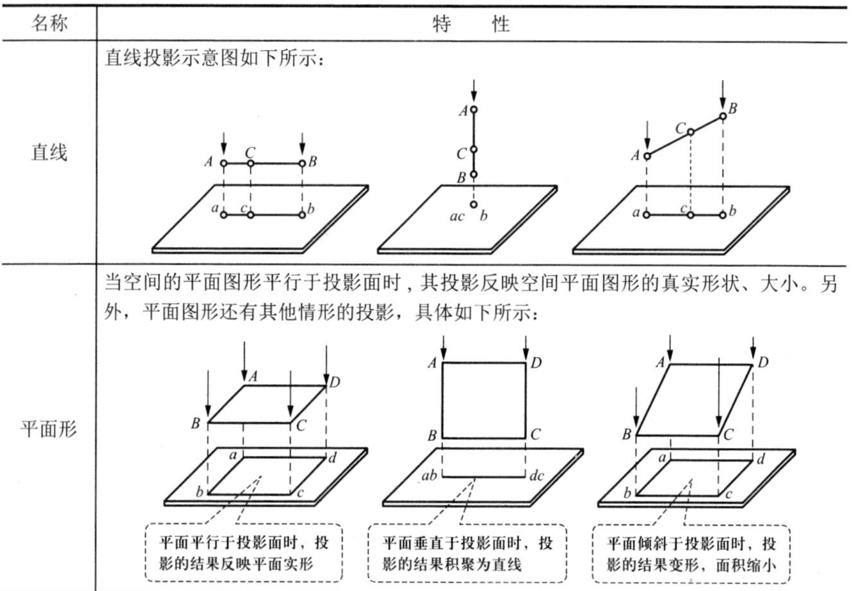

名称	特　　性
直线	直线投影示意图如下所示：
平面形	当空间的平面图形平行于投影面时，其投影反映空间平面图形的真实形状、大小。另外，平面图形还有其他情形的投影，具体如下所示：

▶ 451. 门店装饰常见的图有哪些？

答：门店装饰常见的图有：原结构平面尺寸图、改造平面布置尺寸图、平面布置图、天花布置图、地面布置图、强电平面位置图、弱电平面布置图、给排水平面布置图、收银台外立面施工图、收银台内部结构施工图、隔断施工图、结构施工图、立面图、内部立面图、剖面图等。

其中，与水电工有关的图有原结构平面尺寸图、改造平面布置尺寸图、平面布置图、天花布置图、强电平面位置图、弱电平面布置图、给排水平面布置图等。其他图有时也需要参考。当然，施工前对全套需要了解一下，以便在头脑中形成整体装修效果，便于水电施工。

▶ 452. 门店装饰施工图的类型有哪些？

答：门店装饰施工图的类型见表 6-3。

表 6-3　　门店装饰施工图的类型

分　类	施工图
基本图	门店装饰平面图
	门店装饰立面图
	门店装饰剖面图
详图	门店装饰节点详图
	门店装饰构配件详图

▶ 453. 平面图有什么作用？它有哪些类型？

答：平面图描绘的是门店整体或局部的空间规划，展示的是从上向下的俯视效果，具体体现的是具体门店房内部设施摆放的位置、大小、地面的处理等特征。

平面图种类有总平面图、基础平面图、楼板平面图、屋顶平面图、吊顶仰视图等。

▶ 454. 简述装饰平面图识读的一些常识。

答：装饰平面图识读的一些常识见表 6-4。

表 6-4　　装饰平面图识读的一些常识

项　目	说　明
方向	平面图的方向一般与总图方向一致，并且平面图的长边一般与横式幅面图纸的长边一致
一张图纸上绘制的多于一层的平面图	在同一张图纸上绘制的多于一层的平面图，一般各层平面图按层数由低向高的顺序从左至右或从下至上布置
投影法	除顶棚平面图外，其他各种平面图一般是按正投影法绘制的。顶棚平面图宜用镜像投影法绘制
门窗洞口的剖切俯视	一般有门窗洞口的门店在门窗洞口处有水平剖切俯视屋顶平面图
多房间门店	多房间门店一般为不同房间编了房间名称或编号，一般编号注写在直径为 6mm 细实线绘制的圆圈内，并在同张图纸上列出房间名称表
内视符号	有的立面在平面图上的位置标有内视符号，注明了视点位置方向及立面编号。内视符号中的立面编号一般采用拉丁字母或阿拉伯数字表示。内视符号如下所示： A　　A B　　A B C D 单面内视符号　双面内视符号　四面内视符号
指北针	指北针一般绘制在建筑物标高的 ±0.00 平面图上，并且放在明显位置，其所指的方向也是总图的方向

▶ 455. 顶视图有什么作用？其主要内容是什么？

答：顶视图所表现的是对门店天花板的一种从下向上的仰视效果，视角是仰视的。顶视图主要包括门店吊顶的形状、照明的位置、照明的种类、顶面的造型等。

▶ 456. 立面图有什么作用？

答：立面图就是描绘从平视的角度看到门店整体及局部的景观。从立面图中可以看到门、窗、柜等的位置、开头尺寸、墙面布置等。立面图除了标有尺寸、材质外，还应对展示的装修工程所采取的施工工艺注释清楚。

▶ 457. 简述装饰立面图识读的一些常识。

答：装饰立面图识读的一些常识见表 6-5。

表 6-5　装饰立面图识读的一些常识

项　目	说　明
投影法	各种立面图一般是按正投影法绘制的
尺寸有标高	立面图一般示出投影方向可见的建筑外轮廓线、墙面线脚构配件、墙面做法及必要的尺寸、标高
平面形状曲折的建筑物	平面形状曲折的建筑物有的绘制展开立面图、展开室内立面图
圆形或多边形平面	圆形或多边形平面的建筑物有的是分段展开绘制的立面图、室内立面图，并且在图名后一般加注了“展开”二字
较简单的对称式建筑物或对称的构配件	较简单的对称式建筑物或对称的构配件，有的立面图只绘制了一半，并且在对称轴线处画有对称符号
立面图上相同的门窗阳台外檐	立面图上相同的门窗阳台外檐装修构造做法等，有的只在局部重点表示，绘出了其完整图形，其余部分只画轮廓线
有定位轴线的建筑物	有定位轴线的建筑物一般根据两端定位轴线号编注立面图名称
无定位轴线的建筑物	无定位轴线的建筑物有的按平面图各面的朝向确定名称，而不像有定位轴线的建筑物那样编注立面图名称
室内立面图的名称	室内立面图的名称一般根据平面图中内视符号的编号或字母来确定
相邻的立面图	相邻的立面图一般绘制在同一水平线上，图内相互有关的尺寸、标高一般也标注在同一竖线上

▶ 458. 什么是剖面图？其类型有哪些？

答：剖面图是指用一个平面将物体分割开来，被剖到的实体部分用斜线表示，其他部分按投影方式描绘的图。剖面图分为全剖图、半剖图、阶梯剖图、局部剖图、分层局部剖图。

▶ 459. 简述装饰剖面图识读的一些常识。

答：装饰剖面图识读的一些常识见表 6-6。

表 6-6　装饰剖面图识读的一些常识

项　目	说　明
剖面图作用	剖面图剖切部位一般根据图纸的用途或设计深度在平面图上选择能反映全貌构造特征、有代表性的部位剖切，而不是随意剖切
投影法	各种剖面图一般是按正投影法绘制的
要素	剖面图上一般有剖切面、投影方向可见的建筑构造构配件、必要的尺寸、标高等要素
剖切符号	剖切符号一般用阿拉伯数字罗马数字、拉丁字母编号
管线与灯具	如果设备管线、灯具占空间较大，也要有剖切面，并且在图纸上绘出
相邻的剖面图	相邻的剖面图一般绘制在同一水平线上，并且图内相互有关的尺寸、标高也标注在同一竖线上

▶ 460. 什么是比例尺？

答：将某一图形或物体各个方向按照同一比例进行放大或缩小，这个缩放比例就是比例尺。图的比例大小是指其比值的大小，例如 1∶100 大于 1∶200。

▶ 461. 装饰图常选的比例有哪些？

答：装饰图常选的比例见表 6-7。

表 6-7　　装饰图常选的比例

名　称	比　例
建筑物或构筑物的平面图、立面图、剖面图	1∶50、1∶100、1∶150、1∶200、1∶300
建筑物或构筑物的局部放大图	1∶10、1∶20、1∶25、1∶30、1∶50
配件及构造详图	1∶1、1∶2、1∶5、1∶10、1∶15、1∶20、1∶25、1∶30、1∶50

▶ 462. 不同比例的平面图、剖面图地面材料图例省略画法有哪些规定？

答：不同比例的平面图、剖面图，其抹灰层楼地面材料图例的省略画法的一些规定见表 6-8。

表 6-8　　不同比例的平面图、剖面图地面材料图例省略画法的一些规定

比　例	说　明
比例大于 1∶50	应画出抹灰层与楼地面屋面的面层线，并宜画出材料图例
比例等于 1∶50	宜画出楼地面屋面的面层线，抹灰层的面层线应根据需要而定
比例小于 1∶50	可不画出抹灰层，但宜画出楼地面屋面的面层线
1∶100~1∶200	可画简化的材料图例，如砌体墙涂红、钢筋混凝土涂黑等，但宜画出楼地面屋面的面层线
小于 1∶200	可不画材料图例，剖面图的楼地面屋面的面层线可不画出

▶ 463. 什么是节点图？

答：节点图是指某一结构交叉点用视图很难表达出来，在一张图纸上或另一张图纸上将其放大，表现出各结构点之间关系的一种图。

▶ 464. 什么是详图？

答：详图是指在平面图或立面图上很难将一细小部分完全体现出来，将其比例放大，将每一细小部分都表示清楚的一种图。详图一般用于施工。

零配件详图与构造详图一般是按直接正投影法绘制的。

▶ 465. 什么是进深？

答：进深就是在平面图上，沿着楼房的轴线的垂直方向，房间的尺寸大小。

▶ 466. 什么是开间?

答：开间就是在平面图上，沿着楼房的轴线的平行方向，房间的尺寸大小。

▶ 467. 什么是轴线?

答：一般情况下，以对称形式，在土建上，24 墙以上的红砖墙以内 12 为轴线。24 墙以内的任何墙体都是 一墙体的中心为轴线。

▶ 468. 什么是洞口?

答：洞口就是在没有门窗套等情况下，上墙壁上预留的洞。门店与住宅中洞口一般指门窗洞口。

▶ 469. 图纸有什么格式?

答：图纸的格式有留装订边的与不留装订边两种。留装订边的便于装订成册。图纸的格式如图 6-1、图 6-2 所示。

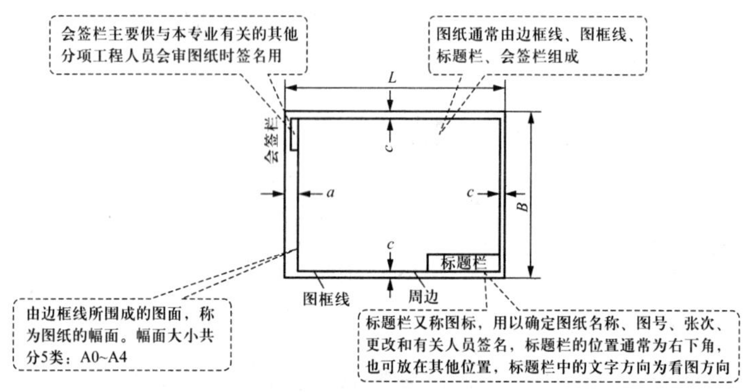

图 6-1　图纸的格式（留装订边）

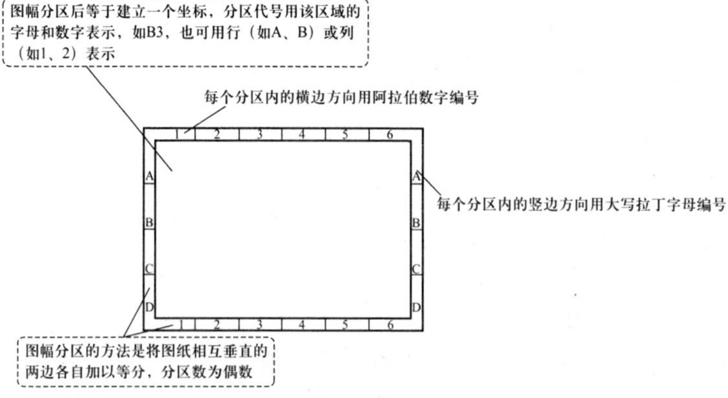

图 6-2　图纸的格式（不留装订边）

▶ 470. 常见图线各表示什么含义？

答：常见图线表示的含义见表 6-9。

表 6-9　　常见图线表示的含义

名称		线型	线宽	用途
虚线	粗	- - - - - -	b	
	中	- - - - - -	$0.5b$	不可见轮廓线
	细	- - - - - -	$0.25b$	不可见轮廓线、图例线
实线	粗	——	b	主要可见轮廓线
	中	——	$0.5b$	可见轮廓线
	细	——	$0.25b$	可见轮廓线、图例线
单点长画线	粗	—·—	b	
	中	—·—	$0.5b$	
	细	—·—	$0.25b$	中心线、对称线等
双点长画线	粗	—··—	b	
	中	—··—	$0.5b$	
	细	—··—	$0.25b$	假想轮廓线、成型前原始轮廓线
波浪线		 ～～	$0.25b$	断开界线
折断线		 —\/—	$0.25b$	断开界线

注　地平线的线宽可用 $1.4b$。

▶ 471. 简单说明构造及配件图例。

答：构造及配件图例见表 6-10。

表 6-10　　构造及配件图例

名称	图例	说明	名称	图例	说明
墙体	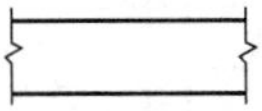	应加注文字或填充图例表示墙体材料。在项目设计图纸说明中列材料图例表给予说明	隔断		包括板条抹灰木制石膏、板金属材料等隔断。适用于到顶与不到顶隔断
栏杆	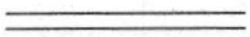		底层楼梯平面	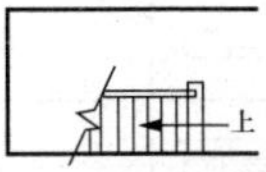 上	楼梯及栏杆扶手的形式和梯段踏步数应按实际情况绘制
中间层楼梯平面	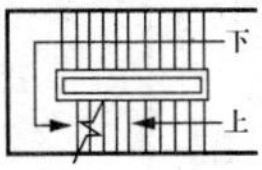 下 上	楼梯及栏杆扶手的形式和梯段踏步数应按实际情况绘制	顶层楼梯平面	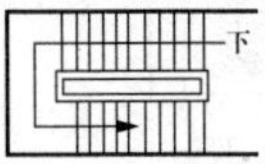 下	楼梯及栏杆扶手的形式和梯段踏步数应按实际情况绘制

续表

名称	图　　例	说　　明	名称	图　　例	说　　明
长坡道	下		门口坡道	下 下	
平面高差	××	适用于高差小于100mm的两个地面或楼面相接处	可见检查孔		
不可见检查孔			孔洞		阴影部分可以涂色代替
坑槽			墙预留洞	宽×高或φ 底（顶或中心） 标高××，×××	以洞中心或洞边定位。宜以涂色区别墙体和留洞位置
墙预留槽	宽×高×深或φ 底（顶或中心） 标高××，×××	以洞中心或洞边定位。宜以涂色区别墙体和留洞位置	烟道		阴影部分可以涂色代替。烟道与墙体为同一材料，其相接处墙身线应断开
通风道		阴影部分可以涂色代替，烟道与墙体为同一材料，其相接处墙身线应断开	新建的墙和窗		图例以小型砌块为例子，绘图时应按所用材料的图例绘制，不易以图例绘制的可在墙面上以文字或代号注明。小比例绘图时，平、剖面窗线可用单粗实线表示
改建时保留的原有墙和窗			应拆除的墙		
在原有墙或楼板上新开的洞			在原有洞旁扩大的洞		

续表

名称	图例	说明	名称	图例	说明
在原有墙或楼板上全部填塞的洞	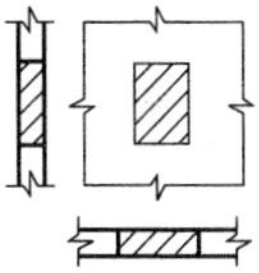		在原有墙或楼板上局部填塞的洞	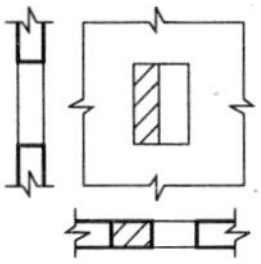	
空门洞	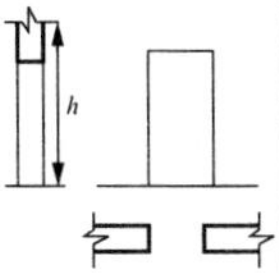 h	h 为门洞高度			

▶ **472. 门有哪些种类？用图形符号如何表示？**

答：门的常见种类与图符号见表 6-11。

表 6-11　　门的常见种类与图符号

名称	说明		图符号	实物图例
平开门	平开门是水平开启的门。其铰链安在侧边，平开门分为单扇门、双扇门、向内开门、向外开门			 试衣房
弹簧门	弹簧门下面用地弹簧或者侧边用弹簧铰链传动，开启后能自动关闭	双扇双面弹簧门		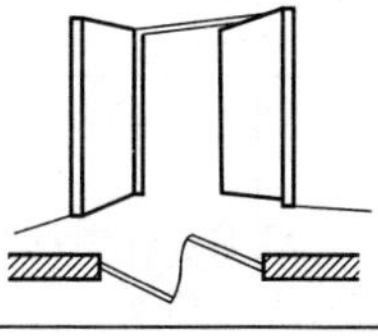
		单扇双面弹簧门		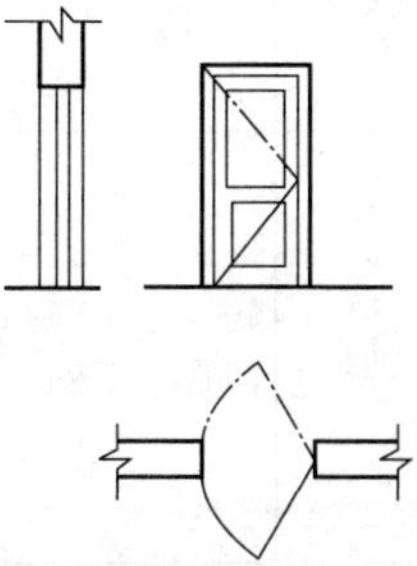

续表

<table>
<tr><th>名称</th><th colspan="2">说　　明</th><th>图符号</th><th>实物图例</th></tr>
<tr><td rowspan="4">推拉门</td><td rowspan="4">推拉门利用在上、下轨道上左、右滑行实现开关。推拉门可以分为单扇推拉门、双扇推拉门</td><td>墙外双扇推拉门</td><td rowspan="4"> </td><td> 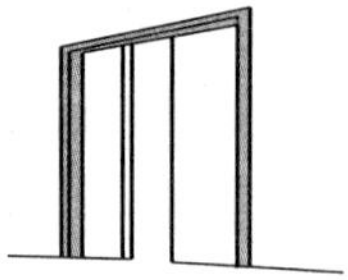</td></tr>
<tr><td>墙外单扇推拉门</td><td> 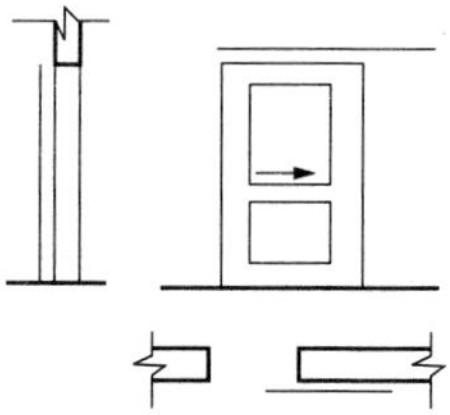</td></tr>
<tr><td>墙中单扇推拉门</td><td> 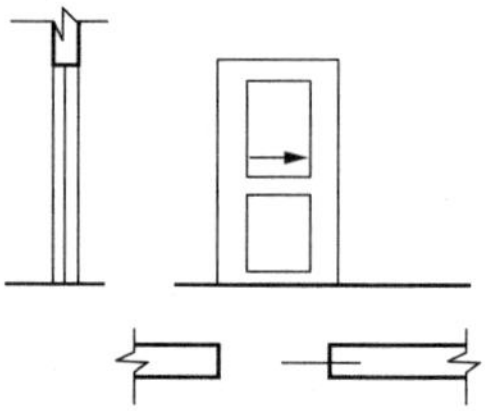</td></tr>
<tr><td>墙中双扇推拉门</td><td> 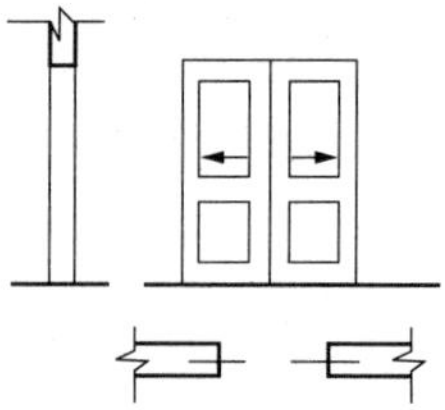</td></tr>
<tr><td>折叠门</td><td colspan="2">折叠门可以拼合折叠推移到侧边</td><td> </td><td> 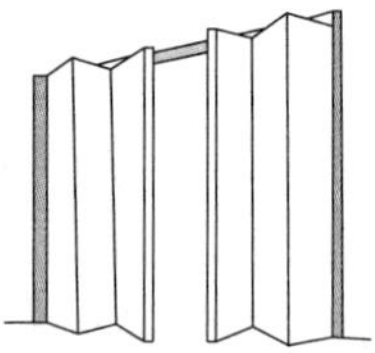</td></tr>
<tr><td>转门</td><td colspan="2">转门就是在两个固定弧形门套内旋转的门</td><td> 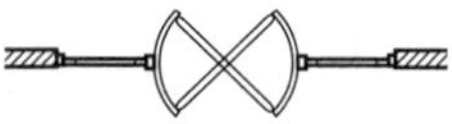</td><td> 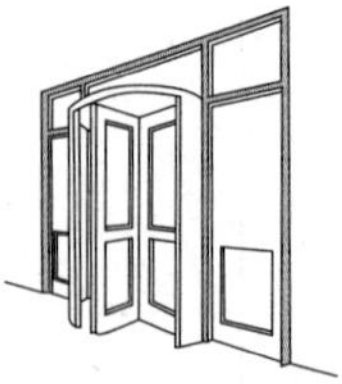</td></tr>
</table>

续表

名称	说　明	图符号	实物图例
单开门	单开门是一个方向开启的门		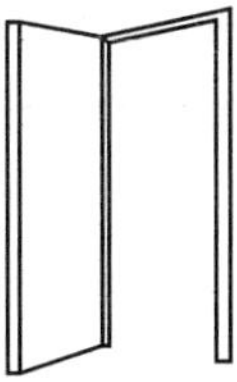
双开门	双开门一般有两扇门板，即两个方向开启	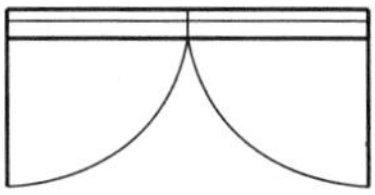	
单扇门	单扇门包括平开门或单面弹簧门	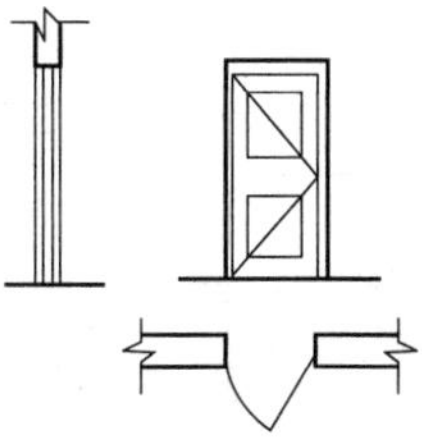	
双扇门	双扇门包括平开门或单面弹簧门	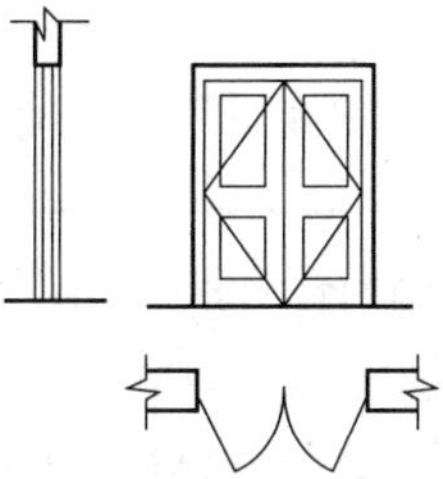	
单扇内外开双层门	单扇内外开双层门包括平开门或单面弹簧门	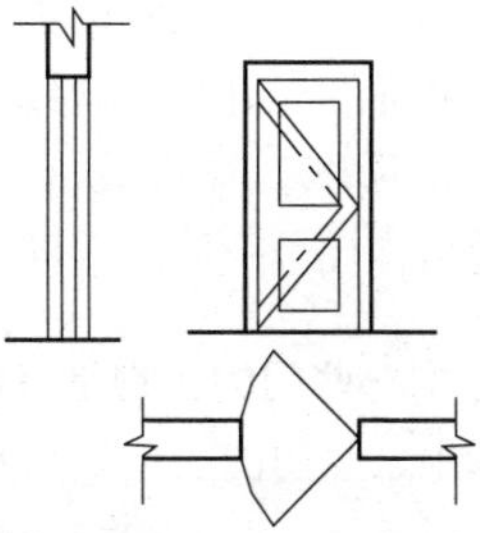	

另外一些门的图例见表 6-12。

表 6-12　另外一些门的图例

名称	外　　形	名称	外　　形
转门	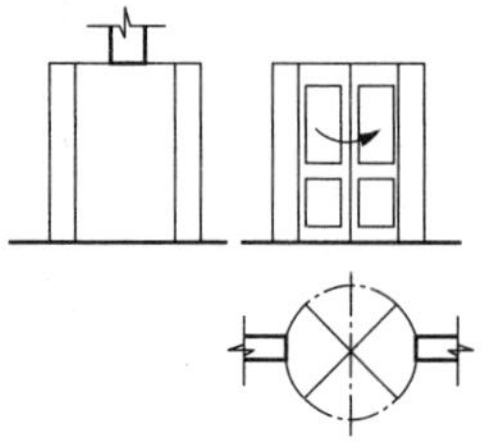	竖向卷帘门	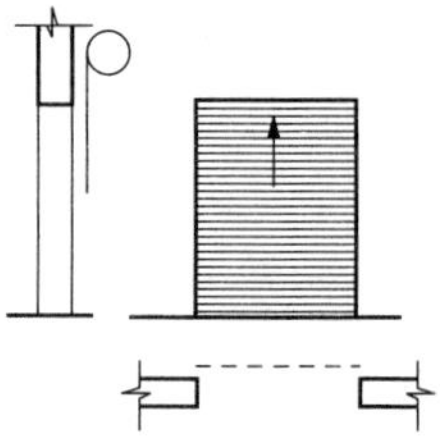
自动门	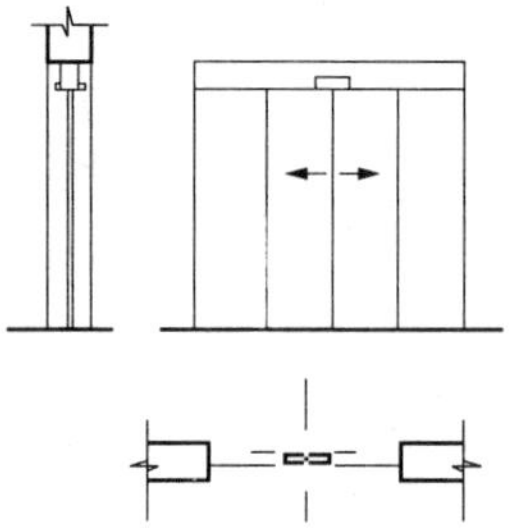	横向卷帘门	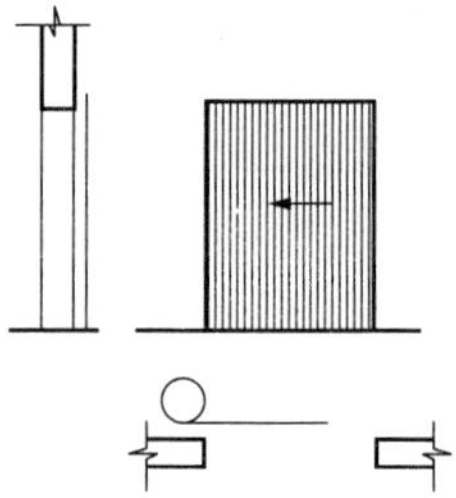
折叠上翻门	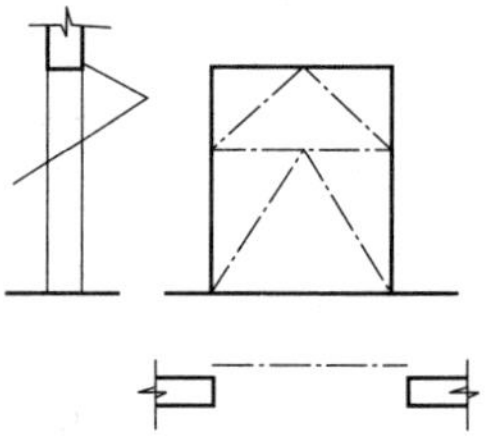	提升门	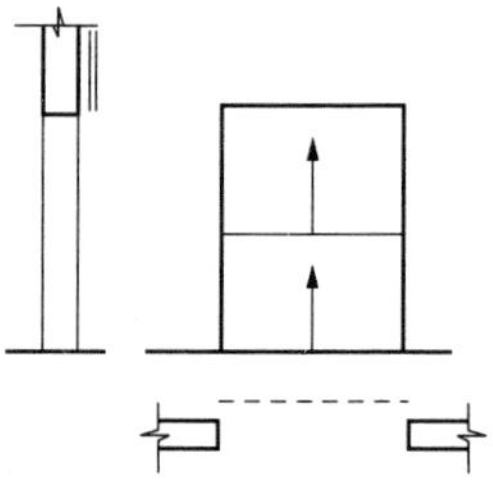

▶ 473. 门的图例有哪些要求?

答： 门的图例的一些要求如下：

（1）平面图上门线应 90° 或 45° 开启，并且开启弧线需要绘出。

（2）门的图例立面形式应按实际情况绘制。

（3）门的立面图上开启方向线交角的一侧为安装合页的一侧，实线一般为外开，虚线一般为内开。

（4）门的名称代号一般用字母 M 表示。

▶ 474. 实际中一些门的实物是怎样的?

答： 实际中一些门的实物如图 6-3 所示。

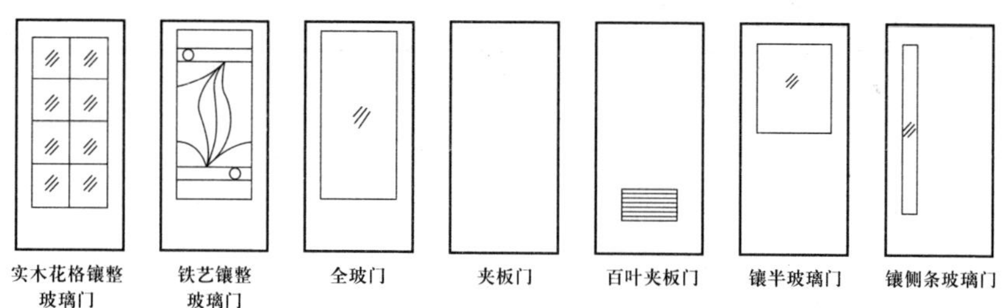

图 6-3　实际中一些门的实物

▶ 475. 窗有哪些种类？用图例如何表示？

答：窗的种类与图例见表 6-13。

表 6-13　　窗的种类与图例符号

名称	图　例	名称	图　例
单层固定窗		单层外开上悬窗	
单层中悬窗		单层内开下悬窗	
立转窗		单层外开平开窗	

续表

名称	图　例	名称	图　例
单层内开平开窗	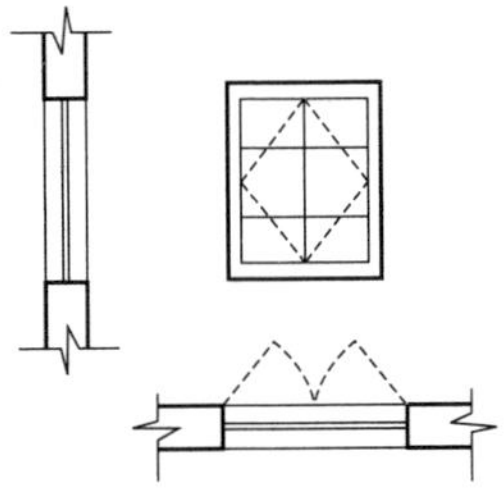	双层内外开平开窗	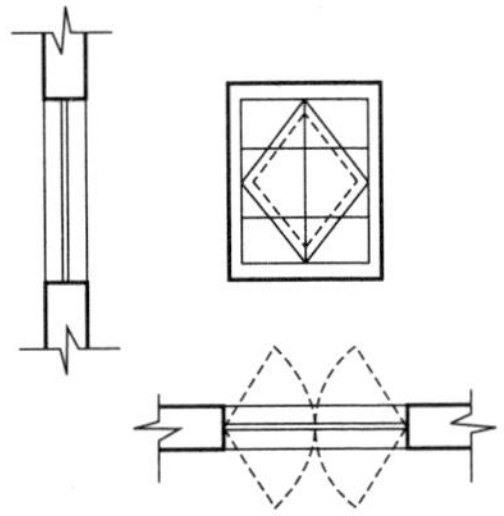
推拉窗	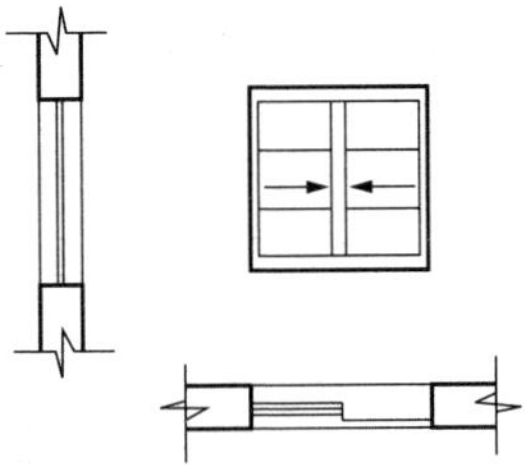	上推窗	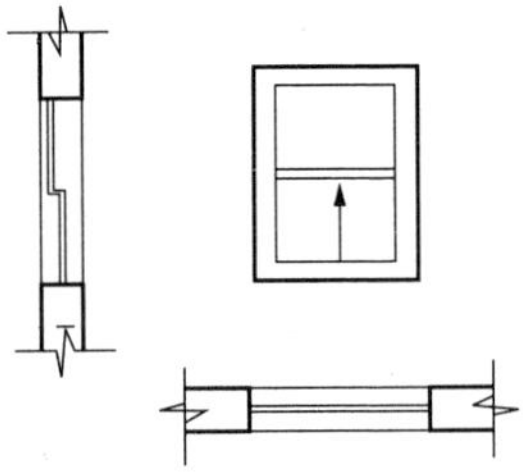
百叶窗	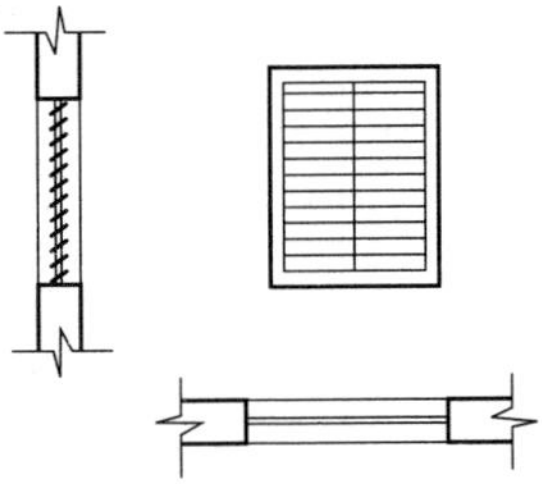	高窗	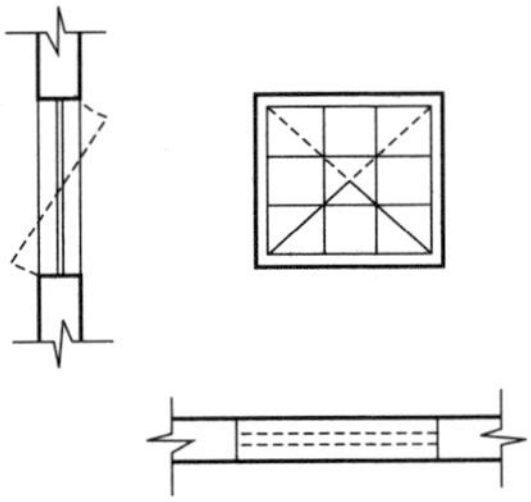

▶ 476. 水平与垂直运输装置的图例如何表示?

答： 水平与垂直运输装置的图例见表 6-14。

表 6-14　　水平与垂直运输装置的图例

名称	图　例	名称	图　例
电梯	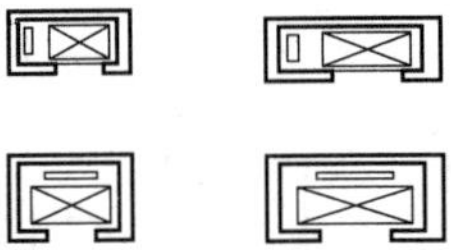 电梯应注明类型并绘出门与平衡锤的实际位置。 观景电梯等特殊类型电梯应参照本图例按实际情况绘制	自动扶梯	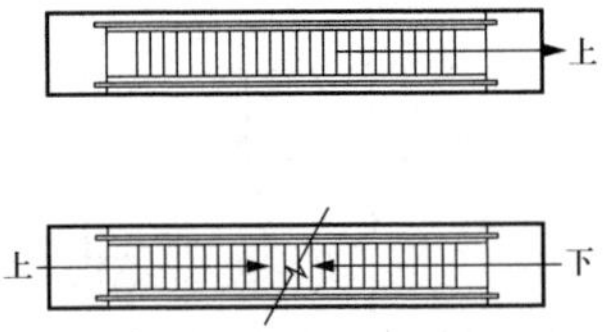 上 上　下 自动扶梯可正逆向运行，箭头方向为设计运行方向

续表

名称	图　　例	名称	图　　例
自动人行坡道	自动人行道自动人行坡道可正、逆向运行，箭头方向为设计运行方向。自动人行坡道应在箭头线段尾部加注“上”或“下”		

▶ 477. 阳台图形如何表示?

答：阳台的图符号与实物图例如图 6-4、图 6-5 所示。

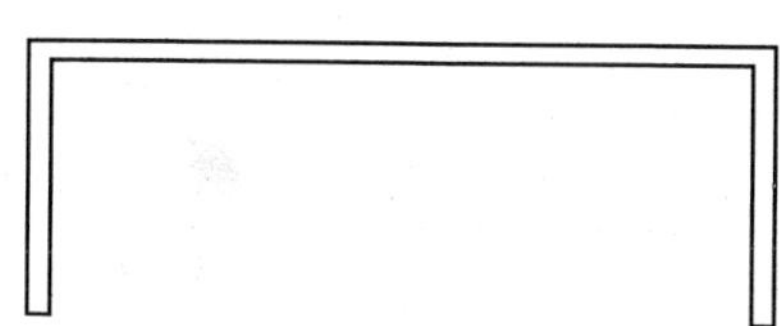

图 6-4　阳台的图符号

图 6-5　阳台实物图例

▶ 478. 常见开关的图例如何表示?

答：常见开关的图例见表 6-15。

表 6-15　　常见开关的图例

名　　称	图　　例	名　　称	图　　例
一位单极开关		二位单极开关	
三位单极开关		四控开关、四位开关	
单极开关		暗装单极开关	
密闭防水单极开关		防爆单极开关	
双极开关		暗装双极开关	
密闭防水双极开关		防爆双极开关	

续表

名　称	图　例	名　称	图　例
三极开关		暗装三极开关	
密闭防水三极开关		防爆三极开关	
单极拉线开关		单极双控拉线开关	
单极限时开关	t	双控开关单极三线	
具有指示灯的开关		多拉开关	
钥匙开关		单位双控开关	
三位双控开关		门铃开关	
单位单控开关		声、光控开关	
吊扇开关		自动空气开关	
带漏电保护的空气断路器			

▶ 479. 常见灯的图例如何表示?

答：常见灯的图例见表 6-16。

表 6-16　　常见灯的图例

名　称	图　例	名　称	图　例
安全出口灯	E	金属卤化物灯	
暗藏日光灯管、暗藏 T4 灯管		喇叭吊灯	

续表

名　　称	图　　例	名　　称	图　　例
壁灯	B	卤素灯	
藏灯		灭蝇灯	
长明灯		明装日光灯、明装T4灯管	
单管荧光灯		霓虹灯	
单灯罩吊灯	S	欧普灯	
单体吊灯		墙灯	
单头吸顶灯		射灯	
导轨射灯		石英射灯	
灯的一般符号		事故照明线	

续表

名　称	图　例	名　称	图　例
地灯		疏散灯	
吊灯		双管荧光灯	
豆胆射灯		双头豆胆灯	
多头吸顶灯	D	四头正方形豆胆灯	
防爆防雾灯		天棚吸顶灯	
防水、防潮吸顶灯		庭院灯	
防雾筒灯		筒灯	
服务提醒灯		弯灯	

续表

名　称	图　例	名　称	图　例
格栅灯		吸顶灯	
工矿灯		艺术吊灯	
轨道射灯		应急灯	
呼叫灯（二、三极插座）		造型灯	
激光灯		招牌射灯	
节能灯		枝形吊灯	G
节能筒灯，例如直径 100mm 的筒灯		射灯	
节能组合灯		自带电源的事故照明灯、应急灯	
走火指示灯、疏散指示灯		组式吊灯	

▶ 480. 常见插座的图例如何表示？

答：常见插座的图例见表 6-17。

表 6-17　　常见插座的图例

名　称	图　例	名　称	图　例
普通电源插座		三相空调电源插座	
有线电视信号插座	TV	电话插座	TP
单相空调电源插座	K	单相插座	
暗装插座		密闭（防水）插座	
防爆插座		带保护接点插座、带接地插孔的单相插座	
暗装接地单相插座		带接地插孔的三相插座	
应急照明五孔板式插座		防水带接地插孔的三相插座	
防爆插座		空调插座（带开关单三极插座）	
多个插座（示出三个）		具有护板的插座	
具有单极开关的插座		带熔断器的插座	
电话插座	TP	电视插座	TV
两位单相双用插座	C	单相空调插座	K

续表

名　　称	图　　例	名　　称	图　　例
双联二、三极暗装插座		电脑插座	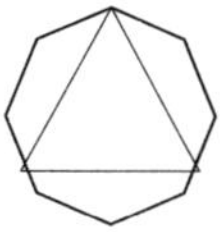
一位电话插座	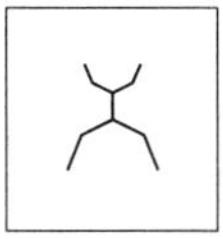	地面插座	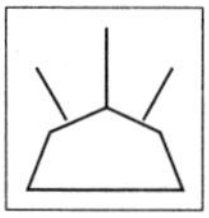
电热水器插座	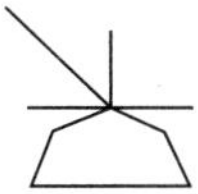	防溅式插座	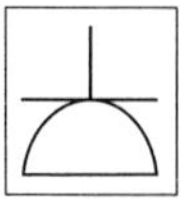
单三极插座	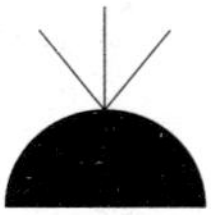	带开关单极二、三极插座	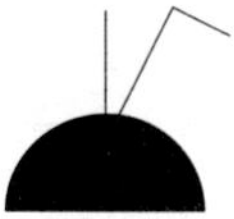
电话插孔、插座	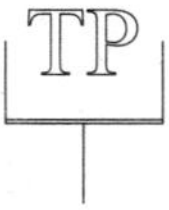 TP	电视插孔、插座	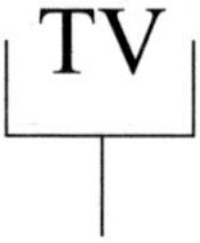 TV
电信插孔、插座	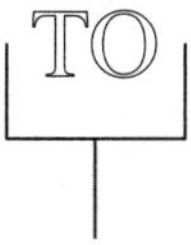 TO		

▶ 481. 水电有关其他图例如何表示？

答： 水电有关其他图例见表 6-18。

表 6-18　　水电有关其他图例

名　　称	图　　例	名　　称	图　　例
排气扇	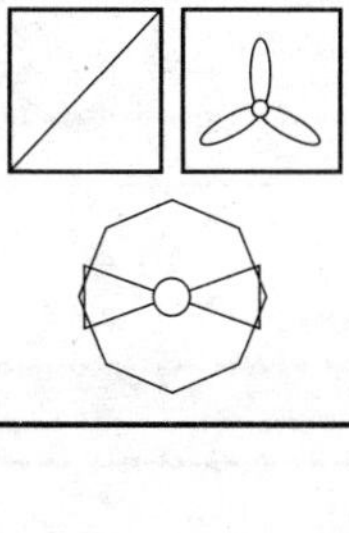	背景音乐喇叭	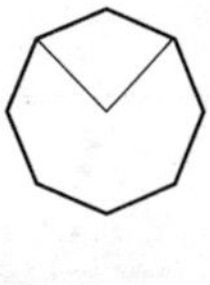

续表

名　称	图　例	名　称	图　例
电铃		电警笛报警器	
电钟一般符号		避雷器	
四分配器	G	门铃	ML
配电箱		浴霸	
反光灯盘		音箱调节器	
音箱		接线盒	
开关箱		音箱柱	
2×40W 光管支架		1×40W 光管支架	
暖色光管		卷闸门控制箱	
主监视器	Mm	轴流风机	
卫生间排风扇		控制器	

续表

名　称	图　例	名　称	图　例
插座箱		总线短路保护器	LD3600E
感温探测器		智能编码手动报警按钮	
火警声光迅响器		感烟探测器	
宽带进线箱		电话配线箱	
分支器箱	VP	总等电位连接箱	MEB
火灾自动报警控制箱	Aa	电视前端箱	VH
电话出线盒	H	电话交换机	
床头控制柜		吊扇	
配电箱		动合触点	
隔离开关		屏、台、箱、柜一般符号	

续表

名　称	图　例	名　称	图　例
自动开关箱		带熔断器的刀开关箱	
按钮一般符号		熔断器	
断路器		向上配线	
垂直通过配线		无接地极	
有接地极		接地一般符号	
双鉴探测器	IR/M	枪机	H
吸顶式双鉴探测器	IR/M C	球型摄像机	R
换气扇		光电感烟探测器	
手动报警器		智能型感烟探测器	
智能型感温探测器		监视模块	M
控制模块	C	隔离模块	

续表

名　　称	图　　例	名　　称	图　　例
扬声器		消防电话	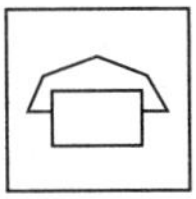
水流指示器		信号阀	
插座箱板			

▶ 482. 绿化图例如何表示？

答： 绿化图例见表 6-19。

表 6-19　　绿化图例

名　　称	图　　例	名　　称	图　　例
落叶针叶树		常绿针叶树	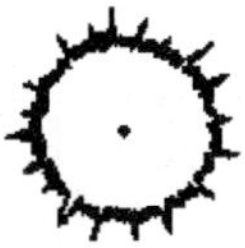
常绿阔叶灌木		常绿阔叶乔木	
花卉		竹类	
花坛	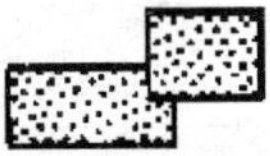	草坪	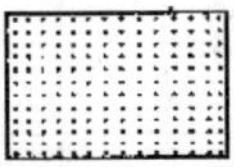
植草砖铺地		绿篱	

▶ 483. 有关装饰图中其他图例如何表示？

答：有关装饰图中其他图例见表 6-20。

表 6-20　　有关装饰图中其他图例

名　称	图　例
平面植物	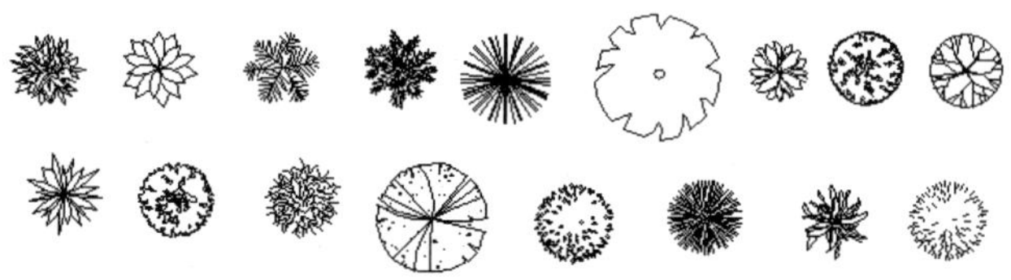
平面健身器	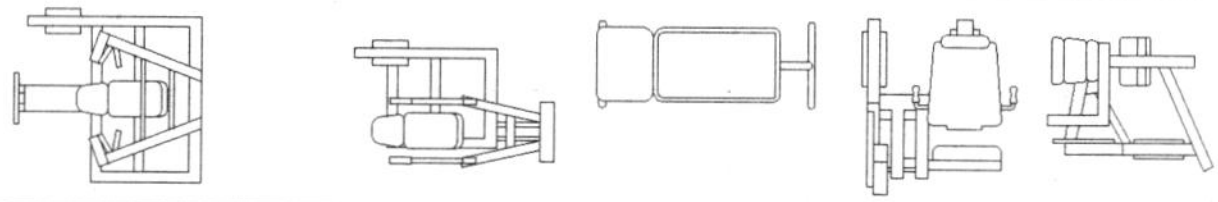
平面桌椅	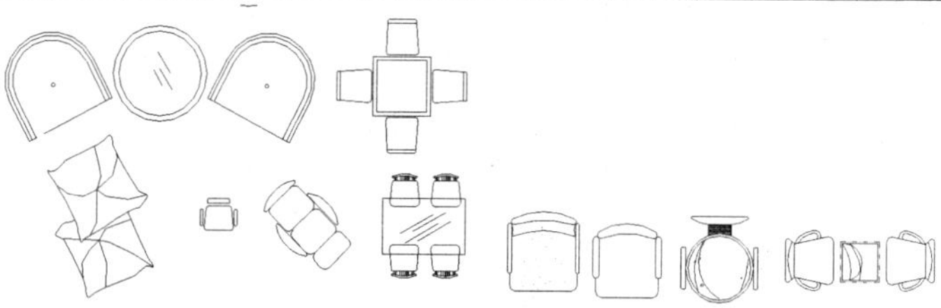
平面厨房用品	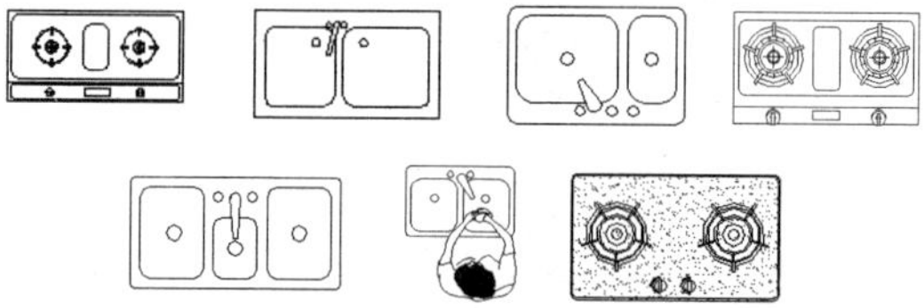
平面马桶	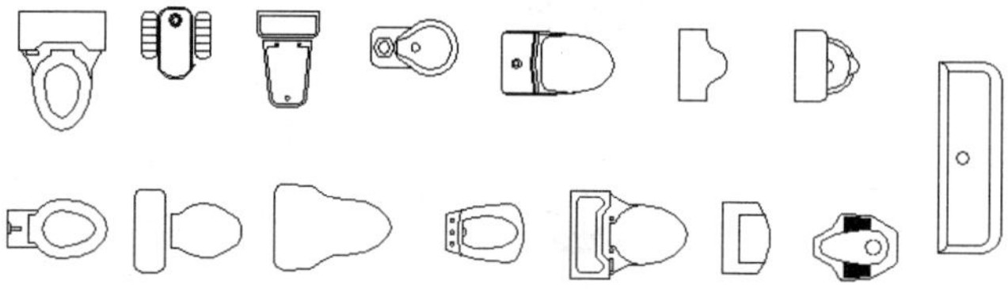
平面浴缸	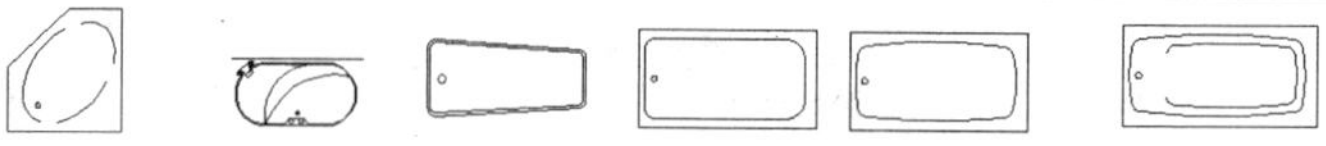
平面洗脸盆	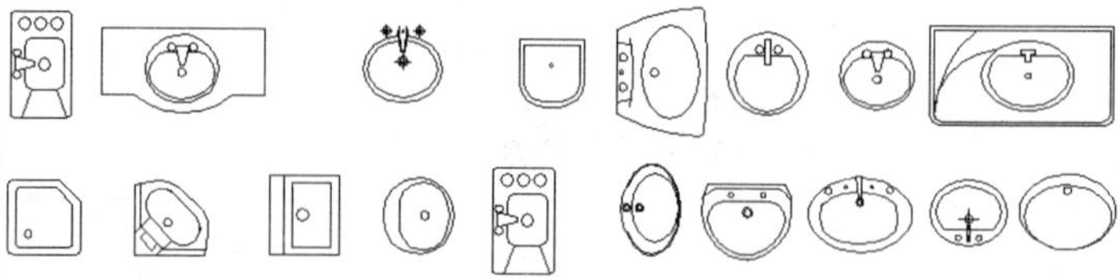

续表

名　　称	图　　例
平面衣柜	
平面床	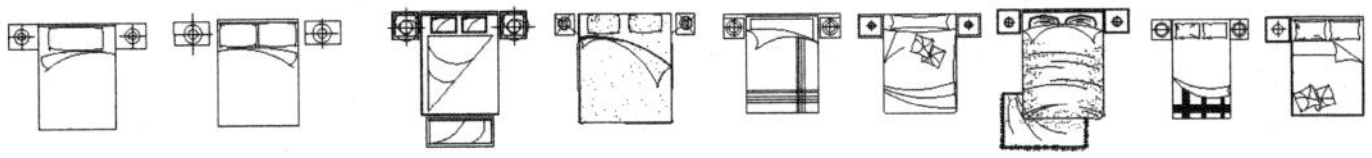
平面沙发	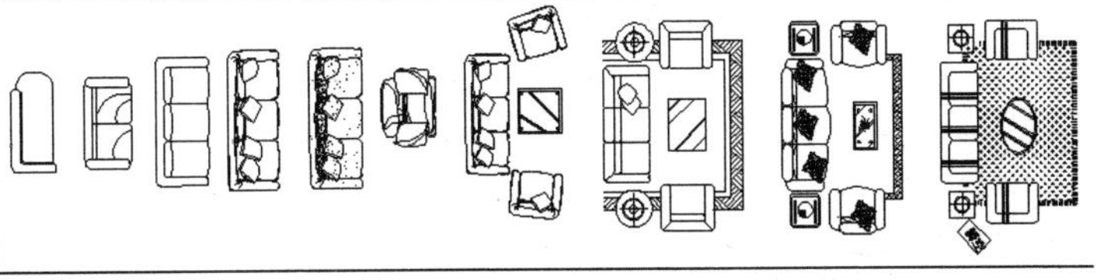
地面拼花	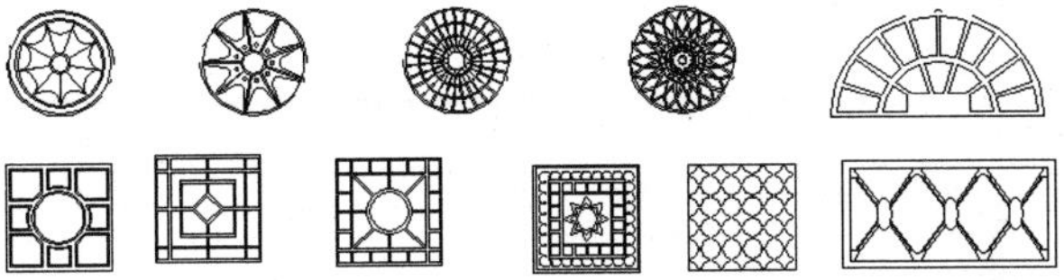

▶ 484. 怎样识读常见插座?

答：一些插座旁边有字母表示，该字母一般是电器设备的声母，例如：B—冰箱插座；K—空调插座；X—洗衣机插座；Y—抽油烟机插座；Y—浴霸插座。但是，也有的设计不是这样标注的，因此，读图时应结合具体图的解说来确定。

▶ 485. 颜色标志代码如何表示?

答：颜色标志代码见表 6-21。

表 6-21　颜色标志代码

颜　　色	代　　码	颜　　色	代　　码
黑色	BK	棕色	BN
红色	RD	橙色	OG
黄色	YE	绿色	GN
蓝色、淡蓝色	BU	紫色、紫红色	VT
灰色、蓝灰色	GY	白色	WH
粉红色	PK	金黄色	GD
青绿色	TQ	银白色	SR
绿 / 黄双色	GNYE		

注　字母大写与小写具有相同的意义。

▶ 486. 导线敷设方式的标注符号与名称如何对照？

答：导线敷设方式的标注符号与名称对照见表 6-22。

表 6-22 导线敷设方式的标注符号与名称对照

名称	旧代号	新代号
用瓷或瓷柱敷设	CP	K
用塑料线敷设	XC	PR
用钢线槽敷设	GC	SR
穿焊接钢管敷设	G	SC
穿电线管敷设	DG	TC
穿聚氯乙烯管敷设	VG	PC
穿阻燃半硬聚氯乙烯管敷设	ZVG	FPC
用电缆桥架敷设		CT
用瓷夹敷设	CJ	PL
用塑料夹敷设	VJ	PCL
穿蛇皮管敷设	SPG	CP

▶ 487. 导线敷设部位的标注符号与名称如何对照？

答：导线敷设部位的标注符号与名称对照见表 6-23。

表 6-23 导线敷设部位的标注符号与名称对照

名称	旧代号	新代号
沿钢索敷设	S	SR
沿屋架或跨屋架敷设	LM	BE
沿柱或跨柱敷设	ZM	CLE
沿墙面敷设	QM	WE
沿天棚面或顶板面敷设	PM	CE
在能进入的吊顶内敷设	PNM	ACE
暗敷设在梁内	LA	BC
暗敷设在柱内	ZA	CLC
暗敷设在墙内	QA	WC
暗敷设在地面或地板内	DA	FC
暗敷设在屋面或顶板内	PA	CC
暗敷设在不能进入的吊顶内	PNA	ACC

▶ 488. 灯具安装方式的标注文字符号与名称如何对照？

答：灯具安装方式的标注文字符号与名称对照见表 6-24。

表 6-24　　灯具安装方式的标注文字符号与名称对照

名　称	旧代号	新代号
壁装式	B	W
吊线器式	X3	CP3
顶棚内安装（不可进入的顶棚）	DR	CR
防水吊线式	X2	CP2
固定线吊式	X1	CP1
管吊式	G	P
链吊式	L	CH
嵌入式（不可进入的顶棚）	R	R
墙壁内安装	BR	WR
台上安装	T	T
吸顶式或直附式	D	S
线吊式	X	CP
支架上安装	J	SP
柱上安装	Z	CL
自在器线吊式	X	CP
座装	ZH	HM

▶ 489. 箭头与指引线有什么特点?

答： 箭头与指引线的特点图解分别如图 6-6、图 6-7 所示。

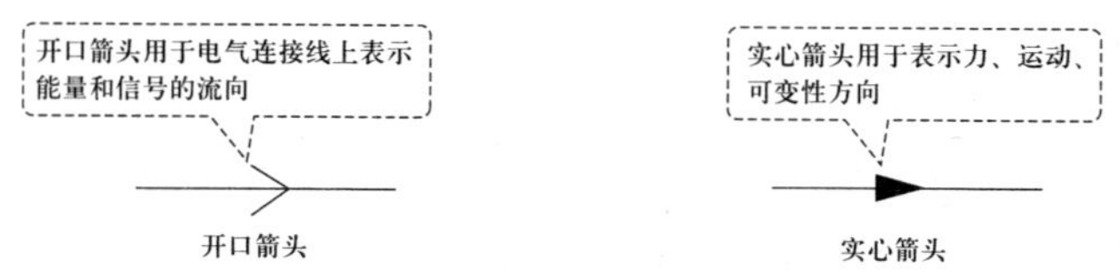

图 6-6　箭头的特点图解

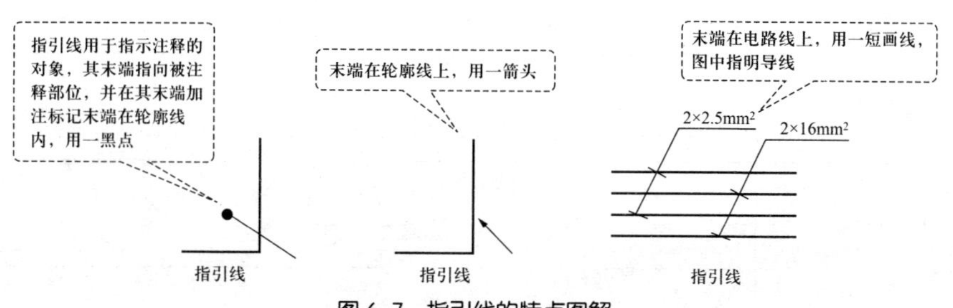

图 6-7　指引线的特点图解

▶ 490. 导线如何表示?

答： 导线的表示方法见表 6-25。

表 6-25　　导线的表示方法

表示方法	图　　例
一般表示方法	
单线表示法	 表示为3根导线；表示为n根导线；n
三相电路	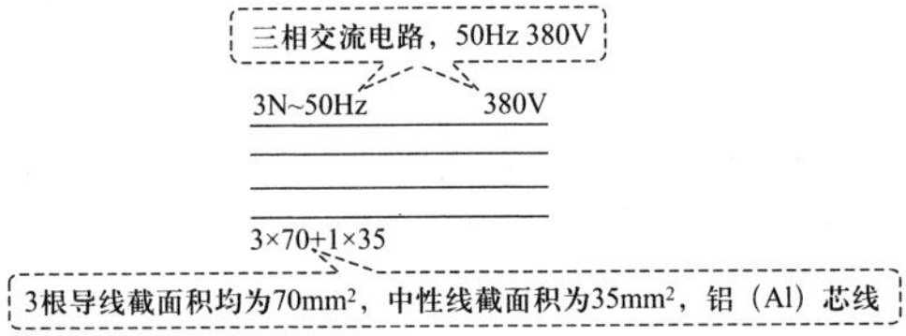 三相交流电路，50Hz 380V；3N~50Hz　380V；3×70+1×35；3根导线截面积均为70mm²，中性线截面积为35mm²，铝（Al）芯线
控制电缆	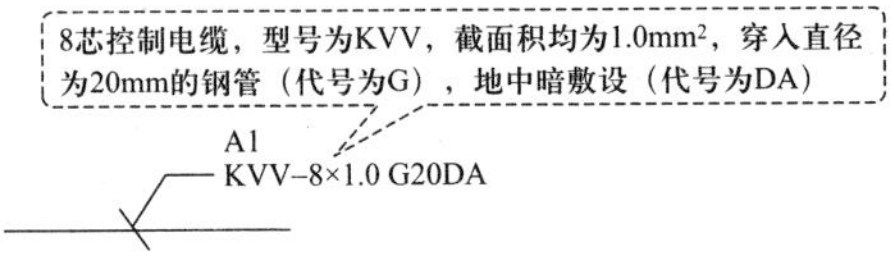 8芯控制电缆，型号为KVV，截面积均为1.0mm²，穿入直径为20mm的钢管（代号为G），地中暗敷设（代号为DA）；A1 KVV−8×1.0 G20DA
柔软导线	
屏蔽导线	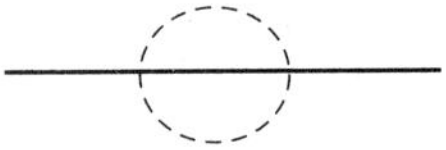
绞合导线	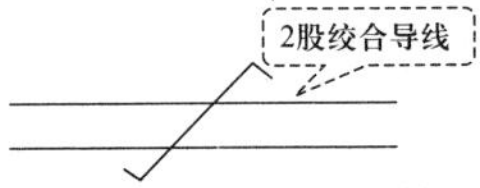 2股绞合导线
分支与合并	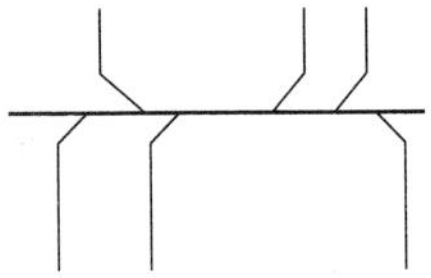
相序变更	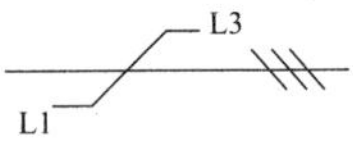 L3；L1
电力电缆	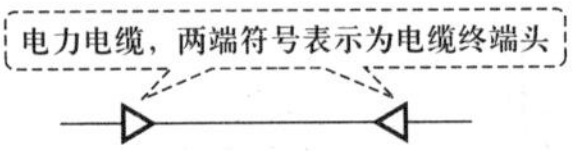 电力电缆，两端符号表示为电缆终端头
连接交叉	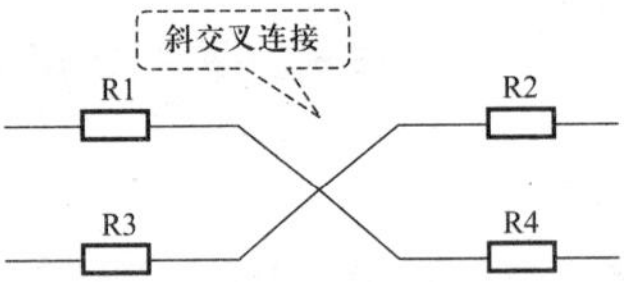 斜交叉连接；R1；R2；R3；R4

▶ 491. 导线的多线表示法与单线表示法是怎样的？

答： 导线的表示方法有多线表示法与单线表示法。其中，多线法就是每根导线均绘出，也就是按实际根数绘出。门店有关电气装饰平面图一般采用的是单线表示法。单线表示法是用单根导线代表多根导线或者本身就是一根，其中代表多根导线时，则在单根导线上用具体数字表示具体的根数或者用斜线表示具体的根数（导线上的短斜线的根数表示导线的根数）。多线表示法与单线表示法的对应关系如图 6-8 所示。

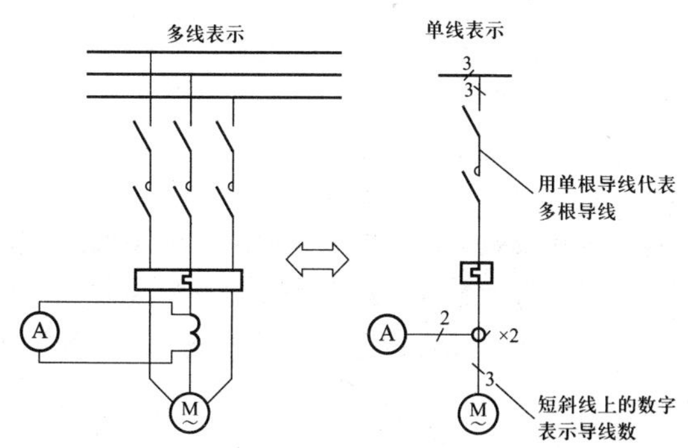

图 6-8　多线表示法与单线表示法的对应关系

▶ 492. 导线汇入或离开线组是怎样表示的？

答： 导线汇入或离开线组可以通过对应的字母来识别，如图 6-9 所示。

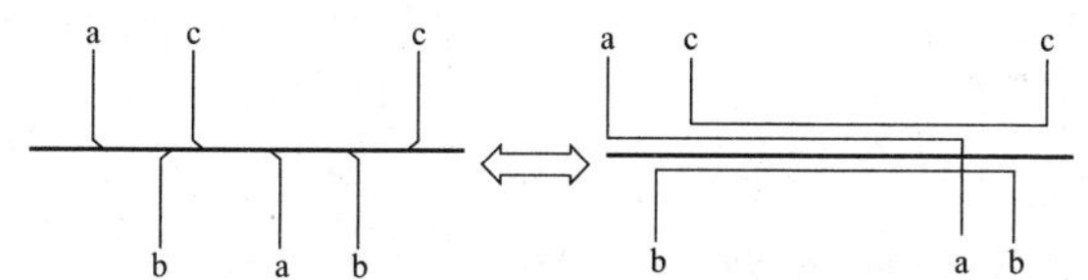

图 6-9　导线汇入或离开线组的表示

另外，当用单线表示的多根导线其中有导线离开或汇入时，一般可加一段短斜线来表示。

▶ 493. 尺寸标注法的基本规则是什么？

答： 尺寸标注法的一些基本规则如下：

（1）物件的真实大小应以图样上的尺寸数字为依据，与图形大小、绘图的准确度无关。也就是说图上的尺寸数字表示物体的实际大小，与画图所用的比例无关。

（2）物件的每一尺寸，一般只标注一次，并且一般标注在能够反映该结构最清晰的图形上。

（3）尺寸的单位，除标高以 m（米）为单位外，其余的线性尺寸一般以 mm（毫米）为单位，同时，尺寸数字后面不写出单位。

（4）图样中所标注的尺寸，一般为该图样机件的最后完工尺寸。

▶ 494. 圆与球标注有哪些特点？

答： 圆与球标注有以下特点：

（1）不同半径的圆弧，其半径尺寸的注写形式有适当的变化。

（2）半径的尺寸线自圆心画至圆弧，圆弧一端画上箭头，半径数字前面加写半径的符号 *R*。

（3）圆的标注，直径数字前面都加写直径的符号 ϕ 。

（4）圆的直径有的用圆弧为尺寸界线，标注在圆内或者按长度尺寸方式引到圆外标注。引到圆外标注时，尺寸线上的起止符号为 45° 短斜线。也有的情况下，圆标注在圆内时，尺寸线会通过圆心，方向倾斜，箭头指着圆周，箭头长度为 3 ～ 5mm。

（5）圆的直径变小时，可将数字、箭头移至圆外标注。

（6）球的直径或半径，在标注尺寸时可加写球的尺寸符号 S 。

▶ 495. 识读尺寸标注的技巧有哪些？

答： 识读尺寸标注的一些技巧如下：

（1）线性尺寸的尺寸数字一般注写在尺寸线的上方或者注写在尺寸线的中断处。

（2）一些特定尺寸一般标注了符号，如直径符号 ϕ、半径符号 *R*、球符号 *S*、球直径符号 $S\phi$、球半径符号 *SR*，厚度符号 δ。

（3）用参考尺寸用（ ）表示，正方形符号用□表示。

（4）长度尺寸的数字一般是顺着尺寸线方向排列，写在尺寸线的大致中央位置。

（5）水平尺寸数字一般写在尺寸线上，字头向上。

（6）竖直尺寸数字一般写在尺寸线左侧，字头向左。

（7）倾斜尺寸的数字一般写在尺寸线的向上一侧，字头趋势向上。

（8）当尺寸界线间没有足够位置写字、写数字时，可写在尺寸界线外侧。

（9）连续出现小尺寸时，中间相邻的尺寸数字可错开注写或者引出注写。

（10）角度数字一般注写成水平方向或者注写在尺寸线的中断处、引出注写等。

（11）没有足够的位置画箭头或注写数字时可移出标注。

▶ 496. 尺寸的排列与布局有哪些特点？

答：尺寸的排列与布局的一些特点如下：

（1）布置尺寸一般要整齐、清晰，便于阅读。

（2）尺寸应尽可能注在图形轮廓线外，不宜与图线、文字及其他符号相交。

（3）互相平行的尺寸，从图形轮廓线起由近及远整齐排列，小尺寸在内，大尺寸在外。

（4）内排尺寸距离图形轮廓线不宜小于 10mm，平行排列的尺寸线间宜保持 7 ～ 10mm 的距离。

▶ 497. 怎样识读尺寸的标注（实例）？

答：识读尺寸的标注的实例如图 6-10 所示。

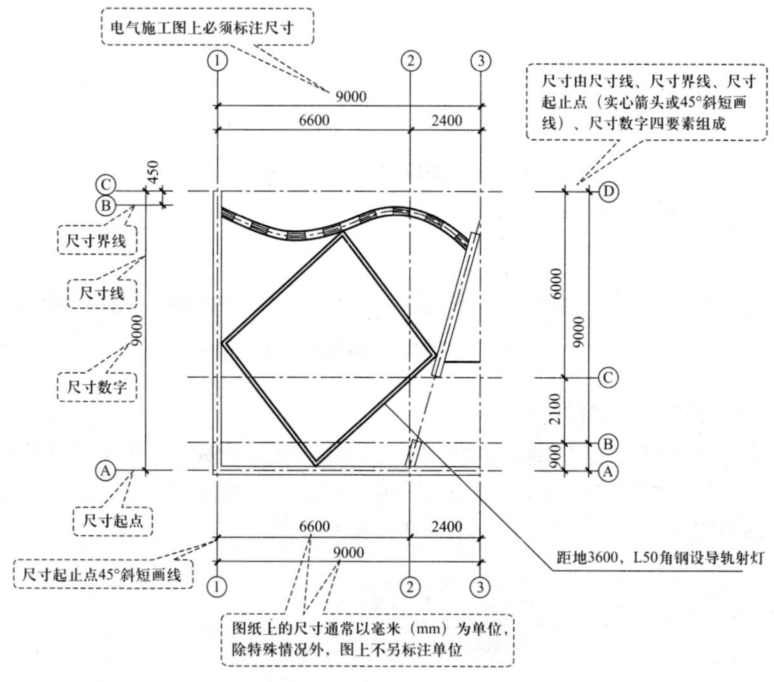

图 6-10 识读尺寸的标注的实例

▶ 498. 怎样识读定位轴线？

答：定位轴线的识读实例如图 6-11 所示。

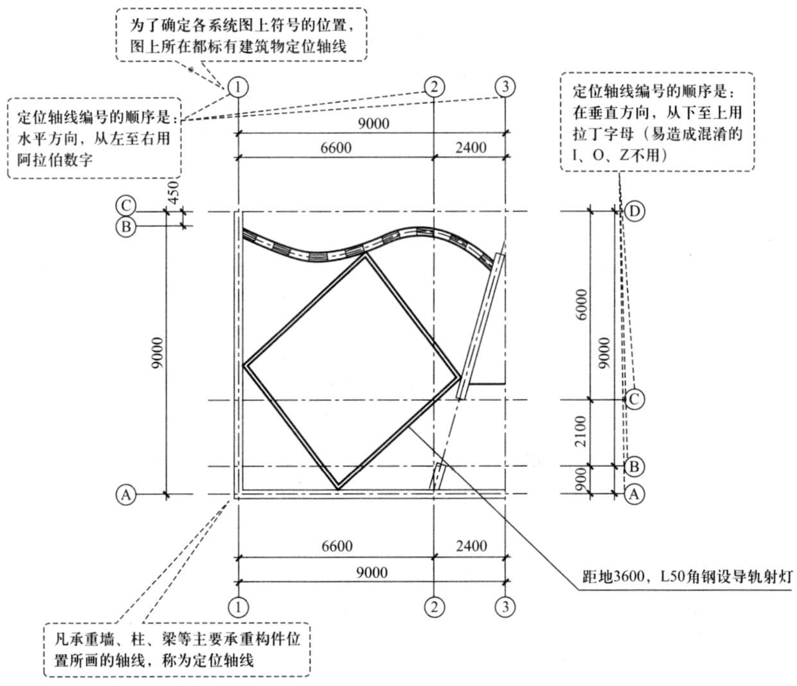

图 6-11 定位轴线的识读实例

附加定位轴表示的含义如图 6-12 所示。

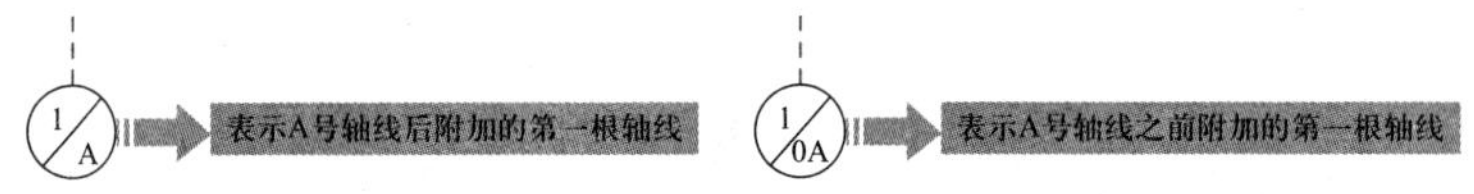

图 6-12 附加定位轴表示的含义

▶ 499. 怎样识读剖切符号？

答：建（构）筑物剖面图的剖切符号宜注在 ±0.00 标高平面上。剖切符号的编号一般采用阿拉伯数字，按由左至右、由上至下连续编写，并应注写在剖视方向线的端部。剖切符号的识读图例如图 6-13 所示。

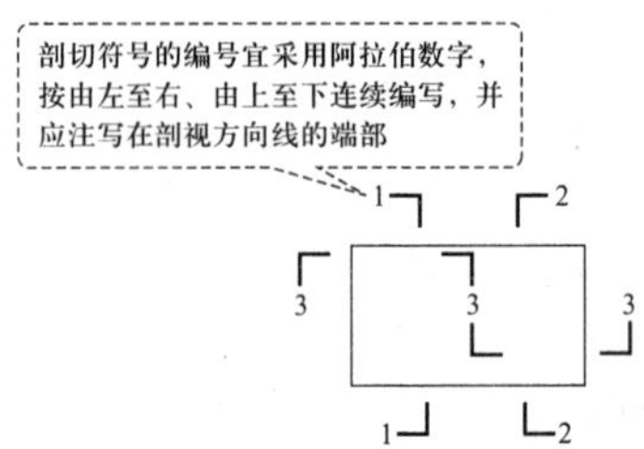

图 6-13 剖切符号的识读图例

▶ 500. 怎样识读对称符号与连接符号？

答：对称符号由对称线和两对平行线组成。连接符号应以折断线表示需要连接的部位。对称符号与连接符号的识读图例如图 6-14 所示。

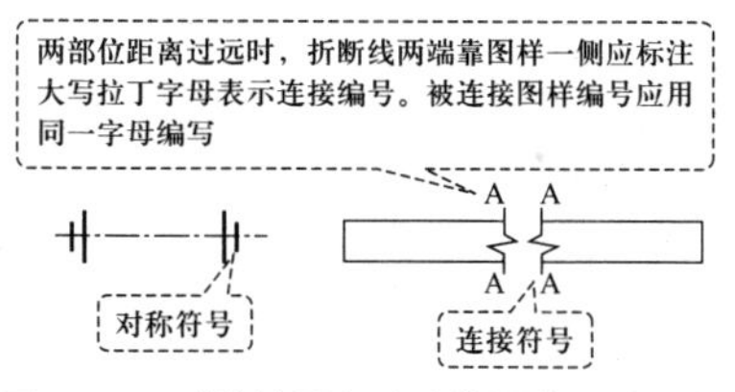

图 6-14 对称符号与连接符号的识读图例

▶ 501. 怎样识读门店装饰图上的导线？

答：门店装饰图上的电气管线一般用粗实线表示，导线一般采用文字标注形式。导线的标注在门店配电箱结线图中出现较多。

导线的文字标注形式如图 6-15 所示。

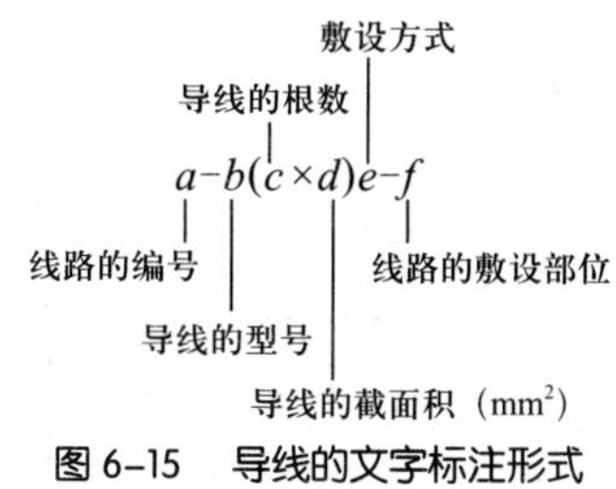

图 6-15 导线的文字标注形式

▶ 502. 怎样识读门店装饰图上的导线（实例）？

答：门店装饰图上的导线识读实例如下：

（1）

$$\text{WP1—BV}(3\times50+1\times35)\text{CT CE}$$

含义：

1—1 号动力线路，导线型号为铜芯塑料绝缘线；

3×50—3 根 50mm^2；

1×35—1 根 35mm^2；

CT CE—沿顶板面用电缆桥架敷设。

（2）

$$\text{VV}25\times3+16\times2$$

含义：

VV—聚氯乙烯塑料聚氯乙烯护套的双层电力电缆；

25×3+16×2—3 根 $25mm^2$、2 根 $16mm^2$ 的铜芯线。

（3）

WL2—BV(3×2.5)SC15 WC

含义：2 号照明线路、3 根 $2.5mm^2$ 铜芯塑料绝缘导线穿钢管沿墙暗敷。

（4）

BV(3×50+1×25)SC50—FC

含义：线路是铜芯塑料绝缘导线，3 根 $50mm^2$，1 根 $25mm^2$，穿管径为 50mm 的钢管沿地面暗敷。

▶ 503. 光源的类型与拼音代号、英文代号如何对照？

答：光源的类型与拼音代号、英文代号对照见表 6-26。

表 6-26　光源的类型与拼音代号、英文代号对照

光源的类型	拼音代号	英文代号
白炽灯	B	IN
荧光灯	Y	FL
卤（碘）钨灯	L	IN
汞灯	G	Hg
钠灯	N	Na
氖灯	Ne	—
电弧灯	ARC	—
红外线灯	IR	—
紫外线灯	UV	—

▶ 504. 照明灯具的标注形式是怎样的？

答：照明灯具的标注形式如图 6-16 所示。

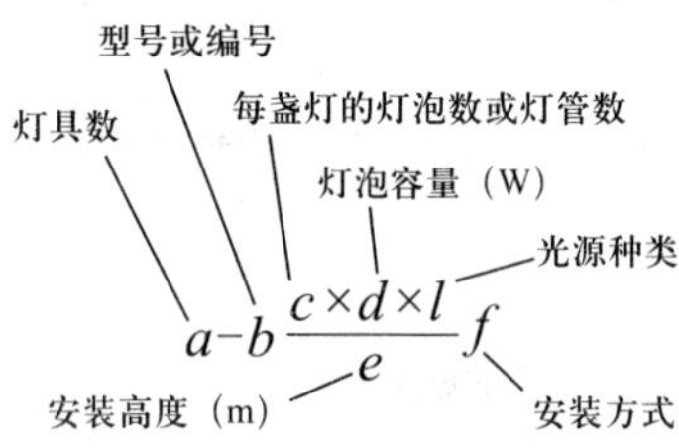

图 6-16　照明灯具的标注形式

▶ 505. 怎样识读照明灯具的标注（实例）？

答：照明灯具标注实例的识读见表 6-27。

表 6-27 照明灯具标注实例的识读

举　　例	说　　明
$\frac{25}{2.4}B$	B— 壁灯 25— 25W 灯泡 2.4— 距地面 2.4m
$\frac{40}{2.2}L$	L — 吊链 40— 40W 灯具 2.2— 距地面 2.2m

▶ 506. 怎样识读电器的标注（实例）？

答：电器的标注实例的识读见表 6-28。

表 6-28 电器的标注实例的识读

举　　例	说　　明
DZ12-60/ 1× 4	DZ—塑料外壳自动式空气断路器 12—设计代号及派生产品代号 60— 额定电流为 60A 1— 单极 (单刀) 4— 4 个 DZ12-60/ 1
DZ10-100/ 330	DZ— 自动式空气断路器 10— 设计序号 100— 额定电流为 100A 3— 3 极 (3 刀) 3— 复式热脱扣器 0— 无辅助触头
RC1-15/ 10	RC1—插入式熔断器 (磁插式熔断器) 15— 额定电流为 15A 10— 熔丝电流为 10A 时熔断
HK1-15/ 10	HK1— 负荷开启式开关 (胶盖刀开关) 15— 额定电流为 15A 10— 电流达到 10A 即跳闸
LQG0.5-100/ 5	L — 互感器 Q — 高强度 G— 漆包线 0.5— 额定电压为 0.5kV 100— 额定电流为 100A 5— 熔丝额定电流为 5A
PXT (R) -3-3× 3/ 1B	PXT (R) — 普通分线箱 (嵌入式) 3— 分 3 路进线 3× 3— 3 组 , 每组 3 根 1— 动作方式 B— 保护装置

▶ 507. 怎样识读照明配电箱？

答： 识读照明配电箱就是会识读照明配电箱的标注。照明配电箱的具体标注规律如图 6-17 所示。

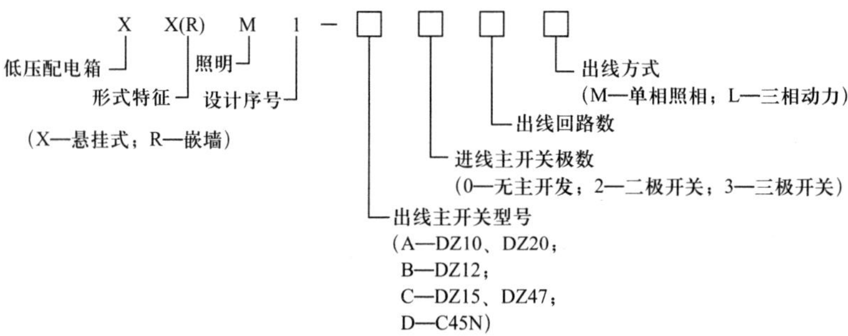

图 6-17　照明配电箱的具体标注规律

例如：XRM1—A312M 的配电箱，表示该照明配电箱为嵌墙安装，箱内装设一个型号为 DZ20 的进线主开关，单相照明出线开关 12 个。

▶ 508. 怎样识读配电箱（实例）？识读配电箱有什么作用？

答： 下面以一理发店的配电箱来介绍配电箱的识读，具体如图 6-18 所示。

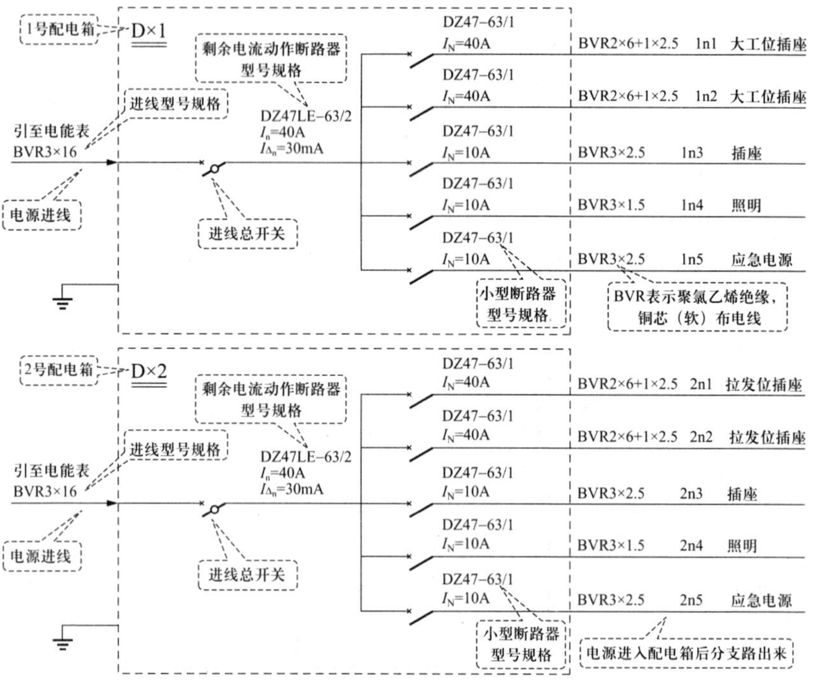

图 6-18　配电箱的识读实例

识读配电箱主要可以了解电源线的引入以及引入电源线的类型与规格，还可以知道采用的总关开及其型号规格，以及其他电气设备，还可以看出配电箱的分支电路，以及分支电路所采用的电源导线规格与分支电路的名称等。

▶ 509. 用电设备怎样进行文字标注?

答：用电设备的文字标注如图 6-19 所示。

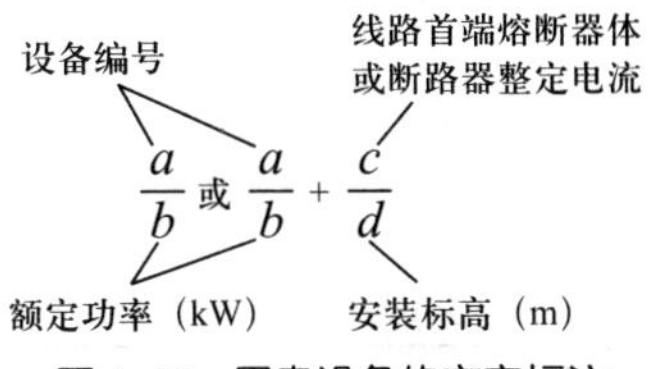

图 6-19　用电设备的文字标注

▶ 510. 怎样识读详图?

答：索引号是便于看图时查找相互有关的图纸。索引号反映了基本图纸与详图之间、详图与详图之间、以及有关工种图纸之间的关系。

详图的识读如图 6-20 所示。

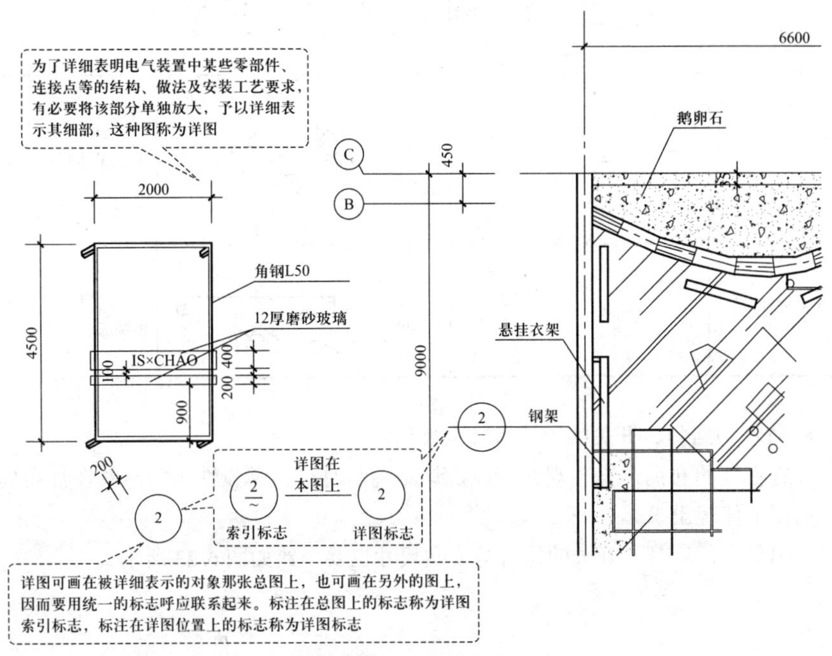

图 6-20　详图的识读

另外，也有详图不在本图上，则表示标志如图 6-21、图 6-22 所示。

图 6–21 详图不在本图上的表示标志（一） 图 6–22 详图不在本图上的表示标志（二）

▶ 511. 导线与开关、灯如何连接？

答：导线与开关、灯的连接方法见表 6-29。

表 6-29 导线与开关、灯的连接方法

名称	平面图	实际接线图	说明
一个开关控制一盏灯		L ~220V N	开关需要安装在相线上
一个开关控制多盏灯		L ~220V N	注意灯需要并联
两个双控开关控制一盏灯		L ~220V N	相线接在两个双联开关的动触点上，它们的两静触点采用两导线直接连通即可
日光灯连接		N ~220V L	相线通过开关接镇流器

▶ 512. 门店灯、开关的识读有什么技巧？

答：灯的布局讲究美观，因此，灯距离、对称、圆弧性等均能够在灯布局平面图上体现出来。

另外，门店灯、开关的位置与安装尺寸也要一致如图 6-23 所示。

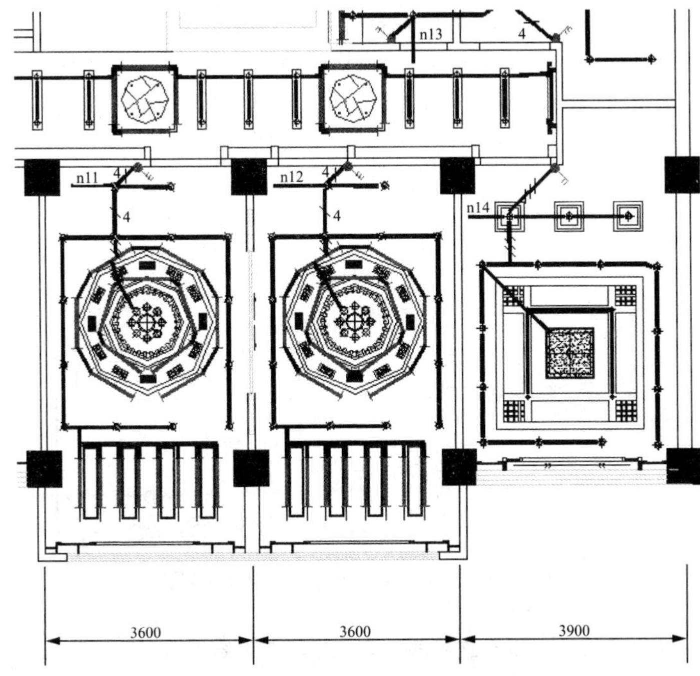

图 6-23　门店灯、开关局部布局平面图

6.2　水

▶ 513. 什么是门店给水、排水平面图？

答：门店给水、排水平面图是通过门店房门窗的高度所做的水平剖面图。它主要是表达门店房内给水、排水管道的平面布置与给水、排水设备、卫浴洁具的位置。

▶ 514. 门店给水、排水平面图具有哪些信息？

答：门店给水、排水平面图具有的信息如下：

（1）给水进入管、污水排出管的位置、编号。

（2）管道附件的平面位置。

（3）设备的位置、型号、安装尺寸。

（4）各条干管、立管、支管的平面布置、管径尺寸。

（5）立管编号、标高。

（6）水路结构。

（7）水路功能。

▶ 515. 什么是门店给水、排水系统图？

答：门店给水、排水系统图能够直观地反映出管线系统的全局。它是将管线在空间的走向与各个部分左右、前后、上下的空间关系用轴测图表示出来。

某温泉池给水、排水系统流程图如图 6-24 所示。

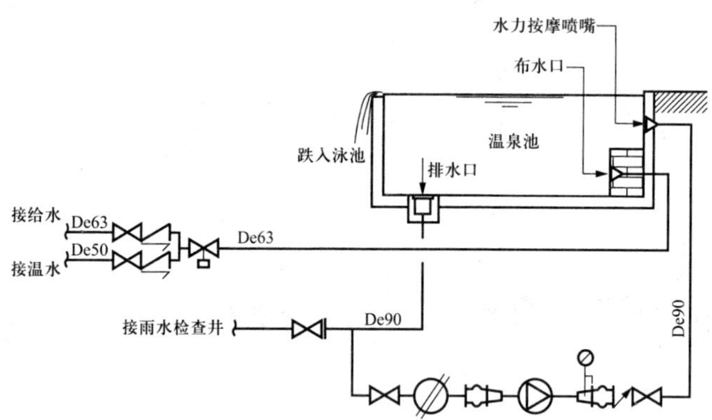

图 6-24　某温泉池给水、排水系统流程图

▶ 516. 什么是给水、排水立管图？它包括哪些内容？

答：在给水、排水施工图中，一般画出各立管及其所带支管的分布情况、连接情况的图叫作立管图。

给水、排水立管图表示的内容如下：

（1）立管与支管位置。

（2）立管的编号。

（3）支管的走向。

（4）支管附件。

（5）管径尺寸。

（6）管道的坡度。

（7）有关标高。

▶ 517. 大样图与节点图有什么区别？

答：大样图与节点图均属于放大图。节点图是进一步表现物体的构造、布置的一种放大的图。大样图相对节点图是更为细部化的放大图。大样图往往采用放大节点图还不能够表达出效果，而采用一种更为具体细化的图。

某布水口大样图如图 6-25 所示。

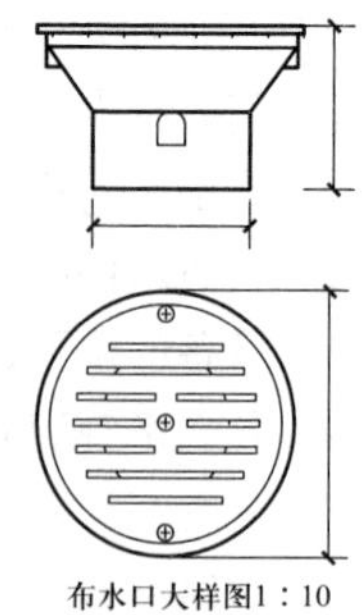

图 6-25　某布水口大样图

▶ 518. 给水、排水图纸图号编排有哪些规定?

答：给水、排水图纸图号编排的一些规定如下：

（1）系统原理图在前，平面图、剖面图、放大图、轴测图、详图依次在后。

（2）水净化流程图在前，平面图、剖面图、放大图、详图依次在后。

（3）总平面图在前，管道节点图、阀门井示意图、管道纵断面图或管道高程表、详图依次在后。

（4）平面图中地下各层在前，地上各层依次在后。

▶ 519. 给水、排水图常用的比例有哪些?

答：给水、排水图常用的比例见表 6-30。

表 6-30　　给水、排水图常用的比例

名　　称	比　　例
总平面图	1 ∶ 1000、1 ∶ 500、1 ∶ 300
管道纵断面图	纵向：1 ∶ 200、1 ∶ 100、1 ∶ 50 横向：1 ∶ 1000、1 ∶ 500、1 ∶ 300
水处理构筑物、设备间、卫生间、泵房平、剖面图	1 ∶ 100、1 ∶ 50、1 ∶ 40、1 ∶ 30
建筑给排水平画图	1 ∶ 200、1 ∶ 150、1 ∶ 100
建筑给排水轴测图	1 ∶ 150、1 ∶ 100、1 ∶ 50
详图	1 ∶ 50、1 ∶ 30、1 ∶ 20、1 ∶ 10、1 ∶ 5、1 ∶ 2、1 ∶ 1、2 ∶ 1

▶ 520. 给水、排水图中标高的标注方法有哪些?

答：给水、排水图中标高的标注方法见表 6-31。

表 6-31　　给水、排水图中标高的标注方法

名　　称	图　　例
平面图中管道标高	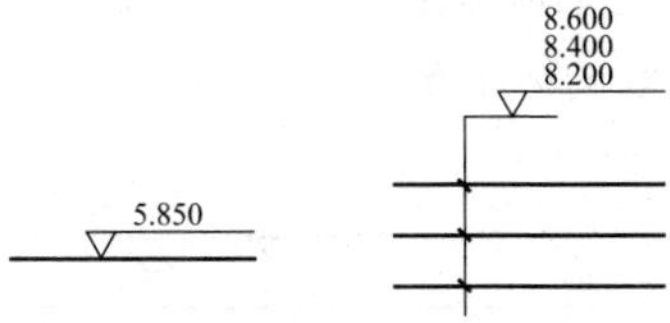
平面图中沟渠标高	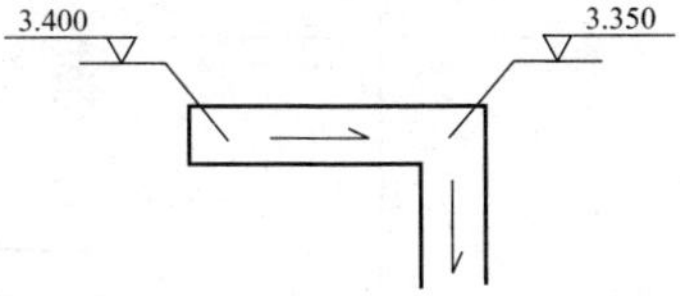

续表

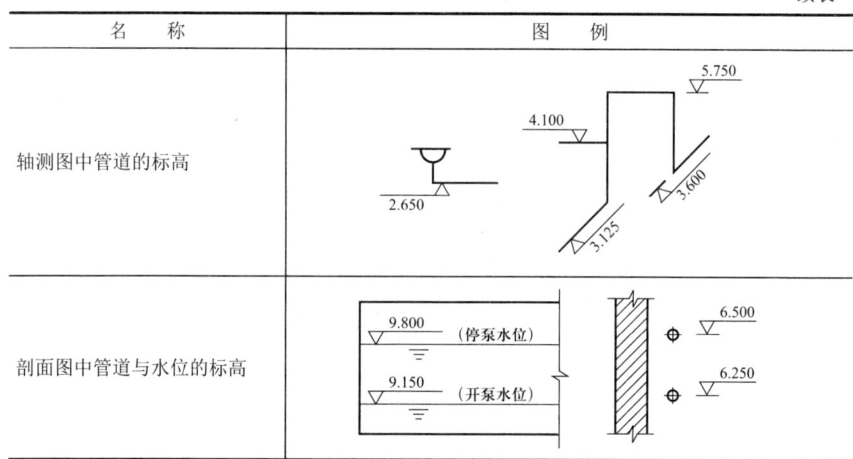

名　　称	图　　例
轴测图中管道的标高	5.750 4.100 2.650 3.600 3.125
剖面图中管道与水位的标高	9.800 （停泵水位） 9.150 （开泵水位） 6.500 6.250

▶ 521. 管径的表达方式有哪些？

答：管径的表达方式见表 6-32。

表 6-32　　管径的表达方式

名　　称	表达方式	举　　例
水煤气输送钢管（镀锌或非镀锌）、铸铁管等管材	管径宜以公称直径 DN 表示	如 DN15、DN50
无缝钢管、焊接钢管（直缝或螺旋缝）、铜管、不锈钢管等管材	管径宜以外径 D× 壁厚表示	如 D108×4、D159×4.5
钢筋混凝土（或混凝土）管、陶土管、耐酸陶瓷管、缸瓦管等管材	管径宜以内径 d 表示	如 d230、d380
塑料管材	管径宜按产品标准的方法表示	

注　当设计均用公称直径 DN 表示管径时，应有公称直径 DN 与相应产品规格对照表。

▶ 522. 管径如何标注？

答：管径的标注方法见表 6-33。

表 6-33　　管径的标注方法

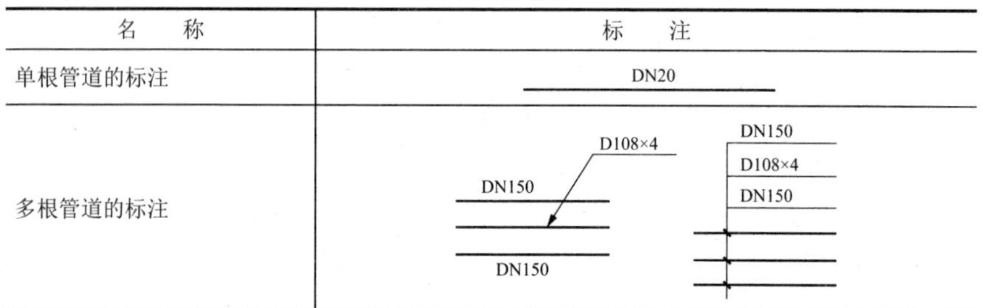

名　　称	标　　注
单根管道的标注	DN20
多根管道的标注	D108×4 DN150 DN150 DN150 D108×4 DN150

▶ 523. 水管数量超过 1 根时怎样标注？

答： 当给水引入管或排水排出管的数量超过 1 根时，为了不混淆，则需要编号，其标注方法如图 6-26 所示。

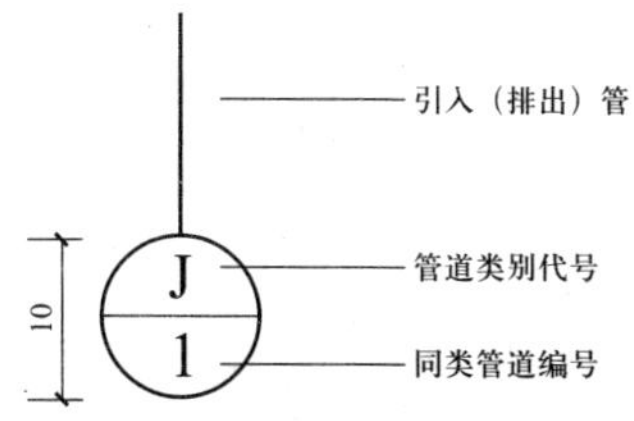

图 6–26　水管数量超过 1 根的标注方法

▶ 524. 门店房内穿越楼层的立管数量超过 1 根时怎样标注？

答： 当门店房内穿越楼层的立管数量超过 1 根时，为了不混淆，则需要编号，其标注方法见表 6-34。

表 6-34　　门店房内穿越楼层的立管数量超过 1 根时的标注方法

名　　称	外　　形	名　　称	外　　形
平面图	管道类别代号-编号 WL–1	剖面图	管道类别代号-编号 WL–1 2F 楼面线

▶ 525. 管道类别怎样表示？

答： 管道类别是以其名称的汉语拼音字母表示的。具体的管道类别对应的字母见表 6-35。

表 6-35　　管道类别对应的字母

管道类别	对应的字母	管道类别	对应的字母
生活给水管	J	凝结水管	N
热水给水管	RJ	废水管	F
热水回水管	RH	压力废水管	YF
中水给水管	ZJ	通气管	T
循环给水管	XJ	污水管	W
循环回水管	XH	压力污水管	YW
热媒给水管	RM	雨水管	Y
热媒回水管	RMH	压力雨水管	YY
蒸汽管	Z	膨胀管	PZ

例如，废水管的表示如图 6-27 所示。

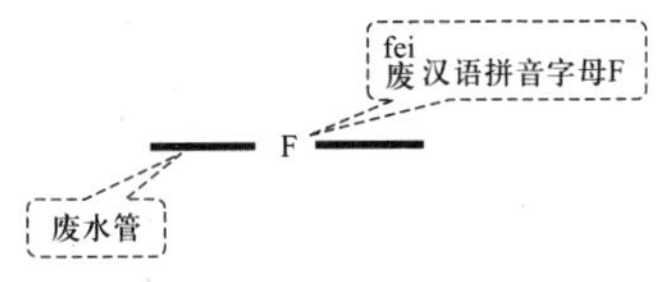

图 6-27 废水管的表示

▶ 526. 消防设施的图例如何表示？

答：消防设施的图例见表 6-36。

表 6-36 消防设施的图例

名 称	图 例	备 注
自动喷洒头（闭式）	平面 系统	上下喷
侧墙式自动喷洒头	平面 系统	
侧墙式喷洒头	平面 系统	
雨淋灭火给水管	—— YL ——	
水幕灭火给水管	—— SM ——	
水炮灭火给水管	—— SP ——	
干式报警阀	平面 系统	
水炮		
湿式报警阀	平面 系统	
预作用报警阀	平面 系统	
遥控信号阀		

续表

名　　称	图　　例	备　　注
水流指示器	L	
水力警铃		
雨淋阀	平面　系统	
末端测试阀	平面　系统	
手提式灭火器		
推车式灭火器		
消火栓给水管	XM	
自动喷水灭火给水管	ZP	
室外消火栓		
室内消火栓（单口）	平面　系统	白色为开启面
室内消火栓（双口）	平面　系统	
水泵接合器		
自动喷洒头（开式）	平面　系统	
自动喷洒头（闭式）	平面　系统	下喷
自动喷洒头（闭式）	平面　系统	上喷

▶ 527. 水龙头图例如何表示？

答：水龙头的图例见表 6-37。

表 6-37　　水龙头的图例

名　　称	图　　例	名　　称	图　　例
放水水龙头		肘式水龙头	
皮带水龙头		脚踏水龙头	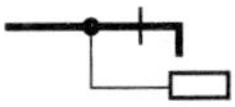
洒水（栓）水龙头		混合水龙头	
化验水龙头	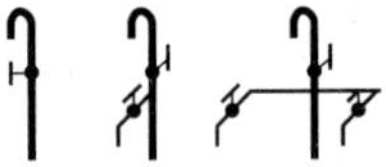	旋转水龙头	
浴盆带喷头混合水龙头			

▶ 528. 给水、排水设备的图例如何表示？

答：给水、排水设备的图例见表 6-38。

表 6-38　　给水、排水设备的图例

名　　称	图　　例	名　　称	图　　例
水泵	 平面　系统	浮球液位器	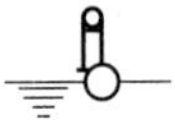
潜水泵		搅拌器	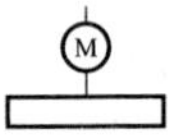 M
定量泵		快速管式热交换器	
管道泵		开水器	
卧式热交换器	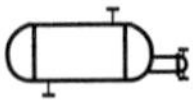	喷射器	
立式热交换器	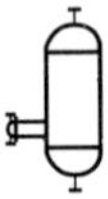	除垢器	
水锤消除器	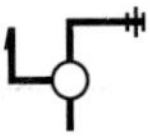		

▶ 529. 小型给水、排水构筑物的图例如何表示？

答：小型给水、排水构筑物的图例见表 6-39。

表 6-39 小型给水、排水构筑物的图例

名称	图例	备注	名称	图例	备注
圆形化粪池	HC		阀门井 检查井		
隔油池	YC	YC 为除油池代号	水封井		
沉淀池	CC	CC 为沉淀池代号	跌水井		
中和池	ZC	ZC 为中和池代号	水表井		
雨水口		单口	降温池	JC	JC 为降温池代号
		双口			

▶ 530. 其他给水、排水图例有哪些？如何表示？

答：其他给水、排水图例有给水排水所用仪表的图例、给水排水设备、卫生设备及水池的图例、给水配件的图例、阀门的图例、管件的图例、管道连接的图例、管道附件的图例等，其中管道连接的图例见表 6-40，游泳池给水、排水常见的图例见表 6-41。

表 6-40 管道连接的图例

名称	图例	名称	图例
法兰连接		四通连接	
承插连接		盲板	
活接头		管道丁字上接	
管堵		管道丁字下接	
法兰堵盖		管道交叉	
弯折管		三通连接	

表 6-41　　游泳池给水、排水常见的图例

名　称	外　形	名　称	外　形
压力表	P	温度控制器	T
流量计	F	阀门	
止回阀		电磁阀	
闸阀		水泵	
毛发过滤器		橡胶软喉	

▶ 531. 给水、排水图例怎样表示（实例）？

答： 给水、排水实例图例如图 6-28 所示。

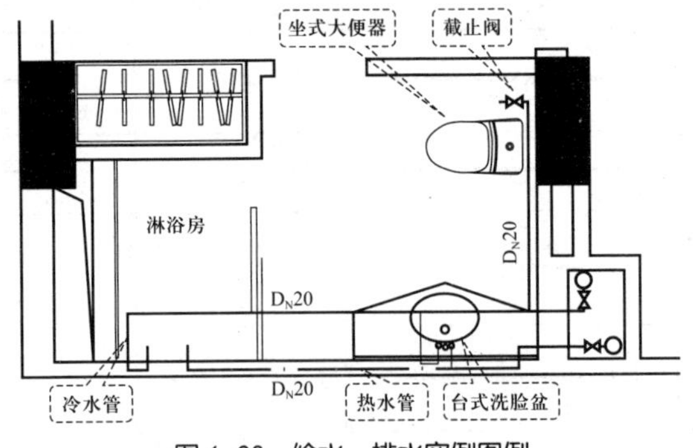

图 6-28　给水、排水实例图例

从图 6-28 中可以看出，这是淋浴房的有关给水排水图，其中有冷水管、热水管的敷设以及有关卫生设备的安装、阀门的安装。冷水管、热水管均采用公称直径 20mm 的。

第7章　设计

7.1　概述

▶ 532. 门店水电路需要设计吗？

答：如果是规模大的门店，必须进行水电路设计。如果是简单的门店，可以不进行水电路图设计。但是，简单的门店水电路装修也要有一个大概的方向、思路、定位、连接。因此，简单的门店的水电路在具体施工也要进行设计、规划，即使不在纸上反映、记录下来，也要在水电路工与店主脑海中形成。

▶ 533. 连接导线的设计要求有哪些？

答：连接导线设计的一些要求如下：

（1）连接导线在施工图中要表达得意义明确并且整齐美观。

（2）连接线应尽可能水平、垂直布置，尽可能减少交叉。

（3）为了进一步对设计意图进行说明，在电气工程图上可以采用一些文字标注、文字说明做进一步补充说明。

（4）电气元件、电气设备一般不是采用比例画其形状和标注尺寸，一般是采用图形符号进行绘制。

（5）当用单线表示的多根导线其中有导线离开或汇入时，一般可加一段短斜线来表示。

（6）导线的表示可以采用多线、单线的表示方法。

▶ 534. 门店装饰设计的类型有哪些？委托专业设计师或装饰公司进行门店设计有何优点？

答：门店装饰设计的类型有自行设计、水电工设计施工、委托专业设计师设计、委托装饰公司设计施工。其中，自行设计就是店主自己或者委托其亲戚、朋友设计。对于简单的门店装饰，自行设计比较理想；而对于复杂的门店装饰，则最好邀请专业设计师设计或者装饰公司来设计。

邀请专业设计师设计或者装饰公司来设计具有的优点如下：可委托负责验收工作、具有详细的设计细节、能够提供专业的建议与方案、预算偏差不大、需要花费相应的设计费等。

对于简单的门店其水电工程就是1、2盏照明灯、1、2个开关、1、2个插座，而且采用明敷，因此请水电工设计施工即可。

▶ 535. 门店设计包括哪几部分?

答: 门店设计主要包括店名设计、室外设计、室内设计、经营设计。

▶ 536. 门店店名设计有什么要求?

答: 门店店名设计要求具有高度概括力、强烈吸引力，且支持标志、美化市容、易读易记、暗示经营、启发联想等。因此，有的门店店名设计时需要考虑在装饰时是否方便借助视觉刺激、心理影响的一些灯效、水景来表达目的。

▶ 537. 门店室外设计包括哪些事项?

答: 门店室外设计包括门店门前以及门店周围的所有装饰设计。门店室外装饰是影响消费者心理的第一因素。因此，门店室外设计要达到消费者“不得不进店”的“诱进”效果。

门店室外设计包括外观设计、招牌设计、橱窗设计、出入口设计、外部照明设计、声音设计，具体包括广告牌、贴画、传单广告、活人广告、霓虹灯、灯箱、电子闪示广告、店铺招牌、橱窗布置、门面装饰、室外照明、室外音乐等。

▶ 538. 门店室内设计包括哪些事项?

答: 门店室内设计是指门店房内部店堂的布局、规划。门店室内设计包括室内布局、室内装潢、氛围设计等。

▶ 539. 门店室内设计的原则有哪些?

答: 门店室内设计的原则有：合理利用有效面积、充分利用设施率力求达到总体协调、特色突出、舒适适用、购物方便等。

▶ 540. 门店室内氛围设计包括哪些事项?

答: 门店室内氛围设计包括色彩设计、声音设计、气味设计、通风设计、制服设计、室内照明设计、光效设计、水效设计、形状设计等。

▶ 541. 门店外观设计的特点有哪些?

答: 门店外观设计必须给人整体感觉是良好的、有档次的、个性的、专业的、方便的、可信任的。其可以是现代风格、传统风格、洋风格、新潮风格等，不同的风格借助灯效、水效程度不同。

▶ 542. 门店招牌设计与安装有什么特点?

答: 门店招牌设计与安装的特点如下：

（1）门店招牌设计与安装必须做到新颖、醒目、明亮、简明、美观、吸引。

（2）门店招牌一般需要考虑夜晚视觉效果，做到突出醒目，一般需要配霓虹灯招牌。

（3）通过霓虹灯来装饰或者采用灯照需要注意照明、烘托气氛、装饰美观的综合要求。

（4）招牌的灯光颜色一般以单色、较强色为主，以求达到简洁、明快、醒目的要求。

（5）门店招牌可以通过灯光的变化、闪烁产生动态的感觉，以活跃气氛、增强动感、时尚感。

当然，经营项目不同，其招牌的形式、规格与安装方式也有所不同。例如：

女装店——可以设计时尚感强的招牌，招牌的颜色要醒目。

男装店——可以设计较正式、给人以庄重感的招牌。

童装店——可以设计活泼、有趣，能吸引小朋友的招牌。

▶ 543. 门店外部照明设计的作用是什么？它包括哪些项目？

答：门店外部照明主要是指通过人工光源的使用，以及使之与色彩的搭配、字体的配合、局部或者整体的美光，不仅起到照亮环境的作用，还要起到渲染气氛、烘托环境、增加形式美的作用。

门店外部照明设计包括招牌照明、橱窗照明、外部装饰灯照明等。

▶ 544. 门店外部装饰灯照明设计有什么特点？

答：门店外部装饰灯照明设计的一些特点如下：

（1）用霓虹灯装饰在店门前的街道上或店门周围的墙壁上，以渲染、烘托气氛。

（2）有的理发店采用旋转灯，以达到装饰与照明的双重效果。

（3）有的门店采用 LED 多色造型灯，以达到装饰、照明、节能的多重效果。

（4）门店外部装饰灯照明主要是在墙壁、招牌周围、特殊装饰部位采用特殊造型灯或者灯照。

▶ 545. 门店橱窗设计有什么特点？

答：门店橱窗是门店的第一展厅，其展示的是店内主要商品、新货、新款、经营特点。多数门店橱窗会借助巧用布景、巧用道具、巧用背景画以及配有灯光、色彩、文字说明，从而达到样板展示的作用。

门店橱窗设计总的特点就是突出商品特性、美感、舒适感、艺术感，指导消费，促进销售。

▶ 546. 门店橱窗照明设计有什么要求？

答： 门店橱窗照明设计的一些要求如下：

（1）橱窗一般需要配上适当的顶灯、角灯，以达到艺术照明效果。

（2）橱窗照明比卖场的照明要高出 2~4 倍。

（3）灯色间的对比度不宜过大。

（4）不应使用太强的光。

（5）光线的运动、交换、闪烁不能过快或过于激烈。

（6）有时也要采用下照灯、吊灯等装饰性照明，以突出商品的特色。

▶ 547. 门店橱窗布置方式有哪些？

答： 门店橱窗布置方式见表 7-1。

表 7-1 门店橱窗布置方式

布置方式	说　明
综合式	综合式橱窗可以分为横向橱窗布置、纵向橱窗布置、单元橱窗布置等。它是将许多不相关的商品综合陈列在一个橱窗内，组成一个完整的橱窗展示
系统式	如果门店是大、中型店，设计的橱窗面积较大，则可以根据商品的类别、性能、用途、材料等因素，分别组合陈列在一个橱窗内展示
专题式	专题式橱窗就是以一个专题为中心，围绕特定的事情而组织不同类型的商品进行陈列展示。专题式橱窗可以分为节日陈列橱窗、事件陈列橱窗、场景陈列橱窗等
特定式	特定式橱窗布置是指用不同的艺术形式、处理方法，在一个橱窗内集中介绍商品的一种展示
季节性	季节性橱窗就是根据季节变化把应季商品集中进行陈列展示。季节性陈列必须在季节到来之前一个月预先陈列出来，因此，季节性橱窗需要提早装饰

▶ 548. 门店基本空间有哪些？

答： 门店基本空间有商品空间、店员空间、顾客空间。其中，商品空间包括柜台、橱窗、货架等。

▶ 549. 门店通道布局的种类有哪些？

答： 门店通道布局的种类见表 7-2。

表 7-2 门店通道布局的种类

种　类	说　明
直线式	直线式通道是指所有的柜台设备在摆布时互成直角，构成曲径通道
斜线式	斜线式通道能使顾客随意浏览，营造活跃气氛
自由滚动式	自由滚动式通道是根据商品、设备的特点形成的不同组合，也可能是独立、聚合的，即没有固定或专设的布局形式

▶ 550. 门店墙面装饰怎样设计？

答：门店店墙面装饰设计主要包括墙面装饰材料的选择、颜色的选择、壁面的利用、光照等。

店铺墙壁设计需要陈列的商品色彩与内容相协调。另外，与店铺的环境、形象要适应。

店壁面一般可以架设陈列柜、一些简单设备，摆放一部分服饰、商品的展示台等。

▶ 551. 门店地板装饰怎样设计？

答：门店地板装饰设计主要包括地板装饰材料的选择、颜色的选择、地板图形设计、光照等。

门店地板装饰设计需要根据具体的经营产品来设计。例如，服饰店要根据不同的服饰种类来选择图形：

一般女装店——采用圆形、椭圆形、扇形、几何曲线形等曲线组合为特征的图案，以显示柔和之气。

男装店——采用正方形、矩形、多角形等直线条组合为特征的图案，以显示阳刚之气。

童装店——采用不规则图案，可在地板上设计一些卡通图案。

▶ 552. 门店货柜货架装饰怎样设计？

答：门店货柜货架装饰设计主要包括货柜货架材料、形状、品种、灯照的选择。

货柜货架有方形、异形（三角形、梯形、半圆形、多边形等）等种类可供选择。

▶ 553. 门店色彩设计有什么要求？

答：门店的色彩要与环境协调、与商品搭配协调、符合顾客的购物心理。因此，从门店装修材料的颜色到灯光的照耀颜色都要协调、符合要求。

▶ 554. 门店声音怎样设计？

答：门店声音设计有积极的一面，也有消极的一面。因此，有的门店需要声音设计，有的门店则不会采纳。

一般装饰得比较“亮”的街道门店多采用门店声音设计，特别是时尚的、专卖的，打折的商品门店更是音响分贝高。但要注意：合理的声音设计可以给店铺带来好的气氛，营造愉快的气氛。不合理的声音设计，反而会影响销售。

合理的声音设计也是广播员工工作事宜的一种需要，因此，门店声音设计建议一般要考虑，如果不用时可以关闭。另外，如果隔壁的门店具有音响，也要考虑采取音响，以增强门店的“本店意识”。

门店声音设计考虑音频、视频布线以及音频、视频显示设备与播放设备的位置。

门店对选择音乐的类型也很重要：

流行服饰专卖店——一般选择流行且节奏感强的音乐为主。

童装店——选择一些欢快的儿歌。

高档服饰店——可选择轻音乐。

▶ 555. 门店气味怎样设计？

答：门店气味设计主要是增加气味传感器，当门店所需要的气味不足或者过量时能进行报警、提醒店主喷洒或者停止。

另外，门店气味设计也需要考虑增设清新设备、通风设备。

▶ 556. 门店水路设计有哪些注意事项？

答：门店水路设计的一些注意事项如下：

（1）可以优先考虑顶部排布水路。

（2）如果出现故障，可能影响范围比较大的地方的水路，则该处地方的水路需要单独设置水阀。

（3）餐馆厨房洗菜池下水距离远、坡度不够、下水管过小。洗菜池排水时，泥沙及杂物较多，容易造成堵塞现象。

（4）使用太阳能设备，注意其接头应留在吊顶上面。

（5）卫生间水管建议尽量从墙、顶排布，避免破坏防水层。

（6）卫生间地面严禁走电路线管。

▶ 557. 门店室内照明设计有什么要求？

答：门店室内照明设计要明快、轻松、亮度足够。另外还要起到突出展示商品、增强陈列效果、渲染店铺气氛、改善劳动环境等要求。

▶ 558. 商场营业厅常见的设计参数有哪些？

答：商场营业厅常见的设计参考参数如下：

（1）单边双人走道宽度：1600mm。

（2）双边双人走道宽度：2000mm。

（3）双边三人走道宽度：2300mm。

（4）双边四人走道宽度：3000mm。

（5）营业员柜台走道宽度：800mm。

（6）营业员货柜台：厚600mm，高800~1000mm。

（7）单靠背立货架：厚 300~500mm，高 1800~2300mm。

（8）双靠背立货架：厚 600~800mm，高 1800~2300mm。

（9）小商品橱窗：厚 500~800mm，高 400~1200mm。

（10）陈列地台高度：400~800mm。

（11）敞开式货架高度：400~600mm。

（12）放射式售货架高度：直径 2000mm。

（13）收款台：长 1600mm，宽 600mm。

▶ 559. 饭店客房常见的设计参数有哪些？

答：饭店客房常见的设计参考参数如下：

（1）客房标准面积：大客房 25m^2，中客房 16~18m^2，小客房 16m^2。

（2）床：高 400~450mm，床靠高 850~950mm。

（3）床头柜：高 500~700mm，宽 500~800mm。

（4）写字台：长 1100~1500mm，宽 450~600mm，高 700~750mm。

（5）行李台：长 910~1070mm，宽 500mm，高 400mm。

（6）衣柜：宽 800~1200mm，高 1600~2000mm，深 500mm。

（7）沙发：宽 600~800mm，高 350~400mm，靠背高 1000mm。

（8）衣架：高 1700~1900mm。

▶ 560. 卫生间常见的设计参数有哪些？

答：卫生间常见的设计参考参数如下：

（1）卫生间面积：3~5m^2。

（2）浴缸：长度一般有 1220mm、1520mm、1680mm 三种；宽 720mm, 高 450mm。

（3）坐便器：750mm×350mm。

（4）冲洗器：690mm×350mm。

（5）盥洗盆：550mm×410mm。

（6）淋浴器：高 2100mm。

（7）化妆台：长 1350mm，宽 450mm。

▶ 561. 会议室常见的设计参数有哪些？

答：会议室常见的一些设计参考参数如下：

（1）中心会议室客容量：会议桌边长 600mm。

（2）环式高级会议室客容量：环形内线长 700~1 000mm。

（3）环式会议室服务通道宽度：600~800mm。

▶ 562. 灯具常见的设计参数有哪些？

答：灯具常见的一些设计参考参数如下：

（1）大吊灯最小高度：2400mm。

（2）壁灯高度：1500~1800mm。

（3）反光灯槽最小直径：等于或大于灯管直径的 2 倍。

（4）壁式床头灯高度：1200~1400mm。

（5）照明开关高度：1000mm。

▶ 563. 办公家具常见的设计参数有哪些？

答：办公家具常见的一些设计参考参数如下：

（1）办公桌：长 200~1600mm，宽 500~650mm ，高 700~800mm。

（2）办公椅：高 400~450mm，长 × 宽为 450mm×450mm。

（3）沙发：宽 600~800mm，高 350~400mm，靠背面 1000mm。

（4）茶几：前置型 900mm×400mm×400mm（高）。
中心型 900mm×900mm×400mm、700mm×700mm×400mm。
左右型 600mm×400mm×400mm。

（5）书柜：高 1800mm，宽 1200~1500mm，深 450~500mm。

（6）书架：高 1800mm，宽 1000~1300mm ，深 350~450mm。

▶ 564. 门店管道直饮水用水量标准怎样估计？

答：门店管道直饮水用水量标准的估计如下：

（1）一般门店为 5L/（人·d）。

（2）经济发达地区门店可适当提高至 7~8L/（人·d）。

（3）办公楼为 2~3L/（人·d）。

此外，也可根据用户要求确定。

▶ 565. 门店管道直饮水水龙头额定流量与出水水压有什么要求？

答：门店管道直饮水水龙头额定流量与出水水压的要求如下：

（1）管道饮用水龙头额定流量为 0.04 ～ 0.08L/s。

（2）对于饮用水龙头出水水压，要求其自由水龙头不小于 0.03MPa。

▶ 566. 门店管道直饮水水龙头管材、管件和计量水表怎样设计选择？

答：门店管道直饮水水龙头管材、管件和计量水表的设计选择如下：

（1）管材一般优先选用不锈钢管，也可选用铜管及优质的塑料管、塑钢管。

（2）阀门、管道连接件、管件连接的密封圈需要选择达到食品卫生要求的。

（3）配件与管材需要配套，并且优先采用不锈钢材质。

（4）分户室内计量水表应采用容积式水表（或带远传送信号装置）。

（5）设计选择的水表需要示值清晰，所选用的水表材料均应符合饮用水计量仪表材料卫生标准。

（6）水表应具有始动流量小（计量等级达 0.01），计量精度高（C 级）的要求。

（7）饮用水专用水龙头应满足水量、水压的要求。

▶ 567. 门店管道直饮水管道流速怎样估计？

答：门店直饮水管道 DN 不同，则管道流速 v 估计也不同：

DN ≥ 32mm，v=1.0 ～ 1.5m/s。

DN<32mm，v=0.6 ～ 1.0m/s。

7.2 具体门店的设计与要求

▶ 568. 花店装修设计及水电有什么要求？

答：花店即鲜花店（零售店），该类门店的装修主要体现在“花团锦簇”，因此，可以多装有反射功能的玻璃镜面，这样可以使店面空间显得大一些，并且一枝花变两枝花，一束花也变为两束花，从而体现花店的特色。

为体现花的艳丽，装修中，灯光色彩的恰当采用也很重要。可以适当选择粉红色灯管点缀。同时，注意灯不能够太靠近鲜花，并且安装玻璃镜时不得破坏电线路。

如果花店是批零店，则考虑店面前庭的装修与后庭（做仓库）采用的水电效果应不同。

花店一般不选择产生高温、刺激的灯光。

▶ 569. 茶叶零售店装修设计及水电有什么要求？

答：茶叶零售店即茶叶店，其装饰的一般特点是：主要突出茶叶经营的特点，使顾客产生一种和谐美的心理。

茶叶店装饰分为外装饰、内装饰。外装饰主要能吸引顾客进店浏览，内装饰主要能激起顾客的购买欲望。

茶叶店根据店的规模大小、经营需求，考虑是否采用煮茶设备，例如茶炉是否考虑采用。如果采用，则需要预留插座。如果功率大、数量比较多，则还得单独布线，不得与空调线路、照明线路混合使用。

茶叶店除了考虑一般的照明、开关、插座外，还要考虑是否需要配合“绿色”来选配颜色。

▶ 570. 图文打印店装修设计及水电有什么要求？

答： 图文打印店一般具有的设备有工程图打印机、工程图复印机、绘图仪、A3幅面普通复印机、晒图机、扫描仪、名片制作设备、传真机、彩色激光打印机、多台计算机、空调、胶订机、切纸机、打孔机、胶圈装订机、铁圈装订机、大幅面打印机等，因此，需要针对设备的摆放位置以及是否需要插座，进行专业设备、空调、照明、应急等分组布线路。

另外，图文打印店的网络布线需要单独布线。

▶ 571. 加盟店装修设计及水电有什么要求？

答： 加盟店一般具有一些统一元素，因此，在设计、安装需要了解哪些是统一元素，哪些是独有元素。

统一元素一般由加盟店的总公司提供形象店的装修标准、店面设计、风格要求、主题。

独有元素不得与统一元素冲突，并且需要征得加盟店的总公司同意。

▶ 572. 洗衣房主要功能间与主要电器、设备有哪些？

答： 洗衣房主要功能间与主要电器、设备如下：

洗衣房：有配电箱、洗衣房照明、洗衣房插座、大型洗衣设备等。

值班室：有照明、插座、开关、空调、风扇等。

休息室：有照明、插座、开关、空调、风扇等。

库房：有照明、插座、开关等。

▶ 573. 洗衣房水电设计及要求是怎样的？

答： 洗衣房设计及要求如下：

（1）一般的洗衣房的电源进户线可以采用380V/220V进线即可。

（2）根据洗衣房用电总需求＋预留，考虑是否需要更换已经引入电源到洗衣房的配电箱。

（3）一般的洗衣房380V/220V进线的室外电缆可以采用穿钢管直埋引入室内配电箱。

（4）一般的洗衣房380V/220V进线室外电缆埋深参考深度0.7m。

（5）一般的洗衣房室内布线可以采用铜芯BV500V导线即可，具体还得根据使用设备来定。

（6）一般的洗衣房电线可以采用穿阻燃PVC管在墙内或板内暗敷设，也可以明敷设，具体可以根据店主要求来定。

（7）照明用荧光灯可以采用吊装，也可以采用天花板固定安装，具体可以根据洗衣房层高以及店主要求、装修风格特点确定。

（8）配电房照明可以采用直接从室内低压柜取电源。

（9）进线处要做接地装置。

（10）插座一般要选择带接地孔的三孔插座。

（11）采用剩余电流动作保护措施。

（12）插座的接地孔必须经专用接地线接地，不得虚设，并且接地电阻一般要求小于 1Ω。

（13）注意采用防水插座。

▶ 574. 干洗店装修设计及水电有什么要求?

答：干洗店常用的设备有干洗机、烘干机、蒸汽发生器、熨台、熨斗等。中小型的干洗店还可以有水洗机、洗脱烘一体机、全自动变频悬浮式洗脱机。大型的干洗店还可以有衣服包装机、衣服输送机、去渍台、消毒柜等。

因此，干洗店装修设计一定要充分采用大功率设备与小功率设备分开布线。另外，照明也需要单独一组布线。

干洗店的给水与排水一般安排在干洗店的后面。

▶ 575. 化妆品店装修设计及水电有什么要求?

答：化妆品店根据具体情况可能有儿童用品柜、化妆品精品柜、造型背景墙等，局部采用射灯，天花板可以采用整齐的筒灯。

化妆品店照明一般是柔和的灯光，整体照明需要与艺术照明结合，重点化妆品需要采用射灯突出。

化妆品店一般需要安装空调，并且设计背景音乐，给顾客以美的享受。

▶ 576. 理发店装修设计及水电有什么要求?

答：理发店装修设计及水电要求如下：

（1）有的理发店采用让天花板裸露的粗犷风格，则水管、电线管采用走顶可以看到，因此，有的理发店采用网格吊顶。

（2）理发店天花板常安装艺术感强的灯饰。

（3）理发店的灯不是单一的，一些灯用于照明，一些灯用于艺术衬托。灯饰的风格直接决定或者影响天花板的风格。

（4）理发店接待区一般放置沙发或者凳子，如果空间足够，可摆上茶几。因此，该区域水电设备是插座与照明。也可以在该区域安装背景音乐的喇叭。

（5）理发区是理发店的工作区，理发区装修一般要求干净、整洁，需要理发的工具或者设备有镜子、椅子、工具台。该区域涉及的水电设备有插座、照明。插座至少考虑吹、剪、烫，即欲留三个以上，并且是带接地保护的。

（6）理发店的冲水区无论是二楼还是同层，一定要处理好防水问题，装饰时一定要采用专业的防水材料、工艺。

（7）理发店因化学气味及燃气会可能导致店内空气纯度不够、流通不畅。因此，装修时，应考虑增设强排风装置以及需要的布线、安排插座等事项。

（8）理发店染烫区光源不能够太暖，以免看不准客人刚染的颜色，造成偏差太大。因此，烫染区的光源一般以白炽灯为主，暖色点缀。

（9）理发店的电话线、网线、视频线、音箱线等走明线还是暗线，根据具体情况确定。不过，在装修时应有提前规划。

（10）当剪发区采用点式光源时，则光源应以距离客人脑后 10cm 的位置为宜。

（11）理发店如果灯比较多，则需要设计分控开关，以节省电。

（12）理发店的招牌一般突出该店经营风格、文化，一般以深色为主体，以引人注目为目的。同时，根据所在地区恰当采用电光，以增强夜晚招牌的醒目性。

（13）理发店内部结构、专业气氛等设置需要根据同行、地方顾客特点、经营目标来选择店内风格，如古典风格、韩式风格、日式风格、现代风格、欧式风格、泰式风格等。

（14）理发店一些点缀装饰是否需要布电线、水管等要充分考虑好。

（15）理发店主要区域卫生间、操作区、商品陈列展柜、店长室、员工休息室、用品保管室、饮水机、书架摆放、收银台、毛巾的颜色及摆放等，不同规模的理发店有所差异。

（16）如果是简易理发店，应充分考虑店主是否有做饭的需求。因此，需要欲留电磁炉、电饭煲等插座以及具体位置。

（17）如果是酒吧里的美发区（理发店），一般若选择红色的理发台，则可以设计橘黄灯光照射。

（18）一般街道、小区租赁的门店做理发店，建议开始装修投资不要大。特别是时尚类的理发店（发廊），因需跟进潮流，隔一两年就需要重新装修。

▶ 577. 发廊、美容院热水设备怎样选择？

答：发廊、美容院热水设备选择方法见表 7-3。

表 7-3　　发廊、美容院热水设备选择方法

种　类	说　明
家用燃气热水器	适用于 1~2 张洗头床，具有制热能力大、热水受自来水压力限制、水温可能存在忽冷忽热、热水出水量小等特点
容积式电热水器或电热水锅炉	具有制热能力小、耗电量大、冬天可能不够用等特点

续表

种 类	说 明
燃气热水器 + 热水箱	具有热水出水量大、无循环加热功能、故障率高等特点
燃油锅炉热水设备	具有制热能力强、污染、系统复杂、故障率高等特点
空气源热泵热水系统	具有热水加热成本低、节能性好、冬天制热能力不足、夏天冷气不能利用、价格高等特点
节能热水设备	可以简便连接发廊现有的普通空调器与燃气热水器（或燃油锅炉）实现两种加热方式，具有节能性

▶ 578. 美容院功能间与设备有哪些？

答：美容院设备有冰箱、微波炉、计算机、验钞机、收银机、打印机、音响功放、冷喷机、热喷机、毛巾消毒柜、工具消毒柜、电吹风等。这些设备均需要插座，并且要正确定位。

美容院功能间有前厅接待、美容师室、双人美容间、VIP 美体房、四人美容间、客户物品储存柜、湿蒸房、淋浴房、更衣室、三人美容间、休息厅、卫生间、化妆台、消毒清洁间、SPA 间等。

▶ 579. 美容院常选择的灯具有哪些？

答：美容院常选择的灯具有顶面吸顶灯、平口筒灯、射灯、灯带、吊杆灯、荧光灯管、吸顶防潮灯等。

▶ 580. 美容院常见灯具与插座参考定位是怎样的？

答：美容院常见灯具与插座参考定位见表 7-4。

表 7-4 美容院常见灯具与插座参考定位

名 称	参考定位（mm）	名 称	参考定位（mm）
壁灯	离地 1700	宽带出线插座	离地 300
壁挂空调插座	离地 2200	内线电话插座	离地 1300
低位插座	离地 300	外线电话插座	离地 300
电视插座	离地 300	中位插座	离地 1200
高位插座	离地 2200		

▶ 581. 美容店有关电装修设计有哪些要点？

答：美容店室内环境、气氛等对顾客是否消费起到一定的作用。因此，对于有关电装修设计比较重要，其设计的一些要点如下：

（1）美容店室内光线要柔和，不要太刺眼。

（2）美容店前台或咨询厅光线一般要充足、色调明快。

（3）具有配套的舒缓的背景音乐。

（4）采用现代情调还是古朴风格，对灯具的选择很大差异。

（5）可以采用细小的灯光点缀，以增添奇异的光彩。

（6）美容院屏风、隔断采用装饰画以及配备必要的灯光。

（7）天花板上设计一些灯箱，还可以宣传美容知识。

（8）美容院的电话线、网线、视频线、音箱线等走明线还是暗线，根据具体情况确定。不过，在装修时应提前规划。

▶ 582. 美容店有关水装修设计有哪些要点?

答：美容店有关水装修设计、要点如下：

（1）美容院的 SPA 区无论是二楼还是同层，一定要处理好防水问题，装饰时一定要采用专业的防水材料、工艺。

（2）下水管排布时应考虑足够的落差，不能够弯头过多、角度不正确。

（3）下水管不能够太小，以免容易出现水管堵塞等现象。

（4）美容院应重视热水管的布排，以免出现水不热的问题。

（5）自来水水管与水表大小及流量应能满足沙龙的最大用水量。具体可以根据一天最多的客流量来估计：一般一天有 100 个客人的美容院，自来水流量应在 22 升 /min 以上。

（6）冷水管的管材可采用 PVC 给水管或 PPR 管。

（7）热水管的管材可采用铝塑红管或 PPR 热水管，目前，一般采用 PPR 热水管。

▶ 583. 美容店或者理发店冷水主管管径与洗头床的数量是怎样确定的?

答：美容店或者理发店冷水主管管径与洗头床的数量有关，具体如下：

（1）一条 ϕ20 管可供 1~2 张洗头床。

（2）一条 ϕ25 管可供 3~8 张洗头床。

（3）一条 ϕ32 管可供 8~15 张洗头床。

（4）洗头床在 16 张以上的可采用多路 ϕ32 管分别供水。

▶ 584. 美容店或者理发店热水主管管径与洗头床的数量是怎样确定的?

答：热水主管管径和洗头床数量的关系如下：

（1）一条 ϕ20 管可供 1~2 张洗头床。

（2）一条 ϕ25 管可供 3~5 张洗头床。

（3）一条 ϕ32 管可供 6~13 张洗头床。

（4）洗头床在 14 张以上的可采用多路 ϕ32 管分别供水。

▶ 585. 美容店或者理发店排水主管管径与洗头床数量、要求是怎样的？

答： 美容店或者理发店的排水管路可以选择采用 PVC 排水管，主管管径与洗头床数量的关系与要求如下：

（1）弯头少，距离短。

（2）洗头床不超过 6 张的情况下，排水主管可采用 ϕ75 管，否则都要用 ϕ110 排水主管。

（3）排水主管还要做隔臭处理。

▶ 586. 美容院热水常见的问题有哪些？

答： 美容院热水常见的问题如下：

（1）热水忽冷忽热。

（2）冬天热水不够用。

（3）热水不可调。

（4）热水设备故障率高。

（5）热水压力小。

（6）热水制热成本高。

（7）热水堵塞。

▶ 587. 服装店装修设计及水电有什么要求？

答： 服装店装修设计及水电要求如下：

（1）服装店室内装潢包括天花板、墙壁、地板、货柜货架、收银台、试衣间、水电等。

（2）服装店有的考虑换季服装，则可能重新装修或者改造。因此，装修或者改造的时间需要赶上季节。如果是换形象或者店铺形象升级、改造，则还需要考虑装修时间应处于经营淡季，以使装修期间的营业损失减为最少。

（3）考虑有些服装店装修不是一次用好多年，因此，材料的选择上不必非要选择高档的，只要外观效果能达到理想目标即可。对于水电设施，在安全、节能方面能够达到效果即可。

（4）对于经营时尚女装，更需要突出特点，同时考虑时尚的变换与装修的变动。

（5）军服店装饰无需太多的变化。

（6）装修时间、费用一定要有预算。

（7）根据具体经营的服装以及经营理念来选择服装店装修的风格，如现代、古典、欧风、中式、后现代、返璞归真、地方特色、独特等。

（8）暖气罩设计注意通透，以免造成气流受阻，影响取暖效果以及损失能源。

（9）顶部灯具不但要美观，而且要注意照明的光效与电能的节约。

（10）服装店装修不要过于金碧辉煌，大吊灯、大灯池需要根据实际情况选择采用。

（11）服装店不要装修成豪华宾馆、KTV 歌厅等一样的效果。

（12）服装店应强调精心设计与用材。

（13）服装店是否设计吊柜、壁柜等，以及与这些设施需要配套的水电设计。

（14）服装店如果考虑装修成本，可以采用电线槽明装。

（15）服装店门口应具有醒目的、明确的、鲜明的广告。

（16）冷暖灯光结合是最适合服装店的。例如，如果全部是冷光，则店铺虽然亮堂，但是给人的感觉会不够温馨，衣服会显得不够柔和。

（17）店内一定要装设空调，不然夏天店里很难留住顾客有耐心来挑选衣服。

（18）目前，流行服装店的设计把色彩视为主要灵魂。因此，除采用鲜艳色彩外，还应借助宽阔的场地、必要的休闲空间，加入动态、视觉的海报、影像屏幕、灯光等。

（19）服装专卖店一般也需要打造舒适的购物环境，因此，小型的服装店最好设计有饮水机的地方。

（20）服装店的材质采纳：

1）方形金属质材家具、玻璃。风格较稳重，并以男装店为主；

2）白色原木或塑料家具、圆滑的造型。流行感强，并以女性服装精品店居多。

（21）服装店不只销售服装，还应附设咖啡馆、用餐空间、美发中心。高级童装店应设立设施完善的儿童游戏空间，以及规划儿童文艺坊的活动。

（22）户外休闲服饰店除了休闲购物区的服装店面外，还应附设较具知性感觉的书店等。

（23）服装店装修一定要注意产生的气味及其处理。一般装修完工不久会有一定的气味，需要注意不能够长期有气味。

（24）童装店还需要一些细节的雕饰，以充分体现“童趣”。

（25）应了解需要特殊装饰的位置，如柱、台阶、窗等地方。

▶ 588. 服装专卖店装修设计及水电有什么要求？

答：服装专卖店装修设计及水电要求如下：

（1）服装专卖店一般具有统一标准、统一风格，因此，装修必须了解公司总体 CI 形象及商标使用规范及装修要求。

（2）服装专卖店店内灯光必须柔和明亮。

（3）服装专卖店店内温度、湿度必须适中。

（4）服装专卖店应具有明显的入口处，方便出入。

▶ 589. 服装专卖店常见的功能间与设施、设备有哪些？

答：服装专卖店常见的功能间与设施、设备见表 7-5。

表 7-5 服装专卖店常见的功能间与设施、设备

功能间名称	设施及设备
大门入口	迎宾垫、伞架、POP 广告张贴牌
卖场	陈列设施、试衣间、沙发茶几、绿色植物、服装的组合主题、色调、质地（木、钢、塑料、玻璃）、灯光 (宜亮度适中、主题重点突出) 位置、搭配色彩主题、视听设备（电视、VCD、音响）、POP 挂件、POP 张贴、空调、地毯 / 地板
收银台	收银机、验钞机、计算机、电话
仓储	货架、通风设备、防潮防蛀设施
经理办公室	办公设施
店员休息区	座椅、员工私人带锁储藏柜、店面清洁设施
店外设施	指引路牌、店招、外打射灯、广告灯箱、特色路面或台阶

另外，还有安全设施、消防设施、防盗设施。其中计算机、传真机、复印机、电视机、录像机、VCD 等设备均需要考虑安装电源插座，并且计算机需要安装网络线、传真机需要安装电话线、电视机需要安装有线电视。

▶ 590. 服饰店天花板颜色怎样设计？

答：天花板的造型、空间设计、与灯光照明相配合可以构成优美的购物环境。天花板的设计要针对目标顾客选择天花板的材料、颜色、高度。其中，颜色的设计参考如下：

（1）年轻人、职业妇女喜欢清洁感的颜色。

（2）高职男性强调店铺的青春魅力，用原色等较淡的色彩为宜。

（3）一般的服饰专卖店的天花板以淡粉红色为宜。

▶ 591. 服装专卖店顶棚怎样布置？

答：规模不大的服装专卖店主要的空间有营业区（占大部分）、试衣间、储藏间。根据不同的设计要求，服装专卖店的灯光采用不同的布局，有的服装专卖店灯光布局重点在顶棚，如图 7-1 所示。

服装专卖店吊顶一般采用纸面石膏板白色乳胶漆 + 吊筋 + 龙骨等。规模不大的服装专卖店主要的设施有：明镜、有机玻璃字、提示牌、钢化玻璃货板、不锈钢圆管造型、可调式挂衣杆等。常用的灯具有：喇叭吊灯、节能组合灯、

轨道射灯、暗藏荧光灯带、筒灯。其中，轨道射灯主要是照射衣服，达到使其突出的效果。灯带一般是营造气氛，可以设计在顶棚，也可以设计在墙面。

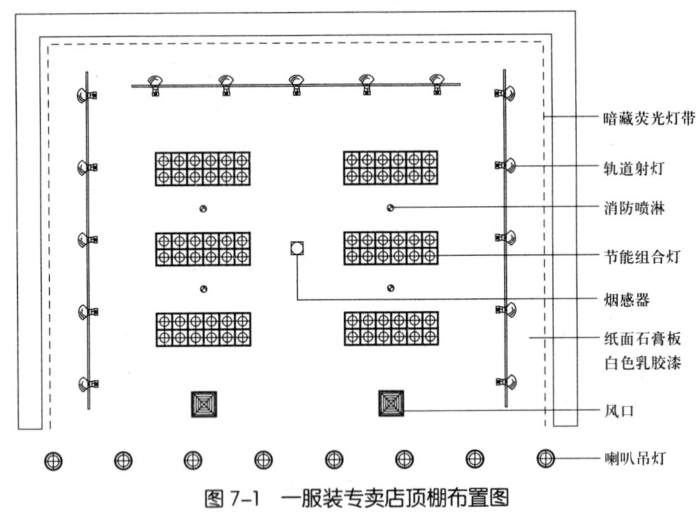

图 7–1 一服装专卖店顶棚布置图

▶ 592. 饮食建筑包括哪些门店?

答：饮食建筑包括营业性餐馆（即餐馆）、营业性冷 / 热饮食店（即饮食店）、非营业性的食堂（即食堂）。

▶ 593. 餐馆建筑分为哪几级?

答：餐馆建筑分为三级，具体见表 7-6。

表 7-6 餐馆建筑的分级

建筑级别	说　明
一级	为接待宴请和零餐的高级餐馆，餐厅座位布置宽畅、环境舒适，设施、设备完善
二级	为接待宴请和零餐的中级餐馆，餐厅座位布置比较舒适，设施、设备比较完善
三级	以零餐为主的一般餐馆

▶ 594. 饮食店建筑分为哪几级?

答：饮食店建筑的分级见表 7-7。

表 7-7 饮食店建筑的分级

建筑级别	说　明
一级	为宽畅、舒适环境的高级饮食店，设施、设备标准较高
二级	一般饮食店

▶ 595. 食堂建筑分为哪几级？

答： 食堂建筑的分级见表 7-8。

表 7-8　　食堂建筑的分级

建筑级别	说　明
一级	座位布置比较舒适
二级	座位布置满足基本要求

▶ 596. 饮食建筑常见的术语有哪些？它们的含义是怎样的？

答： 饮食建筑常见的术语与含义见表 7-9。

表 7-9　　饮食建筑常见的术语与含义

常见术语	说　明
备餐间	备餐间就是主、副食成品的整理、分发及暂时置放的处所
餐馆	餐馆是接待就餐者零散用餐，或宴请宾客的营业性中餐馆、西餐馆。包括的门店有饭庄、饭馆、饭店、酒家、酒楼、风味餐厅、旅馆餐厅、旅游餐厅、快餐馆、自助餐厅等
餐厅	餐厅是餐馆、食堂中的就餐场所。一般 40 座及 40 座以下者称为小餐厅，40 座以上者称为大餐厅
风味餐馆的特殊加工间	如烤炉间（包括烤鸭、鹅肉等）或其他加工间等，根据需要设置
付货处	主、副食成品、点心、冷热饮料等向餐厅或饮食厅的交付处
副食粗加工间	副食粗加工间包括肉类的洗、去皮、剔骨和分块；鱼虾等刮鳞、剪须、破腹、洗净；禽类的拔毛、开膛、洗净；海珍品的发、泡、择、洗；蔬菜的择拣、洗等加工的处所
副食细加工间	副食细加工间就是把经过粗加工的副食品分别按照菜肴要求洗、切、称量、拼配为菜肴半成品加工的处所
化验室	化验室主要是指自行加工食品的检验处
就餐者	就餐者就是餐馆、饮食店的顾客和在食堂就餐的人
库房	库房包括主食库、冷藏库、干菜库、调料库、蔬菜库、饮料库、杂品库、养生池等
冷荤加工间	冷荤加工间包括冷荤制作与拼配两部分，亦称酱菜间、卤味间等。冷荤制作处是指把粗、细加工后的副食进行煮、卤、熏、焖、炸、煎等，使其成为熟食的加工处；冷荤拼配处是指把生冷及熟食按照不同要求切块、称量及拼配加工成冷盘加工的处所
烹调热加工间	烹调热加工间是指对经过细加工的半成品菜肴，加以调料进行煎、炒、烹、炸、蒸、焖、煮等热加工的处所
食堂	食堂就是设于机关、学校、厂矿等企事业单位、为供应其内部职工、学生等就餐的非营利性场所
污染源	一般是指传染性医院、易于滋生蚊、蝇的粪坑、污水池、牲畜棚圈、垃圾场等处所

续表

常见术语	说　　明
小卖部	小卖部是指烟、糖、酒与零星食品的出售处
饮食店	饮食店设有客座的营业性冷、热饮食店。包括的门店有咖啡厅、茶园、茶厅、单纯出售酒类冷盘的酒馆、酒吧以及各类小吃店
饮食厅	饮食厅就是饮食店中设有客座接待就餐者的部分。一般40座及40座以下者称为小饮食厅，40座以上者称为大饮食厅
主食热加工间	主食热加工间就是指对主食半成品进行蒸、煮、烤、烙、煎、炸等加工的处所
主食制作间	主食制作间就是指米、面、豆类、杂粮等半成品加工的处所

▶ 597. 餐饮店有关电装修设计有哪些要点？

答：餐饮店有关电装修设计要点如下：

（1）厨房及饮食制作间的电源进线应留有一定裕度。

（2）厨房及饮食制作间配电箱留有一定数量的备用回路及插座。

（3）厨房及饮食制作电气设备、灯具、管路应有防潮措施。

（4）厨房、饮食制作间及其他环境潮湿的场地，应采用剩余电流动作保护器。

（5）餐馆、饮食店应设置市内直通电话，一级餐馆及一级饮食店要设置公用电话。

（6）厨房与饮食制作间的热加工间机械通风的换气量设备需要安装水电设施。

（7）洗涤消毒设施需要安装水电设施。

（8）厨房的排风系统需要安装水电设施。

（9）应具有方便残疾人的一些水电装饰设施。

（10）饮食建筑有关用房应采取防蝇、鼠、虫等电器。

（11）一级餐馆的宴会厅及为其服务的厨房的照明部分电力应为二级负荷。

（12）一级餐馆的餐厅及一级饮食店的饮食厅应设置播放背景音乐的音响设备。

（13）一级餐馆的餐厅、一级饮食店的饮食厅与炎热地区的二级餐馆的餐厅要设置空调，空调设计参考参数见表7-10。

表7-10　　空调设计参考参数

名　　称	噪声标准（dB）	新风量［m^3/（h·人）］	相对湿度（%）	工作地带风速（m/s）	设计温度（℃）
一级餐厅、饮食厅	NC40	25	＜65	＜0.25	24~26
二级餐厅	NC50	20	＜65	＜0.3	25~28

（14）一级餐馆宜采用集中空调系统，一级饮食店与二级餐馆可采用局部空调系统。

餐饮各类房间冬季采暖室内设计参考温度见表7-11。

表 7-11 餐饮各类房间冬季采暖室内设计参考温度

名　称	设计温度（℃）
餐厅、饮食厅	18~20
厨房和饮食制作间（冷加工间）	16
厨房和饮食制作间（热加工间）	10
干菜库、饮料库	8~10
蔬菜库	5
洗涤间	16~20

（15）位于三层及三层以上的一级餐馆与饮食店和四层及四层以上的其他各级餐馆与饮食店均要设置乘客电梯。因此，水电装饰需要事先考虑好。

（16）二级餐馆与一级饮食店建筑要有适当的停车空间。因此，对于停车空间，应有照明、防盗施工的要求。

（17）小餐厅与小饮食厅餐厅或饮食厅的室内净高不应低于2.60m。

（18）小餐厅和小饮食厅餐厅或饮食厅的室内净高设空调者不应低于2.40m。

（19）一般餐厅的墙面材料以内墙乳胶漆较为普遍，一般选择偏暖的色调，有的地方配几盏墙灯。

（20）为了整体风格的虚实协调，餐厅需要一个较为风格化的墙面作为亮点，该面墙可以采用一些特殊的材质来处理或者利用一定光效来烘托出不同格调的氛围。

（21）餐厅的顶面如果空间较大，可以吊顶、采用大吊灯。如果空间不大，可以采用多种小吊灯。

（22）餐厅的吊顶一般采用石膏板再以乳胶漆饰面，顶上的乳胶漆尽量用纯白色的，便于把进入房间的光线很好地反射下来。同时，注意吊顶隐蔽工程的跟进。

▶ 598. 餐饮店有关水装修设计有哪些要点？

答：餐饮店有关水装修设计要点如下：

（1）饮食建筑应设给水排水系统，其用水量标准及给水排水管道的设计，应符合相关给水排水设计规范的规定。其中，淋浴用热水（40℃）可取40L/人次。

（2）淋浴热水的加热设备，当采用煤气加热器时，不得设于淋浴室内，并设可靠的通风排气设备。

（3）厨房与饮食制作间的热加工间机械通风的换气量设备需要安装水电设施。

（4）洗涤消毒设施需要安装水电设施。

（5）厨房的排风系统需要安装水电设施。

（6）餐馆、饮食店及食堂设冷冻或空调设备时，其冷却用水应采用循环冷却水系统。

（7）餐馆、饮食店及食堂内应设开水供应点。

（8）厨房及饮食制作间的排水管道应通畅，并便于清扫及疏通，当采用明沟排水时，应加盖箅子。沟内阴角做成弧形，并有水封及防鼠装置。

（9）带有油腻的排水，应与其他排水系统分别设置，并安装隔油设施。

（10）所有水龙头不宜采用手动式开关。

（11）副食粗加工宜分设肉禽、水产的工作台和清洗池，粗加工后的原料送入细加工间，避免反流。

（12）遗留的废弃物应妥善处理。

（13）冷荤成品应在单间内进行拼配，在其入口处应设有洗手设施的前室。

（14）冷食制作间的入口处应设有通过式消毒设施。

（15）垂直运输的食梯应生、熟分设。

（16）各加工间室地面均应采用耐磨、不渗水、耐腐蚀、防滑易清洗的材料，并应处理好地面排水。

（17）需要设置化验室时，面积不宜小于 $12m^2$，其顶棚、墙面及地面应便于清洁并设有给水排水设施。

（18）淋浴宜按炊事及服务人员最大班人数设置，每 25 人设一个淋浴器，当设二个及二个以上淋浴器时，男女应分设，每个淋浴室均应设一个洗手盆。

（19）一、二级食堂餐厅内应设洗手池和洗碗池。

（20）二级餐馆及一级饮食店应设洗手间和厕所。

（21）三级餐馆应设专用厕所，厕所应男女分设。

（22）三级餐馆的餐厅及二级饮食店饮食厅内应设洗手池。

（23）卫生器具设置参考数量见表 7-12。

表 7-12 **卫生器具设置参考数量**

<table>
<tr><th rowspan="2" colspan="2">项目</th><th colspan="4">卫生器具设置数量</th></tr>
<tr><th>洗手间中洗手盆</th><th>洗手水龙头</th><th>洗碗水龙头</th><th>厕所中
大小便器</th></tr>
<tr><td rowspan="2">餐馆</td><td>一、二级</td><td>≤ 50 座设 1 个；> 50 座时，每 100 座增设 1 个</td><td></td><td></td><td rowspan="2">≤ 100 座时，设男大便器 1 个，小便器 1 个，女大便器 1 个；> 100 座时，每 100 座增设男大或小便器 1 个，女大便器 1 个</td></tr>
<tr><td>三级</td><td></td><td>≤ 50 座设 1 个；> 50 座时，每 100 座增设 1 个</td><td></td></tr>
</table>

续表

项目		卫生器具设置数量			
		洗手间中洗手盆	洗手水龙头	洗碗水龙头	厕所中大小便器
饮食店	一级	≤ 50 座设 1 个；> 50 座时，每 100 座增设 1 个			
	二级		≤ 50 座设 1 个；> 50 座时，每 100 座增设 1 个		
食堂	一级		≤ 50 座设 1 个；> 50 座时，每 100 座增设 1 个	≤ 50 座设 1 个；> 50 座时，每 100 座增设 1 个	
	二级		≤ 50 座设 1 个；> 50 座时，每 100 座增设 1 个	≤ 50 座设 1 个；> 50 座时，每 100 座增设 1 个	

（24）厕所位置应隐蔽，其前室入口不应靠近餐厅或与餐厅相对。

（25）厕所应采用水冲式。

（26）厕所应按全部工作人员最大班人数设置，30 人以下者可设一处；超过 30 人时应男女应分设，并均为水冲式厕所。男厕所每 50 人设一个大便器和一个小便器，女厕每 25 人设一个大便器，男、女厕所的前室各设一个洗手盆，厕所前室门不应朝向各加工间和餐厅。

▶ 599. 面包店装修设计及水电有什么要求？

答：面包店装修设计及水电要求如下：

（1）店堂要设计得整洁。

（2）背景音乐的采用。

（3）如果面包店空间大，可以开辟休闲式场所。

（4）多功能区。青年人的时尚消费以及商人洽谈生意区；迎合青少年 / 儿童群体区；为中高经济收入的消费群体设计一个富丽堂皇与高雅的经营区；2 楼可以设置用餐区、中餐区、西餐区。

（5）堂口要设计得明亮些。

（6）广告灯牌要醒目些。

（7）店门口可以进行现炸现卖，考虑现炸现卖用电设备、用水设备对“水电”的要求。

（8）面包玻璃柜考虑是否要照明。

（9）设备用电与空调、照明单独分组布线。

▶ 600. 美食娱乐城有关电器、开关、插座设计参考尺寸是怎样的?

答： 美食娱乐城有关电器、开关、插座设计参考尺寸见表 7-13。

表 7-13　　美食娱乐城有关电器、开关、插座设计参考尺寸

名　称	参考尺寸（m）
安全出口标志灯在门上梁侧安装	距门洞上 0.1
暗装插座箱	距地 0.3
暗装接地五孔插座	距地 0.3
程控电话交换机	距地 1.5
带指示灯暗装单极开关	距地 1.3
带指示灯暗装三极开关	距地 1.3
带指示灯暗装双极开关	距地 1.3
等电位连接箱接地母线铜排	距地 0.5
电话插座	距地 0.3
动力配电箱	总箱落地安装，分箱距地 1.5
疏散指示灯在出入口安装	吊管安装距顶 0.5
疏散指示灯在走道墙壁安装时	距地 0.8
有线电视分配器箱	距地 1.5
照明配电箱	总箱落地安装，分箱距地 1.5
总配线架	距地 1.5

▶ 601. 大型餐厅厨房电气系统是怎样的?

答： 大型餐厅厨房需要设计计量开关箱、厨房开关箱。主要分组与开关控制可以分为：消毒柜电源、几组插座电源、户外照明、更衣室电气、洗碗区照明、鱼池设备电源及备用、厨房办公室照明与插座、空调机电源等，具体根据实际的餐厅来考虑。

计量开关、厨房开关的功率需要根据餐厅厨房各分组功率之和 + 余量来选择电器。

计量开关箱、厨房开关箱一般是明装，并且有接地及零线专用接线铜牌。

▶ 602. 大型餐厅一般需要哪些电施图?

答： 大型餐厅往往需要的电施图有计算机、电视、音箱插座分布图，天花照明布置平面图，户外及空调插座分布图，疏散照明分布图，排水平面图，消防喷淋图等。

▶ 603. 大型餐厅常需要的电器器材与设备有哪些?

答： 大型餐厅常需要的电器器材与设备如下：2 位暗装开关、壁灯、带开关单极二 / 三极插座、带开关单三极插座的空调插座、单三极插座、单位暗装开关、地面插座、电热水器插座、二 / 三极插座、防溅式插座、防雾灯（单三

极插座）、防雾筒灯、光管支架、呼叫灯（二、三极插座）、开关箱、卤素灯、灭蝇灯（单三极插座）、霓虹灯、暖色光管、排气扇10A单三极插座、三位暗装开关、射灯、天花二/三极插座、筒灯、造型灯、招牌射灯、走火指示灯（单三极插座）、计算机插座、电视插座、音箱调节器、音箱、一位电话插座、音箱柱、接线盒等。

▶ 604. 大型餐厅有关电设计、施工的常识是怎样的？

答： 大型餐厅有关电设计、施工的一些常识如下：

（1）插座一般在墙壁内暗装。

（2）餐厅备餐柜内插座与灯具的安装位置、高度需要根据装饰设计的备餐柜尺寸来确定。

（3）餐厅需要安装电视机插座、有线电视插座。

（4）餐厅包房一般需要设计开关箱、房间内照明、插座等。其中，插座一般由开关箱控制，照明灯具则分别由墙边开关控制。

（5）餐厅各房间灯具线路一般要选择PVC20等类型的管材敷设即可。

（6）餐厅光沿荧光灯、光沿光带安装必须要与装饰面材留有大于4cm的散热距离。

（7）餐厅柜台内安装的射灯要留有散热空间、刷好防火涂料。

（8）餐厅计量开关箱一般明装，开关手柄一般要凸出面板，有利于操作。

（9）电能表处一般是装透明玻璃框，以便于观察数据。

（10）电能表箱体上方需要开进出线孔。

（11）餐厅空调按主机安装位置一般需要分别设开关箱控制。

（12）餐厅空调主电源可以设计从配电柜的电源开关接取。

（13）餐厅面板开关安装高度一般为1.3m左右。

（14）餐厅木制作的造型灯箱、隔断灯箱内电源连线需要用金属软管敷设，并且必须有散热气孔。

（15）餐厅厨房开关箱要加装接地及零线专用接线铜牌。

（16）餐厅厨房开关箱一般明装，开关手柄凸出里层面板，有利于操作。

（17）餐厅厨房开关箱外面密封门一般加锁，箱体上方要开进出线孔。

（18）疏散指示灯可以选择链挂式，安装高度一般不高于2.5m。

（19）消防照明线路可以采用阻燃双塑铜芯电线穿镀锌线管保护敷设。

（20）应急灯可以选择壁挂式的，安装高度一般为2.2m。

（21）应急照明灯、疏散指示灯可以选择自充式，应急灯供电时间不少于1h，疏散指示灯供电时间不少于30min。

（22）有的餐厅吊顶轻钢龙骨与隔墙轻钢龙骨接入电源保护地线。

（23）由配电间至厨房的配电线路可以选用阻燃双塑铜芯电线穿 φ80mm 等径的阻燃 PVC 管敷设。

（24）配电间至厨房的配电线路一部分也可以设计采用镀锌线槽敷设。

（25）餐厅配电线路可以选用阻燃双塑铜芯导线镀锌线槽，也可以选择阻燃 PVC 线管。

（26）埋地暗敷设的线路一般采用厚壁镀锌钢管。

（27）餐厅配电箱安装高度一般为 1.3m 左右。

（28）餐厅室外射灯一般在开关箱内部设有控制开关。

（29）餐厅水电设计施工中需要执行相关施工质量验收规范及有关消防安全规范。

（30）餐厅图纸没有特别注明的水电项目，均需要按相关规范的要求进行施工。

（31）插座具体安装位置需要配合装饰效果的要求，并且符合安全用电规范。

（32）餐厅应具有配电线路详图、配电系统图。

▶ 605. 大型餐厅有关水设计、施工的常识是怎样的？

答：大型餐厅有关水设计、施工的一些常识如下：

（1）大型餐厅有关水设计、施工主要涉及空调的排水、厨房的排水系统与洗手间、厨房的给水系统。

（2）厨房、洗手间的水系统涉及水龙头的安装位置。

（3）水管的布管基本上是主管＋支管，如图 7-2 所示。

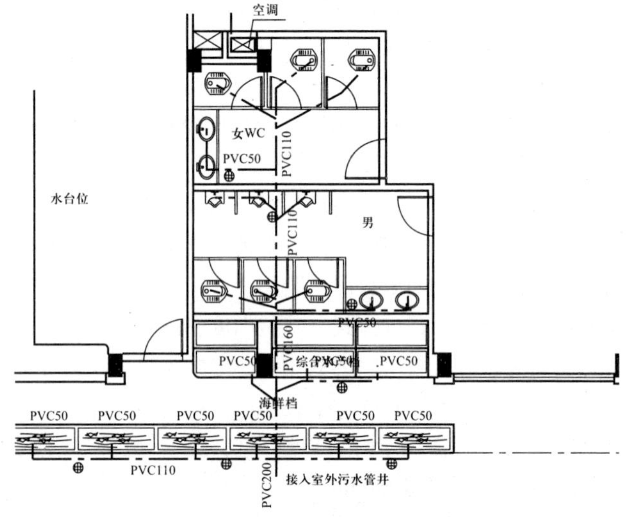

图 7-2　某餐厅部分水系统图

（4）空调的排水可选择 PVC50 管、PVC32 管等。主水管可选择 PVC160 管、PVC200 管等。

▶ 606. 饭店的装潢特点是怎样的？

答：饭店的装潢特点见表 7-14。

表 7-14 饭店的装潢特点

名称	说　　明
鱼缸	鱼缸中的水面总高度不要超过 1.8m。鱼缸中要用活水，而且水要从最上面的一层向下流动。鱼缸一般要放在凶方或放在朝向凶方的位置
卫生间	卫生间在风水上要求压在凶方。多层的饭店，切不可让楼上的卫生间压在楼下的收银台、办公室、厨房等之上
炉灶	炉灶应放在凶方，而炉灶的开关应朝向吉方

▶ 607. 食堂装饰有关水电设计、施工的常识是怎样的？

答：食堂装饰有关水电设计、施工的一些常识如下：

（1）食堂有关水电的设计，除了考虑照明外，还需要根据所使用设备的需求来考虑。

（2）食堂常见的设备有大锅炉、双眼水池、和面器、单眼水池、双眼鼓风灶、单眼鼓风灶、案台、调料车、大案台、绞肉机、货架、大水池、压面机、消毒机、消毒柜、冰箱、制冰机、电开水器、打蛋器等。注意设备所需要的电源插座与给水、排水要求。

（3）食堂主要功能间有红案加工间、面案灶间、面案加工间、更衣间、淋浴间、冷荤间、仓库、洗碗间、煤气表房、包房、餐厅、服务台等。不同的功能间对于水电要求不同。

（4）食堂电气可以分为照明电气、动力电气。动力电气的特点如下：

1）动力电源的来源根据实际情况确定，可以采用钢管埋地敷设。

2）动力配电箱可以采用暗装，注意距地高度，例如有的是下皮距地 1.4m。

3）照明支线一般比插座支线容量小。

4）动力电包括空调用电、绞肉机用电、鼓风机用电、消毒机用电、消毒柜用电、制冰机用电、冰箱用电、开水炉用电、和面机用电、压面机用电等。

照明电气的特点如下：

1）照明电气的电源的来源根据实际情况确定，可以采用钢管埋地敷设。

2）厕所、浴室需要选择防潮灯。

3）煤气表房应选择防爆灯。

4）常选择的灯具型号有单管荧光灯、双管荧光灯、筒灯、壁灯、花灯、厕所灯等。

（5）配电箱一般有总配电箱与分配电箱。线路具有不同的分组，同一类型的往往具有几组，另外还有备用组。常见的分组有照明、插座、空调以及各电器的控制。

▶ 608. 火锅店主要的、常见的功能间有哪些？如何设计？

答：火锅店主要的、常见的功能间及设计要点如下：

（1）厅堂。

用具与电器——空调、消毒、单眼炉灶、灯具、开关。

餐桌——根据规模设计不同的数量。例如，$100m^2$ 以上，餐桌可以设计选择 10 桌以上。如果是采用火锅电磁炉，则需要考虑餐桌的大小，以便于电源插座的布局。

地板——可以采用防滑砖拼贴，并且考虑是否采用地插。

吊顶——可以采用纸面防火石膏板，边缘部分采用二级吊顶造型、暗藏反射光源。有的大厅采用吸顶灯，并且采用少量吊灯，表面刮膏处理。注意吊灯一定要安装牢固。

墙裙——可以采用普通水曲板聚氨酯透明漆面处理。墙壁需要安装相应的开关以及壁扇。

点缀——体现火锅店的饮食文化、特色。可以挂山水、人物画。也可以采用一些彩色点光、园林造景、文化墙。

表演区——一般面积大的厅堂，可设置表演区。因此，该区域需要设计所需表演乐器的电源插座，灯光舞美所需要的预留电源、弱电布局。

开关控制——可以设计成一部分在墙壁上控制，一部分由控制箱控制。这样，可以避免顾客把灯全部关闭。

（2）餐厅。

餐桌——根据规模选择具体数量，具体的餐桌有圆桌、条桌。其中，圆桌一般居中摆放，条桌一般靠墙、靠窗安放。如果是采用火锅电磁炉，则需要考虑餐桌所需要的插座布局。

落台——落台一般根据餐桌布局安排，并且落台与餐桌的数量比例一般为 1∶2~1∶4。

椅子——一般选择易于搬动的结实的椅子。

开关——一般选择暗装，并且控制可靠。

（3）厨房。

用气——要求集中用气，并且注意气、电、水的位置与距离。

位置——一般要求离大厅近一点的位置 。

主要设施——出菜台、菜台、打油碟台、洗碗槽、白案台、水槽、大灶台、炒锅灶台、操作间、墩子台、大平台、厕所、更衣间、放垃圾处、菜架、墙壁架、碗架、菜墩、调味台等。

厨房面积——根据火锅店的规模来确定。例如中型火锅店有设计 30~60m^2 的。

供电设备——需要设计单独控制装置、超负荷保护装置。

电线——需要注意防潮、防腐、防热、防机械磨损。

电器——冰柜、热水器、电饭锅、绞肉机、冰箱、保鲜柜、双灶、猛火炉等，注意预留、安装合格的、相符的插座。炒锅灶台、大灶台、炉口、水槽等处需要安装水龙头。

保护——厨房每台设备都要可靠接地，并且电器附近安装相应规格的断路装置。

照明和通风设备——良好的照明与通风能够保证调味师准确地调料，以及对食品颜色做出判断。因此，照明与通风设备的安装位置、布线等均要到位。

清洗池与厨架——一般而言，火锅店的清洗池与厨架要比中餐的多，因此，进水与排水一定要认真执行有关规定。

下水道——下水道需要出水管，下水道各小出口直径一般不得小于 15cm。

其他——有一定的防蝇、防尘、防鼠设施，以及这些设备需要的电源插座的设计。

（4）库房。

作用——存放辅助原料、干货物品等。因此，需要一般的照明即可。

面积—— 一般可以根据餐厅货物储量的多少来确定。

要求——能够通风、不潮湿、防鼠、防虫害，货架置放、货品分类整洁有序、照明明亮、灯光可控。

（5）洗手间。

洗手间分为男卫生间、女卫生间。洗手间进水与排水的设计是重点，必要的设施（如换气扇、照明）需要一定的布线。

另外，火锅店主要功能间还有备餐间、雅间、吧台、休息区等。

▶ 609. 火锅店电器、设备装修安装方式是怎样的?

答：火锅店电器、设备装修参考安装方式见表 7-15。

表 7-15 火锅店电器、设备装修安装方式

名　　称	安装方式
单联单控开关	暗装，下沿距地 1.3m
吊顶排气扇	吊顶内嵌装
光带灯	吊顶内嵌装
光电感烟探测器	吊顶内嵌装
花灯	吊顶下吊装
火灾报警装置	嵌墙安装，下沿距地 1.5m
节能筒灯	吊顶内嵌装
进线电表箱	嵌墙安装，下沿距地 1.6m
空调插座单相三极插座（带开关）	暗装，下沿距地 0.3m
三联单控开关	暗装，下沿距地 1.3m
双联单控开关	暗装，下沿距地 1.3m
一般插座二极、三极组合插座（带保护门）	暗装，下沿距地 0.3m
照明配电箱	嵌墙安装，下沿距地 1.5m
中式吸顶灯	吊顶内嵌装

▶ 610. 火锅店有关设计参考尺寸是怎样的?

答：火锅店有关设计参考尺寸见表 7-16。

表 7-16 火锅店有关设计参考尺寸

名　　称	参考尺寸
白案台	长 120cm× 宽 70cm× 高 75cm
菜墩	高 15cm
出菜台	宽 120cm× 高 100cm
调味台	长 200cm× 宽 80cm× 高 70cm
墩子台	高 75~80cm
水槽	长 70cm× 宽 60cm× 高 75cm× 槽深 20cm
水沟（下水道）	宽 25cm× 深 15cm
碗架	长 258cm，每格高 40cm
一般行走通道	最小宽 100cm

▶ 611. 火锅店装修设计及水电有什么要求?

答：火锅店装修设计及水电要求如下：

（1）火锅店配电系统一般包括照明、插座、空调、装饰照明、备用等，往往采用分组控制。

（2）火锅店各层服务台一般设有照明配电箱。

（3）火锅店进线方式及位置需要有关部门现场确定。

（4）火锅店电话布线可以采用电缆埋地进行。

（5）火锅店总配电箱内一般需要安装计量电能表。

（6）火锅店从配电箱引出的配电线路一般要采用铜芯导线。

（7）火锅店需要配置足够的、相应的消防器材。

（8）火锅店一些警示标志需要灯照，因此，需要首先设计好布线、布管、插座、接线盒、位置尺寸。

（9）火锅店常见的电施图有配电系统图、插座 / 空调 / 火灾报警平面图、天花照明平面图。

（10）如果是多层的火锅店，则需要有不同层楼的水电设施图。

（11）如果采用天然气做气源，则一般采用预埋，输气管用氧焊接，并且要留有检修的位置以及要加压测试。另外，气源与电源要保持一定距离。

（12）如果采用液化气做气源，则一般设计摆放在桌下，摆放气灶开关的方向要注意既方便服务员调节火候大小，又方便顾客调节火候大小。

（13）一般是火锅店广播、火灾报警系统可以选择 ZR-BV-0.5 线缆。

（14）一般的火锅店一般照明线路采用 BV-2.5mm^2 导线即可。

（15）一般的火锅店一般插座线路采用 BV-4mm^2 型导线，线芯为三芯即可。

（16）一般的火锅店室外装饰照明预留电源预埋管可以选择 SC20 钢管，伸出室外即可。

（17）火锅店一般要求至少安装 2 路摄像机，一路监控收银台，一路监控大门。火锅店监控一般要求 24h 昼夜监控。

（18）火锅店现场光线一般要充足，一般情况下选用普通摄像机即可。

（19）火锅店监控图像一般要求进行实时存储，主机可以放置在收银台处。

▶ 612. 火锅店电磁炉用电安装与要求是怎样的？

答：火锅店电磁炉用电安装与要求如下：

（1）火锅电磁炉用电建议采用三相电，再经变压器进到变电箱后，再分配成动力三相输出，根据每相承担的负荷量来计算导线的规格。

（2）火锅店配电完成后，应进行运行试验，要把所有电磁炉放上盛水锅具，打开电源，使电磁炉运行至锅内水开状态，看是否加热或间断加热，同时检查电磁炉开关的灵活性和运行情况，尤其要检查配电线路的电线外皮是否有发热现象。

（3）如果不能够运行试验，则一定要充分预留余量与执行相关规定。

（4）火锅店电磁炉的总功率，再加上照明、空调等其他用电设备，可以计算出总的负载，并且总负载还要考虑 1.2 或者 1.3 倍的余量以保证超负荷的情况下也能够安全、正常运行。

▶ 613. 火锅城用电负荷怎样计算与设计?

答：火锅城用电负荷的计算与设计方法如下：火锅城电磁炉用电总线为采用三相电，再经变压器进到变电箱后，按三相四线制走线。现以200台1000W电磁炉，每桌2台配备为例，计算如下：

电磁炉的总功率＝单台最大功率 × 数量，即电磁炉总功率＝1000W×200台＝200（kW）。

总设计负荷＝200kW×1.3＝260（kW）

每桌电磁炉功率＝1000W×2＝2（kW）

每桌电磁炉设计负荷＝2kW×1.3＝2.6（kW）

▶ 614. 火锅城电磁炉布线与设计有哪些注意事项?

答：火锅城电磁炉布线与设计的一些注意事项如下：

（1）火锅城如果采用电磁炉数量较多，必须对电磁炉用电系统规范、合理化。

（2）一般以每桌为一个供电单元，避免一桌异常，影响整体。因此，每桌电磁炉的用电单独设立单元控制开关柜，并且备有剩余电流动作保护器。

（3）每个插座限插一台电磁炉，避免电磁炉间相互影响。

（4）严禁以拔电源插头代替开关电磁炉，以免导致触电或漏电。因此，专用火锅电磁炉控制板安装要合理。

（5）电磁炉供电系统的线路不要跟照明、取暖、厨房、制冷等配电系统并到一起使用，以免相互干扰。电磁炉安装要避免与变频空调同相，以免干扰。

（6）三相电的各自负载要配平，否则会引起偏相导致的相电压出现大小差异，从而引起电磁炉的欠电压或过电压保护。分配三相分支主线路一定要单独铺线，避免多股线路一起铺线，造成相互磁干扰。

▶ 615. 宴会厅装修设计及水电有什么要求?

答：宴会厅装修设计及水电要求如下：

（1）宴会厅是作为对社会开放的大小型宴请活动场所，其档次应高于一般餐厅。

（2）宴会厅主要功能间有座席区、固定或活动的小舞台、演员休息室、演员更衣室、接待门厅、服务台、洗手间、储藏室等。

（3）宴会厅的餐桌一般有6人桌、8人桌、10人桌、10人以上桌。举办冷餐时，常以长条桌、圆桌混合布置。举办茶会，一般布置长条桌。

（4）宴会厅照明一般采用大型吊灯、晶体发光玻璃珠帘灯。

（5）宴会厅的照度一般要求较高，一般达750lx。

（6）宴会厅一般要有总体照明的控制装置、调光装置，以便对环境照明用筒灯、荧光灯、球灯、局部射灯等加以控制，使照度、色彩可以有不同的组合，使宴会厅能够适应不同活动的需要。

▶ 616. 娱乐空间的类型有哪些？

答：娱乐空间的类型见表 7-17。

表 7-17　　娱乐空间的类型

类　型	说　明
文娱娱乐空间	以歌舞表演、跳舞、卡拉 OK 等为主的娱乐空间，主要是歌舞厅
健康中心、俱乐部、会所	以某项运动爱好者、某类从业者的聚会交流场所。例如健身俱乐部、沐足中心、保健按摩会所、桑拿会所等
酒吧	交流聚会、休闲放松的场所，目前，主要指饮酒聊天的交际场所

▶ 617. 娱乐舞台装修设计及水电有什么要求？

答：娱乐是相对工作而言的一种概念，娱乐空间就是人们工作之余去的场所。其中娱乐舞台的装修设计及水电要求如下：

（1）娱乐舞台一般属于高层次的综合性文化产物，不同的娱乐舞台要求要有不同的装饰特点。

（2）如果是固定的风格，风格比较一惯性。如果需要针对不同的主题，需要经常变动装饰风格的娱乐舞台，则装修的特点主题要求明确。

（3）娱乐舞台是个整体系统，其又有不同的分系统，分系统相互配合，达到舞美、主题、配合娱乐项的背景等。其中，分系统与水电有关的是：照明系统、音场系统、安全系统等。

（4）水电工在布线娱乐舞台有关施工时，一定要根据设计要求进行，因为娱乐建筑声学对空间有很严格的要求。

▶ 618. 娱乐场所卫生间设计及水电有什么要求？

答：娱乐场所卫生间设计及水电要求如下：

（1）电线、电器设备的选用与设置要符合电器安全规程的规定。

（2）卫生间的洗手水龙头需要有冷、热水之分。

（3）卫生间的地面应有排水口。

（4）卫生间天花板上的灯具一定要封紧。

（5）卫生间天花板可以选择隐藏式、低电压的卤素灯。

▶ 619. 歌舞厅、夜总会的平面布局与空间以及装饰特点是怎样的？

答：歌舞厅、夜总会的平面布局与空间以及装饰特点如下：

（1）功能区域。主要有舞台、舞池区、散座、卡拉 OK 区、卡座、酒吧区、辅助功能区等。

（2）平面布局与空间的划分。一般要求要具有合理性、完整性、实用性、人性化以及具有美感性。

（3）功能区域的面积分配。一般的舞厅舞池为20%左右，座席面积为45%左右，其他为35%左右。

（4）隔音与吸音。一般墙面要用吸声毯、窗户使用封闭式或减少窗户数量、家具使用隔音性能好的铝合金窗或双层窗、选用封闭性较好的门或选用隔音/吸音的门、选用吸音性能较好的（例如布艺沙发、皮革沙发）、除舞池外其他地面多用地毯铺设。

（5）舞厅天花板。天花板以满足灯光布置为优先，注意灯的投射、灯的晃动、灯的滚转所需要的电器电线布局。

（6）选材。一般灯明亮或近人处使用较好的材料，昏暗处则使用低档材料。舞厅一般选择高反射的材料。

注意：一般不要多用高档材料。选用价格低，达到消防要求的，只要表面处理能够达到效果的材料即可。但是，对于水电材料，则必须采用质量过硬的、达标的材料。

▶ 620. 歌舞厅常见的灯具有哪些？

答：歌舞厅常见的灯具见表7-18。

表7-18　歌舞厅常见的灯具

名称	说　明
蜂巢灯	像蜂巢一样的、各色灯光从蜂巢的洞中射出的一种大型灯具。具有12头、16头、18头、32头等种类
转盘灯	通过转盘的转动，使灯光不断变化
频闪灯	通过控制灯某一频率闪动，从而使灯光变化。频闪灯经常结合音乐节奏一起闪动
走珠灯	通过在透明的塑料胶管中布置各色小灯泡，进行逐个闪亮，形成线性流动的灯光效果
霓虹灯	通电霓虹管内的气体不同，形成各种色彩、光线，一般组合使用

▶ 621. KTV功能间有哪些？

答：一般的KTV常见的功能间有消控室、备用间、包厢、水景区、音控室、超市、男卫生间、女卫生间、洗涮区、钢琴演艺区、咖啡区、VIP包厢、舞池、洗手区、服务台、麻将娱乐区等。

▶ 622. KTV包房的设计面积与大小是多少？

答：一般而言，包房长和宽的黄金比例为0.618为好，一些包房的常见设计面积如下：

（1）小包房设计面积为8~11m^2。

（2）中包房设计面积为15~18m^2。

（3）大包房设计面积为24~30m^2。

（4）特大包房设计面积为 55m^2 以上为宜。

▶ 623. KTV 常用的电气图有哪些？

答：KTV 常用的电气图有配电箱接线图、天花照明平面图、供电平面图、应急照明平面图、地灯 / 壁灯照明平面图、天花照明平面图等。其中，配电箱有关电施图包括消防配电总箱图、厨房配电总箱图、KTV 分区配电总箱图、自助吧与主控室配电总箱图等。

▶ 624. KTV 的一些分区（组）控制特点是怎样的？

答：KTV 的一些分区（组）控制特点如下：

（1）功放插座、电脑 / 电视插座、洗手间插座、房间天花板照明、房间壁灯 / 地灯 / 地板暗藏光带放在同一控制箱，通过不同的剩余电流动作保护器分别控制。

（2）排烟风机与报警设备放在同一控制箱，然后通过剩余电流动作保护器分别控制。

（3）走廊灯、长明灯、电房照明、备用灯放在同一控制箱，通过不同的剩余电流动作保护器分别控制。

（4）消防配电总箱一般位于总配电间，往往采用双电源。

▶ 625. 酒吧的种类有哪些？

答：餐饮类建筑包括酒吧、咖啡厅、餐厅、快餐厅、宴会厅等。其中酒吧是饮酒聊天的交际场所，其种类有单独酒吧间、附着于餐厅 / 中庭 / 门厅等某一角隅的酒吧。根据其提供的主产品不同，可以分为鸡尾酒吧、冰淇淋吧、茶吧、啤酒吧、自制自酿类酒吧。根据主题不同可以分为摇滚吧、迪吧、卡拉 OK 吧、球迷吧、商务吧、游戏吧、女士吧等。根据位置不同，可以分为空中酒吧、地窖酒吧、饭店大堂吧、专业酒吧。

▶ 626. 酒吧的布置形式有哪几种？

答：酒吧的布置形式见表 7-19。

表 7-19　　酒吧的布置形式

布置形式	说　　明
贴墙式	贴墙放置，酒柜可摆放在吧台上方或悬于墙上
转角式	吧柜、吧台对空间实行分隔
嵌入式	充分利用边角空间，如凹入的部分安放吧台，不但增加了实用面积，而且利用房间转角进行布置，可以实现围台而坐
隔断式	隔断式酒吧使整个室内空间都显得整齐
餐桌式	吧台与餐桌结合，在必要时将吧台的餐桌部分展出或拉出用于就餐

▶ 627. 酒吧装修有哪些常见电施图?

答: 酒吧装修的一些电施图有照明及应急照明平面图、酒吧插座平面图、酒吧有线平面图、酒吧藏灯平面图、酒吧照明配电箱主电源平面图、酒吧电脑控制灯平面图等。

▶ 628. 酒吧常见的配电箱有哪些?

答: 酒吧常见的配电箱见表 7-20。

表 7-20　　酒吧常见的配电箱

名　称	说　明
照明配电箱	酒吧照明配电箱可以分控主电源、立柱藏灯、天花藏灯、库房照明、卫生间藏灯、发光字电源、入口地面 LED 灯电源、入口 LED 灯电源、形象墙 LED 灯电源、出品处藏灯、霓红灯电源、卫生间过道地面藏灯、出品处预留线、预留线等，有的线路还需要分几组分控
照明、应急、动力配电箱	照明、应急、动力配电箱可以分控天花藏灯、工矿灯 (应急照明)、应急天花藏灯、应急灯插座、出品处吧柜插座、出品处墙壁插座、应急灯插座、主流风机电源等，有的线路还需要分几组分控
电脑控制灯配电箱	电脑控制灯配电箱可以分控电脑控制灯
照明、电视、插座、藏灯配电箱	照明、电视、插座、藏灯配电箱主要控制预留线、靓女吧灯箱、立柱藏灯、电视电源、卡座地台藏灯、沙发茶几藏灯、墙面 LED 灯源、配电箱主电源等
有线电视配电箱	有线电视等

▶ 629. 酒吧装修设计及水电有什么要求?

答: 酒吧装修设计及水电要求如下:

（1）酒吧间内部一般分为吧台席、座席、站席。

（2）小型酒吧间内客席占整个建筑面积的 70% 左右，中型酒吧间客席占 60% 左右，大型酒吧间客席占 45% 左右，酒吧间的席位数一般每席占 1.1~1.7m^2 的使用面积。

（3）酒吧间一般要把大空间划分为若干个小空间，即需要分隔空间。

（4）酒吧的布局是以吧台为中心，配以散座、卡座等。有条件的酒吧配置桌球、飞镖等活动场地以及乐队舞台。

（5）酒吧家具主要有柜台、餐桌、酒吧座、普通座椅。

（6）酒吧固定椅一般高 750mm，吧台一般高 1050mm（靠服务员一边高为 900mm），搁脚板一般高 250mm。

（7）酒吧柜台一般由两个台面组成：配制饮料用的服务台面与外挑出为宾客使用的台面。

（8）酒吧台后一般设有酒吧柜。

（9）酒吧间的柜台、陈列部分要求有较高的照度，常选用显色性较好的荧光灯。

（10）酒吧吧台下可设置光源装置，照亮周围地面，给人以安定感。

（11）柜台上方挂一些装饰性的小筒灯，既照明又活跃气氛。

（12）吧台有前吧台、后吧台、下吧台及直线形吧台、马蹄形吧台、圆形吧台、椭圆形吧台等不同种类。

（13）酒吧厨房常见的电器设备有换气扇、冰箱、洗涤设备、烤箱、电饭锅、冷藏柜等，因此，用电电器的插座一定要首先考虑好。

▶ 630. 咖啡厅装修设计及水电有什么要求？

答：咖啡厅装修设计及水电要求如下：

（1）咖啡厅一般由客席区、服务台、柜台、厨房等功能空间组成。

（2）一般小型咖啡厅的客席区面积占整个建筑面积的45%左右，中型咖啡厅的客席区面积占70%左右，大型咖啡厅的客席区面积约占整个面积的60%左右。并且，一般每席占1.1~1.7m^2的使用面积。

（3）咖啡厅一般要把大空间划分为若干个小空间，即需要分隔空间。

（4）咖啡厅家具的形状多以简洁明快为主。

（5）咖啡厅间的柜台、陈列部分要求有较高的照度，常选用显色性较好的荧光灯。

（6）咖啡厅吧台下可设置光源装置，照亮周围地面，给人以安定感。

（7）咖啡厅柜台上方挂一些装饰性的小筒灯，既照明又活跃气氛。

▶ 631. 洗浴中心常见的电施图有哪些？

答：洗浴中心常见的电施图有配电平面图、有线电视平面图、照明平面图、接地平面图、防雷平面图等。

▶ 632. 洗浴中心主要功能间与主要电器、设备是怎样的？

答：洗浴中心主要功能间与主要电器、设备如下：

存鞋区——照明灯具、开关、插座、配电箱等。

搓背按摩间——照明灯具、开关、插座、轴流风机等。

阀门间——照明、开关、阀门等。

服务台——照明灯具、开关、插座、控制箱等。

男更衣间——照明灯具、开关、插座、配电箱等。

男卫生间——照明、开关、卫生洁具、给排水等。

女更衣间——照明灯具、开关、插座、配电箱等。

女卫生间——照明、开关、卫生洁具、给排水等。

配电室——照明灯具、开关、配电箱等。

水箱间——照明灯具、开关、插座、循环水泵（一般需要一备一用）等。

洗浴大厅（男）——热水池、温水池、照明灯具、开关、轴流风机等。

消防控制室——照明灯具、开关、插座、控制箱等。

小商场——照明灯具、开关、插座、配电箱等。

休息区——照明灯具、开关、插座、有线电视、空调等。

另外，有的洗浴中心还有桑拿房、干蒸房、理发房等。

▶ 633. 洗浴中心接地设计有什么特点？

答：洗浴中心接地设计的一些特点如下：

（1）所有接地材料可以选择镀锌件。

（2）可以采用安全保护接地与各弱电系统接地共用综合接地极。

（3）采用等电位连接，其总等电位连接线必须与楼内所有导电部分相互连接。

（4）洗浴中心主要功能间均要考虑是否需要接地，并且设计好接地连接图。

（5）一般要求接地电阻值小于 1.0Ω。

（6）接地引下线的下端均应与基础接地网可靠焊接。

（7）当采用建筑物基础作接地体时，若接地电阻值没有满足要求，则需要采用打人工接地体达到要求。

▶ 634. 洗浴中心防雷设计的特点与要求是怎样的？

答：三级防雷洗浴中心防雷设计的特点与要求参见表 7-21。

表 7-21　三级防雷洗浴中心防雷设计的特点与要求

项　　目	说　　明
接闪器	（1）屋顶所有凸起的金属构筑物或管道均与避雷带连接。 （2）避雷带可以选择采用 ϕ10 等镀锌圆钢暗敷。 （3）避雷带应与引下线可靠焊接
引下线	（1）引下线可以利用混凝土柱内的主筋。 （2）可以采用钢筋焊接作为引下线。 （3）作为引下线的柱内主筋，施工时要做标记，并且自上而下连成一体
接地装置	（1）接地装置可以利用建筑的基础。 （2）基础内钢筋应与作为引下线的防雷钢筋可靠焊接。 （3）电源进建筑物后，N 线与 PE 线需要分设，不得连接。 （4）PE 干线可以选择 40mm×5mm 镀锌扁钢。 （5）所有用电设备、金属管均要可靠接地

▶ 635. 洗浴会馆装修设计及水电有什么要求？

答：洗浴会馆装修设计及水电要求如下：

（1）包房一般要摆设电视机，因此需要考虑插座、有线电视的布线。

（2）包房一般需要设计报警系统，因此需要考虑强电与弱电要分开布线。

（3）包房可以分为标准间、情侣间、三人间、四人间等，不同的包房具有不同的“水电”装修设计，具体如下：

1）三人间——摆放一台电视。

2）有的四人间——需要摆放自动麻将桌，可上网电脑、摆放一台电视。

3）有的六人间——需要摆放自动麻将桌，可上网电脑、摆放一台电视。

4）豪华包房——摆放一台电视、自动麻将桌、可上网电脑、浴霸（带卫生间）。

▶ 636. 桑拿健康中心主要功能间与特点是怎样的？

答：桑拿健康中心主要功能间与特点见表 7-22。

表 7-22　　桑拿健康中心主要功能间与特点

名　　称	功能及装饰特点
接待大厅	欢迎、接待客人的过渡空间 要求大方、亲和、豪华、轻松、休闲
通道与门	注意：更衣室的门必须有一屏风或间墙拐弯，使得尽管门打开，在门外也能看见门内的人
湿区	湿区也叫作水区、设备区，该区的保健功能多：干蒸（桑拿房）、湿蒸（蒸汽房）、冲凉房、水池（一般设热水池、常温池和冷水池）、擦背区、卫生间等。要求通透宽敞、光线明亮
休息区	休闲场所。要求光线柔和、装饰优雅、视听舒畅
桑拿房	桑拿房一般采用分散布置，这样顾客少时，闲置的房间可以把用电关闭。一些桑拿房与水电有关的设施一般有照明、立体音响、隐蔽灯、调节器、开关等。 桑拿房一般需要布设热、冷水管，并且具有热水循环系统

▶ 637. 奶茶店装修设计及水电有什么要求？

答：根据奶茶店的规模需要确定一些与水电有关的设施与要求具体如下：

（1）能够满足满负荷，特别是空调全部开启的情况要满足，并且预留一定余量。

（2）电力功率的确定就是把所有可能要的、准备用的、将来可能增设的设备等所有用电的功率之和 + 一定余量。

（3）常见的用电电器：照明、广告电器、刨冰机 、蒸煮机 、制冰机 、封口机、红茶机、冰沙机 、收银机、电开水器、冰柜、榨汁机、电磁炉 、空调、音响等。这些用电电器的位置以及需要的插座 / 开关，以及所用导线要选择好。

（4）进水管可以采用中 ϕ32 的，排水一般采用独立的排污管道 。

▶ 638. 大型茶楼的功能间及其特点是怎样的？

答：大型茶楼的功能间与特点见表 7-23。

表 7-23　　大型茶楼的功能间及其特点

功能间或者空间	设备或者设施
男卫生间	防滑砖铺地、洗手盆、冲水器、照明、排气设施等
女卫生间	防滑砖铺地、洗手盆、冲水器、照明、排气设施等
半封闭式情侣包厢	灯、开关、插座等
服务区	服务台、地砖铺地、开关、插座等
散座区	板砖铺地、空调、吊式电视机、灯、开关、桌椅、开关、插座等
半封闭式卡座区	灯、开关、插座等
厨房	电器、餐具台（柜）、生鲜台（柜）、鱼池、案板（柜）、洗涤池、灶台、防滑砖铺地、开关、插座等
总经理办公室	地板砖铺地、白乳胶漆墙面、开关、插座等
财务办公室	地板砖铺地、白乳胶漆墙面、开关、插座等
包房 1	地板砖铺地、电视、挂衣架、桌椅等
包房 2	地板砖铺地、电视、挂衣架、桌椅、沙发、开关、灯等
包房 3	地毯铺地、备餐柜、电视、挂衣架、桌椅、暗藏白光灯带、白光节能筒灯、开关、插座、灯、开关、插座等
女更衣室	地砖铺地、白乳胶漆墙面、灯、开关等
男更衣室	地砖铺地、白乳胶漆墙面、灯、开关等
值班室	地砖铺地、白乳胶漆墙面、床铺、灯、开关、插座等
食品仓库	地砖铺地、白乳胶漆墙面、灯、开关、插座等

▶ 639. 大型茶楼装修设计及水电有什么要求？

答：大型茶楼装修设计及水电要求如下：

（1）大型茶楼的电气首先要采用承载相当的电线，把电源引到总箱配电，然后由总箱配电引出照明控制箱、插座控制箱、空调控制箱、厨房等几路。

（2）厨房配电系统可以分成照明（往往分为几组）、插座（往往分为几组）、其他设备（往往分为几组）、备用等。

（3）空调配电系统图可以分成大厅空调（往往分为几组）、电开水器、挂机（往往分为几组）、备用等。

（4）插座配电系统图可以分成几组插座与备用等。

（5）照明配电系统图可以分成几组照明、应急照明与备用等。

（6）有的包房具有电视、空调、照明等，因此，具有普通电源插座、有线电视信号插座、单相空调电源插座、艺术吊灯、背景音乐喇叭、排气扇等。

（7）大型茶楼的包房设施布局如图 7-3 所示，灯布局平面如图 7-4 所示，开关布局平面如图 7-5 所示。

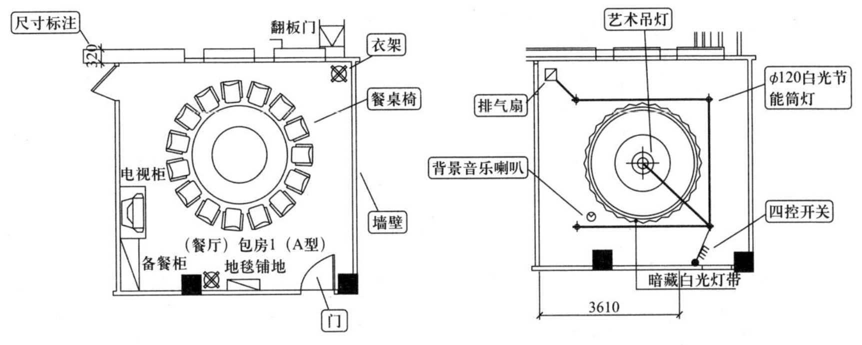

图 7-3 包房设施布局　　　　图 7-4 灯布局平面

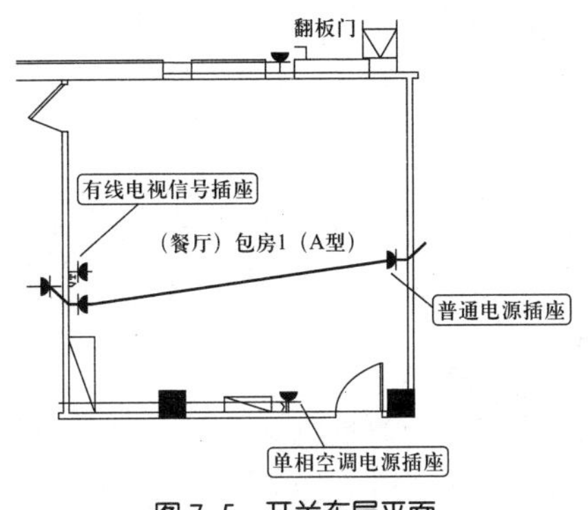

图 7-5 开关布局平面

▶ 640. 茶庄装修设计及水电有什么要求？

答： 茶庄装修设计及水电要求如下：

（1）茶庄常见的功能间有女卫生间、男卫生间、包房、洗手间、大堂、通道、服务前台、厨房等。

（2）茶庄主要分组线路有大堂照明、走廊照明、卫生间照明、楼梯照明、应急照明、服务灯、大堂插座、前台插座、备用设备、厨房照明、厨房插座、排气扇、热水器、空调等。

（3）包房往往需要照明、插座，它们的平面布置图图例见表 7-24。

表 7-24　　　　照明、插座平面布置图

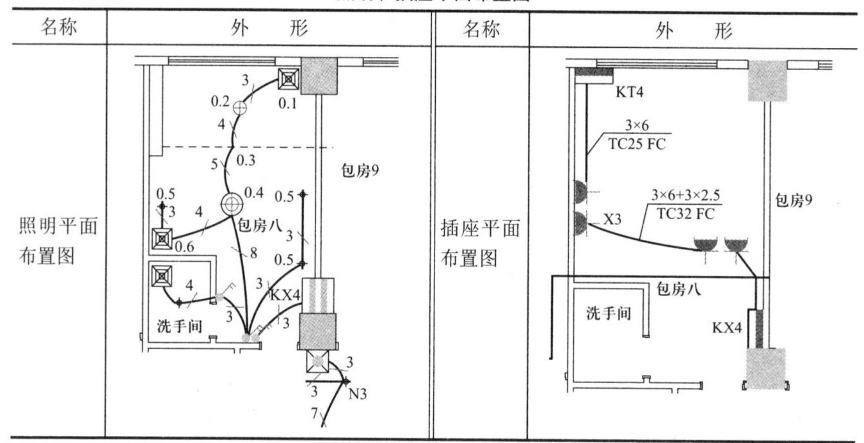

名称	外　　形	名称	外　　形
照明平面布置图		插座平面布置图	

▶ 641. 休闲会所装修设计及水电有什么要求？

答： 休闲会所装修设计及水电要求如下：

（1）休闲会所主要功能间有男卫生间、过道、女卫生间、女浴室、洗头区、美容美发区、大厅、吧台、包房、楼梯、棋牌室等。

（2）主要分组控制线路有筒灯、应急照明、插座、应急插座、楼梯照明（楼梯主灯 / 筒灯）、浴室插座、预留线、灯带、主灯、灯杯、吧台灯带、大厅插座、包房照明、吧台灯杯、卫生间照明、厅天花插座、厅灯槽、厅圆形灯带、厅筒灯、厅插座、应急电源、房间电源、过道电源等。

▶ 642. 网吧主要用电系统有哪些？

答： 网吧主要用电系统有计算机用电系统、空调用电系统、网络设备用电系统、照明设备用电系统、电器用电系统、其他用电系统。

▶ 643. 网吧计算机用电有什么特点？如何设计？

答： 网吧计算机用电可以说是网吧最大的用电负荷，其有关特点与设计如下：

（1）总功率。计算机用电总功率 = 每台计算机功率 × 计算机数量。例如，每台计算机功率一般为 150W 左右，则 200 台计算机用电总功率 = 每台计算机功率 × 计算机数量 =150W×200=30000（W）。

（2）连接方式。一般不采用逐一串联模式，除非台数非常少。一般的网吧需要采用分组点接的方式：插座点间一般每隔 1.5m 设置一个（一般可以选择 10A 三芯国标插座），每个插座点可以利用多孔插座为 3~5 台计算机使用，9~15 台计算机为一组使用一个空气开关控制，整个网吧一般分为 4~6 组或者更多的组。

网吧计算机设计示意图如图 7-6 所示。

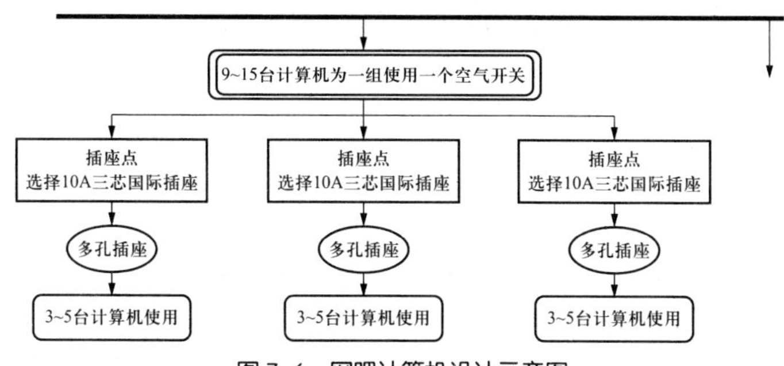

图 7-6 网吧计算机设计示意图

▶ 644. 网吧空调用电有什么特点？如何设计？

答：空调是网吧必须配置的一种电器，也是比较大的用电负荷，其有关特点与设计如下：

（1）总功率。空调用电总功率 = 每台空调功率 × 空调数量。例如每台空调功率一般在 3500~4500W 之间。中型网吧一般要采用 4~6 台柜式空调。

（2）布线。需要专用电源线路。一般的网吧需要 6mm^2 的铜导线。

（3）控制。需要分组控制。每个空调设计一个空气开关控制。

（4）新型节能环保空调。可以选择水冷空调。

（5）排水。空调制冷系统排水要畅通，否则可能导致空调启动自动保护而进入跳闸状态。

▶ 645. 网吧常选择的灯具有哪些？

答：网吧常选择的灯具如下：1×40W 荧光灯、2×40W 荧光灯、3×20W 荧光灯盘、3×40W 荧光灯盘、1×40W 吸顶灯、1×13W 筒灯、1×50W 石英射灯、大堂水晶吊灯、1×250W 投光灯、应急灯、出口指示灯、路径指示灯等。

▶ 646. 网吧设计可选的插座与参考设计高度是怎样的？

答：网吧设计可选的插座与参考设计高度见表 7-25。

表 7-25 网吧设计可选的插座与参考设计高度

名　　称	参考设计高度（m）	备　　注
网络插座	0.4	
电视插座	0.4	
电话插座	0.4	
空调插座	2.2	250V/10A
二、三极插座	1.4	250V/10A
排风扇插座	2.2	250V/10A

▶ 647. 网吧设计可选的开关与参考设计高度是怎样的？

答： 网吧设计可选的开关与参考设计高度见表 7-26。

表 7-26　　网吧设计可选的开关与参考设计高度

名　称	参考设计高度（m）	备　注
一位单控开关（暗装式）	1.4	250V/10A
二位单控开关（暗装式）	1.4	250V/10A
三位单控开关（暗装式）	1.4	250V/10A
一位双控开关（暗装式）	1.4	250V/10A

▶ 648. 网吧闭路监控系统有什么特点？

答： 网吧闭路监控系统的特点如下：

（1）摄像机具有不同的选型方案：

1）固定安装。安装好之后，无法控制摄像机的转动与镜头的拉伸，室内可以选择彩色半球型摄像机。

2）云台控制安装。安装好之后，可通过鼠标控制摄像机的转动，室内可以选择彩色内置云台半球摄像机。

3）云镜控制安装。安装好之后，可通过鼠标控制摄像机的转动、镜头的拉伸，室内可以选择高解析一体化摄像机。

（2）有的网吧闭路监控系统在装修时仅预留插座、线管，线路结构可由闭路监控专业单位确定安装。

（3）网吧闭路监控系统图如图 7-7 所示。

（4）监控系统中的监控显示器一般放在网吧办公室。

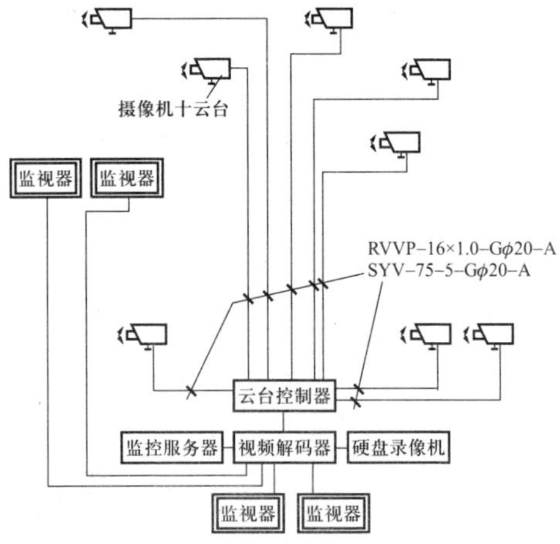

图 7-7　网吧闭路监控系统图

▶ 649. 网吧网络系统有什么特点?

答: 网吧网络系统一般由室外干线引入,然后经网络线端接箱、网络交换机,再到计算机网络插座,具体图例如图 7-8 所示。

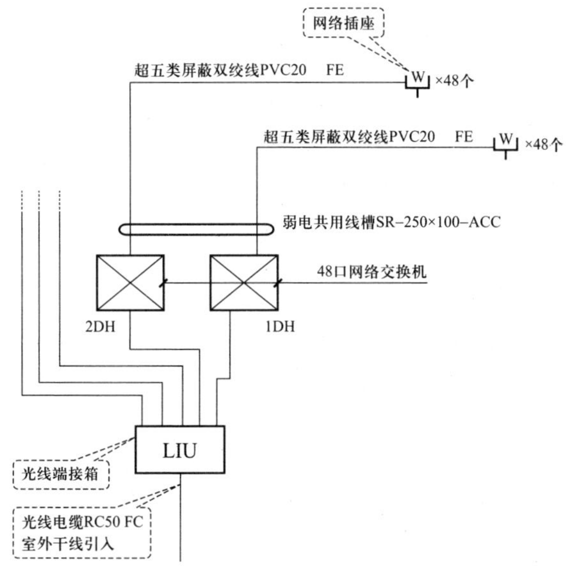

图 7-8 网吧网络系统

▶ 650. 网吧 ADSL 与宽带路由器怎样连接?

答: 网吧 ADSL 与宽带路由器的连接示意如图 7-9 所示。

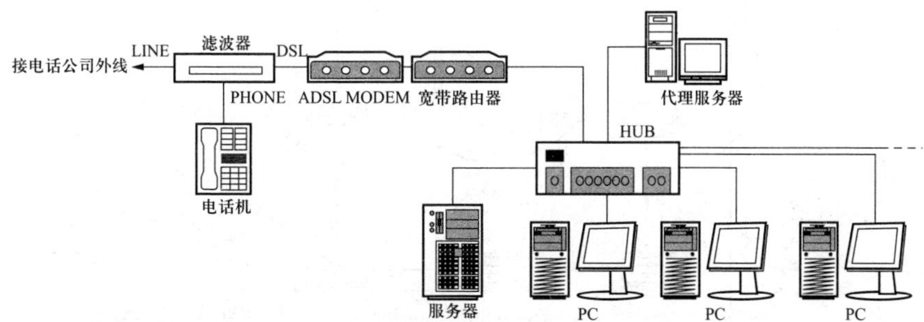

图 7-9 网吧 ADSL 与宽带路由器的连接示意

▶ 651. 网吧使用小区宽带怎样连接?

答: 网吧使用小区宽带的连接示意如图 7-10 所示。

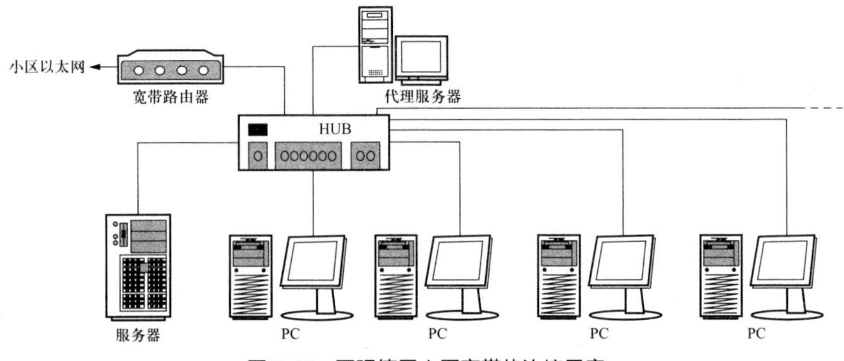

图 7-10　网吧使用小区宽带的连接示意

▶ 652. 网吧照明系统有什么特点？

答： 网吧照明系统的特点如下：

（1）功率。照明总功率 = 每只灯功率 × 灯数量。每只灯功率可以从灯泡的标注上看出来。

（2）布线。小型网吧的照明线路可以单独设计一组，导线可以选择 2.5mm^2 的铜线。规模大的网吧照明线路需要多分几组，导线大小根据总干线、支线工作电流来选择。

主照明可以选择荧光灯，如图 7-11 所示。

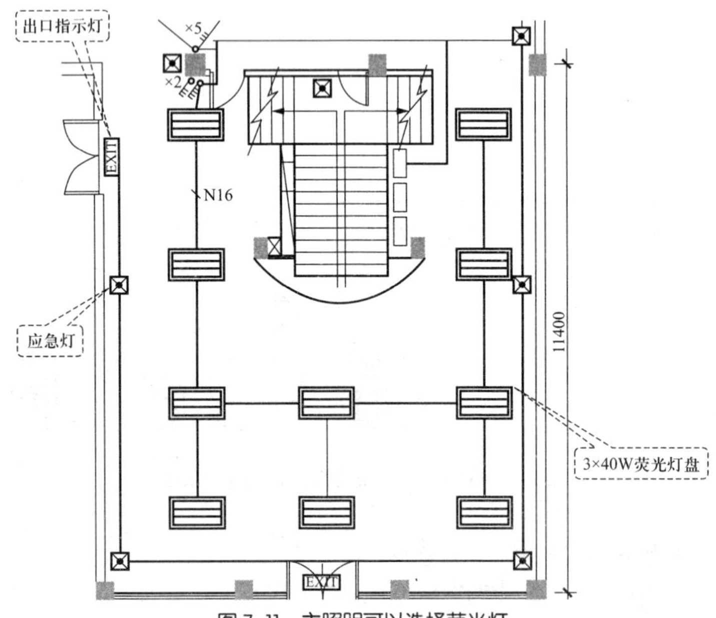

图 7-11　主照明可以选择荧光灯

▶ 653. 网吧装修设计及水电有什么要求?

答： 网吧装修设计及水电要求如下：

（1）网吧的商业环境决定了网吧必须有大量的电源线、网络线的布线工作。

（2）网吧一般是采用现有市电供应系统普遍采用的三相或者四线制供电模式。

（3）网吧的装修一定要符合消防的要求，要通气、通风。

（4）整个网吧要在收银台的视觉范围内，千万不要让收银台背对整个网吧。

（5）网吧的装修风格一定要符合年轻人的文化、审美。

（6）如果有条件，可以装修出一块地方，为客户提供休闲场所。

（7）网吧机器众多，而且每天长时间开机，因此，电压要稳定。

（8）网吧主要功能间有包房、女性专区、泵房、洗手间、吧台、机房等。

（9）网吧常见的配电箱有吧台配电箱、空调配电箱、包房配电箱、机房配电箱、总配电箱、消防水泵配电箱等。

（10）网吧常见的电施图有照明电气平面图、插座电气平面图、应急灯电气平面图等。

（11）网吧的一大特点就是插座比较多，如图 7-12、图 7-13 所示。

（12）下面线路需要分组或者分几组：电脑插座、服务台插座、卫生间照明、应急照明、空调排风备用、办公室插座、办公室卫生间照明、节能灯照明、备用、排气扇、厕所照明、梯间照明、天花空调等。

（13）为显示网吧高档，一般采用隐蔽埋线，即暗敷。

（14）电源主干与分支线路一般均要选择不同规格的铜芯线。

（15）比较重要的主干线路，尽量布设一条线路做备份线路。

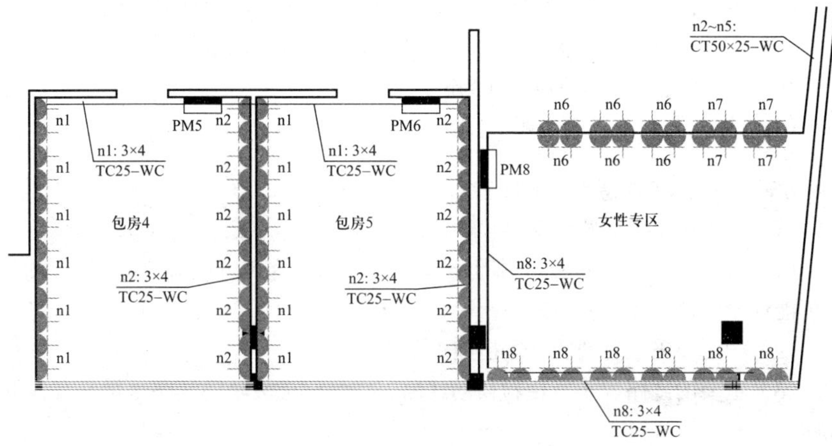

图 7-12 网吧插座平面图（一）

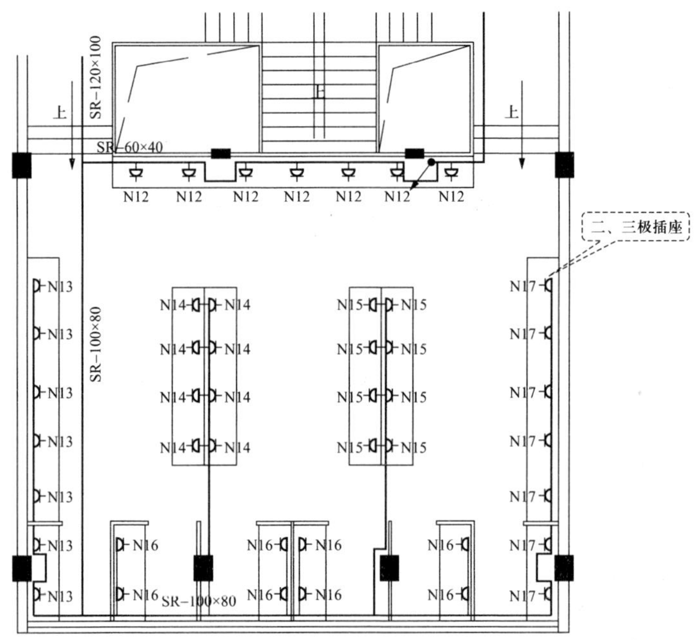

图 7-13　网吧插座平面图（二）

（16）电源线一般单独走一个管道或者 PVC 槽子，避免影响网线与电话线的传输质量。

（17）不容易进行二次施工的管道，一般需要布设备用的线路。

（18）电源线布设时，需要做标记。

（19）布设完后，需要测试所有设备工作是否正常、测试所有的线路是否能够正常工作、测试空气开关工作是否正常，24h 以上测试网吧全负载运行状态、10h 左右做适当的超负荷运行测试。

（20）网吧收银服务器需要单独供电。

▶ 654. 网吧施工注意事项有哪些?

答：网吧施工的一些注意事项如下：

（1）接地线一定要重视，并且要按规定布线。这样可以避免静电的积累，而可能造成硬件损坏、人员损伤。

（2）一定要采取有效的避雷措施。

（3）重要的线路、不方便检修的线路、容易出现故障的线路尽量具有备份线路。

（4）一定要分组控制：插座、网络。

（5）配备高质量的配线间，一般是独立的空间安装空气开关、UPS、网吧电源设备。

（6）采用三相四线制供电系统的网吧电源系统时，注意线路负载平衡，不要相差太大，一般差值应在 500W 以内。

（7）主照明光不要过亮，不要对电脑屏幕造成反光。

（8）网络布线时，一定要为每条线做好编号，以方便检修维护。

（9）每层均需要预留 2~3 条备用线。

（10）网线制作一定要按规定要求施工，以便获得最佳的传输效果。

▶ 655. 大型超市常见回路有哪些？

答：大型超市常见回路如下：×× 品牌办公室插座回路、办公室插座回路、磅秤插座回路、仓库插座回路、仓库照明回路、超市插座回路、超市照明回路、促销区插座回路、促销区照明回路、服务中心照明回路、烘手器插座回路、货架插座回路、货架及消磁电源插座回路、监控室插座回路、监控主机回路、楼梯间照明回路、排号灯回路、射灯回路、事故照明回路、收银办公室插座回路、收银办公室照明回路、收银台插座回路、收银台消磁电源回路、收银台照明回路、疏散指示回路、双电源切换箱、卫生间照明回路、消磁电源回路、预留插座回路、预留回路、预留灭蝇灯插座回路、预留照明回路、招商区插座回路、其他照明回路、其他插座回路等。

▶ 656. 小型超市水电设备安装方式有哪些？

答：小型超市水电设备安装参考方式见表 7-27。

表 7-27　　小型超市水电设备安装参考方式

设备名称	安装方式
安全出口灯	紧贴荧光灯下方管吊，自带 30min 蓄电池
单管荧光灯	挂高 3m
单联单控开关	底高 1.4m
单相二、三极暗插座	底高 1.4m
单相柜式空调插座	距地 0.3m
单相三极暗插座	底高 0.4m
单相五孔插座	距地 0.3m
电表箱	挂墙安装，底高 1.4m
电源分配箱	挂墙安装，底高 1.4m
弱电箱	底高 1.8m
三联单控开关	底高 1.4m
疏散指示灯	一般离地 0.5m

续表

设备名称	安装方式
双管 T8 荧光灯	距地 3.0m 管吊
双管荧光灯	挂高 3m 带，应急 30min
双联单控开关	底高 1.4m
双面疏散诱导灯	紧贴荧光灯下方管吊，自带 30min 蓄电池
吸顶灯	带应急 30min
诱导灯	一般门上 0.1m
照明配电箱	距地 1.5m 落地支架安装，或者底高 1.8m
总等电位连接端子箱	距地 0.5m

▶ 657. 大型超市监控的内容与安装位置是怎样的？

答： 大型超市监控的内容与安装位置如下：

（1）监控的内容。无人上班时的安全监控、货架监控、收银台监控、人流监控、员工工作状态监控等。

（2）安装位置。商场机房监控、商场楼梯、商场人流处、商场收款处、商场消防处、商场出入口处、财务处、值班室、进口处、地下车库及停车场、周界监控等。商场出入口处监控图例如图 7-14 所示。

（3）监控注意不要留死角。

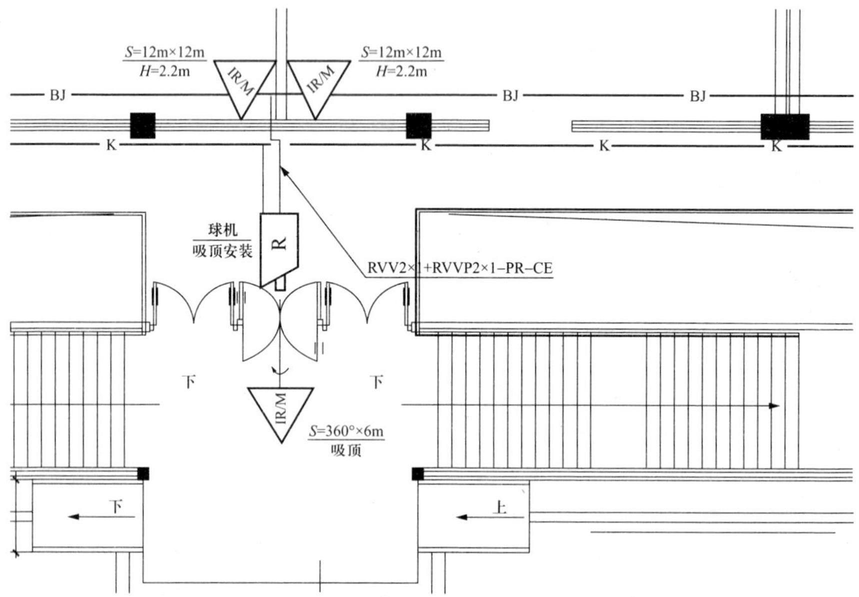

图 7-14　商场出入口一般安装监控、报警设备

▶ 658. 超市照明怎样设计与施工？

答：超市照明设计与施工如下：

（1）鲜艳农产品与鲜花摆放区一般通过照明使其拥有明快的色彩。因此，可以采用纯白色照明，具体图例如图 7-15 所示。

（2）蛋、肉类摆放区给人的感觉要干净卫生。因此，可以采用粉色照明，具体图例如图 7-16 所示。

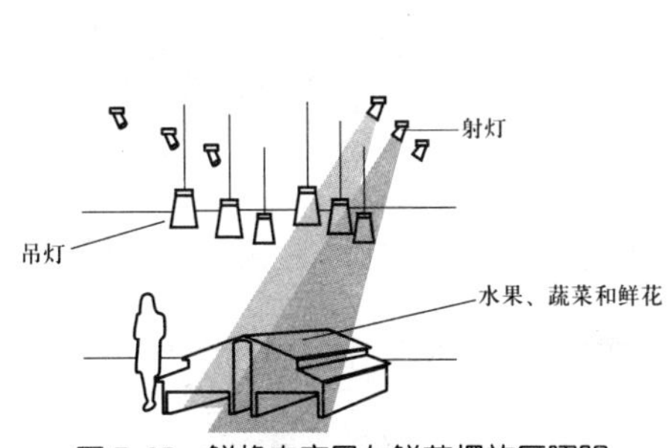

图 7-15　鲜艳农产品与鲜花摆放区照明

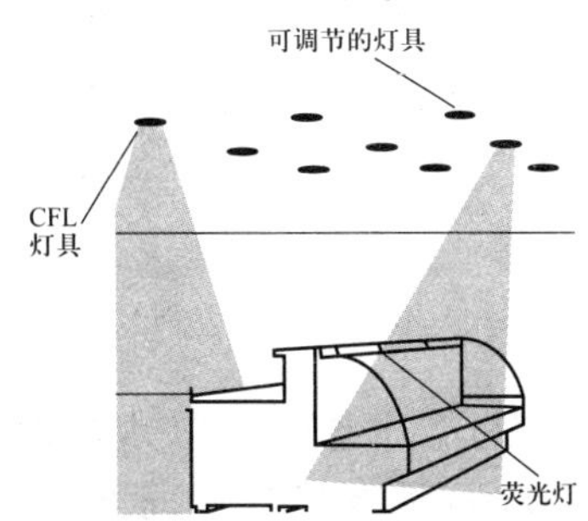

图 7-16　蛋、肉类摆放区照明

（3）海鲜商品摆放区可以采用冷白光照明。

（4）冷冻室可以采用 LED 照明。

（5）烘烤食品摆放区可以采用暖色调的灯光照，具体图例如图 7-17 所示。

（6）豆腐与奶酪区，由于豆腐与奶酪对温度非常敏感，因此，豆腐与奶酪的食品柜的光线要均匀。另外，可以采用橘黄色照射，具体图例如图 7-18 所示。

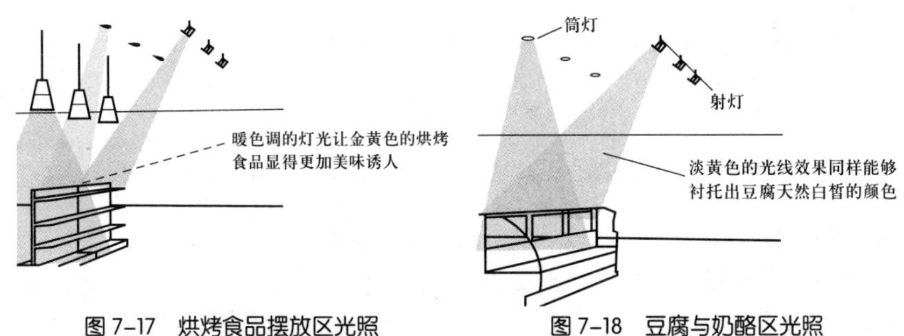

图 7-17　烘烤食品摆放区光照

图 7-18　豆腐与奶酪区光照

（7）普通商品的光照具体图例如图 7-19 所示。

（8）食品零售区的照明原则。

1）垂直的明灯照射货架，这样使货架的商品看得清楚。

2）超市一般采用 24° 光束角为突出重点商品的灯照，具体图例如图 7-20 所示。

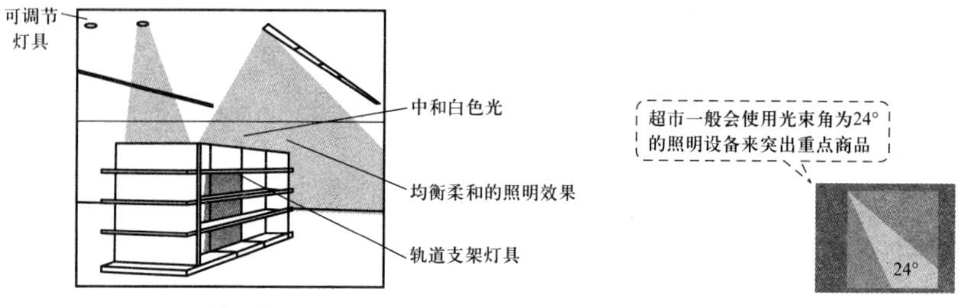

图 7-19　普通商品的光照具体图例

图 7-20　24 度光束角为突出重点商品的灯照

3）色温值越低，灯光的色越暖。

4）显示指数高于 80 的照明设备，能够真实反映消费者所看到的颜色。

▶ 659. 超市装修设计及水电有什么要求？

答：超市装修设计及水电要求如下：

（1）超市主要是供应食品、日常用品，其规格有大有小。

（2）超市一般可以分为营业区、仓储区、辅助区。

（3）超市设计主要是货物空间分布与货架布局、照明系统、收银系统、发电机组、监控系统等。另外，电器区对插座、照明设计有特别要求。广告、橱窗布置对水电布局也有相应要求。

（4）超市装修设计要尽可能地拉长顾客的回游时间、滞留时间，以创造销售机会。

（5）超市照明系统一般采用节能灯具、分控开关。

（6）一般超市的灯具采用支架直管荧光灯比较多，连续排列成光带，而且光带在货架间的走道中间。

（7）线槽布线可以采用吊杆安装，并且注意引出线槽用金属软管。

▶ 660. 婴儿用品超市装修设计及水电有什么要求？

答：婴儿用品超市装修设计及水电要求如下：

（1）婴儿用品超市装修只需突出个性与整洁明亮即可。

（2）水电、空调等设施是必需的。

（3）婴儿用品超市包括奶嘴、奶瓶、玩具、科教用品、护肤用品、睡袋、童装、服装等商品销售。

（4）插座一定要采用保护门的，并且少采用。

（5）不得明露电线。

▶ 661. 酒店照明装饰主要范围有哪些？

答：酒店照明装饰主要范围见表 7-28。

表 7-28 酒店照明装饰主要范围

项　目	范　围
室外装饰照明	（1）建筑物的立面照明。 （2）庭院照明。 （3）广场道路照明。 （4）喷泉及造型照明
室内装饰照明	（1）大堂、客房、餐厅、咖啡厅、酒吧宴会厅、健身娱乐厅、舞厅、会议厅等照明。 （2）艺术装饰品照明（如雕塑、浮雕、壁毯、壁画等）与重点目的性照明。 （3）办公室、厨房等照明

▶ 662. 酒店装饰照明的设计有什么要求？

答：酒店装饰照明的设计要求见表 7-29。

表 7-29 酒店装饰照明的设计要求

项　目	说　明
酒店客房	酒店客房是以休息为主的，应使用低照度、光线柔和的照明，以营造成宁静、舒适的气氛。考虑到客人需要工作或学习，通常局部装有壁灯、台灯落地灯、床头灯，并且最好装有调光功能装置，所用灯罩的颜色和造型也要适合环境，与客房装饰设计相协调
餐厅和宴会厅	餐厅、宴会厅需要暖色和较高的照度，多采用有较丰富红，黄色成分的光照和较好的显色性能，使食物色泽鲜美，有助于增强食欲
咖啡厅、酒吧	咖啡厅、酒吧需要轻松、宁静的气氛，应使用低照度加调光开关照明
舞厅	舞厅照明则需要强烈的灯光对比，多种鲜艳的色彩加上旋转闪烁等特殊效果，以烘托出兴奋热烈的气氛

▶ 663. 客房床头控制柜接线依据什么原理？

答：客房床头控制柜接线原理如图 7-21 所示。

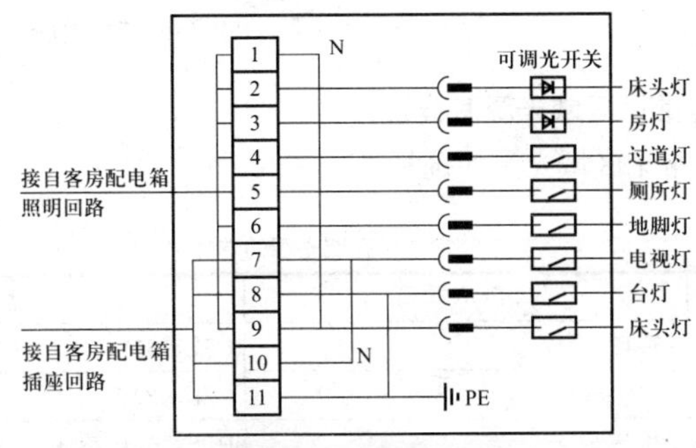

图 7-21 客房床头控制柜接线原理

▶ 664. 办公室装修设计及水电有什么要求?

答：办公室装修设计及水电要求如下：

（1）办公室装修应具有整体感、冲击感、实力感、正规感、文化感、认同感等。

（2）办公室主要功能间包括前台、会议室、经理办公室、员工办公区等。

（3）前台是体现公司形象的门户所在，一般用料细腻，公司整体风格从前台初见端倪。

（4）会议室具有整体形象，以及具有愉快放松的商务洽谈氛围。因此，会议桌的采用，以及投影幕、音响等预留位置要考虑好。会议室的光线应较为明亮。除了在使用投影幕的时候需要一种较暗的光线环境外，其他的时候，均需要明亮的光线。

（5）必须考虑冷暖空调的电源布线与插座位置。

（6）必须考虑饮水机等电器的安放位置以及电源布线与插座位置。

（7）鱼缸需要的电源布线与插座位置。

（8）办公室区域相关的照明（工作场所）回路有：室内办公区域照明回路、室内停车区域照明回路、室内接待区域照明回路、茶歇区照明回路、会议区照明回路、半室内 / 半室外的空间区域照明回路、特定装饰照明回路等。

（9）办公室天花中布光要求照度高，多数情况使用荧光灯，局部配合使用筒灯。

（10）办公室天花往往使用散点式、光带式、光棚式来布置灯光。

（11）办公室天花要考虑好通风与恒温。

（12）办公室天花的设计要考虑好便于维修。

（13）办公室天花造型不宜复杂，除经理室、会议室、接待室之外，多数情况采用平吊。

（14）办公室天花材料多数采用轻钢龙骨石膏板或埃特板，铝龙骨矿棉板和轻钢龙骨铝扣板等，这些材料具有防火性，而且便于平吊。

▶ 665. 办公室常见区域光源怎样选择?

答：办公室常见区域光源的选择见表 7-30。

表 7-30　　办公室常见区域光源的选择

区　域	LED 光源	传统光源
前台	15~42 W	CFL，52W
接待区	12 W	CFL，52W
停车库	238 W	HPS，高压钠灯，500 W

续表

区 域	LED 光源	传统光源
洗墙灯	74 W	HID 灯，175 W
聚光灯	51 W	HPS，高压钠灯，150 W
入口处	12 W	CFL，荧光灯，52W
会议室 1	6 ×61 W，LED 光条	18 根 T8，546 W
会议室 2	6 ×74 W，LED 光条	18 根 T8，546 W
会议室 3	5 ×75 W，LED 光条	30 根 T8，910 W
会议室 4	8 × (15 ～ 41) W，LED 光条	24 根 T8，728 W

▶ 666. 车城常见功能间有哪些?

答：车城常见功能间有钣金间、维修车间、机修间、烤漆间、气泵房、配件库房、配件办公室、调漆间、钣喷办公室、厨房、餐厅、工具室、配电间、大修房、培训室、临检室、调度室、售后服务室、展厅等。

▶ 667. 车城常见的水、电设施图有哪些?

答：车城常见的水、电设施图有动力干线系统图、动力配电系统图、有线电视 / 电话 / 宽带系统图、照明配电系统图、照明干线系统图、照明平面图、消防平面图、弱电平面图、防雷平面图、水泵循环系统控制图等。

▶ 668. 车城常见电器安装方式有哪些?

答：车城常见电器安装方式见表 7-31。

表 7-31 车城常见电器安装方式

设备名称	安装方式	设备名称	安装方式
安全出口灯	灯底边在门口上 0.3m	火灾自动报警控制箱	距地 1.5 m（明装）
插座箱	距地 1.6 m（明装）	金属卤化物灯	距地 5 m（管吊）
地面插座	埋地	卷闸门控制箱	距地 1.8 m（明装）
电话插孔	距地 0.3 m	控制器	墙面支架安装，距地 1.8 m
电话配线箱	距地 1.5 m（明装）	宽带进线箱	距地 1.5 m（明装）
电视插孔	距地 0.3 m	疏散指示灯	距地 0.3 m
电视前端箱	距地 0.5 m（明装）	双管荧光灯	吸顶
电信插孔	距地 0.3 m	双控开关	距地 1.3 m
防水、防潮吸顶灯	吸顶	天棚吸顶灯	吸顶
分支器箱	距地 0.3 m（暗装）	应急照明灯	距地 3.0 m
感温探测器	吸顶	照明配电总箱	距地 1.4 m（明装）
感烟探测器	吸顶	智能编码手动报警按钮	距地 1.4 m
火警声光迅响器	距地 1.4 m	总等电位连接箱	距地 0.3 m

▶ 669. 车城常见电器参考选择是怎样的？

答：车城常见电器参考选择见表 7-32。

表 7-32　　车城常见电器参考选择

名　称	规　格	名　称	规　格
电话插孔	1×32W	防水、防潮吸顶灯	1×40W
电视插孔	380V 、15A	金属卤化物灯	1×175W、1×250W
电信插孔	250V 、16A	双管荧光灯	2×40W
二、三孔组合安全型插座	250V 、10A	天棚吸顶灯	1×60W

▶ 670. 汽车美容店装修设计及水电有什么要求？

答：汽车美容店装修设计及水电要求如下：

（1）汽车美容店门口需要有一定的停车场所，以方便洗完车的停放。因此，需要考虑照明、光电指示。

（2）汽车美容店的水电装修应尽量考虑周全，以方便日后的使用。

（3）安排好蓄水（水池）、排水（污水）、滤水（污水）等方面的处理以及具体位置。

（4）电器插座要选择防潮、防短路的。

（5）车间布线布管要合理，一般车间的用电独立一个回路，独立采用一个闸刀等电器控制。

（6）注意部分电路跳闸影响全店面的正常用电，因此，汽车美容店用电需要分组控制。

（7）是否需要预留空间（以后拓展新业务需求，如贴膜房、举升机）。

（8）贴膜房一般靠近外面设置，不安排在店里面。这样，在贴膜时，关上玻璃大门，行人经过可以看到。

（9）常见的设备有抽水机、地毯甩干机、吸尘器、打蜡机、抛光机、臭氧消毒机、高温消毒机、泡沫机等，需要考虑好电源布线与插座位置。

（10）安装毛巾架打孔时，注意不要打在电线上。

▶ 671.4S 汽车展厅装修设计及水电有什么要求？

答：4S 汽车展厅装修设计及水电要求如下：

（1）4S 汽车展厅主要电气设计包括展厅照明设计、辅助用房照明设计、弱电系统设计、配电箱设计等。

（2）线路可以选择采用铜芯线穿钢管暗敷。

（3）洗车间、卫生间、淋浴室均采用防水灯具。

（4）淋浴室要做局部等电位连接。

（5）油库要使用防爆灯具。

（6）隐蔽工程施工完毕后施工单位应和有关部门共同检查验收，并做好隐蔽工程记录。

（7）金卤筒灯电源引入线应采用瓷管、石棉、玻璃丝等非燃烧材料作隔热保护，并且不能直接安装在可燃装修或可燃构件上。

（8）机房需要设置应急照明箱。

（9）展厅上方和检测操作台可以使用金属卤素筒灯。

（10）重点车展区一般设置悬挂灯。

（11）机房内灯具与展厅的应急照明、火灾疏散指示灯一般应设置自带蓄电池的灯。

（12）4S 汽车展厅装修设计规范有 JGJ 16—2008《民用建筑电气设计规范》、GB 50054—1995《低压配电设计规范》、GB 50016—2006《建筑设计防火规范》、GB 50067—1997《汽车库、修车库、停车场设计防火规范》等。

▶ 672.4S 汽车展厅有关电器参考选择是怎样的？

答：4S 汽车展厅有关电器参考选择见表 7-33。

表 7-33　　4S 汽车展厅有关电器参考选择

名　称	规　格	名　称	规　格
暗藏灯带	36W 电子镇流荧光灯管	单相空调插座	250V、16A
暗装灯开关	250V、10A	单相五孔插座	250V、10A
暗装防水灯开关	250V、10A	电子镇流格栅灯	18W
暗装双控开关	250V、10A	节能筒灯	13W
单相地插座	250V、10A	嵌入式吸顶金卤筒灯	灯头 RX7S
单相防水插座	10A、250V		

▶ 673. 汽车玻璃形象店装修有哪些要素？

答：汽车玻璃形象店主要功能间有店面营业区、安装区、办公区。其中，店面营业区的一些装修要素见表 7-34。

表 7-34　　明装店面营业区的一些装修要素

项　目	有关要素
店面招牌	LOGO+ 企业字样、色彩要求，灯光要求
	固定要求，如铁架
接待区	广告墙
	接待台
	背景墙
展示区	照明

续表

项　　目	有关要素
休息区	洽谈桌
	液晶电视 +DVD
	宣传册
	宣传片
	宣传折页
	资料架
	饮水机

▶ 674. 游泳池主要功能布局是怎样的?

答：游泳池主要功能布局为平衡水池、沙滩泳池、成人泳池、儿童池、浅水泳池、深水泳池、泵坑、雨水检查井、水泵房、管沟、滑梯、泡池、温泉池等。

▶ 675. 游泳池常见的图纸有哪些?

答：游泳池常见的图纸有游泳池系统流程图、临水平台跌水池系统流程图、温泉池系统流程图、一些剖面图、一些大样图、游泳池给排水平面图、水景池给排水平面图、其他平面图等。

▶ 676. 游泳池常见的材料有哪些?

答：游泳池常见的材料如下：

（1）溢流管可以选择 PVC 排水管。

（2）一般游泳池冷水管可以采用公称压力为 0.6MPa 的 PVC 给水管。

（3）消防系统管道可以选择热镀锌钢管。

（4）一般游泳池的沙滩泳池滤后出水管可选择 DE110。

（5）按摩泵坑选择 PPR 热水管。

（6）另外，游泳池常见的材料还有止回阀、压力表、蝶阀（蜗轮驱动）、蝶阀（手柄驱动）、自动排气阀、球阀、取样阀、橡胶软连接、电动调节阀、可调式给水口、栅格排水口等材料。

▶ 677. 游泳池主要设备有哪些?

答：游泳池主要设备有：按摩水泵、电控箱、涌泉喷头、潜水电泵、风泵、水景跌水泵、水景循环跌水泵、泳池循环跌水泵、滑道循环水泵、泳池吸池水泵、泳池循环过滤砂缸、水景循环过滤砂缸、自动喷淋给水泵、消火栓给水泵、混凝泵、除藻泵、消毒泵、酸碱泵、潜污泵、毛发聚集器、过滤器、电子水质监控仪、配电箱、臭氧投加设备、药液投加装置、投药泵、毛发过滤器、管道泵、热水混合器（带温度控制）、自动水质监测控制仪、水温显示装置、余氯投加装置、酸碱投加装置等。

▶ 678. 游泳池参考设计数据是怎样的？

答：游泳池参考设计数据见表 7-35。

表 7-35　　游泳池参考设计数据　　单位：mm

名　　称	参考管径	参考中心标高	参考套管
成人泳池滤后出水管	DE160	3.90	DN200
成人泳池循环回水管	DE160	2.60	DN200
大水景滤后循环跌水给水管	DE200	3.90	DN250
大水景循环跌水回水管	DE250	2.60	DN300
儿童深水泳池滤后出水管	DE160	3.90	DN200
儿童深水泳池循环回水管	DE250	2.60	DN300
反冲排水管	DE110	4.20	DN150
排污管	DE75	4.20	DN100
浅水泳池滤后出水管	DE160	3.90	DN200
浅水泳池循环回水管	DE160	2.60	DN200
沙滩泳池滤后出水管	DE110	–3.90	DN150
沙滩泳池循环回水管	DE110	2.60	DN150
送风管	DE90	4.00	DN125
消防系统吸水管	DN250	2.60	DN300
消火栓系统给水管	DN150	3.50	DN200
小水景滤后循环跌水给水管	DE75	3.90	DN100
泳池吸池管	DE90	2.60	DN100
自动喷淋系统给水管	DN150	3.50	DN200

注　以外径来计算，有的标 DE××；以内径来计算，有的标 DN××。

▶ 679. 街面房有关设备安装方式是怎样的？

答：街面房有关设备安装方式见表 7-36。

表 7-36　　街面房有关设备安装方式

名　　称	安装方式	名　　称	安装方式
CATV 插口	高度 0.90m	单相暗装空调插座（带接地）	高度 2.20m
CATV 电源插座	高度 0.90m	单相插座（带接地）	高度 1.30m、其余 0.30m
暗装单控开关	高度 1.30m	电话出线盒	高度 0.30m
暗装双控开关	高度 1.30m	电话交换机	高度 1.00m
壁灯	高度 1.50m	吊扇开关	高度 1.30m
床头控制柜	高度 0.30m	配电箱	高度 1.40m

▶ 680. 简易小门店水电设计、施工的特点是怎样的？

答：简易小门店水电施工简单，不需要严格的设计、施工，往往根据实际位置和场地来操作即可。

▶ 681. 一般门店装修设计及水电有什么要求？

答：一般门店装修设计及水电要求如下：

（1）一般门店装修要从照明设备、动力设备、弱电设备、电热设备、安防设备、艺术需要等方面进行。

（2）一般门店导线采用 BV-500V 型全塑铜芯线穿预埋管即可。

（3）一般门店开关控制线采用 BV1×1.5mm^2 铜芯线即可。

（4）CATV 有线电视输送线采用 SYKV75-5 同轴电缆穿预埋管即可。

（5）室内电话线采用 RVS2×0.2 平行线穿预埋管即可。

（6）开关、插座、调速开关、各类弱电插座均可以选择 AP86 型系列接插件。

（7）引下线可以采用柱子四角主筋并与接地主筋焊接。

（8）接闪器可以采用 ϕ12 避雷小针，沿屋顶女儿墙及其他突出部位固定明装。

（9）防雷接地与保护接地均可以采用公共接地，接地电阻一般要求小于 4Ω。

（10）排污排废管一般可以采用 PVC 管。

（11）给水管可以选择采用钢塑复合管，丝扣接头。

（12）消防管可以选择镀锌管，丝扣接头。

（13）热水管可以选择铝塑复合管，承插铜接。

（14）给水支管可以暗装，其余管道可以明装。

（15）排污排废立管底端转弯处一般要用 2 个 45° 弯头连接。

（16）管道穿越基础应预留孔洞，给水管预留 150mm×150mm 孔洞，排污排废管预留 300mm×300mm 孔洞。

（17）管道穿越水箱应预埋套管，管道穿越楼板应预留比管道大一级的孔洞。

（18）排水立管检查口安装高度为离楼地面 1.00m。

（19）卫生间通风器一般要接入通气管，通气管管径一般为 DN110。

▶ 682. 博物馆的展厅照明质量基本要求是怎样的？

答：除科技馆、技术博物馆外的展厅照明质量的一些基本要求如下：

（1）由于观众的注意力往往是被吸引向最亮处，因此展厅常设计采用很强的局部照明照亮处在较暗环境中的展品，以吸引观众注意力。为此展厅内需要设置一般照明，并且一般照明根据展品照度恒的 20%~30% 选取较适宜。

（2）紫外辐射易引起展品变、褪色。红外辐射会使展品温度上升，使展品产生干化、裂纹等。一般荧光灯的紫外线相对含量为40~250μW/lm，卤素灯的紫外线相对含量不大于130μW/lm。为此不能用于对光敏感及特别敏感展品的照明中。

（3）展品与其背景的亮度控制在3∶1左右，以提高展品观赏效果。

（4）对于立体造型的展品，为了获得良好的实体感效果，设置定向照明为较好的方法：可以将定向型聚光灯设置在展品的侧前上方40°~60°的位置，其照度为一般照明的2~5倍。展品为暗色，其照度为一般照明的5~10倍。

（5）展品照明要有良好的显色性，以获得好的观赏效果。

（6）展厅内不应有直射阳光，采光口一般应有减少紫外辐射、限制天然光照度值与减少曝光时间的构造措施。

（7）光的方向性需要一般宜根据展陈设计要求来确定。

（8）需要具有防止产生直接眩光、反射眩光、映象、光幕反射等现象的措施。

▶ 683. 会展建筑低压配电系统有哪些要求？

答：会展建筑低压配电系统的一些要求如下：

（1）会展建筑中设置的展厅用空调的电源，一般宜由单独回路来供电。

（2）会展建筑重要负荷、容量较大负荷，一般宜从低压配电室直接采用放射式配电方式。

（3）会展建筑的照明、电力、展览设施等的用电负荷、临时性负荷，一般宜分别自成配电系统。

（4）由低压配电室配到会展建筑各楼层、各区域的低压配电干线，可以根据负荷重要性、负荷大小、负荷分布情况，采用放射式、树干式、放射式与树干式相结合的混合式配电方式。

（5）会展建筑中配电箱（柜）的设置、配电网路的划分，一般应根据防火分区、负荷密度、负荷性质、管理维护方便等条件来确定。

（6）由展览用电配电柜配到各展位箱或展位电缆井的低压配电，一般宜采用树干式配电方式。

（7）由低压配电室配到各展区的展览用配电箱（柜）的低压配电，一般宜采用放射式配电方式。

（8）为室外展区临时性负荷预留的配电箱（柜），电源进线处，一般宜设置具有隔离功能的开关电器。

（9）为室外展区临时性负荷预留电源的配电干线回路，一般宜设置短路保护、过负荷保护、接地故障保护。

▶ 684. 怎样选择会展建筑的线缆?

答：会展建筑的线缆选择要求如下：

（1）会展建筑的所有消防线路，需要选用铜芯电线电缆。

（2）会议、演出预留布线区域，展沟内布线区域，需要选用铜芯电线电缆。

（3）会展建筑中除了直埋敷设的电缆、穿导管暗敷的电线电缆外，成束敷设的电缆需要选择采用阻燃型或阻燃耐火型电缆。

（4）会展建筑中人员密集场所明敷的配电电缆，需要选择采用无卤低烟的阻燃或阻燃耐火型电缆。

▶ 685. 会展建筑金属导管、槽盒与电缆布线的要求有哪些?

答：会展建筑金属导管、槽盒与电缆布线的一些要求如下：

（1）中型、小型会展建筑，一般宜根据布展工艺要求采用金属导管或槽盒布线，以及需要预留电缆路径到展位电缆井、展位箱、地面插座盒，并且需要满足展区内地面承压的荷载要求。

（2）会展建筑室外埋地暗敷的金属导管一般宜采用管壁厚度不小于 2.0mm 的热镀锌金属导管，并且需要满足展区内地面承压的荷载要求。

（3）特大型、大型会展建筑，根据布展工艺要求一般宜采用展沟布线。在展区内预留展沟到展位箱，并且展沟盖板需要满足展区内地面承压的荷载要求。

（4）在主沟、辅沟内敷设到展位箱的配电线路，一般宜采用电缆布线。

▶ 686. 会展建筑照明控制有哪些要求?

答：会展建筑照明控制的一些要求如下：

（1）多功能厅、宴会厅等场所的照明一般宜采用调光控制。

（2）登录厅、公共大厅、展厅等大空间场所的照明控制，需要根据建筑使用条件、天然采光状况采取分区、分组控制措施。

（3）登录厅、公共大厅、展厅等大空间场所的消防控制室、消防分控室一般需要能联动开启相关区域的应急照明。

（4）登录厅、公共大厅、展厅等大空间场所的集中照明控制系统，一般需要具备清扫、布展、展览等控制模式。

（5）登录厅、公共大厅、展厅等大空间场所的照明控制系统，一般需要由控制中心、分控中心或值班室控制，不宜设置就地控制开关。

（6）当采用专用的智能照明控制系统时，会展建筑照明控制系统一般需要具有与建筑设备监控系统网络连接的通信接口。

（7）特大型、大型会展建筑登录厅、公共大厅、展厅等大空间场所的照明控制，一般宜采用智能照明控制系统。

（8）中型、小型会展建筑登录厅、公共大厅、展厅等大空间场所的照明控制，一般宜采用智能照明控制系统。

▶ 687. 会展建筑智能化集成系统有哪些要求？

答：会展建筑智能化集成系统的一些要求如下：

（1）大型会展建筑一般需要设置智能化集成系统。

（2）特大型会展建筑一般需要设置智能化集成系统。

（3）会展建筑智能化系统的集成需要包括智能化系统信息共享平台建设、信息化应用功能实施。

（4）会展建筑智能化集成系统的功能，需要以会展建筑的规模、使用性质、物业管理模式等为依据，建立实用、可靠、高效的信息化应用系统。

（5）会展建筑智能化集成系统配置，需要具有对各智能化系统进行数据通信、信息采集、综合处理的功能。

（6）会展建筑智能化集成系统配置需要具有可靠性、容错性、易维护性、可扩展性等要求。

（7）会展建筑智能化集成系统配置需要实现对各智能化系统进行综合管理、联动控制。

（8）会展建筑智能化集成系统配置需要支撑工作业务系统、物业管理系统

（9）会展建筑智能化集成系统配置集成的通信协议、接口，需要符合国家现行有关标准的规定。

（10）会展智能化系统集成需要遵循开放、适用、可靠的原则，以及支持模块化的构架，方便与新的智能化子系统数据交互与后续扩展。

（11）会展建筑智能化集成系统的功能，需要满足会展建筑的使用功能，以及对各类系统监控信息资源进行共享、优化管理。

（12）会展建筑的智能化集成系统结构一般宜采用分层、集中与分散相结合的模式，以及根据展厅或区域的划分设置分控中心，并且分控中心需要独立完成该分控区域的系统功能。

▶ 688. 体育建筑应急、备用电源有哪些要求？

答：体育建筑应急、备用电源的一些要求如下：

（1）体育建筑中的应急、备用柴油发电机组，可以选择发电机额定电压为230V/400V，单台容量不超过2000kW的机组。

（2）体育建筑的应急或备用柴油发电机组的设计，需要符合现行行业标准的有关规定。

（3）体育建筑中的计时记分机房、现场成绩处理机房、信息网络机房等的

UPS 设置需要符合现行国家标准有关规定。

（4）安全防范机房 UPS 的设置不宜低于现行国家标准《电子信息系统机房设计规范》（GB 50174—2008）的有关规定。

（5）体育建筑内的应急电源严禁采用燃气发电机组、汽油发电机组。

（6）体育建筑不间断电源装置（UPS）的设计需要符合现行行业标准有关规定。

（7）应急电源装置（EPS）可作为照明系统的电源。动力系统不宜采用应急电源装置 EPS 。

（8）体育建筑应急电源装置（EPS）的设计需要符合现行行业标准有关规定。

（9）场地照明使用的 EPS ，需要符合以下一些规定：

1）EPS 需要采用在线式装置。

2）EPS 应具有良好的稳压特性，其输出电压需要符合有关规定。

3）EPS 的供电系统一般宜采用 TN-S 或局部 IT 系统。

4）EPS 的过负载保护、超温保护、谐波保护等附加保护需要作用于信号，不应作用于断开电源。

5）EPS 的容量一般不宜小于所带负载最大计算容量的 2 倍。

6）EPS 的特性需要与金卤灯的启动特性、过负荷特性、光输出特性、熄弧特性等相适应。

7）EPS 的供电时间不宜小于 10min。

▶ 689. 体育建筑低压配电有哪些要求?

答：体育建筑低压配电的一些要求如下：

（1）体育建筑低压配电设计需要符合国家现行标准《低压配电设计规范》（GB 50054—1995）、《民用建筑电气设计规范》（JGJ 16—2008）等有关的规定。

（2）体育建筑的低压配电系统设计需要将照明、电力、消防、其他防灾用电负荷、体育工艺负荷、临时性负荷等分别自成配电系统。

（3）体育建筑兼有文艺演出功能时，一般宜在场地四周预留配电箱或配电间。

（4）计时记分机房、场地照明、显示屏、扩声机房、消防控制室、现场成绩处理机房、安防监控中心、通信机房、中央监控室、信息网络机房、电视转播机房等重要用电负荷，一般宜从配电室以放射式配电。

（5）以树干式配电的电缆宜采用电缆 T 接端子方式、预制分支电缆，不宜采用电缆穿刺线夹。

（6）体育建筑配电箱的设置、配电回路的划分，需要根据防火分区、密度、功能分区、负载性质、管理维护便利性、适宜的供电半径等条件综合来确定。

（7）配电干线可以选择采用封闭式母线或电缆以树干式配电。

（8）发生较大位移的钢结构体内，不宜采用封闭式母线配电。

（9）竞赛场地用电点一般宜设置电源井或配电箱，以及数量、位置需要根据体育工艺要求来确定。

（10）体育场竞赛场地的电气线路一般需要采用防水型电力电缆或采取其他防水措施。

（11）体育馆比赛场地四周墙壁上需要设置配电箱、安全型插座，并且插座安装高度距地不应低于 0.3m。

（12）电源井的配电方式一般需要采用放射式与树干式相结合的配电系统，并且电源井内不同用途的电气线路应分管敷设。

（13）泳池周围、水处理机房等潮湿场所的管线、用电设施需要采取防腐措施。

（14）水泵房、冷冻机组、制冰机房等容量较大的用电负荷，一般宜从配电室以放射式配电。

（15）机房的空调用电一般宜与其他设备用电分开配电。

（16）体育建筑的配电干线可以根据负荷重要程度、负荷分布情况、负荷大小等选择配电方式。

（17）大型、特大型体育建筑的场地照明一般要采用多回路供电。

（18）乙级、丙级体育建筑需要设计采用两回线路电源同时供电，并且每个电源应各供 50% 的场地照明。

（19）甲级体育建筑一般需要由双重电源同时供电，并且每个电源需各供 50% 的场地照明灯具。

（20）特级体育建筑在举行国际重大赛事时，50% 的场地照明由发电机供电，另外 50% 的场地照明由市电电源供电。其他赛事可以由双重电源各带 50% 的场地照明。

（21）乙级、乙级以上等级体育建筑的场地照明，一个配电回路所带的灯具数量不能够超过 3 套，以及需要保持气相负荷平衡。

（22）消防设备的电线、电缆需要设计选择采用铜材质导体。

（23）消防设备需要选择采用阻燃耐火型电线电缆或矿物绝缘电缆。

（24）消防设备的分支线路、控制线路，需要选择与消防供电干线、分支干线耐火等级相同或降一级的电线或电缆。

（25）敷设在体育建筑室外阳光直射环境中的电力电缆，需要选择防紫外线、防水型的铜芯电力电缆。

（26）配电线缆一般需要设计选择绝缘及护套为低烟低毒阻燃型线缆。

（27）乙级、乙级以上等级的体育建筑需要设计选择采用铜材质导体的电线、电缆。

（28）丙级体育建筑一般宜采用铜材质导体的电线、电缆。

（29）体育建筑中除了直埋敷设的电缆、穿管暗敷的电线电缆外，其他成束敷设的电线电缆需要采用阻燃型电线电缆。

（30）跳水池、戏水池、游泳池、冲浪池、类似场所水下照明设备需要选用防触电等级为III类的灯具，并且采用标称电压不应超过 12V 的安全特低电压系统。

（31）体育建筑配变电所内的电缆夹层等场所的照明一般宜采用标称电压不应超过 36V 安全特低电压系统。

（32）泳池的安全防护需要符合现行行业有关标准的规定。

（33）游泳、跳水、水球、花样游泳用的计时记分装置的电源配电箱需要设在计时记分装置控制室内。

（34）泳池周围设有电源箱、电源插座箱、专用信号箱时，一般应采用防水防潮型，并且其底边距地不宜低于 0. 3m 。

（35）场地照明主网路用的接触器需要与场地照明灯具的特性相匹配，以及满足补偿电容器的需求。

（36）当场地照明灯具为单相线之负荷的情况，需要装设两极保护电器与控制电器。

（37）场地照明配电线路需要依场地照明灯具的特性来设计采取具体的线路保护措施。

（38）场地照明灯具内装设保护电器时，线路保护与灯具保护应具有选择性。

（39）防火剩余电流动作报警系统的主机一般要安装在体育建筑的消防控制室内，以及由消防控制室来统一管理。

（40）乙级、乙级以上等级的体育建筑一般要采用总线式报警系统。

（41）点数较少的丙级、丙级以下等级的体育建筑可以采用独立类型的剩余电流动作报警器。

（42）甲级、乙级体育建筑或大型、中型的体育场一般要设置防火剩余电流动作报警系统。

（43）特级体育建筑或特大型的体育场，一般要设置防火剩余电流动作报警系统。

▶ 690. 应急照明与附属用房照明灯具、光源有什么要求？

答：应急照明与附属用房照明灯具、光源的一些要求如下：

（1）国旗存放间、奖牌存放间、兴奋剂检验室、血样收集室等场所一般要选择高显色性的光源。

（2）室外平台一般要采用金属卤化物灯。

（3）室外广场一般要采用金属卤化物灯或高压钠灯。

（4）新闻发布厅一般采用细管径直管形荧光灯、紧凑型荧光灯、中小功率的金属卤化物灯等。

（5）游泳馆的泳池水处理机房等潮湿场所，一般采用防护等级不低于IPX4 的防水灯具。

（6）体育建筑附属用房的应急照明一般采用能快速点亮的光源。

（7）体育建筑附属用房消防应急标志灯具一般采用发光二极管灯光源。

（8）裁判员用房、体育官员用房、运动员用房、颁奖嘉宾等待室、领奖运动员等待室等高度较低的房间，一般采用细管径直管三基色荧光灯、紧凑型荧光灯等。

（9）光源、灯具、镇流器间需要匹配，并且需要具有稳定的光学特性、电气特性。

▶ 691. 金融建筑配变电站站址怎样选择？

答：金融建筑配变电站站址选择的一些要求如下：

（1）特级金融设施的专用配变电站中，不同电源的配变电设备一般需要分别设置房间。

（2）特级金融设施的专用配变电站中，控制(值班)室中不同电源的监控设备间一般宜采取隔离措施。

（3）配变电站设置在建筑物的地下室时，一般需要设置空调设备、机械通风与去温设备。

（4）分期实施的金融设施的配变电站一般需要预留后续配变电设备的安装空间、设备搬运、线缆敷设通道。

（5）分期实施的金融设施的配变电站后续工程施工时不得危及既有金融设施的安全运行。

（6）特级金融设施专用配变电站到主机房电源室的低压线路一般需要采用双路径敷设。

（7）一级金融设施专用配变电站到主机房电源室的低压线路一般需要采用双路径敷设。

（8）特级、一级金融设施的专用配变电站不宜设置在地下室的最底层。

（9）特级、一级金融设施的专用配变电站设在地下室的最底层时，一般需要采取预防洪水、消防用水淹渍配变电站的措施。

（10）特级、一级金融设施需要设立数据中心专用配变电站，并且需要接近负荷中心。

▶ 692. 金融建筑配电变压器怎样选择？

答：金融建筑配电变压器选择的一些要求如下：

（1）金融设施一般需要选用空载损耗较低且绕组结线为 DYnll 型的配电变压器。

（2）二级金融设施的主机房一般需要设置专用变压器。

（3）二级金融设施的主机房与其他负载合用变压器，并且条件许可时，可以为主机房 UPS 设置隔离变压器，以及需要将隔离变压器出线侧的中心点接地。

（4）特级、一级金融设施的主机房一般需要设置专用变压器。

（5）当谐波状况严重时，金融设施专用变压器需要降容使用。

（6）金融设施专用变压器长期工作负载率不宜高于 75%。

（7）金融设施专用变压器一般需要具备短时间维持所有重要负荷正常运行的能力。

▶ 693. 金融建筑线缆怎样选择与敷设？

答：金融建筑线缆选择与敷设的一些要求如下：

（1）一级金融设施从电源进户处到设备受电端一般需要具有两个敷线路径。

（2）二级金融设施主机房、辅助区、支持区的分支配电线路一般需要采用低烟无卤阻燃 A 类电线。

（3）二级金融设施主机房、辅助区、支持区的配电干线一般需要采用低烟无卤阻燃 A 类电缆或母线槽。

（4）一级金融设施的应急发电机组到主机房的供电干线一般需要采用 A Ⅱ级耐火电缆或采取性能相当的防护措施。

（5）特级金融设施从电源进户处到设备受电端一般需要具有两个或两个以上的敷线路径。

（6）除了全程穿管暗敷的电线外，特级、一级金融设施主机房、辅助区、支持区的分支配电线路一般需要采用低烟无卤阻燃 A 类的电线。

（7）除了直埋、穿管暗敷的电缆外，特级、一级金融设施主机房、辅助区与支持区的配电干线一般需要采用低烟无卤阻燃 A 类电缆或母线槽。

（8）特级金融设施的应急发电机组到主机房的供电干线一般需要采用 AI 级耐火电缆或采取性能相当的防护措施。

▶ 694. 金融建筑照明设计有哪些要求?

答： 金融建筑照明设计的一些要求如下：

（1）营业厅、交易厅等场所一般需要设值班照明。

（2）营业柜台等场所一般需要设置局部照明。

（3）特级金融设施交易厅、营业厅、其他大空间公共场所的照明灯具一般需要由两个回路供电，并且各带 50% 灯具，以及需要交叉布置。

（4）库房禁区、特级金融设施警戒区等重点设防部位一般需要设置警卫照明。

（5）一级金融设施交易厅、营业厅、其他大空间公共场所的照明灯具一般需要由两个回路供电，并且各带 50% 灯具，以及需要交叉布置。

（6）电源插座、照明灯具需要分别设置配电回路。

▶ 695. 金融建筑照明控制有哪些要求?

答： 金融建筑照明控制的一些要求如下：

（1）安防监控中心 (室) 一般需要能够遥控开启相关区域的应急照明、警卫照明。

（2）离行式自助银行、自动柜员机室的照明系统一般需要由安防监控中心 (室) 或值班室控制，不得设置就地控制开关。

（3）营业厅、交易厅等公共场所的照明一般需要采用集中控制，以及根据建筑使用条件、天然采光状况采取分区、分组控制或自动调光等措施。

第 8 章　水电施工估算与预算

8.1　估算

▶ 696. 怎样估算插座的功率？

答：插座上一般标有额定电压、额定电流。因此，根据“功率 = 额定电压 × 额定电流”就可以估算出插座的功率。例如，插座上标有“250V，10A”字样，则该插座承受功率要在 2500W（250×10=2500W）以下才行。

▶ 697. 怎样估算铜线允许通过的电流？

答：一般根据 1mm^2 单股铜线允许通过 3~5 个电流来估算。例如，6mm^2 单股铜线可以允许通过的电流为 6×4=24(A)。

▶ 698. 常见电器的功率估算是怎样的？

答：常见电器的功率估算见表 8-1。

表 8-1　常见电器的功率估算

名　　称	功率估算（W）	名　　称	功率估算（W）
抽油烟机	140	电视机	200
电冰箱	100	电熨斗	500
电吹风	500	空调	1000
电炉	1000	手电筒	0.5
电脑	200	微波炉	1000
电热水器	1000	吸尘器	800
电扇	100	洗衣机	500

8.2　预算

▶ 699. 门店水电工报价方式有哪几种？

答：门店水电工装修方式有包工不包料、包工又包料。因此，水电工报价方式也不同，有按工作天数计酬，也有按月薪付酬（水电工属于装饰公司员工），也有按工程项目全部完成总计付酬等多种。

▶ 700. 水电工怎样为包工不包料工程做预算报价？

答：水电工为包工不包料工程的报价类型如下：

（1）一般的门店有的按照 16~20 元 /m^2 报价。

（2）楼层多的有的按 26~30 元 /m^2 报价。

（3）有的度假村水电加消防单包 23~30 元 /m^2 报价。

（4）有的根据“各种耗材每平米的报价 × 房屋平方面积 + 人工费 = 最初预算”报价。

（5）有的水电改造纯手工报价 12 元 /m^2，包工包料电施按 22 元 /m^2 报价，水施按 30 元 /m^2 报价。

（6）有的门店包料的水施按 40 元 /m^2 报价、电施按 35 元 /m^2 报价。

（7）按天计酬有的按 100 元 / 天左右报价。

注：包工不包料一般需要根据具体工作情况来决定，如果施工复杂，则报价要高点。如果施工简易，则报价就低一点。并且要结合当时的市场价来考虑。历史价只是一种参考。

▶ 701. 包工包料时有哪些注意事项？

答：包工包料一定要特别注意以下几点：

（1）不同品牌的材料，价格相差大，有的相差很大。

（2）包工包料一定要了解用料的明细情况，否则可能报价偏差太大。

（3）包工包料报价前，需要了解施工现场的具体特点。

（4）包工包料的预算一定要考虑当时市场价格、国家有关规定、劳动部门的要求。

（5）如果工期长，一定要预测酬劳将来是否会增加。

（6）包工包料的历史价只能是供参考而已。

▶ 702. 门店装修施工预算表是怎样的？

答：门店装修施工预算表如下所示：

门店装修施工预算表

施工地址：____________________	店主姓名：____________________
联系电话：____________________	店主电话：____________________
项目负责人：__________________	水电工：____________________
一、施工流程 1）门店尺寸　长____mm，宽____mm，高____mm。 附：空间草图 2）布局规划 附 1：功能区规划草图	

续表

<table>
<tr><td colspan="2">附 2：设备区布置草图

附 3：电施平面图

附 4：给水、排水平面图

3）材质说明（尺寸）
例如：
外立面灯柱制作材质（尺寸）：
外立面广告制作材质（尺寸）：
操作台制作材质（尺寸）：
吧台制作材质（尺寸）：
地面制作材质（尺寸）：
吊顶制作材质（尺寸）：
背景墙体制作材质（尺寸）：
水电施工材质（尺寸）：</td></tr>
<tr><td colspan="2">二、材料预算</td></tr>
<tr><td colspan="2">三、工费预算</td></tr>
<tr><td colspan="2">四、施工要求</td></tr>
<tr><td colspan="2">五、工期计划</td></tr>
<tr><td>施工方签名：

日期：</td><td>委托施工方签名：

日期：</td></tr>
</table>

备注：此表仅作为装修施工操作流程表及结算参考依据，但不作为最终结算标准。

▶ 703. 门店装饰设计预算是怎样的？

答：有的门店施工设计是收费的，有按建筑面积计算的，例如一般按 ××元 /m^2 预算。目前，市场有按 30 元 /m^2 收取的。

另外，效果图也有按 ×× 元 / 张收费的。目前，市场有按 120 元 / 张的收取的。

注：不同时间、不同地方具体价格有所差异。

▶ 704. 电材料怎样做预算?

答：电材料参考预算如下：

单一材料费用：费用 = 相应材料、对应规格对应的单价 × 所用数量。

材料总费用：材料总费用 = 单一材料费用 + 单一材料费用 +……。

电材料预算：电材料费用 = 材料总费用 + 裕量。

一些电材料历史参考价格见表 8-2。

表 8-2　　一些电材料历史参考价格

品　名	规　格	单　位	单价（元）
PVC 线管	ϕ16	m	0.6
PVC 线管	ϕ20	m	0.7
PVC 线管	ϕ25	m	1.7
PVC 线管	ϕ32	m	2.6
PVC 线管	ϕ40	m	3.5
PVC 线管	ϕ50	m	4.8
V 型卡子	100	个	0.6
V 型卡子	32	个	0.17
V 型卡子	50	个	0.4
安全开关	3P、30A	台	7.5
八角盒	85 型	个	0.9
八角盒	86 型	个	1
八角盒盖		个	0.3
熔片	30A	包	3
熔丝		盒	5
变压器		个	25.6
表 + 表箱		套	90.0
不锈钢卡子	50	个	12.6
彩灯泡	15W	个	0.8、0.7
草地灯		个	25
插排		个	3.5、2
插排	三孔	个	3.5
插排	五孔	个	3
插头	二项	个	1.1
插头	三项	个	1.7
插头插座		个	2.0、3.5
插销		个	0.3
超五类网线	305m	箱	275
瓷插保险	60A	套	3

续表

品　　名	规　　格	单　　位	单价（元）
磁力启动器		个	130.0
大平灯头		个	0.8
单联开关	××牌	套	18.0
刀闸	2P、16A	个	30.0
刀闸	2P、30A	个	5.0
刀闸	3P、30 A	个	10.0
灯		个	30.0
灯管	20W	个	5.0
灯管	30W	个	5.0、12
灯管	40W	个	5.0
灯架	碘钨	个	3.0
灯泡	200W	个	0.78、0.8
灯泡	60W	个	1.5
灯泡	100W	个	0.5
灯泡	15W	个	0.4
灯泡	200W	个	0.8
灯泡	25W	个	0.6
灯头		个	1.0
灯箱		只	260
灯珠	12V	个	4.0
地插合	100×100	个	5
地线卡子		个	0.6
碘灯管		支	1.3
碘灯管	1000W	支	2
碘灯架		个	2
电能表	三相、60A	块	95.0
电话接头线		根	2.5
电话线	10 捆 ×100 米	m	0.6
电缆	ERVV	m	5.8
电缆	ERVV5×16	m	28.5
电缆	ERVV5×2.5	m	6
电缆	ERVV5×4	m	8.5
电缆	ER-W 16×1.5	m	12
电缆	ER-W 24×1.5	m	10
电缆	ER-W 3×50+1×25	m	44
电缆	ER-W 3×70+1×35	m	63.71
电缆	ER-W 4×25+1×16	m	32

（1）在室内及其出入处，消防安全标志中的禁止标志（圆环加斜线）和警告标志 (三角形) 在日常情况下其表面的最低平均照度不应小于 5 lx，最低照度与平均照度之比 (照度均匀度) 不应小于 0.7。

（2）需要外部照明的提示标志及其辅助标志，日常情况下其表面的最低平均照度不应小于 5 lx，最低照度与平均照度之比 (照度均匀度) 不应小于 0.7。

（3）当发生火灾，正常照明电源中断的情况下，应在 5s 内自动切换成应急照明电源，由应急照明灯具照明，标志表面的最低平均照度与照度均匀度不应小于 5 lx，最低照度与平均照度之比 (照度均匀度) 不应小于 0.7。

（4）用自发光材料制成的提示标志牌及其辅助标志牌，其表面任一发光面积的亮度不应小于 0.51cd/m^2。

（5）用自发光材料制成的提示标志牌及其辅助标志牌，文字辅助标志牌表面的最大亮度与最小亮度之比不应超过 3∶2，图形标志的最大亮度与最小亮度之比不应超过 5∶2。

（6）具有内部照明的提示标志及其辅助标志，当标志表面外部照明的照度小于 5 lx 时，应能在内 5s 自动启动内部照明灯具进行照明。

（7）具有内部照明的提示标志及其辅助标志，当发生火灾，内部照明灯具的正常照明电源中断的情况下，应在 5s 内自动切换成应急照明电源。

（8）具有内部照明的提示标志及其辅助标志，无论在哪种电源供电进行内部照明的情况下，标志表面的平均亮度要为 17~34 cd/m^2，任何小区域内的最大亮度不应大于 80 cd/m^2，最小亮度不应小于 15 cd/m^2，最大亮度和最小亮度之比不应大于 5∶1。

▶ 727. 室外消防安全标志有关照明是怎样规定的?

答：室外消防安全标志有关照明的一些规定如下：

（1）日常情况下使用的各种标志牌的表面最低平均照度不应小于 5 lx。

（2）夜间或较暗环境下使用的消防安全标志牌应采用灯光照明以满足其最低平均照度要求，也可采取自发光材料制作。

（3）对于地下工程，“紧急出口”标志宜设置在通道的两侧部及拐弯处的墙面上，标志的中心点距地面高度应在 1.0 ~1.2m 之间，也可设置在地面上。

（4）给标志提供应急照明的电源，其连续供电时间应满足所处环境的相应标准或规范要求，但不应小于 20 min。

▶ 728. 消防安全标志牌的厚度有什么要求?

答：消防安全标志牌的厚度要求见表 9-8。

表 9-8　　消防安全标志牌的厚度

名　　称	厚　　度（mm）
钢板	0.5~3
铝板	0.5~3
玻璃板	3~ 5
合成树脂板	3~8

▶ 729. 消防安装的程序是怎样的？

答：消防安装的程序如图 9-2 所示。

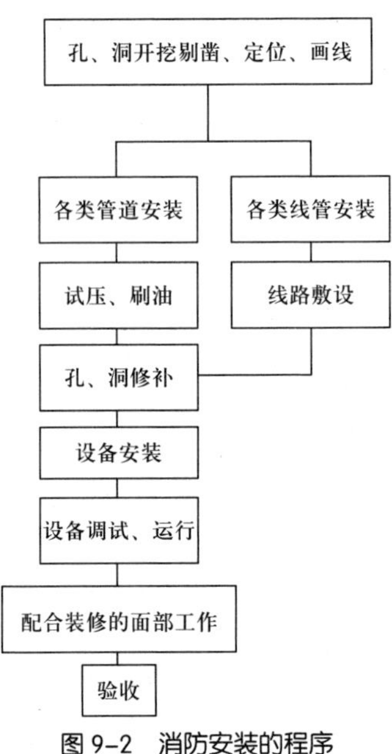

图 9-2　消防安装的程序

▶ 730. 消防电气管道明装要点与消防镀锌线管明装注意事项有哪些？

答：消防电气管道明装要点如下：首先根据走向安装支吊架，再安装线管即可。

消防镀锌线管明装注意事项如下：

（1）镀锌线管制弯时，需要采用弯管器制弯。

（2）镀锌线管连接时管端需要用铰板套丝，然后接上接头，使管段与管段或管段与线盒连接起来。

（3）当线路明配时，弯曲半径不宜小于管外径的 6 倍。

（4）当两个线盒间只有一个弯曲时，其弯曲半径不宜小于管外径的 4 倍。

▶ 731. 消防线管暗敷注意事项有哪些?

答: 消防线管暗敷一些注意事项如下:

(1) 暗敷施工前，需要对安装管材进行检查：管内应没有异物阻塞、管没有破损、管没有裂缝等异常现象。

(2) 根据施工图进行敷管的走向。

(3) 对箱盒位置进行现场定位，并且做好标志。

(4) 线管、线盒敷设要可靠固定。

(5) 按施工图进行回路走向、位置的复核检查。

(6) 复检无误后，做好隐蔽工程的验收、记录。

(7) 线路暗配时，弯曲半径不应小于管外径的 6 倍。

(8) 当埋设地下或混凝土内时，其弯曲半径不应小于管外径的 10 倍。

▶ 732. 消防电线管敷设时什么情况下需要加设线盒?

答: 消防电线管敷设时需要加设线盒的情况如下:

(1) 有一个弯位，长度每超过 30m 时，需要加设线盒。

(2) 有两个弯位，长度每超过 15m 时，需要加设线盒。

(3) 有三个弯位，长度每超过 8m 时，需要加设线盒。

(4) 无弯位，长度超过 30m 时，需要加设线盒。

▶ 733. 怎样选择消防控制电线? 怎样驳接消防 6mm 以下电线?

答: 消防控制线路一般采用塑料铜芯绝缘导线或铜芯电缆，并且其电压等级不低于交流 250V，截面积不小于 1.0mm^2。

另外，穿管绝缘线或电缆的总面积不要超过管内截面积的 40%。

消防 6mm^2 以下电线驳接可以采用铰接。注意接口应包上黄蜡巢，再包上绝缘胶布，并且要测试线间、线地间的绝缘电阻，以达到要求。

▶ 734. 消防电线用钢管间的连接有哪些要求?

答: 消防电线用钢管间的连接的一些要求见表 9-9。

表 9-9　　消防电线用钢管间的连接的一些要求

名　称	说　明
螺纹连接	(1) 管端螺纹长度不应小于管接头长度的 1/2。 (2) 连接后，其螺纹宜外露 2~3 扣。 (3) 连接后，螺纹表面应光滑。 (4) 连接后，应没有缺陷
套管连接	(1) 套管长度要为管外径的 1.5~3 倍。 (2) 管与管的对口处应位于套管的中心。 (3) 套管如果采用焊接连接，则要求焊缝牢固、严密

▶ 735. 消防电线用钢管与盒（箱）或设备的连接有哪些要求？

答： 消防电线用钢管与盒（箱）或设备的连接要求见表 9-10。

表 9-10　　消防电线用钢管与盒（箱）或设备的连接要求

名　称	说　明
明配的钢管或暗配的镀锌钢管与盒（箱）连接	（1）采用锁紧螺母，需要注意锁紧螺母固定的管端螺纹宜外露 2~3 扣。 （2）也可以采用护圈帽固定
钢管与设备直接连接	将钢管敷设到设备的接线盒内即可
钢管与设备间接连接	（1）室外或室内潮湿场所，钢管端部应增设防水弯头，导线应加套保护软管，经弯成滴水弧状后再引入设备的接线盒。 （2）室内干燥场所，钢管端部需要增设电线保护管或可绕金属电线保护管后，引入设备的连接盒内，并且钢管管口需要包扎紧密

▶ 736. 消防电线用钢管与电气设备、器具间的电线保护管有哪些要求？

答： 消防电线用钢管与电气设备、器具间的电线保护管的一些要求如下：

（1）钢管与电气设备、器具间的电线保护管需要采用金属软管或可绕金属电线保护管。

（2）金属软管的长度不宜大于 2m。

（3）与嵌入式器具连接的金属软管，其末端的固定长度要安装在自探头、器具绝缘处距软管长度的 1m 处。

（4）金属软管不应退胶、松散，中间不要有接头。

（5）与设备、器具连接处应密封可靠。

（6）与设备、器具连接时，应采用专用接头。

▶ 737. 消防导线与设备、器具的连接有哪些要求？

答： 消防导线与设备、器具的连接要求如下：

（1）截面积为 $10mm^2$ 及以下的单股铜芯线可直接与设备、器具的端子连接。

（2）导线与设备、器具的端子直接连接时，线芯需要拧紧、搪锡或压接端子后再与设备的端子连接。

（3）截面积 $20mm^2$ 及以下的多股铜芯线的线需要先拧紧，搪锡或压接端子后再与设备的端子连接。

（4）导线在管内不要有接头。

（5）导线在管内不要扭结。

（6）导线的接头应设在接线（箱）内。

▶ 738. 消防系统采用钢管作器具的吊杆时，钢管有什么要求？

答： 消防系统采用钢管作器具的吊杆时，钢管内径不得小于 10mm，管壁厚度不得小于 1.5mm。

▶ 739. 消防系统电缆敷设有什么要求？

答： 消防系统电缆敷设的要求如下：

（1）电缆敷设必须测试泄漏电流、耐压试验、绝缘电阻。

（2）电缆敷设的电缆接头、终端头的制作要固定牢靠、包扎封闭严密。

▶ 740. 怎样安装消防控制箱？

答： 安装消防控制箱的示意图如图 9-3 所示。

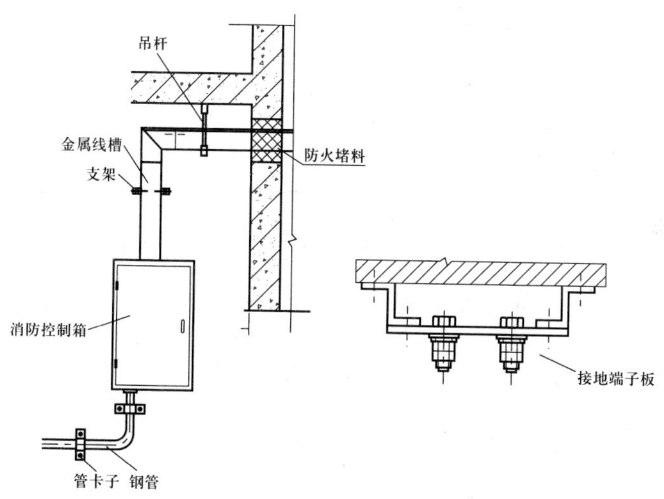

图 9–3　安装消防控制箱的示意图

▶ 741. 什么是火灾？火灾发生必须具备哪些条件？

答： 火灾就是在时间或空间上失去控制的燃烧所造成的灾害。燃烧的发生必须具备 3 个条件，即可燃物、助燃物、着火源。

▶ 742. 制止火灾发生的基本措施有哪些？

答： 制止火灾发生的基本措施如下：

（1）隔绝空气。

（2）消除着火源。

（3）抑制可燃物，以难或不燃的材料代替易燃或可燃的材料。

（4）阻止火势蔓延，例如筑防火墙、设防火间距，不使燃烧条件形成，防止火灾扩大。

▶ 743. 发生火灾常见的原因有哪些？

答： 发生火灾常见的原因如下：

（1）失火引起的火灾事故。

（2）缺乏防火安全常识引起的火灾事故。

（3）违反安全操作规程引起的火灾事故。

（4）电气设备使用不当引起的火灾事故。

（5）雷击引起的火灾事故。

（6）自燃等原因引起的火灾。

▶ 744. 现行灭火有哪几种基本方法？

答：现行灭火的基本方法见表 9-11。

表 9-11　　现行灭火的基本方法

名　称	说　明
隔离法	隔离法就是将火源处或其周围的可燃物质隔离或移开，燃烧会因隔离可燃物而停止
冷却法	冷却法就是将灭火剂直接喷射到燃烧物上，以降低燃烧物的温度于燃点之下，使燃烧停止；或者将灭火剂喷洒在火源附近的物体上，使其不受火焰辐射热的威胁，避免形成新的火点
抑制法	抑制法就是使灭火剂参与到燃烧反应历程中，使燃烧过程中产生的游离基消失，而形成稳定分子或低活性的游离基，使燃烧反应终止
窒息法	窒息法就是阻止空气流入燃烧区或用不燃物质冲淡空气，使燃烧物得不到足够的氧气而熄灭。 泡沫灭火的主要作用就是窒息

▶ 745. 什么是室内消火栓？

答：一些门店安装了室内消火栓。室内消火栓是扑灭室内火灾的一种常用灭火设施。室内消火栓由开启阀门与出水口组成，并配有水带、水枪。室内消火栓使用时先将水带打开、打直，接口一边接出水口，另外一边接水枪。

▶ 746. 手提式干粉灭火器怎样操作？

答：手提式干粉灭火器主要由保险销、筒身、压把、喷管等组成。手提式干粉灭火器操作时，应在距燃烧物 3~5m 处进行，并且操作者应先将灭火器上下摇晃后将开启压把上的保险销拔掉，再一只手握住喷射软管前喷嘴根部，另一只手将开启把下压，迅速对准火焰根部喷出干粉灭火。灭火时动作要迅速彻底，不得遗留残火，以防复燃。另外，灭火时不要冲击液面，以防液体溅出，给灭火带来困难。

▶ 747. 火灾自动报警的特点与要求是怎样的？

答：火灾自动报警的特点与要求如下：

（1）大型的门店，一般采用集中火灾报警系统。

（2）消火按钮可以放置在消火栓内，手动报警按钮、消防电话插座可以挂墙安装，并且底边距地 1.5m。

（3）各控制模块在有吊顶的地方安装在吊顶内。

（4）各控制模块在无吊顶的地方，可以安装在墙上，并且底边距地（楼）面 2m。

（5）探测器吸顶安装，至墙壁、梁边及遮挡物的水平距离不小于 0.5m；至空调送风口的水平距离不小于 1.5m；至多孔送风顶棚孔口的水平距离不小于 0.5m。

（6）消防用电设备应有明显的标志。

（7）消防用电设备的配电线路暗敷时，应穿管并应敷设在不燃烧体结构内，并且保护层厚度不应小于 30mm。

（8）消防用电设备的配电线路明敷设时（包括敷设在吊顶内），应穿金属管或封闭式金属线槽，并且需要采取相应的防火保护措施。

（9）所有水平线路均可以穿钢管沿墙、柱在吊顶内敷设。

（10）垂直部分线路可以采用沿专用桥架在弱电竖井内敷设。

▶ 748. 消防联动控制的特点与要求是怎样的?

答：消防联动控制的特点与要求如下：

（1）消防水泵、喷淋水泵具体联动动作应具有给、排水专业图纸。

（2）消防控制设备对室内消火栓系统有下列控制、显示功能：控制消防水泵的启、停；显示消防水泵的工作、故障状态；显示启泵按钮的位置。

（3）消防控制设备对喷淋系统有下列控制、显示功能：控制系统的启、停；显示消防水泵的工作、故障状态；显示水流指示器、报警阀、安全信号阀的工作状态。

（4）火灾时，所有电梯降至首层，并显示电梯运行状态，非消防电梯降至首层后，断电源。

（5）火灾时，切断火灾层及其上下层的非消防电源，开启应急照明灯，并接通消防广播。

（6）火灾报警系统、联动控制柜接地线应与室内等电位连接板可靠连接，并且接地电阻一般要求小于 1Ω。

（7）消防用电设备一般采用专用供电回路。

9.3　监控

▶ 749. 视频安防监控系统构成是怎样的?

答：视频安防监控系统基本构成示意图如图 9-4 所示。

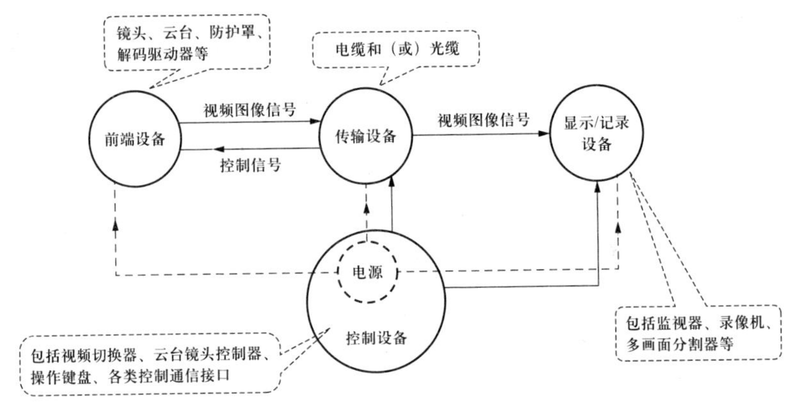

图 9–4 视频安防监控系统基本构成示意图

▶ 750. 视频安防监控系统由哪些部分组成？它们各有什么特点？

答：视频安防监控系统一般由前端、传输、控制、显示记录组成。各部分的特点见表 9-12。

表 9-12 视频安防监控系统各部分的特点

名 称	说 明
前端	包括一台或多台摄像机以及与之配套的镜头、云台、防护罩、解码驱动器等
传输部分	包括电缆和（或）光缆，以及有线 / 无线信号调制解调设备等
控制部分	控制部分主要包括视频切换器、云台镜头控制器、操作键盘、各类控制通信接口、电源和与之配套的控制台、监视器柜等
显示记录	显示记录设备主要包括监视器、录像机、多画面分割器等

▶ 751. 视频安防监控系统术语与定义是怎样的？

答：视频安防监控系统术语与定义见表 9-13。

表 9-13 视频安防监控系统术语与定义

名 称	说 明
报警联动	报警事件发生时，引发报警设备以外的其他设备进行动作
报警图像复核	当报警事件发生时，视频监控系统能够自动实时调用与报警区域相关的图像，以便对现场状态进行观察复核
分控	通常指在中心监控室以外设立的控制与观察终端设备
环境照度	反映目标所处环境明暗的物理量，数值上等于垂直通过单位面积的光通量
前端设备	指分布于探测现场的各类设备
视频	基于目前的电视模式 (PAL 彩色制式，CCIR 黑白制式 625 行，2：1 隔行扫描)，所需的大约为 6MHz 或更高带宽的基带信号

续表

名　称	说　明
视频传输	利用有线或无线传输介质，直接或通过调制解调等手段将视频图像信号从一处传到另一处，从一台设备传到另一台设备
视频监控	利用视频探测手段对目标进行监视、控制、信息记录
视频探测	采用光电成像技术对目标进行感知并生成视频图像信号的一种探测手段
视频信号丢失报警	指视频主机对前端来的视频信号进行监控时，一旦视频信号的峰峰值小于设定值，系统即视为视频信号丢失，并给出报警信息的一种系统功能
视频移动报警	指利用视频技术探测现场图像变化，一旦达到设定阈值即发出报警信息的一种报警手段
视频音频同步	指对同一现场传来的视频、音频信号的同步切换
视频主机	通常指视频控制主机。它是视频系统操作控制的核心设备，通常可以完成对图像的切换，云台、镜头的控制
图像分辨率	指在显示平面水平或垂直扫描方向上，在一定长度上能够分辨的最多的目标图像的电视线数
图像质量	指能够为观察者所分辨的光学图像质量，它通常包括像素数量、分辨率、信噪比，主要表现为信噪比

▶ 752. 视频安防监控系统电源有什么特点与要求?

答： 视频安防监控系统电源的特点与要求如下：

（1）视频安防监控系统的供电范围包括系统所有设备、辅助照明设备。

（2）视频安防监控系统专有设备所需电源装置，应有稳压电源与备用电源。

（3）稳压电源应具有净化功能，其标称功率应大于系统使用总功率的 1.5 倍。

（4）备用电源可根据需要不对辅助照明供电。

（5）备用电源容量应至少能保证系统正常工作时间不小于 1 h。

（6）备用电源可以是下列之一或其组合：二次电池及充电器、UPS 电源、备用发电机。

（7）前端设备供电应合理配置，宜采用集中供电方式。

（8）辅助照明的电源可根据现场情况合理配置。

（9）电源应具有防雷、防漏电措施，并且要安全接地。

▶ 753. 什么是图像质量？图像质量可以分为哪几个等级?

答： 图像质量是指能够为观察者所分辨的光学图像质量。图像质量的等级见表 9-14。

表 9-14　　图像质量的等级

图像质量等级	主观评价
五(优)	察觉不出图像损伤
四(良)	可察觉出图像损伤，但可以令人接受

续表

图像质量等级	主观评价
三（中）	明显察觉图像损伤，令人较难接受
二（差）	图像损伤较严重，令人难以接受
一（劣）	图像损伤极严重，不能观看

▶ 754. 什么是 TVL？视频安防监控系统分几级？系统一级怎样评定？

答：TVL 是 TV Line 的简写，也就是电视行，也称为线，其表示为水平分解力。视频安防监控系统可以分为一级（甲级）、二级（乙级）、三级（丙级）。视频安防监控系统一级参考评定见表 9-15。

表 9-15　视频安防监控系统一级参考评定

系统功能与设备性能								系统规模
探测		传输		控制		显示记录		输入图像路数
技术参考指标	设备举例	技术参考指标	设备举例	技术参考指标	设备举例	技术参考指标	设备举例	
（1）最低现场照度大于等于 0.5 lx，此时的镜头光圈在 f1.4。 （2）分辨率大于等于 450 TVL。 （3）输出信噪比大于等于 45 dB	高分辨率、宽动态范围的摄像机	（1）信噪比大于等于 49 dB。 （2）视频信道带宽大于等于 7.5 MHz	光纤或数字化传输设备	（1）图像应能手动切换 / 编程自动切换，具有单时序与群时序切换功能。 （2）提供通信接口，可与入侵报警、出入口控制系统等进行编程联动，以作为图像复核手段，可通过上位计算机接入多媒体监控系统。 （3）可遥控前端云台镜头等。 （4）具有存储设置信息功能。 （5）提供与音频同步切换的能力。 （6）应有视频信号丢失监测功能	多媒体网络控制的视频矩阵切换主机	（1）视频信号分配器的信噪比大于等于 47 dB。 （2）显示分辨率大于等于 470 TVL。 （3）单画面记录分辨率大于等于 350 TVL。 （4）显示设备的信噪比大于等于 47 dB。 （5）单画面记录回放分辨率大于等于 350 TVL	高清晰度监视器；高分辨率的记录设备，如数字记录设备	＞ 128 路

▶ 755. 视频安防监控系统二级、三级怎样评定？

答：视频安防监控系统二级参考评定见表 9-16。

表 9-16　　视频安防监控系统二级参考评定

系统功能与设备性能								系统规模
技术指标	设备举例	技术指标	设备举例	技术指标	设备举例	技术指标	设备举例	输入图像路数
（1）最低现场照度大于等于 1 lx，此时的镜头光圈在 f1.4。（2）分辨率大于等于 400TVL。（3）输出信噪比大于等于 45dB	高分辨率摄像机	（1）信噪比大于等于 47dB。（2）视频信道带宽大于等于 7MHz	同轴电缆	（1）图像应能手动切换 / 编程自动切换。（2）提供通信接口，可与入侵报警、出入口控制系统等进行编程联动，可作为图像复核手段。（3）可遥控前端云台镜头等。（4）具有存储设置信息功能。（5）提供与音频同步切换的能力	视频矩阵切换主机	（1）视频信号分配器的信噪比大于等于 42 dB。（2）显示设备的信噪比大于等于 42 dB。（3）显示分辨率大于等于 370TVL。（4）单画面记录分辨率大于等于 300TVL。（5）单画面记录回放分辨率大于等于 300TVL	较高分辨率的监视器、普通长时延录像机	16 路 < 输入图像路数 ≤ 128 路

视频安防监控系统三级参考评定见表 9-17。

表 9-17　　视频安防监控系统三级参考评定

系统功能与设备性能								系统规模
技术指标	设备举例	技术指标	设备举例	技术指标	设备举例	技术指标	设备举例	输入图像路数
（1）最低现场照度大于等于 2lx，此时的镜头光圈在 f1.4。（2）输出信噪比大于等于 40 dB。（3）分辨率大于等于 350 TVL	普通彩色 / 黑白摄像机	（1）信噪比大于等于 42 dB。（2）视频信息带宽大于等于 6 MHz	同轴电缆	图像应能手动切换 / 编程自动切换	普通视频切换器	（1）视频信号分配器的信噪比大于等于 40 dB。（2）显示设备的信噪比大于等于 40 dB。（3）显示分辨率大于等于 420 TVL。（4）单画面记录回放分辨率大于等于 300 TVL。（5）单画面记录分辨率大于等于 300 TVL	普通监视器、普通录像机	≤ 16 路

▶ **756. 高清监控可以分为哪几类？**

答：高清监控可以分为模拟系统高清监控与数字系统高清监控，具体见表 9-18。

表 9-18　高清监控的类型

种　类	说　明
数字系统	一般百万像素（1280×720）以上的摄像机可以称为高清摄像机。采用高清摄像机用于监控、存储的系统即可称为数字高清监控
模拟系统	PAL 制式、画质 704×576 分辨率以上，帧速 25 帧 /s 以上的监控、存储的模拟系统可以称为模拟高清监控

▶ 757. 实现高清监控应怎样选择设备？安装监控系统前需要注意哪些事项?

答： 要想实现高清监控，则整套监控系统均应选择高清设备或者支持高清，例如矩阵、录像、视频分配器、摄像机等。其中，摄像机一般需要选择 700 线以上或分辨率 1920×1080 的。

安装监控系统事前需要注意的一些事项见表 9-19。

表 9-19　安装监控系统前需要注意的一些事项

注意事项	说　明
传输方式	传输方式根据门店特点来选择直接布线还是无线传输。一般的门店建议采用布线方式，毕竟无线传输方式价格贵
监控主机的确定	电脑安装监控卡：整体投入比较低、适用于熟悉电脑安装、有专业人员值守、功能要求比较多的场所、电脑需要 24h 开机。 嵌入式硬盘录像机：不需要专业知识、不需要值守、操作简单
摄像机的个数、镜头监视范围、清晰度	一般门店需要镜头监视全范围
现场监控与网络监控的确定	如果门店需要在互联网上随时对监控现场进行监视、控制，则需要选择具有网络功能的监控主机，以免安装完毕却没有网络传输功能
夜视功能的确定	如果镜头安装在门店走廊、门店外，光线可能比较暗，则可能需要采用红外夜视功能的摄像机

▶ 758. 监控系统前端怎样选择?

答： 监控系统前端的选择见表 9-20。

表 9-20　监控系统前端的选择

位　置	参考选择
地下室车库入口	可以选择彩色枪体摄像机
地下室	可以选择黑白枪体摄像机
大厅	可以选择彩色云台摄像机
走廊	可以选择带有装饰性的黑白半球摄像机
电梯桥厢	可以选择黑白针孔或半球摄像机
屋顶	可以选择全天候、低照度黑白摄像机

▶ 759. 怎样选择监控用的摄像机？怎样安装监控摄像头？

答：一般选择摄像机为球机。这是因为，球机具有隐蔽性，也就是使被监控的人看不见它监视的位置。当然，如果有明确的监视方位，则选择枪机也可以。

监控摄像头的安装方法如下：

（1）在满足监视目标视场范围的条件下，监控摄像头的安装的高度要求为：室外离地一般不宜低于3.5m，室内离地一般不宜低于2.5m。

（2）监控摄像头及其配套装置安装要牢固、运转要灵活，并且注意做防破坏处理以及与周边环境相协调。

（3）信号线与电源线应分别引入，外露部分需要用软管保护，并且不能影响云台的转动。

（4）在强电磁干扰环境下，监控摄像头安装应与地绝缘隔离。

（5）如果是有电梯的门店，则电梯厢内的监控摄像头应安装在厢门上方的左侧或右侧，并能够有效监视电梯厢内乘员。

（6）监控摄像头相关接口处应使用绝缘胶带包扎好。

（7）监控摄像头的连接线要整齐布置，并且用线夹、电缆套、电缆圈固定，线束内的导线要有序编扎。

▶ 760. 怎样安装云台、解码器、监控摄像头控制设备？

答：云台、解码器的安装方法与要求如下：

（1）云台安装要牢固，转动时没有晃动现象。

（2）检查云台的转动角度范围是否是所需要的。

（3）解码器要安装在云台附近或吊顶内，吊顶内需要注意留检修孔。

监控摄像头控制设备的安装方法与要求如下：

（1）控制台、机柜（架）安装位置要符合要求，安装要平稳牢固、便于操作维护。

（2）机柜架背面、侧面离墙净距离应符合维修要求。

（3）控制室内所有线缆应根据设备安装位置设置电缆槽与进线孔，排列、捆扎整齐，并且需要编号，并有永久性标志。

（4）监控摄像头所有控制、显示、记录等终端设备的安装要平稳，便于操作。其中监视器（屏幕）应避免外来光直射。当不可避免时，应采取避光措施。

（5）在控制台、机柜（架）内安装的设备应有通风散热措施，内部接插件与设备连接要牢靠。

▶ 761. 闭路监视电视系统监控室有什么要求？

答：闭路监视电视系统监控室的要求如下：

（1）根据监视系统的大小，需要设置监控点或监控室。

（2）监控室内的电缆、控制线的敷设一般需要设置地槽。

（3）当属改建工程或监控室不宜设置地槽时，也可敷设在电缆架槽、电缆走道、墙上槽板内，或采用活动地板。

（4）监控室内设备的排列要便于维护与操作，并且要满足安全、消防的规定要求。

（5）监控室需要设置在环境噪声较小的场所。

（6）监控室的地面应光滑、平整、不起尘。

（7）监控室的门的宽度不应小于 0.9m，高度不应小于 2.1m。

（8）监控室内的温度宜为 16~30℃，相对湿度宜为 30%~75%。

（9）根据机柜、控制台等设备的相应位置，应设置电缆槽与进线孔，槽的高度与宽度应满足敷设电缆的容量与电缆弯曲半径的要求。

▶ 762. 闭路监视电视系统摄像机镜头怎样选择？

答：摄像机镜头的焦距应根据视场大小与镜头监视目标的距离来确定，其公式为

$$F = A\,L/H$$

式中 F——焦距（mm）；

A——像场高（mm）；

L——物距（mm）；

H——视场高（mm）。

一些摄像机镜头的选择如下：

（1）摄取固定监视目标时，可选用定焦距镜头。

（2）当视距较小而视角较大时，可选用广角镜头。

（3）当需要遥控时，可选用具有光对焦、光圈开度、变焦距的遥控镜头装置。

（4）当视距较大时，可选用望远镜头。

（5）除硫化锑摄像管外，当监视目标照度有变化时，均应采用光圈可调镜头。

（6）当需要改变监视目标的观察视角或视角范围较大时，宜选用变焦距镜头。

▶ 763. 闭路监视电视系统摄像机的设置位置、摄像方向及照明条件有什么要求？

答：闭路监视电视系统摄像机的设置位置、摄像方向及照明条件的一些要求如下：

（1）摄像机宜安装在监视目标附近，并且不易受外界损伤的地方。

（2）摄像机安装位置应不影响现场设备运行、人员正常活动。

（3）摄像机安装高度，室内宜距地面一般为 2.5~5m。

（4）摄像机室外应距地面一般为3.5~10m，不得低于3.5m。

（5）电梯厢内的摄像机应安装在电梯厢顶部、电梯操作器的对角处，并且能够监视电梯厢内的全景。

（6）摄像机镜头应避免强光直射的地方。

（7）摄像机镜头安装位置应避免逆光安装。

（8）如果需要逆光安装，应降低监视区域的对比度。

（9）摄像机镜头视场内不得有遮挡监视目标的物体。

（10）摄像机镜头应从光源方向对准监视目标。

▶ 764. 闭路监视电视系统传输黑白与彩色信号需要增设什么设备？

答：闭路监视电视系统传输黑白与彩色信号需要增设的设备如下：

（1）当传输的黑白电视基带信号在5MHz点的不平坦度大于3dB时，一般加电缆均衡器；当大于6dB时，一般要加电缆均衡放大器。

（2）当传输的彩色电视基带信号在5.5MHz点的不平坦度大于3dB时，一般加电缆均衡器；当大于6dB时，一般要加电缆均衡放大器。

▶ 765. 闭路监视电视系统传输线路怎样选择？

答：闭路监视电视系统传输线路的选择方法如下：

（1）传输距离较近，可以采用同轴电缆传输视频基带信号。

（2）传输距离较远，监视点分布范围广或需要进电缆电视网时，一般要采用同轴电缆传输射频调制信号的射频传输方式。

（3）长距离传输或需避免强电磁场干扰的传输，一般要采用传输光调制信号的光缆传输方式。

（4）长距离传输或需避免强电磁场干扰的传输，当有防雷要求时，一般采用无金属光缆。

（5）系统的控制信号可采用多芯线直接传输或将遥控信号进行数字编码用电(光)缆进行传输。

▶ 766. 闭路监视电视系统传输电、光缆应满足哪些要求？

答：闭路监视电视系统传输电、光缆应满足下列一些要求：

（1）同轴电缆在满足衰减、屏蔽、弯曲、防潮性能的要求下，一般选用线径较细的同轴电缆。

（2）光缆的选择应满足衰减、带宽、温度特性、物理特性、防潮等要求。

▶ 767. 闭路监视电视系统传输光缆外护层应满足哪些要求？

答：闭路监视电视系统传输光缆外护层应满足的一些要求如下：

（1）当光缆采用管道、架空敷设时，一般采用铝 - 聚乙烯黏结护层。

（2）当光缆在水下敷设时，应采用铝塑黏结 (或铝套、铅套、钢套) 钢丝铠装聚乙烯外护套。

（3）无金属的光缆线路，一般要采用聚乙烯外护套或纤维增强塑料护层。

（4）当光缆在室内敷设时，一般采用聚氯乙烯外护套或其他的塑料阻燃护套。

（5）当光缆在室内敷设时，采用聚乙烯护套时，应采取有效的防火措施。

（6）当光缆采用直埋时，一般采用充油膏铝塑黏结加铠装聚乙烯外护套。

▶ 768. 闭路监视电视系统室外传输线路的敷设应满足哪些要求？

答：闭路监视电视系统室外传输线路的敷设应满足的一些要求如下：

（1）当采用能信管道 (含隧道、槽道) 敷设时，不宜与通信电缆共管孔。

（2）当线路敷设经过建筑物时，可采用沿墙敷设方式。

（3）当电缆与其他线路共沟 (隧道) 敷设时，最小间距要符合要求。

（4）当采用架空电缆与其他线路共杆架设时，其两线间最小垂直间距应符合要求。

▶ 769. 闭路监视电视系统工程有哪些要求？

答：闭路监视电视系统工程的一些要求如下：

（1）系统应用的设备、部件、材料的选择应符合现行的国家与行业有关标准的定型产品。

（2）系统选用的各种配套设备的性能及技术要求应协调一致。

（3）系统的制式需要与通用的电视制式一致。

（4）闭路监视应采用由摄像、传输、显示、控制等主要部分组成。

（5）当需要记录监视目标的图像时 , 应设置磁带录像装置。

（6）当需要监听声音时，可配置声音传输、监听、记录系统。

（7）系统采用设备与部件的视频输入、输出阻抗以及电缆的特性阻抗一般均为 75Ω。

（8）音频设备的输入、输出阻抗应为高阻抗或 600Ω。

9.4 广播与电视

▶ 770. 什么是背景音乐？它有什么作用？

答：背景音乐英文为 Back ground music，简称 BGM。背景音乐主要作用是掩盖噪声并创造一种轻松、和谐、愉快环境气氛的音乐。背景音乐在门店中广泛应用。

▶ 771. 怎样选择音箱线？

答： 音箱线一般选择无氧铜线。

▶ 772. 怎样选择有线电视线？

答： 有线电视线一般选择无氧铜屏蔽线。

▶ 773. 广播系统包含哪些部分？它们有什么特点？

答： 广播系统包含扩声系统与放声系统，它们的特点见表 9-21。

表 9-21　　广播系统组成部分的特点

名　称	说　明
扩声系统	扬声器、话筒处于同一声场内，存在声反馈与房间共振引起的啸叫、失真、振荡现象。为保证广播系统稳定、正常运行，最高可用的系统增益比发生声反馈自激的临界增益低 6dB
放声系统	放声系统中一般有磁带机、光盘机等声源。该系统没有话筒，也没有声反馈的可能，其声反馈系数为 0

▶ 774. 广播系统可以分为哪几类？它们有什么特点？

答： 广播系统可以分为室外广播系统、室内广播系统、会议系统等。它们的特点见表 9-22。

表 9-22　　广播系统的类型与特点

名　称	说　明
室外广播系统	室外广播系统服务区域面积大、空间宽广、背景噪声大、声音传播以直达声为主，要求的声压级高。其主要用于车站、公园、艺术广场、音乐喷泉等
室内广播系统	室内广播系统包括各类影剧院、体育场、歌舞厅、商场等。室内广播系统专业性很强。该系统不仅要考虑电声技术，还要考虑建筑声学
公共广播系统	公共广播系统为宾馆、商厦、港口、机场、地铁、学校提供背景音乐、广播节目
会议系统	会议系统广泛用于会议中心、宾馆、集团、政府机关

▶ 775. 门店广播系统由哪几部分组成？它们有什么特点？

答： 门店广播系统由节目设备、信号放大处理设备、传输线路、扬声器系统组成，它们的特点见表 9-23。

表 9-23　　门店广播系统组成部分的特点

名　称	说　明
节目设备	门店节目源就是节目设备或者人，也就是发出音响的设备或者人。节目设备可以是 DVD、CD、计算机、录音机、MP4、MP5、PM3、手机、调谐器、麦克风等。人声则一般需要借助传声器

续表

名　称	说　明
信号放大处理设备	信号放大处理设备主要包括均衡器、前置放大器、功率放大器、各种控制器、音响加工设备等。这些设备首要任务是用于信号放大、信号选择。 （1）调音台、前置放大器：调音、音频视频信号选择与前置放大、控制。 （2）均衡器：频率均衡。这部分是整个广播音响系统的“控制中心”。 （3）功率放大器：把前置放大器放大的信号进行功率放大，使之能够推动扬声器放声
传输线路	（1）因为门店的节目设备、信号放大处理设备一般需要安放在专门的门店广播系统房间，而扬声器是安装在营业空间，因此，需要传输线路把节目设备、信号放大处理设备的信号传输到扬声器上。 （2）简易的门店广播系统比较简单，因此，节目设备、信号放大处理设备也有放在营业空间，有利于叫卖。但是，也需要传输线路。 （3）功率放大器与扬声器的距离不远，一般采用喇叭线即可，而对公共广播如果距离长，需要考虑减少传输线路引起的损耗或者补偿损耗，则可以采用高压传输方式，可以选择平衡线
扬声器系统	（1）扬声器有安装固定的，也有采用音箱的。无论哪一种，均要考虑与系统的匹配。在进行门店装饰时，还需要确定好摆放的位置。 （2）要求不高的门店选择 3~6W 喇叭即可。 （3）办公室、生活间、客房等，可采用 1~2W 的扬声器箱。 （4）走廊、门厅及公共活动场所的背景音乐、业务广播等可采用 3~5W 的扬声器箱。 （5）在噪声高、潮湿的场所设置扬声器时，应采用号筒扬声器，其声压级应比环境噪声大 10~15dB。 （6）室外扬声器应选择防潮保护型扬声器。 （7）从功率放大设备的输出端至线路上最远的用户扬声器箱间的线路衰耗宜满足以下要求： 1）业务性广播不应大于 2dB（1000Hz 时）； 2）服务性广播不应大于 1dB（1000Hz 时）

▶ 776. 有线广播可以分为哪几类？

答：有线广播可以分为业务性广播系统、服务性广播系统、火灾事故广播系统。其中，办公楼、商业楼等建筑物，应设有业务性广播。一至三级的旅馆、大型公共活动场所应设服务性广播。旅馆的服务性广播节目不宜超过五套。

▶ 777. 门店广播系统有关水电的要求有哪些？

答：门店广播系统有关水电的要求如下：

（1）节目信号线一般采用屏蔽线。

（2）小容量的广播站可由插座直接供电。

（3）容量在 500W 以上的广播控制室，其供电可由就近的电源控制器专线供电。

（4）门店广播系统所用交流电压偏移值一般不宜大于 ±10%。

（5）广播用交流电源容量一般为终期广播设备的交流电耗容量的 1.5~2 倍。

（6）广播线路一般采用铜芯塑料绞合线。

（7）广播线路可以采用穿钢管或线槽铺设。

（8）广播线路不得与照明、电力线同线槽敷设。

（9）功率放大器容量可以按系统扬声器总数的 1.2 倍来确定。

（10）大型的门店还需要设置火灾应急广播。

（11）建筑物内的扬声器箱明装时，安装高度不宜低于 2.2m（扬声器箱底边距地面）。

（12）不同分路的导线宜采用不同颜色的绝缘线区别。

（13）有线广播控制室的各种节目信号线应采用屏蔽线并穿钢管，管外皮应接保护地线。

（14）旅馆客房的服务性广播线路宜采用线对为绞型的电缆，其他广播线路宜采用铜芯塑料绞合线，广播线路需穿管或线槽敷设。

▶ 778. 门店火灾应急广播扬声器设置有哪些要求？

答：门店火灾应急广播扬声器设置的一些要求如下：

（1）有走道与大厅的门店，需要把火灾应急扬声器设置在走道与大厅位置。

（2）火灾应急广播扬声器额定功率不要太小，一般要求额定功率不应小于 3W。

（3）门店火灾应急广播扬声器的数量要保证从一个防火区内的任何部位到最近一个扬声器的距离不大于 25m。

（4）门店火灾应急广播扬声器的数量要保证从走道内最后一个扬声器至走道末端的距离不应大于 12.5m。

（5）简单的门店，其火灾应急广播扬声器广播时应全店均能够听到。

（6）环境噪声大于 60dB 的场所设置的扬声器，在其播放范围内最远点播放声压级应高于背景噪声的 15dB。

（7）客房设置专用扬声器时，其功率不宜小于 1.0W。

（8）设置在空调、通风机房、洗衣机房、文娱场所和车库等处，有背景噪声干扰场所内的扬声器，在其播放范围内最远的播放声压级，应高于背景噪声 15dB，并据此确定扬声器的功率。

（9）扬声器主要分布在走廊、电梯厅、地下停车场、营业区门口。

▶ 779. 门店火灾应急广播与公共广播合用时有哪些要求？

答：门店火灾应急广播与公共广播合用时的一些要求如下：

（1）火灾时应能在消防控制室将火灾疏散层的扬声器与公共广播扩音机强制转入火灾应急广播状态。

（2）应设置火灾应急广播备用扩音机，其容量不应小于火灾时需要同时广播范围内的火灾应急广播扬声器最大容量总和的1.5倍。

（3）消防控制室应能监控用于火灾应急广播时的扩音机的工作状态，并且具有遥控开启扩音机与采用传声器播音的功能。

（4）床头控制柜内设有服务性音乐广播扬声器时，应有火灾应急广播功能。

▶ 780. 一～三级旅馆内背景音乐扬声器的设置有哪些要求？

答：一～三级旅馆内背景音乐扬声器的设置的一些要求如下：

（1）扬声器的中心间距应该根据空间净高、声场及均匀度要求、扬声器的指向性等因素确定。

（2）要求较高的场所，声场不均匀度不宜大于6dB。

（3）根据公共活动场所的噪声情况，扬声器的输出，宜就地设置音量调节装置。

（4）当某场所有可能兼作多种用途时，该场所的背景音乐扬声器的分路一般安装控制开关。

（5）与火灾事故广播合用的背景音乐扬声器，在现场不得装置音量调节或控制开关。

9.5 电话与网络

▶ 781. 怎样选择电话线？

答：电话线一般选择四芯全铜的线。

▶ 782. 怎样选择网线？

答：网线一般选择超五类非屏蔽双绞线。

▶ 783. 门店电话、电视终端插座、分线箱常见的安装方式是怎样的？

答：门店电话、电视终端插座、分线箱常见的安装方式如下：

（1）电话分线箱。暗装，一般下沿距地1.4m。

（2）电话插座。暗装，一般下沿距地0.3m。

（3）电视终端插座。暗装，一般下沿距地0.3m。

▶ 784. 门店电话管线怎样安装？

答：门店电话管线一般是暗墙安装，并且经弱电线管，穿管引到相应位置。

9.6 地暖

▶ 785. 电地暖有哪几种类型？它们有什么特点？

答： 电地暖的种类有电热膜地暖、发烧电缆、碳晶地暖，它们的特点见表 9-24。

表 9-24 电地暖的种类及其特点

名 称	说 明
电热膜	电热膜是一种通电后能发烧的半透明聚酯薄膜，通过发烧加热地板，以实现地面供暖的一种供暖系统
发烧电缆	发烧电缆是将温度上限为65℃的电缆埋设在地板中，以发烧电缆为热源加热地板，以温控器控制室温或地板温度，实现地面辐射供暖的一种供暖系统
碳晶地暖	碳晶地暖也就是碳素晶体地面低温辐射采暖系统。碳晶地暖产品以电热转换载体，电热转换率达 98%。系统在电的激发激励下，经由过程碳分子布郎热导，发生远红外线热辐射，从而使寒冷空间达到升温、制暖的目的。 优点：安装简易、预热时间快、地面均热上扬、系统使用寿命长久、使用方便等。 缺点：只能用于冬季制暖

▶ 786. 水暖地暖有什么特点？

答： 水暖地暖的特点如下：

（1）水暖地暖主要是通过热水使温度上升的一种地暖系统。

（2）水暖地暖主要由盘管、分集水器、锅炉等组成的一种地暖系统。

（3）水暖地暖优点：可以做到房屋整体供暖、室温均匀。

（4）水暖地暖缺点：安装复杂、系统维护工作量大、调试成本高、预热时间长。

▶ 787. 地暖主（水）管安装有哪些要求？

答： 地暖主（水）管安装的一些要求如下：

（1）主管安装要根据设计要求进行施工，不得有很大误差。

（2）如果发现实际施工中有困难或者发现设计有误，必须上报。

（3）如果是水电工承接的工程，发现现场与设计有差别，则需要与店主及时沟通，并且把要改动的方案征得店主同意后才能够修改、施工。

（4）主管要做保温处理。

（5）主管安装要做到横平竖直。

（6）主管安装要用管卡固定。

（7）主管安装完工后，需要进行打压试验。

▶ 788. 地暖分水器安装有哪些要求？

答： 地暖分水器安装的一些要求如下：

（1）分集水器主要均匀分配、回收每个地暖支路的水，以达到良好的系统循环的目的。

（2）要注意供回水的连接。

（3）分水器安装要保持水平。

（4）分水器安装完后，要标明每个回路的供暖区域。

（5）分水器安装完后要擦拭干净。

▶ 789. 地暖管材铺设有哪些要求？

答： 地暖管材铺设的一些要求如下：

（1）施工要遵守设计要求，不得任意改动回路。

（2）施工中如果需要改动回路，需要征得店主的同意。

（3）管道铺设间距要遵守设计要求。

（4）与分水器连接的地面部分管道要加保温套管。

（5）管道与冷墙墙体间距离一般在 100~150mm。

（6）道不要交叉。

▶ 790. 地暖回填层铺设有哪些要求？

答： 地暖回填层铺设的一些要求如下：

（1）细石混凝土保护层铺设，铺设前一定要检查压力表，一般不得低于 4MPa。

（2）混凝土找平后地面高差不得大于 5mm。

（3）铺设混凝土时，在门口、过道、地漏等位置要做记号，以防后期施工破坏地暖管道。

（4）不得直接在地暖管上进行混凝土搅拌作业。

（5）地暖回填层铺设不得出现地暖盘管外露、保温条脱落等异常现象。

▶ 791. 电地暖安装程序是怎样的？

答： 电地暖安装程序如下：测试热电缆的标称电阻及绝缘电阻→做好支撑架→ 地面上铺设的绝缘材料与边角保温→铺反射铝箔→反射铝箔层上铺一层金属网→热电缆布置→用混凝土均匀覆盖并包住热电缆→铺设地砖等地面装饰材料→专用温控器安装。

▶ 792. 水地暖安装程序是怎样的？

答： 水地暖安装程序如下：安装分水器→ 连接主管→铺设保温层、边界膨胀带→铺设反射铝箔层→铺设盘管→连接分水器→埋地管材铺设→设置过门伸缩缝→一次水压试验→混凝土填充层施工→二次水压试验→专用温控器安装。

9.7　接地

▶ 793. 什么是接零保护?

答: 接零保护是将设备的金属外壳与电网零线相接。一旦相线碰到外壳即形成与零线之间的短路，产生很大电流，使熔断器或过电流开关断开，切断电流，从而可以防止电击。

▶ 794. 什么是接地保护?

答: 接地保护就是将电气设备的某一部分与大地土壤做良好的电气连接，一般通过金属接地体并保证接地电阻小于 4Ω。

▶ 795. 接地方式有哪几种类型?

答: 接地方式的类型有 TN-S 系统 (接零保护系统) 接地、TN-C 系统 (接零保护系统) 接地、TT 系统 (接地保护系统) 接地等。

▶ 796. 接地装置的类型有哪些?

答: 接地装置的类型如下:

（1）采用与大地有可靠连接的建筑物金属结构基础作为自然接地装置。

（2）采用与防雷、弱电、消防等系统共用的联合接地装置。

（3）采用户外人工接地装置。

（4）采用电房内土建预埋的接地装置。

▶ 797. 接地有关的要求有哪些?

答: 接地有关的一些要求如下:

（1）施工后实测接地电阻值，如果达不到要求，则应增加人工接地直到合格为止。

（2）人工接地极根据实际情况选择，例如有采用 L5×50×50 镀锌角钢等。

（3）接地带有采用 16 镀锌圆钢、50 镀锌扁钢等情况的。

（4）要求接地极垂直埋入地下。

（5）接地装置埋设有的要求深 0.8m, 与建筑物的距离不小于 1.5m, 两地极间距离不小于 5m。

（6）在 PE 线的材质与相线相同的前提下，当相线截面积 $S = 16\text{mm}^2$ 时，PE 线的最小截面积有的要求与线路中相线截面积相等。

（7）在 PE 线的材质与相线相同的前提下，当相线截面积 $S < 35\text{mm}^2$ 时，

PE 线的最小截面积有的要求为 16mm^2。

（8）在 PE 线的材质与相线相同的前提下，当相线截面积 $S > 35\text{mm}^2$ 时，PE 线的最小截面积有的要求为相线截面积的一半。

（9）如果 PE 线采用单芯绝缘导线，当有机械性的保护时，PE 线截面积有的要求不应小于 2.5mm^2 。

（10）如果 PE 线采用单芯绝缘导线，当无机械性的保护时，PE 线截面积有的要求不小于 4mm^2。

（11）专用接地干线应用铜芯绝缘导线或电缆，其线芯截面积有的要求不小于 16mm^2。

（12）敷设完接地体的土沟回填土内不应夹有石块、建筑材料或垃圾等。

（13）接地带的连接处可以采用焊接。

（14）接地带采用搭接焊，其搭接长度必须为扁钢宽度的 2 倍或园钢直径的 6 倍。

（15）接地带采用搭接焊，圆钢与扁钢连接时，其长度为圆钢直径的 6 倍。

（16）接地干线至少应在不同的两点与接地网连接。

（17）自然接地体至少应在不同的两点与干线连接。

（18）当采用联合接地时，应用专用接地干线由消防控制室引至接地体。

（19）当采用 TN-S(三相四线) 系统时，N 线只能在始端接地，不可再重复接地。

（20）所有变压器、配电箱、柴油发电机组、各种用电设备可能因绝缘破损而可能使金属外壳带电，因此需要可靠接地，并保证完好的电气通路。

（21）电气用的独立安装的金属支架与传动机构、金属线管、蛇皮管、电缆的金属外皮、插座的接地极、天花内安装的灯具、金属接线盒等的金属外壳等均应以专用接地支线可靠地与接地干线相连以及保证完好的电气通路。

（22）不得使用蛇皮管、金属管的金属外壳或金属网、电缆的金属保护层作接地线。

（23）要求所有等电位连接中金属管道连接应可靠地连通导电，相近金属结构及管道允许用一根等电位连接线连通。

（24）给水系统的水表需加接跨接线，以保证水管的等电位连接与接地的有效。

（25）利用建筑物金属结构作接地及防雷时，等电位端子板应直接短捷地与该金属体连通。

▶ 798. 总等电位连接端子连接系统是怎样的？

答：总等电位连接端子连接系统示意如图 9-5 所示。

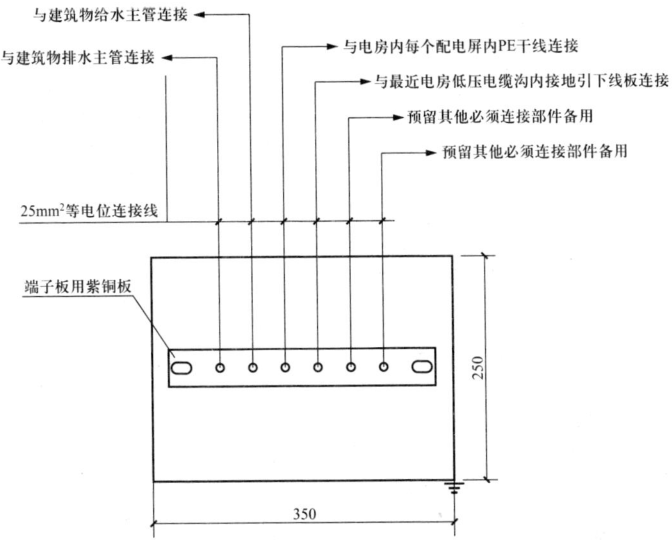

图 9-5　总等电位连接端子连接系统示意

▶ 799. 电源进线、信息进线等电位连接系统是怎样的？

答： 电源进线、信息进线等电位连接系统示意如图 9-6、图 9-7 所示。

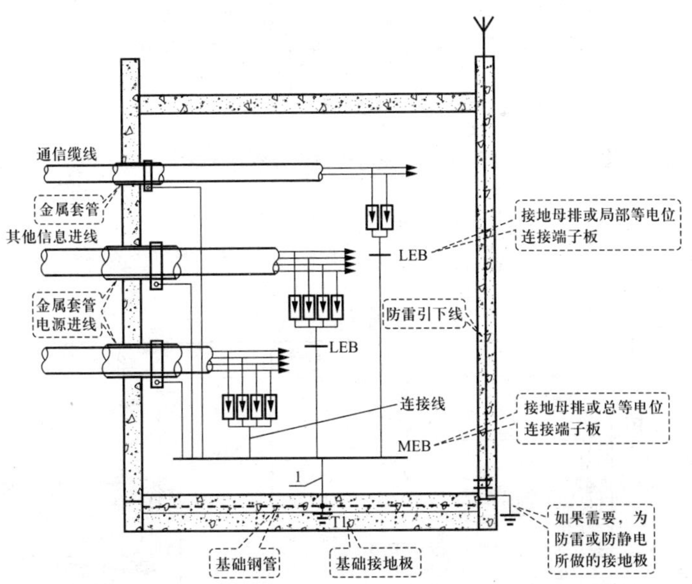

图 9-6　电源进线、信息进线等电位连接系统

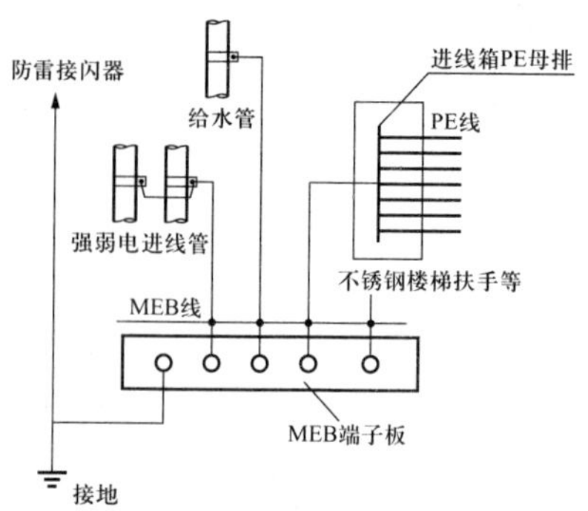

图 9-7　电源进线、信息进线等电位连接系统

▶ 800. 浴室等电位连接系统是怎样的？

答： 浴室等电位连接系统示意如图 9-8 所示。

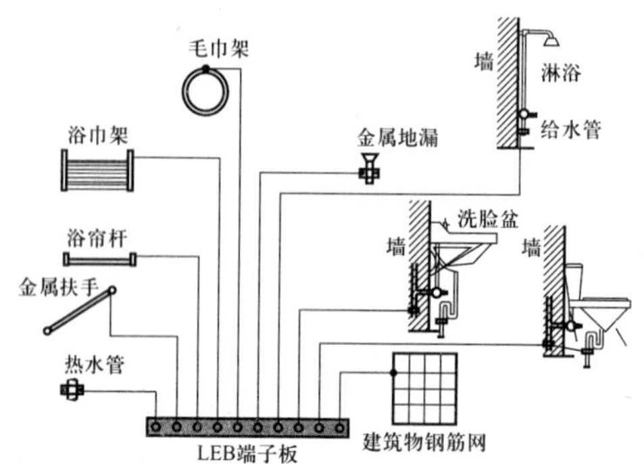

图 9-8　浴室等电位连接系统示意

▶ 801. 浴盆等电位连接线怎样安装？

答： 浴盆等电位连接线安装方法见表 9-25。

表 9-25　　浴盆等电位连接线安装方法

类型	图　　解	类型	图　　解
金属搪瓷浴盆	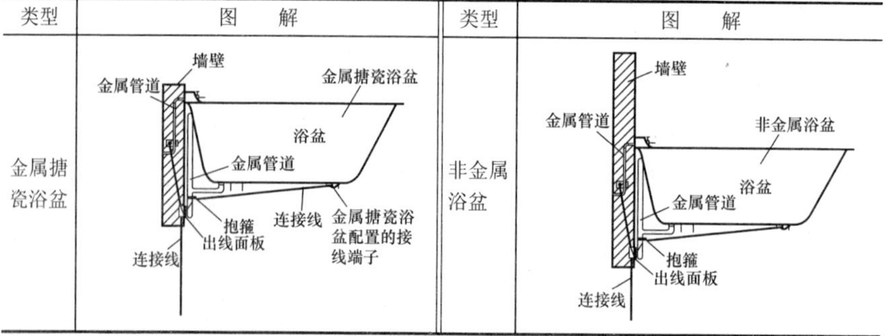	非金属浴盆	

▶ 802. 洗脸盆、淋浴等电位连接线怎样安装?

答: 洗脸盆、淋浴等电位连接线安装方法见表 9-26。

表 9-26　　　　洗脸盆、淋浴等电位连接线安装方法

类型	图　解	类型	图　解
淋浴	墙壁 金属管道 抱箍 给水管 连接线 出线面板	洗脸盆	墙壁 金属管道 抱箍 出线面板 连接线

▶ 803. 给水、排水管等电位连接线怎样安装?

答: 给水、排水管等电位连接线安装方法见表 9-27。

表 9-27　　　　给水、排水管等电位连接线安装方法

类型	图　解	类型	图　解
给水管等电位连接	给水管 抱箍 连接线 出线面板	排水管等电位连接	出线面板 金属下水管 抱箍 连接线 连接线

▶ 804. 设备外露导电部分接地连接线怎样安装?

答: 设备外露导电部分接地连接线安装方法见表 9-28。

表 9-28　　　　设备外露导电部分接地连接线安装方法

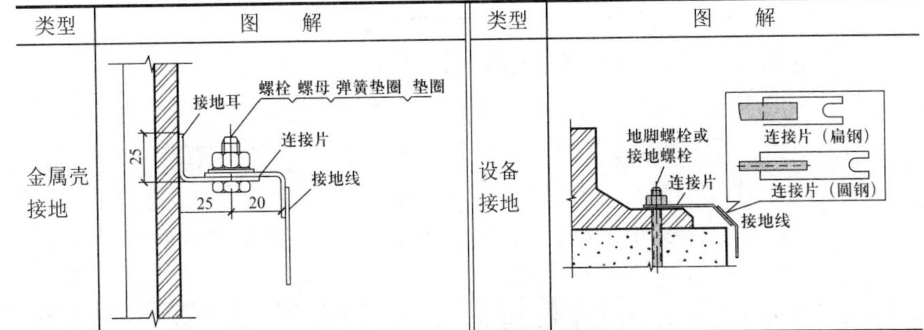

类型	图　解	类型	图　解
金属壳接地	螺栓 螺母 弹簧垫圈 垫圈 接地耳 连接片 接地线 25 25 20	设备接地	地脚螺栓或接地螺栓 连接片 接地线 连接片（扁钢） 连接片（圆钢）

第 10 章　安装与施工

10.1　电

10.1.1　概述

▶ 805. 什么是门店施工交底？

答：门店施工交底就是门店施工前，设计师向水电工等施工负责人与施工人详细讲解现场施工要点、施工图纸要领、特殊工艺、协调工作、相关手续等。另外，门店施工交底一般也要求店主参加。

如果是简易的门店，没有专业设计师，则由水电施工负责人与施工员、店主根据事前协商的施工方法、要求，经过整理后将付之施工前在现场对各具体施工要求、工艺进行现场解说。

▶ 806. 灯具及辅料安装工艺与工程有哪些要求？

答：灯具及辅料安装工艺与工程的一些要求见表 10-1。

表 10-1　　灯具及辅料安装工艺与工程的一些要求

名　　称	说　　明
浴霸安装	（1）工艺：按产品安装要求进行。 （2）工程标准：安装牢固、线路连接良好、可靠、正确
热水器安装	
小型灯具安装	
花灯、餐灯安装	
吸顶灯、壁灯安装	
软管灯安装	
筒灯安装	
T4 管安装	
射灯安装	

▶ 807. 水电工施工前怎样对材料进行检查？

答：水电工施工前要对材料进行检查，一些材料的检查方法如下：

（1）面板。膨胀螺栓、螺母、安装孔与地线焊接脚齐全，有产品合格证。

（2）圆、扁、角槽钢。材质应符合国家标准，有产品合格证。

（3）膨胀螺栓、螺母、螺丝、螺栓、垫圈。需要采用镀锌件的，则必须是镀锌件。

（4）管箍（束结）。使用通丝的丝扣清晰不乱扣、没有剥落、没有裂痕，镀锌完整，两端光滑没有毛刺，有产品合格证。

（5）钢管电线管。壁厚均匀、焊缝均匀、没有棱眼、没有棱刺、没有裂痕、没有砂眼、没有凹扁，有产品合格证，有材质化验报告等。

（6）铁制的灯头盒、开关盒、接线盒。板材一般要求不小于1.2mm，并且镀锌层没有脱落，没有变形开焊，面板安装孔与地线焊接脚齐全，敲落孔洞完整无缺，有产品合格证。

▶ 808. 为什么建议用连接器取代胶布？

答：夏季持久高温，易使绝缘胶布脱落，存在安全隐患，因此，能够采用连接器取代黑胶布的情况就尽量采用连接器，避免接头处胶布脱落。

▶ 809. 什么是定位？其有什么特点？

答：照明电气施工工艺流程：定位→剔槽（开槽）→电线敷设→绝缘电阻测试→配电箱安装→灯具安装→系统调试。

开关、插座、设施、接线盒、灯具、电器等定位非常重要，因为这些定好位置后，后面的开槽、布管、穿线等就是在此基础上进行的。定位必须掌握设施的安装要求与尺寸、工艺特点等。

另外，现场布管与布线的方案不同，则布管的具体定位不同。布管的定位实际上就是以开关、插座、设施、接线盒、灯具、电器等的定位为点，然后实现点与点之间的电气连接。根据点、线之间的关系：

（1）点到直线的垂直距离最短。所以，布管尽量不要拐弯抹角，尽量垂直布管减少材料与工作量。

（2）两条布管相交成直角时，则这两条布管叫作互相垂直。应尽量避免互相垂直的布管。

（3）不相交的两条布管线叫作平行线，它们的关系叫作互相平行。强电与弱电布管互相平行时，应尽量间距大一些。

（4）根据两点决定一条直线，两点间可以有无数的连接线。因此，布管时应选择管路径最优的一条。

▶ 810. 画线开槽有什么特点？

答：画线开槽的基础就是设备点间需要多少根电线、什么样的电线，然后把电线放在一根线管里面，如果放入的电线超过线管1/4横截面，则需要用2根或者2根以上线管来放电线。各线管放入的电线应尽量是同组、同回路的。线管里面的电线数量、种类、去向与来源确定后，要进一步确定线管本身怎样安放才合理合情。

线管安放的方案有：横平竖直、最短路径、大弧度、走地等。如果是明敷，线管确定好的路径只需要确定几个点即可，当然也可以画线，以便使线管安放符合要求。如果是暗敷，则线管确定好的路径，往往需要画线开槽。

除了考虑线管的开槽外，还要考虑电器设备是否需要开槽开孔。

画线的特点如下：

（1）画线（弹线）就是确定线路、线路终端插座、开关面板的位置，在墙面、地面标画出准确的位置和尺寸的控制线。

（2）盒、箱位置的画线（弹线）的水平线可以用小线、水平尺测出盒、箱的准确位置并标出尺寸。

（3）灯的位置主要是标注出灯头盒的准确位置尺寸。

（4）电线管与水电槽路画线（弹线）方法基本一样。

开槽的一些特点如下：

（1）开槽前，需要根据施工图纸、设计师的意愿、现场的特点与要求对墙面、地面进行测量，然后画线，确定走线的具体位置。

（2）常用画线的工具有卷尺、直木条铅笔。

（3）开槽的工具有电锤、切割机、水电开槽机等。

（4）开槽与预埋管线时，要横平竖直，这样方便以后生活中往墙上钉挂东西或维修。

（5）开槽时要注意防尘。装修时灰尘避免不了，特别是切割开槽时灰尘更多。过多的粉尘会对水电工造成损害。因此，开线槽时，需要做好降尘工作。降低粉尘污染最简单的做法是用水浇灌，也就是一边切割，一边注水。

（6）开槽方法有多种。其中，可以在切割机勾勒出需要切除的部分后，再用冲击钻或者凿子进行细凿，达到容纳线管与线盒需要的深度。

（7）墙壁上尽量不要开横槽，如必须开，则横槽长度应尽量小于 1.5m。因为开横槽会影响墙体承重，同时以后也容易开裂。

（8）电线开槽时，要特别注意转弯处、连接处应宽一些、深一些，或者槽子整体均以转弯处、连接处为标准进行施工。

（9）PVC 管道开槽深度为管下 1~1.5cm 砂浆保护层。

10.1.2 线路

▶ 811. 强电与弱电布线有哪些要求？弱电线路有哪几种？

答：强电与弱电布线时，要强电走上、弱电在下，横平竖直、避免交叉、美观实用。弱电线路包括电话线路、有线广播线路、线路闭塞装置与保护信号线路等。

▶ 812. 线路槽板的敷设有哪几种?

答：线路槽板的敷设有两种：木槽板敷设与塑料槽板敷设。目前，塑料槽板敷设比较多。一些小型简单的门店可以采用槽板敷设，从而节约费用又不影响经营。

▶ 813. 怎样选择明敷的硬质阻燃塑料管（PVC）?

答：硬质阻燃塑料管 PVC 适用于一些需要明敷配线的门店。其选择的技巧、要求如下：

（1）门店应用选择的阻燃塑料管材质应具有阻燃、耐冲击性能，氧指数不应低于 27% 的阻燃指标，具有相应检定检验报告单，具有产品出厂合格证等。

（2）阻燃型塑料管的外壁厚度应大于 1m。

（3）应选择具有制造厂厂标的 PVC。

（4）阻燃型塑料管管内部、外部应光滑、没有凸棱、没有凹陷、没有针孔、没有气泡。

（5）阻燃型塑料管内、外径尺寸应符合国家统一标准，并且管壁厚度应均匀一致。

（6）门店应用选择的阻燃塑料管附件及明配阻燃型塑料制品（例如各种灯头盒、开关盒、接线盒、插座盒、管箍等），必须使用配套的阻燃塑料制品。

（7）阻燃型塑料管使用的黏合剂必须采用与阻燃塑料管配套的产品，黏合剂必须在使用限期内使用、保管。

▶ 814. 不同管径的 PVC 对应可以穿多少根导线?

答：不同管径的 PVC 对应可以穿导线的根数见表 10-2。

表 10-2　　不同管径的 PVC 对应可以穿导线的根数

导线截面积（mm^2）	2 根	3 根	4 根	5 根	6 根
1.0	16 PVC	16 PVC	16 PVC	16 PVC	16 PVC
1.5	16 PVC	16 PVC	16 PVC	20 PVC	20 PVC
2.5	16 PVC	16 PVC	16 PVC	20 PVC	20 PVC
4.0	16 PVC	16 PVC	20 PVC	20 PVC	25 PVC

注　同管内 7 根以上，一般需要分管敷设。

▶ 815. 硬质阻燃塑料管明敷操作时需要哪些机具和工具?

答：硬质阻燃塑料管明敷操作时需要的机具与工具如下：手锤、錾子、钢锯、锯条、灰桶、水桶、铅笔、水平尺、卷尺、角尺、线坠、小线、粉线袋、电锤、开孔器、绝缘手套、工具袋、搣管器、弯管弹簧、剪管器、手电钻、钻头等。

▶ 816. 硬质阻燃塑料管明敷的作业条件与工艺流程是怎样的？

答：硬质阻燃塑料管明敷的一些作业条件如下：

（1）如果门店采用混凝土结构施工，则可以根据水电设计在梁、板、柱中预留过管、各种埋件。

（2）如果门店采用砖结构施工，则可以预埋大型埋件、角钢支架、过管。

（3）硬质阻燃塑料管明敷作业，也可以根据装修前门店土建的水平线、抹灰厚度、管道走向，根据水电设计要求进行弹线浇注埋件、稳装角钢支架等。

（4）硬质阻燃塑料管明敷应防止管道污染。

硬质阻燃塑料管明敷一般工艺流程为：预制支、吊架铁件及管弯→测定盒箱及管路固定点位置→管路固定→管路敷设→管路入盒箱→缝隙修整。

▶ 817. PVC 明敷中支架、吊架、抱箍、铁件、管弯敷设、安装、揻弯对温度有什么要求？

答：PVC 明敷中支架、吊架、抱箍、铁件、管弯敷设、安装、揻弯有关温度要求如下：阻燃塑料管及其配件的敷设、安装、揻弯制作，均要在原材料规定的允许环境温度下进行，其温度不低于 –15℃。

▶ 818. 怎样预制 PVC 管弯？

答：预制 PVC 管弯可采用冷揻法与热揻法，具体见表 10-3。

表 10-3　　预制 PVC 管弯的方法

名称	说　明
冷揻法	管径在 25mm 及其以下的 PVC，可以采用冷揻法。 冷揻法具体操作要领如下： （1）使用手扳弯管器揻弯。 1）首先把 PVC 管子插入配套的弯管器内。 2）再用手扳一次，揻出所需的弯度即可。 （2）使用弯簧揻弯。 1）首先将弯簧插入 PVC 管内需要揻弯的地方。 2）再用两手抓住弯簧两端头，并且膝盖顶在被弯处。 3）然后用手扳，逐步揻出所需弯度。 4）最后抽出弯簧即可。 **注：**如果需要弯曲较长的 PVC 管时，可以将弯簧用铁丝或尼龙线拴牢系于一端上，待揻完弯后抽出即可
热揻法	热揻法的操作要领如下： （1）首先采用电炉、热风机等加热设备对 PVC 管需要揻弯的地方进行均匀加热。 (2）待 PVC 管被加热到可以随意弯曲时，立即将 PVC 管放在木板上，并且固定 PVC 管一端，逐步揻出所需要管的弯度，并且用湿布抹擦使弯曲部位冷却定型。 （3）然后抽出弯簧即可。 **注：**PVC 管揻弯时，不得因揻弯使 PVC 管出现烤伤、变色、破裂等异常现象

续表

品　　名	规　　格	单　　位	单价（元）
电缆	ER-W 4×50+1×25	m	53.5
电缆	ER-W 42.5	m	5.83
电缆	ZPW 4×2.5+1×1.5	m	4.7
电缆	ZPW 4×25+1×16	m	35.5
电缆	ZPW 4×35+1×16	m	46.8
电缆	ZPW 4×6+1×4	m	10.3
电源箱	200×300×140	台	25
吊灯头		个	0.35
镀锌管	50mm	根	55
镀锌管	25.4mm	根	36
镀锌管	50mm	根	92
镀锌管	12.5mm	根	17
镀锌管	19mm	根	26
端子箱	300mm×400mm×150mm	个	35
方灯		个	6.8
防水胶布		卷	1
防水线	2.5mm^2	捆	90
防水线	2 芯、2.5 mm^2	捆	80.0
防水线	4 芯、6 mm^2	捆	330.0
防水线	6 mm^2	捆	380
钢线		kg	5.8
高传真无氧铜发烧线	300 型、100m	捆	120
格栅灯	2×40W	套	85.0
格栅灯	3×20W	套	95.0
格栅灯	3×40W	套	188.0
工作灯头		个	1.8
管堵	1.33cm	个	0.2
焊锡膏		盒	1
焊锡条		根	12
黑胶布		卷	1.0
护套线	2×2.5 mm^2	捆	80.0
护套线	2.5 mm^2、70m	捆	33
花线	白	捆	34.0
花线	麻花	捆	22.0
换气扇		台	400~500
回火线		捆	150
胶布	黑	卷	1.0

续表

品　　名	规　　格	单　　位	单价（元）
胶布—高压		卷	0.9
胶布—塑料防水		卷	0.7
胶布—塑料绝缘		卷	0.7
节能管	13W	支	12.7
金属软管		盒	2.5
金属软管(监控用)		箱	11
金属软连接	600mm	根	3.5
镜前灯		个	85.0
绝缘布—塑料		卷	0.7
卡接头	1/2in	个	0.5
卡套管	1/2in	m	10.6
卡子	1/2in	袋	4.5
开关	2P、30A	个	9.0
开关插座		个	10~100
空气断路器	2P、15A	套	5.0
空气断路器	3P、30A	套	10. 0
空气断路器	40A	个	40.0
剩余电流动作保护器	40A/290	台	25
剩余电流动作保护器	40A/390	台	36
剩余电流动作保护器	40A/490	台	40
落地灯		套	130.0
膨胀螺栓	12×150	个	0.8
屏蔽线	2×0.5	m	1.6
屏蔽线	4×0.5	m	2.2
荧光灯	1×40W	套	31.0
荧光灯	2×40W	套	45.0
荧光灯	20W	套	42
荧光灯管	40W	支	2
软管	霓虹灯	m	10.0
软护套线	2.5 mm^2	捆	82
三联开关	××牌	套	22.0
三项插头		个	1.4、1.8
蛇皮管	包塑 1/2 in	箱	24
射灯	No.1155(pp)	个	14.4
视频线	SVWV-75-5	m	1.2
双联开关	××牌	套	20.0
双绞线		m	1.5

续表

品　　名	规　　格	单　　位	单价（元）
四角盒		个	0.9
塑料盖		个	0.25
塑料盒	86 型	只	0.4
塑料护口	1/2in	个	0.03
塑料护口	3/4in	个	0.04
塑料锁口	3/4in	个	0.15
塑料铜线	1.5 mm^2、95m	捆	40.2
塑料铜线	2.5 mm^2、双色	捆	68
塑料铜线	BV 2.5 mm^2	m	0.675
塑料铜线	BV-10	m	2.0
塑料铜线	BV-16	m	2.5
塑料铜线	BV-4	m	1.1
塑料铜线	BV-6	m	1.6
塑料铜线	BVPR 4 mm^2	m	1.33
塑料线卡子		盒	2
塑料胀塞	M6	个	0.01
塑锁头		个	0.1
台灯		套	85.0
太阳灯		个	24
铁八角盒		个	0.9
铁八角盒		个	1
筒灯	大 nd2945/2	个	62.0
万能转换开关		个	55
网线	305m	箱	275
五类双绞线	8 芯超五类	305m/ 箱	290
小护套线	2×1.0 mm^2	捆	45
信号线	2×0.3 mm^2	捆	35
信号线	May-75	m	1.4
用户分支器		个	35
镇流器		个	13.0
终端盒		个	13
阻燃硬塑管	VG15	m	1.2
阻燃硬塑管	VG20	m	1.5
阻燃硬塑管	VG25	m	1.8
阻燃硬塑管	VG32	m	2.2

▶ 705. 照明工程怎样做预算？

答： 照明工程的预算根据“材料总费用 + 附料总费用 + 人工费用”预算。其中：

材料总费用 = 材料数量 × 单价 + 裕量

附料总费用 = 附料数量 × 单价 + 裕量

人工费用 = 单价 × 数量

一些材料、附料、人工的历史参考单价见表 8-3。

表 8-3　　一些材料、附料、人工的历史参考单价

项目	材料		附料		人工	
	单位	单价（元）	单价（元）	金额	单价（元）	金额
PVC 线管	m	1.5	0.5		1	
灯具安装	套		50		200	
电话线	m	2	0.5		2	
电视线	m	3	0.5		2	
电线布线	套	800	50		200	
开关面板、接线盒	个	15	1		3	
开关箱分频器	只		50		50	
墙面开槽	m		2		8	
网线	m	4	0.5		2	

▶ 706. 水路怎样做预算？

答： 水路预算主要包括材料费（水管费用、买水管配件费用、耗材费用）、服务费（安装及特殊服务）。其中，一般单管占总价格的 26% 左右，配件占总价格的 52% 左右，服务费占总价格的 22% 左右。服务费可以根据 ×× 元 /m^2 来计算。材料费可以根据当地建材价格来计算。

注： 螺纹系列的水管配件价格贵，预算时应注意。

▶ 707. 洁具材料怎样做预算？

答： 洁具材料总费用 = 材料数量 × 单价。

洁具材料的历史参考单价见表 8-4。

表 8-4　　洁具材料的历史参考单价

品　名	规　格	单　位	单价（元）
白钢地漏	100cm×100cm	个	8、9
车边白镜		块	560
冲浪浴缸		套	110000
冲洗阀	脚踏卧式	个	75

续表

品　　名	规　　格	单　　位	单价（元）
大便器(蹲式)		套	150
大便器(坐式)		套	800
单冷感应水龙头		套	2625
电淋浴器		套	800
管堵		个	1
蹲便器		套	530
蹲便感应器		套	1500
分连体坐箱		套	240
风口		只	210
挂便器	610 型	个	68
挂式小便器感应器(暗装)		套	1920
挂式小便器感应器(明装)		套	1540
恒温感应水龙头		套	3930
角阀	8841 型	个	20
洁具		个	4
净身器		套	1600
连体坐便器		套	600
帘杆		根	31
龙头—长龙头	1731 型	个	25
龙头—带网龙头	1763 型	个	23
龙头—多用龙头	5711 型	个	45
龙头—多用龙头	5721 型	个	50
龙头—洗衣机龙头	1711 型	个	25
龙头—洗衣机龙头	1712 型	个	24
龙头—洗衣机龙头	1713 型	个	23
龙头—小龙头	1761 型	个	20
龙头—中长龙头	1751 型	个	23
毛巾杆		支	16
沐浴板系列		个	1~3 万
沐浴房系列		个	5~10 万
排风扇		个	88
桑拿间地面防清垫		片	3.7、5.5
生料带		个	1.5
水管	12.5mm	m	2
水嘴		个	3
水箱		个	8
塑料镜箱		只	60

续表

品　　名	规　　格	单　　位	单价（元）
台盆		个	85
台上盆		个	85
弯头	100mm	个	4
卫生纸盒		个	8
洗槽	1#	件	38
洗槽	2#	件	35.6
洗槽	3#	件	29.2
洗槽	8#	件	24
洗脸盆		套	90
洗脸盆（国产）配水龙头		套	320
洗脸盆（进口）配水龙头		套	800
洗脸盆（配水龙头）		套	380
洗面盆		套	550
白钢小便槽		个	34
小便冲洗阀		个	20
浴巾架		只	80
浴盆（国产）		套	1600
浴盆（进口）		套	2800
浴盆拉手		只	12
皂盒		只	8
坐便器		套	2500

▶ 708. 水暖材料怎样做预算？

答： 水暖材料总费用 = 材料数量 × 单价 + 耗材。

水暖材料的历史参考单价见表 8-5。

表 8-5　　水暖材料的历史参考单价

品　　名	规　　格	单　　位	单价（元）
等径三通	1 寸	个	17
等径直通	1 寸	个	10
等三通	1 寸	个	16.4
等三通	4 分	个	6.8
地漏		个	7
管堵	4 分	个	0.25
短丝	4 分	个	1
对丝		个	0.7
角阀		个	8

续表

品　名	规　格	单　位	单价（元）
卡子	1.5 寸	个	1.5
卡子	1 寸	个	0.15
卡子	2 寸	个	2
卡子	4 分	个	0.1
冷水管	1 寸	m	8
冷水管	4 分	m	4
铝塑管	1 寸	m	8.2
铝塑管	4 分	m	6
内三通	1 寸	个	17
内三通	4 分	个	6.4
内弯	4 分	个	4.2
内弯头	1 寸	个	8.8
内弯头	4 分	个	4
内直通	4 分	个	3.2
球阀	4 分	个	12.5
软管		m	1.5
水咀		个	5、9.5、6
丝堵	1 寸	个	0.7
铜球阀	外牙 1 寸	个	12
外弯头	1 寸	个	9.6
外弯头	4 分	个	4
外直通	1 寸	个	7.2
弯头	50×45°	个	1.27
弯头	50×90°	个	1.51
弯头	外牙、1 寸	个	9.5
异三通	1 寸变 4 分	个	14.5
直通	外牙 1 寸	个	7.5

▶ 709. 给排水工程怎样做预算？

答：给排水工程的预算根据“材料总费用 + 附料总费用 + 人工费用”预算。其中：

材料总费用 = 材料数量 × 单价 + 裕量

附料总费用 = 附料数量 × 单价 + 裕量

人工费用 = 单价 × 数量

一些材料、附料、人工的历史参考单价见表 8-6。

表 8-6　　一些材料、附料、人工的历史参考单价

项目	材料		附料		人工	
	单位	单价（元）	单价（元）	金额	单价（元）	金额
各种阀门、配件及煤气、电热水器安装	套	80	20		50	
冷热水管及配件	m	10	8		8	
落水管道、配件及其他饰品安装	套	150	50		100	
煤气管道及配件	套	100	50		100	

▶ 710. 怎样做水电安装的预算？

答： 水电安装的预算可以采用表 8-7、表 8-8 的形式进行。

表 8-7　　门店装饰水电工程预算报价表（一）

施工地址：__________　　店主姓名：__________

联系电话：__________　　店主电话：__________

项目负责人：__________　　水电工：__________

工程分项名称	单位	预算数量	单价	合计	备注与说明
工程直接费					
电路铺设					
吊顶、地板走线（不开槽）	m				
$6mm^2$ 专用插座线路走线（不开槽）	m				
$6mm^2$ 专用插座线路走线（开槽）	m				
T4 管安装费	套				
灯具安装人工、辅料					
花灯、餐灯安装	个				
开关、插座安装（含底盒）	个				
开关插座安装人工、辅料					
墙体、地板走线（开槽）	m				
热水器安装	个				
软管灯安装费	m				
射灯安装费	套				
筒灯安装费	套				
吸顶灯、壁灯安装	个				
小型灯具安装	个				
浴霸安装	个				

续表

工程分项名称	单位	预算数量	单价	合计	备注与说明
其他费用					
垃圾清运、完工清洁	项				
材料二次搬运费	项				
垃圾外运费	项				
成品保护费	项				
管理费					

表 8-8　　门店装饰水电工程预算报价表（二）　　单位：元

项目名称	单位	人工费	材料费	机械费	管理费	综合单价	计算规则及主要材料、工艺说明	备注	数量	小计
半硬阻燃管暗敷DN15~20	m						按实体净长以m为单位计算	材料费中不含管道及附件价格		
单管荧光灯安装	套						按实体以套为单位计算、安装、试亮	材料费中不含灯具价格		
电气配线1.5mm²	m						按实体净长以m为单位计算	材料费中不含电线价格		
电气配线2.5mm²	m						按实体净长以m为单位计算	材料费中不含电线价格		
电气配线4mm²	m						按实体净长以m为单位计算	材料费中不含电线价格		
吊灯（7头以下）	套						按实体以套为单位计算	材料费中不含灯具价格		
吊灯（9头以下）	套						按实体以套为单位计算	材料费中不含灯具价格		
蹲式大便器安装	套						按实体以套为单位计算	材料费中不含大便器及附件、配件价格		
换气扇安装	台						按实体台为单位计算、安装、试运转	材料费中不含风扇价格		
镜前荧光灯安装	套						按实体以套为单位计算、安装、试亮	材料费中不含灯具价格		
聚丙烯PPR给水管安装DN15~20	m						按实体净长以m为单位计算	材料费中不含管道及管件、附件价格		

续表

项目名称	单位	人工费	材料费	机械费	管理费	综合单价	计算规则及主要材料、工艺说明	备注	数量	小计
开关、插座安装	个						按实体以个为单位计算、安装、接线	材料费中不含开关、插座价格		
开关盒、插座盒安装	个						按实体以个为单位计算	材料费中不含暗盒价格		
淋浴器安装	套						按实体以套为单位计算	材料费中不含淋浴器及附件、配件价格		
水龙头安装 DN15~20	个						按实体以个为单位计算、安装、试水	材料费中不含水龙头价格		
吸顶灯安装	套						按实体以套为单位计算、组装、安装、试亮	材料费中不含灯具价格		
洗脸盆安装	组						按实体以组为单位计算、安装	材料费中不含洗脸盆及附件、配件价格		
小型自动空气断路器	个						按实体以个为单位计算	材料费中不含空气断路器价格		
浴缸安装	组						按实体以组为单位计算	材料费中不含浴缸及附件价格		
坐式大便器安装	套						按实体以套为单位计算	材料费中不含坐便器及附件价格		
其他										
合计										

▶ 711. 水电工程造价一些参考计算是怎样的？

答： 水电工程造价一些参考计算如下：

（1）水电工程造价 = 工程直接费 + 其他费用。

管理费 = 工程造价 ×5%= 工料费 ×5%；

合同总价 = 工程造价 + 管理费用 + 税金；

税金 =（工程造价 + 管理费用）×0.0346= 总造价 ×3.41%；

单位造价 = 合同总价 / 建筑面积

（2）楼层清理运输——历史参考 100 元 / 层。

设计费——历史参考 15 元 /m^2。

注： 物业押金及物业管理费根据要求规定来决定，例如有的由店主承担物业管理费，则无须预算。

第 9 章　安防与弱电、地暖

9.1　安全概述

▶ 712. 什么是触电？它可以分为哪几类？

答：触电是指人体触及带电体后，电流对人体造成的伤害。触电的类型有电伤与电击两种。电伤又可以分为灼伤、电烙伤、皮肤金属化等。

注：在触电事故中，电击与电伤往往会同时发生。

▶ 713. 影响触电危险程度的因素有哪些？

答：影响触电危险程度的因素如下：

（1）电流大小对人体的影响。电流越大，伤害也越大。

（2）电流的类型。工频电流对人体的伤害程度最为严重。

（3）电流的作用时间。时间越长，危害越大。

（4）电流路径。以通过心脏、中枢神经（脑、脊髓）、呼吸系统最为危险。

（5）人体的状况。与触电者的性别、年龄、健康状况、精神状态等有关。

（6）人体电阻。

（7）接触电压。

▶ 714. 电流的大小对人体的危害是怎样的？

答：电流的大小对人体的危害见表 9-1。

表 9-1　　电流的大小对人体的危害

电流（mA）	对人体的危害
＜ 0.7	无感觉
1	有轻微感觉
1 ～ 3	有刺激感，一般电疗仪器取此电流
3 ～ 10	感到痛苦，但可自行摆脱
10 ～ 30	引起肌肉痉挛，短时间无危险，长时间有危险
30 ～ 50	引起痉挛，时间超过 60s 即有生命危险
50 ～ 250	产生心脏室性纤颤，丧失知觉，严重危害生命
＞ 250	短时间内（1s 以上）造成心脏骤停，体内造成电灼伤

▶ 715. 人体电阻随电压变化是怎样的？

答：人体电阻随电压的变化见表 9-2。

表 9-2　　人体电阻随电压的变化

电压（V）	1.5	12	31	62	125	220	380	1000
电阻（kΩ）	＞100	16.5	11	6.24	3.5	2.2	1.47	0.64
电流（mA）	忽略	0.8	2.8	10	35	100	268	1560

▶ 716. 常见的触电原因有哪些？防止触电的安全措施有哪些？

答：常见的触电原因有违章操作、缺乏安全用电知识、意外触电 。

防止触电的一些安全措施如下：

（1）火线进开关。

（2）合理选择导线和熔丝，不允许用普通导线代替熔丝。

（3）采用静电防护（消除静电的最基本方法就是可靠接地）。

（4）注意采取雷电防护措施。

（5）电气要注意防火防爆。

（6）施工时，严格按照有关要求进行。

▶ 717. 安全电压规定值是怎样的？什么是安全间距？

答：我国及 IEC（国际电工委员会）对安全电压的上限值进行了规定，即工频下安全电压的上限值为 50V，其电压等级有 42V、36V、24V、12V、6V。

安全间距就是为防止带电体之间、带电体与地面之间、带电体与其他设施之间、带电体与工作人员之间因距离不足而在其间发生电弧放电现象，并且引起电击或电伤事故，应规定其间必须保持的最小间隙 。

▶ 718. 什么是屏护？安全色标的意义是怎样的？

答：屏护是指将带电体间隔起来，以有效地防止人体触及或靠近带电体，特别是当带电体无明显标志时。常用的屏护方式有遮栏、栅栏、保护网等。

安全色标的意义见表 9-3。

表 9-3　　安全色标的意义

色　标	意　义
红色	停止、禁止、消防
黄色	注意、警告
绿色	安全、通过、允许、工作
黑色	警告
蓝色	强制执行

▶ 719. 导体的色标是怎样的？

答：导体的色标见表 9-4。

表 9-4 导体的色标

类别	接地线	直流电路		交流电路			
		正极	负极	L1	L2	L3	N
色标	绿 / 黄双色线	棕	蓝	黄	绿	红	淡蓝

▶ 720. 常用的安全标志有哪些？安全标志牌的尺寸是怎样的？

答：常用的一些安全标志如图 9-1 所表示。

图 9-1 常用的一些安全标志

安全标志牌的尺寸见表 9-5。

表 9-5 安全标志牌的尺寸

观察距离 L（m）	圆形标志的外径（m）	三角形标志的外边长（m）	正方形标志的边长（m）
$0 < L \leqslant 2.5$	0.070	0.088	0.063
$2.5 < L \leqslant 4.0$	0.110	0.140	0.100
$4.0 < L \leqslant 6.3$	0.175	0.220	0.160
$6.3 < L \leqslant 10.0$	0.280	0.350	0.250
$10.0 < L \leqslant 16.0$	0.450	0.560	0.400
$16.0 < L \leqslant 25.0$	0.700	0.880	0.630
$25.0 < L \leqslant 40.0$	1.110	1.400	1.000

注 允许有 3% 的误差。

▶ 721. 电气火灾产生的原因有哪些？怎样紧急处理电气火灾？

答：电气故障一般会导致电气着火。因此，一定要正确、及时处理电气故障。电气火灾产生的常见原因有：设备材料选择不当、过负荷故障、短路故障、漏电故障、照明与电热设备故障、熔断器烧断故障、接触不良故障、雷击故障、静电故障等引起高温、高热或者产生电弧、放电火花，进而引发火灾事故。

电气火灾的紧急处理方法如下：

（1）首先要切断电源，同时拨打火警电话报警。

（2）不能用水或普通灭火器（如泡沫灭火器）灭火。

（3）应使用干粉二氧化碳或“1211”等灭火器灭火。

（4）也可采用干燥的黄沙灭火。

（5）灭火时不可将身体或灭火工具触及带电的导线和电气设备。

▶ 722. 综合布线管道与电磁干扰源间的最小距离是多少？

答：综合布线管道与电磁干扰源间的最小参考距离见表 9-6。

表 9-6　　综合布线管道与电磁干扰源间的最小参考距离

干扰源	变压器及电动机	无线电发射设备	荧光灯	无屏蔽的电力线或电力设备			无屏蔽的电力线或电力设备		
				<2kVA	2~5kVA	>5kVA	<2kVA	2~5kVA	>5kVA
最小间距（mm）	1000	>1500	300	130	310	610	70	150	150
布线管道材质				非金属布线管道			金属布线管道		

9.2　消防与报警

▶ 723. 设置消防安全标志的作用与要求是怎样的？

答：设置消防安全标志的作用与要求如下：

（1）采用安全标志可以提醒多人装饰操作时加以注意。

（2）如果是多个工种一起作业，可避免一些误操作。

（3）标志牌设置的高度，应尽量与人眼的视线高度相一致。

（4）悬挂式、柱式的环境信息标志牌的下缘距地面的高度不宜小于 2m。

（5）局部信息标志的设置高度应视具体情况确定。

（6）标志牌不应设在门、窗、架等可移动的物体上，以免物体位置移动后，看不见安全标志。

（7）标志牌前不得放置妨碍认读的障碍物。

（8）室外消防安全标志牌应设置在室外明亮的环境中。

（9）设置的消防安全标志牌及其照明灯具等至少半年要检查一次。

▶ 724. 哪些地方应设置消防安全标志？

答：应设置消防安全标志的地方见表 9-7。

表 9-7　应设置消防安全标志的地方

名称内容	说　明
“地下消火栓”“地上消火栓”“消防水泵接合器”标志	设有地下消火栓、消防水泵接合器与不易被看到的地上消火栓等消防器具的地方，应设置“地下消火栓”“地上消火栓”“消防水泵接合器”标志
“发声警报器”标志	设有火灾报警器或火灾事故广播喇叭的地方应设置“发声警报器”标志
“火警电话”标志	设有火灾报警电话的地方应设置“火警电话”标志
	对于设有公用电话的地方（如电话亭），也可设置“火警电话”标志
“紧急出口”标志	门店等人员密集的商业场所紧急出口、疏散通道处、层间异位的楼梯间、常用的光电感应自动门与360°旋转门旁设置的一般平开的疏散门，需要设置相应的“紧急出口”标志
“紧急出口”标志、“疏散通道方向”标志	在远离紧急出口的地方，应将“紧急出口”标志与“疏散通道方向”标志联合设置，箭头指向通往紧急出口的方向
“禁止锁闭”标志	紧急出口或疏散通道中的门上应设置“禁止锁闭”标志
“禁止吸烟”标志	禁止吸烟的场所，应设置“禁止吸烟”标志
“禁止烟火”“禁止吸烟”“禁止放易燃物”“禁止带火种”“禁止燃放鞭炮”“当心火灾—易燃物”“当心火灾——氧化物”“当心爆炸— 爆炸性物质”标志	在一些区域应相应地设置“禁止烟火”、“禁止吸烟”、“禁止放易燃物”、“禁止带火种”、“禁止燃放鞭炮”、“当心火灾— 易燃物”、“当心火灾——氧化物”、“当心爆炸— 爆炸性物质”等标志
“禁止用水灭火”标志	存放遇水爆炸的物质或用水灭火会对周围环境产生危险的地方应设置“禁止用水灭火”标志
“禁止阻塞”标志	疏散通道或消防车道的醒目处应设置“禁止阻塞”标志
“灭火设备”、“灭火器”、“消防水带”标志	各类建筑中的隐蔽式消防设备存放地点应设置“灭火设备”、“灭火器”、“消防水带”标志
“消防手动启动器”标志	手动火灾报警按钮与固定灭火系统的手动启动器等应设置“消防手动启动器”标志

▶ 725. 室内消防安全标志安装位置、材料与颜色有什么规定?

答：室内消防安全标志安装位置、材料与颜色的一些规定如下：

（1）消防安全标志应设在与消防安全有关的、醒目的位置。

（2）标志的正面或其邻近区不得有妨碍公共视读的障碍物。

（3）在室内及其出入处，消防安全标志应设置在明亮的地方。

（4）所有有关照明标志的颜色应保持不变。

（5）疏散标志牌需要采用不燃材料制作。

▶ 726. 室内消防安全标志有关照明是怎样规定的?

答：室内消防安全标志有关照明的一些规定如下：

▶ 819. 大管揻弯时为什么有凹扁、烤伤、裂痕、烤变色等现象？

答：大管揻弯时，有时有凹扁、烤伤、裂痕、烤变色现象，主要原因如下：因烤烘面积小，加热不均匀，则可以通过灌砂，用电炉间接烤或用水烤。

▶ 820. PVC 明敷工艺中管路固定有哪些方法？

答：PVC 明敷工艺中管路固定的方法见表 10-4。

表 10-4　　　　PVC 明敷工艺中管路固定的方法

名　　称	说　　明
抱箍法	PVC 管固定时，若遇到门店梁柱，采用抱箍将支架、吊架固定好，再固定 PVC 管
木砖法	利用木螺钉配合、固定 PVC 的附件，并且把 PVC 直接固定在预埋木砖上
剔注法	首先根据测定位置，剔出一个墙洞，然后用水把洞内浇湿，再将合好的高标号砂浆填入洞内，待填满后，将支架、吊架、螺栓插入洞内，并且校正埋入深度以及调整平直。当无误后，再将洞口抹平即可
稳注法	稳注法就是随土建砌砖墙，将 PVC 管的支架固定好的一种方法
预埋铁件焊接法	门店在土建施工时，按测定位置已经预埋了铁件，因此，装饰时可以将支架、吊架焊在预埋铁件上来固定 PVC 管
胀管法	胀管法就是先在墙上打孔，然后将胀管插入孔内，再利用螺钉固定的一种方法

注　PVC 明敷工艺中管路固定无论采用何种固定方法，均应先固定两端支架、吊架，再拉直线固定中间的支架、吊架。

▶ 821. 为什么套箍有松动、插不到位的现象？

答：可能是套箍偏中，引起的松动、插不到位；或者胶黏剂抹不均匀，可以采用小刷均匀涂抹胶黏剂，然后用力插入到位即可。

▶ 822. 怎样剪断 PVC 管？

答：如果是小管径的 PVC 管则可以使用剪管器进行断管，大管径的 PVC 管则可以使用钢锯锯断。无论哪种方法，均要求断口平齐。如果不平齐，则应再采用锉刀把断口锉平齐。

▶ 823. 怎样操作 PVC 管卡？

答：在用管卡固定 PVC 管时，首先将管卡一端的螺钉拧紧一半，再将 PVC 管敷设于管卡内，再拧紧另外一端的螺钉，然后逐个拧紧即可。

▶ 824. 管路敷设为什么会出现垂直、水平超偏现象？

答：管路敷设出现垂直、水平超偏现象，主要原因如下：

（1）管卡间距不均匀。

（2）固定管卡前未拉线拉直，造成水平误差。

（3）使用卷尺测量时存在误差。

▶ 825. 管路敷设时，怎样操作才能保持垂直、水平达到要求?

答：管路敷设时，应采用水平仪，让管路敷设的始、终点水平，然后弹线，再根据定位线固定管卡，一般先要固定起、终两点，再固定中间的管卡。另外，选择的管卡的规格要符合管路的要求。

▶ 826.PVC 明敷工艺中管路连接有哪些要求?

答：PVC 明敷工艺中管路连接的一些要求如下：

（1）管口需要平整光滑。

（2）管与管、管与盒等器件应采用插入法连接，连接处的结合面一般要涂上专用胶合剂，并且保持接口牢固、密封。

（3）管与管间采用套管连接时，套管长度一般为管外径的 1.5 ～ 3 倍。

（4）对口应位于套管中部，并且对应平齐。

（5）PVC 管与器件连接时，插入深度一般为管外径的 1.1 ～ 1.8 倍。

▶ 827.PVC 明敷工艺中管路敷设有哪些要求?

答：PVC 明敷工艺中管路敷设的一些要求如下：

（1）支架、吊架位置要正确，管卡要平正牢固，间距要均匀。

（2）用螺栓穿墙固定时，背后需要加垫圈、弹簧垫，再用螺母紧牢固。

（3）埋入支架应有燕尾，埋入深度不应小于 120mm。

（4）PVC 管水平敷设时，高度一般不低于 2m，除非门店层高有限，并且安全（也可以采用加保护管）。

（5）PVC 管垂直敷设时，一般不低于 1.5m.

（6）PVC 管垂直敷设时，1.5m 以下一般需要加保护管保护。

（7）管路较长敷设时，超过下列情况时，应加接线盒：

1）管路无弯时超过 30m，应加接线盒。

2）管路有 1 个弯时超过 20m，应加接线盒。

3）管路有 2 个弯时超过 15m，应加接线盒。

4）管路有 3 个弯时超过 8m，应加接线盒。

（8）管路较长敷设时，如果无法加装接线盒时，则需要将 PVC 管径加大。

（9）PVC 管引出地面一段，可以采用一节钢管来引出，并且注意采用合适的过渡专用接箍。

（10）PVC 用钢管引出时采用过渡专用接箍需要把钢管接箍埋在混凝土中，

并且注意钢管的外壳要做接地或接零保护。

（11）配管、支架、吊架需要安装平直、牢固、排列整齐、管子弯曲处应没有明显折皱 / 凹扁等异常现象。

（12）PVC 弯曲半径需要符合相应规定。

（13）PVC 弯扁度需要符合相应规定。

（14）PVC 入盒、入箱一般需要采用端接头与内锁母连接，并且连接要求平正、牢固。

（15）向上立管管口一般需要采用端帽护口，并且需要防止异物堵塞管路。

（16）PVC 连接的接线盒、箱设置要正确，固定可靠。

▶ 828. PVC 明敷工艺中的成品保护是怎样的？

答：敷设 PVC 管路时，需要保持墙面、顶棚、地面的清洁、完整，一些注意事项如下：

（1）涂敷铁件油漆时，不得污染建筑物。

（2）施工时采用的登高工具，不得碰撞墙、角、门、窗。

（3）施工时不得靠装修好的墙面靠立登高工具。

（4）采用高凳登高时，注凳脚需要包扎物，避免划伤地板以及防滑倒。

（5）搬运物件、设备时不得砸伤 PVC 管路、接线盒。

▶ 829. 怎样测定 PVC 管路、接线盒固定点位置？

答：PVC 管路、接线盒固定点位置的测定要领如下：

（1）根据水电设计图，测出电线盒、出线口等准确位置。

（2）测量时，可以采用尺杆，然后弹线定位。注意：需要采用水平仪器画出一参考线。

（3）如果是简单的装饰，则可以根据门店实际情况利用目测大概来定位。

（4）根据测定的电线盒位置，首先把管路找出 2 个垂直点，然后沿 2 个垂直点画一条直线。也可以首先在管路上找出 1 个垂直点，然后利用重锤吊线弹出其垂直线即可。

（5）按照要求标出支架、吊架固定点的具体尺寸位置，有的地方需要标注简易符号。

▶ 830. 怎样选择吊顶、地板走电线（不开槽）的材料？

答：吊顶、地板走电线（不开槽）的材料选择要领如下：

（1）电线管需要选择优质、可弯曲、加厚、阻燃 PVC 管、相应附件接头。

（2）电线一般需要明确什么品牌的电工塑铜线、护套线，以及规定可能该品牌产品市场断货，可以采用的替代品。

（3）吊顶、地板暗敷安装可以选择轻型金属线槽。

▶ 831. 吊顶、地板走电线有哪些要求？

答：吊顶、地板走电线的一些要求如下：

（1）强电、弱电的导线均不得出现裸露。

（2）PVC 管没有损坏现象。

（3）电路通畅，没有短路、断路等异常现象。

▶ 832. 线槽敷设工艺的基本流程是怎样的？

答：线槽敷设工艺的基本流程如下：弹线定位→线槽固定→线槽连接→槽内放线→导线连接→线路检查→槽板盒盖。

▶ 833. 线路开槽有哪些要求？

答：线路开槽的一些要求如下：

（1）开槽深度要一致。

（2）开槽深度一般为 PVC 管直径加 10mm。

（3）开槽线路要直。

（4）一般可以采用云石机切割墙面线路槽。

▶ 834. 应用 PVC 管敷设电线有哪些要求？

答：应用 PVC 管敷设电线的一些要求如下：

（1）墙壁应用 PVC 管敷设，需要采用管卡固定。

（2）PVC 管接头一般需要采用配套接头并采用 PVC 胶水粘牢连接。

（3）PVC 管弯头可以采用弹簧弯曲。

（4）同一回路电线应穿入同根 PVC 管内。

（5）同一回路电线穿入同根管的总根数一般不要超过 8 根。

（6）同一回路电线穿入同根管的电线总截面积（包括绝缘外皮）一般不要超过管内截面积的 40%。

（7）穿入 PVC 配管导线的接头应设在接线盒内。

（8）强、弱电 PVC 间距至少为 500mm，如果达不到要求，则需要对弱电进行屏蔽处理。

▶ 835. 常用导线穿线槽参考数量是多少？

答：常用导线穿线槽参考数量见表 10-5。

表 10-5 常用导线穿线槽参考数量

BVV（铜芯聚氯乙烯）线截面积（mm^2）	线槽规格（mm×mm）				
	25×14	40×18	60×22	100×27	100×40
1.5	9	19	35	72	106
2.5	7	16	29	60	88
4.0	6	13	24	49	72
6.0	4	8	16	32	48
10		4	8	19	29
16			5	13	19

注 表中数据表示线槽导线数（-40% 满槽率）。

▶ 836. 钢管内穿线需要加设绝缘保护套吗？

答：钢管管内穿线一般需要加设绝缘保护套，这样在导线穿线时不致损伤导线绝缘层，也不会降低导线原绝缘强度。

▶ 837. 一般门店吊顶、地板、墙体走电线如何选择？

答：一般门店吊顶、地板、墙体走电线的选择如下：

（1）吊顶、地板、墙体内可以选择 PVC 管来敷设。

（2）强、弱电线要分开布设。

（3）照明线路一般选择 $2.5mm^2$ 塑铜线即可。

（4）普通插座一般选择 $2.5mm^2$ 塑铜线即可。

（5）空调、热水器一般选择 $4.0mm^2$ 塑铜线即可。

▶ 838. $6mm^2$ 专用插座线路怎样走线（开槽）？

答：$6mm^2$ 专用插座线路走线（开槽）工艺要求与工程标准如下：

（1）材料。$6mm^2$ 专用插座线路需要选用优质、可弯曲、加厚、阻燃 PVC 管及接头。电工塑铜线、护套线要选择品质优的材料。

（2）工艺。吊顶、地板内布 PVC 管及内穿 $6mm^2$ 线路。被混凝土墙、梁、顶影响管路可走护套线，无须穿管。

（3）工程标准。强、弱电的导线均不得出现裸露，PVC 管无损伤等异常现象。

▶ 839. 三相四线制配电系统中 N 线允许载流量与截面积有哪些要求？

答：三相四线制配电系统中 N 线允许载流量与截面的要求如下：

（1）在三相四线制配电系统中，N 线的允许载流量一般不应小于线路中最大不平衡负荷电流，且应计入谐波电流的影响。

（2）在三相四线制配电系统中，以气体放电灯为主要负荷的回路中，N 线截面积不应小于相线截面积。

10.1.3 开关、插座、接线盒

▶ 840. 开关、插座安装可能需要哪些机具、工具?

答：开关、插座安装可能需要的机具、工具如下：水平尺、线坠、高凳、铅笔、卷尺、丝锥、套管、手锤、钻头、射钉枪、錾子、剥线钳、尖嘴钳、电钻、电锤等。

▶ 841. 开关、插座安装有哪些作业条件?

答：开关、插座安装的一些作业条件如下：

（1）管路已经敷设完毕。

（2）底盒已经敷设完毕，盒子收口平整。

（3）线路的导线已穿完，并已做完绝缘摇测。

（4）墙面的浆活、油漆及壁纸等装修工作已经完成。

▶ 842. 开关、插座安装工艺流程是怎样的?

答：开关、插座安装工艺流程：清理盒子灰块杂物→开关接线→安装开关、插座→检查安装是否规范。

▶ 843. 开关、插座安装接线有哪些规定?

答：开关、插座安装接线的一些规定见表10-6。

表10-6 开关、插座安装接线的一些规定

名称	说　明
开关接线	（1）同一场所的开关切断、接通位置要一致。 （2）开关操作要灵活，接点接触要可靠。 （3）灯具的开关控制应经相线控制。 （4）电器的开关控制应经相线控制。 （5）多联开关不允许拱头连接，应采用LC型压接帽压接帽压接总头后，然后进行分支连接
插座接线	（1）交、直流插座安装在同一场所时，应有明显区别，并且其插孔与插座要配套，均不能互相代用。 （2）不同电压的插座安装在同一场所时，应有明显区别，且其插孔与插座要配套，均不能互相代用。 （3）插座箱多个插座导线连接时，不允许拱头连接，应采用LC型压接帽压接总头后，然后进行分支线连接。 （4）一般不要使用插座过多的插孔，如下图所示： 禁止

▶ 844. 怎样暗装开关、插座?

答：开关、插座暗装连接的步骤要领如下：

（1）将开关、插座底盒内甩出的导线留出维修长度，然后削出线芯，注意不要碰伤线芯。

（2）将导线按顺时针方向盘绕在开关、插座对应的接线柱上，再旋紧压头即可。

（3）当为单芯导线时，也可将线芯直接插入接线孔内，再用顶丝将其压紧。注意线芯不得外露。

（4）将开关或插座推入盒内，如果盒子较深，大于 2.5m 时，应加装套盒。

（5）把开关面板对正盒眼，把螺钉拧好即可。

（6）固定时要使面板端正，并与墙面平齐。

▶ 845. 怎样明装开关、插座?

答：开关、插座明装连接的步骤要领如下：

（1）将开关、插座底盒内甩出的导线由塑料台或者木台的出线孔中穿出。

（2）将塑料台或者木台紧贴于墙面，用螺钉固定在盒子或木砖上，并固定牢固。

（3）塑料台或者木台固定后，将甩出的相线、中性线、保护地线按各自的位置从开关、插座的线孔中穿出。

（4）按接线要求连接开关、插座上的接线柱，并且将导线压牢。

（5）再将开关或插座贴于塑料台或者木台上，并且要对中找正，然后用木螺钉固定牢。

（6）把开关、插座的盖板上好、盖好即可。

▶ 846. 开关安装的一般规定与要求有哪些?

答：开关安装的一般规定与要求如下：

（1）拉线开关距地面的高度一般为 2~3m，距门口的距离一般为 150~200mm。

（2）扳把开关距地面的高度一般为 1.4m，距门口的距离一般为 150~200mm。

（3）成排安装的开关高度应一致，高低差不大于 2mm。

（4）成排安装的拉线开关相互间距一般不小于 20mm。

（5）明线敷设的开关应安装在至少 15mm 厚的木台上。

（6）开关面板的垂直允许偏差一般为 0.5mm。

（7）开关不得置于单扇门后。

（8）暗装开关的面板应端正、严密并与墙面平齐。

（9）开关位置应与灯位相对应，同一室内开关方向应一致。

（10）多尘潮湿场所与户外应选用防水瓷制拉线开关或需要加装保护箱。

（11）在易燃、易爆、特别潮湿的场所，开关应分别采用防爆型、密闭型，或安装在其他处所进行控制。

（12）盒子内应清洁、没有杂物；表面清洁、不变形；盖板紧贴建筑物的表面。

（13）开关应切断相线。

（14）开关明敷安装时不得碰坏墙面，要保持墙面的清洁。

（15）开关明敷安装完毕后，不得再次进行喷浆，以保持面板的清洁。

（16）其他工种在施工时，不要碰坏、碰歪开关。

（17）安装开关、插座接线时，应注意把铁管进盒护口带好。

（18）如果开关、插座的接线盒子过深，则需要加套盒处理。

（19）一般开关都是用方向相反的一只手进行开启关闭。一般用右手多于左手，因此，一般门店的开关多数是装在进门的左侧，这样方便进门后用右手开启。

（20）一般开关不能够被货柜挡住。

（21）进门的开关一般选择带指示灯的开关，以为夜间使用开关提供方便。

▶ 847. 怎样安装大翘板开关?

答：有的大翘板开关有上下、左右两对安装螺钉孔，其中一对孔只要拆下外框即可安装，而另一对孔还需拆下外按键才能安装。具体采用哪对孔安装，可以根据实际预埋安装盒的方向、外框方向来确定。大翘板开关安装图示如图 10-1 所示。

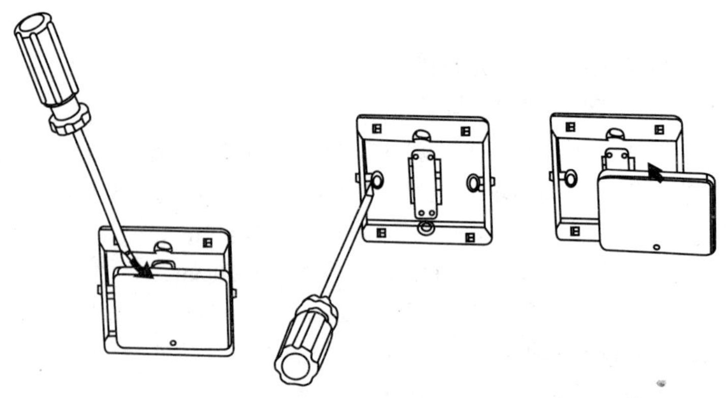

图 10-1　大翘板开关安装图示

▶ 848. 插座安装的一般规定与要求有哪些？

答：插座安装的一般规定与要求如下：

（1）暗装、工业用插座距地面不应低于 30cm。

（2）儿童活动场所需要选择采用安全插座。

（3）采用普通插座时，其安装高度不应低于 1.8m。

（4）同一室内安装的插座高低差不应大于 5mm。

（5）成排安装的插座高低差不应大于 2mm。

（6）面板的垂直允许偏差为 0.5mm。

（7）暗装的插座应有专用盒，盖板应端正、严密并与墙面平齐。

（8）落地插座应有保护盖板。

（9）在特别潮湿、易燃、易爆气体及粉尘的场所不应装设插座。

（10）导线进入插座需要绝缘良好，不伤线芯。

（11）插座的接地线需要单独敷设。

（12）安装插座时不得碰坏墙面，要保持墙面的清洁。

（13）明敷插座安装完毕后，不得再次进行喷浆，以保持面板的清洁。

（14）其他工种施工时，不要碰坏、碰歪插座。

（15）同一房间的插座的安装高度差超出允许偏差范围时，需要及时更正。

▶ 849. 为什么插座配用电线不宜过长？

答：插座配用电线一般不宜过长，应尽量就近使用电源。插座配用电线过长有以下不足：

（1）连线外露，当线路老化或遭外力损伤时，容易造成触电伤人事故。

（2）过长的线盘如果长时间使用会使软线积热，很容易造成火灾事故。

▶ 850. 插头插座可以采用绞线或打结方式连接吗？

答：为防止意外拉动造成连线被拉出插头或插座，插头插座不可以采用绞线或打结方式连接，可以采用螺纹端子。如果是软线，只有形成一体的不可拆线插头或插座才允许用焊接方式。

▶ 851. 怎样安装三孔插座、两孔插座？

答：三孔插座的安装要领如下：左零右火上接地——面对三孔插座正面，左面一个插孔接零线，右边插孔接相线，上边的插孔接地线。

两孔插座的安装一般是左边接零线，右边接相线。

▶ 852. 插座、开关接线方法是怎样的？

答：插座、开关接线方法如下：

（1）用錾子轻轻地将盒内残存的灰块剔掉，同时将其他杂物一并清出盒外，并且用湿布将盒内灰尘擦净。

（2）将盒内甩出的导线留出维修长度（15~20cm），然后削去绝缘层。

（3）如果开关、插座内为接线柱，将导线按顺时针方向盘绕在开关、插座对应的接线柱上，再旋紧压头即可。

（4）如果开关、插座内为插接端子，将线芯折回头插入圆孔接线端子内（孔径允许压双线时），再用顶丝将其压紧即可。

（5）注意线芯不得外露。

（6）将开关或插座推入盒内对正盒眼，再用螺钉固定牢固。

（7）固定时要使面板端正，并与墙面平齐。

（8）面板安装孔上有装饰帽的需要一并装好。

▶ 853. 怎样根据指示来安装插座？

答：较规范的插座在接线孔旁边一般都有标记指示，因此，可以根据标记指示来安装：标记 N 的接线孔，接中性线；标记 L 的接线孔，接相线；标记 E、PE 的接线孔，接地线。

▶ 854. 一些电器插座安装有哪些规则？

答：一些电器插座安装的规则见表 10-7。

表 10-7　一些电器插座安装的规则

名　称	说　明
窗式空调	窗式空调插座可安装在窗口旁距地面 1.4m 处
电冰箱	电冰箱插座距地面一般为 0.3m 或 1.5m，并且一般选择单三极插座
电热水器	电热水器插座一般在热水器右侧距地面 1.4 ～ 1.5m 处安装，注意不要将插座设在电热器上方
分体式、挂壁空调	一般根据出线管预留洞位置安装在距地面 1.8m 处
柜式空调	柜式空调器电源插座一般安装在相应位置距地面 0.3m 处
近灶台	近灶台上方处不得安装插座
洗衣机	洗衣机插座距地面一般为 1.2~1.5m，并且一般选择带开关三极插座
抽油烟机	抽油烟机插座需要根据厨柜设计，安装在距地面 1.8~2m 处，最好能为脱排管道所遮蔽

▶ 855. 露台、厨房、卫生间插座安装有哪些规则？

答：露台、厨房、卫生间插座安装的一些规则如下：

（1）露台插座一般距地面 1.4m 以上，并且尽量避开阳光、雨水所及范围。

（2）露台、厨房、卫生间的插座安装应当尽量远离用水区域。如果靠近用水区域，则需要加配插座防溅盒。

▶ 856. 电脑 / 电话插座使用注意事项有哪些？

答：电脑 / 电话插座使用的一些注意事项如下：

（1）电话插头应顺向插入，不要强行逆插，以免损坏电话面板。

（2）安装插座前应预留足够的插座。

（3）插头插入后不要左右摇动，以免插头与面板接触不良，造成数据无法传输。

（4）禁止用力插拔网线及电话线接口。

▶ 857. 使用地插应注意哪些事项？

答：使用地插应注意的一些事项如下：

（1）使用正确的方法开启和闭合地插，不要用力过猛，以免造成地插弹簧的损坏。

（2）禁止用脚踩踏地插。

▶ 858. 使用墙面电源插座有哪些注意事项？

答：使用墙面电源插座的一些注意事项如下：

（1）根据电器功率选择相应的插头插座。

（2）功率较大的两种办公设备不要插在同一个插座上。

（3）不要将功率较大的办公设备插在额定电流值小的插座上。

（4）插头插入插座后应接触良好，没有松动现象。

（5）插头插入插座后不要太费力即可拔出。

（6）当插头与墙壁插座的规格、尺寸不对应时，不要人为改变插头尺寸或形状。

（7）应在安装前预留足够的插座，避免在一个插座上连接过多的插线板。

（8）发现电源线或插头损坏需要及时更换。

（9）发现插座温度过高或出现拉弧、打火，插头与插座接触不良、插头插入过松或过紧时，应及时停止使用并更换。

▶ 859. 声控开关怎样接线安装？

答：声控开关接线安装示意图如图 10-2 所示。

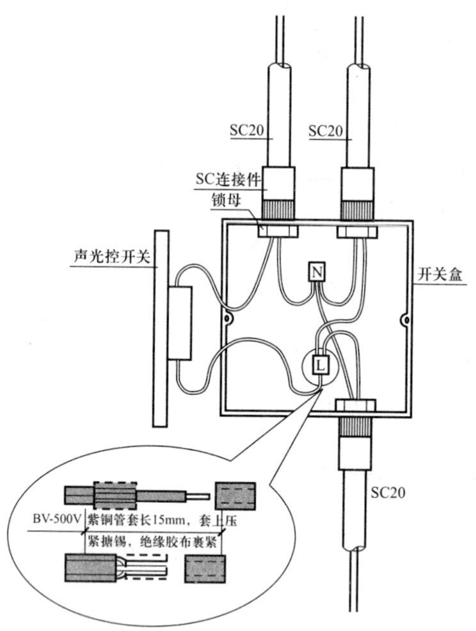

图 10-2 声控开关接线安装示意图

▶ 860. 底盒（暗盒）怎样安装？

答： 暗盒安装的主要步骤：了解暗盒安装的一些要求→选择好暗盒→定好暗盒的位置→根据暗盒大小开孔→穿好管→调整与固定暗盒。

根据选择好的暗盒尺寸加 1cm 进行开孔，并且开孔需要与布管的管槽连通，并且管盒连通后能够平稳稳妥安装好，这就需要开孔时，把暗盒连管的敲落孔对应好连管的位置，并且考虑锁口的厚度对暗盒孔的要求。

孔开好之后，把暗盒的线管穿好。然后把暗盒放在孔内部。如果发现可以，则把暗盒拿出来，然后用矿泉水瓶装满水，再在瓶盖上打一个小孔，把瓶盖对准洞，手挤压瓶身即可有水喷出来浇湿安装洞。之后把暗盒放入孔内固定好。

多数暗盒的安装需要调整。预埋暗盒要在同一水平线上，如果不是微调安装孔的，除了考虑上下水平之外，还要考虑固定孔也要在同一水平线上。不同产品的暗盒，尺寸可能存在差异，因此，遇到联排预埋的暗盒需要采用同规格同产品的。另外，预埋暗盒往往是在地面没有装饰的情况下进行的，因此，预埋暗盒需要首先画出标准暗盒线。如果采用地面为基准，由于会有高度误差，就会造成暗盒不在一个水平线上

预埋暗盒的垂直度判断可以借助绳子捆住起子、扳手、榔头等进行判断。

预埋暗盒的固定，需要分两步进行，即初步固定、完全固定。初步固定就是首先单点固定四周几点，以便固定后也能够调整水平度、垂直度、深度。单点固定可以采用小水泥块、小鹅卵石、小砖块等物体卡住暗盒四角位置。

水平度、垂直度、深度达到要求后，才可以完全固定：用水泥沙浆填满暗盒与墙壁四周的缝隙。在填满缝隙后也需要再检查一遍水平度、垂直度、深度是否达到要求，如果暗盒位置动了，则需要及时调整。其中微调，可以采用起子插入水泥沙浆中撬动暗盒进行调整。

暗盒固定后，即可穿线。有的工艺方案是穿好线后再完全固定暗盒。

多个暗盒同时排列连接使用，需要考虑暗盒间的距离能够装得下面板，以及面板间没有缝隙。如果选择具有连接扣口的暗盒，则直接扣好安装即可。不过，几个单独的三联框连接时，需要注意距离。另外，一些暗盒间的距离是由随产品提供的小插片固定的。

做双暗盒连接时需要加装连接片，由于两个暗盒可以直接插接并联，但不能安装双面板，所以双暗盒直插连接功能没有任何用途，浪费了空间和材料。但如果暗盒内部空间能做得大一些，则可以容纳不同的 86 型插座、开关。

接线盒在吊顶内安装示意如图 10-3、图 10-4 所示。

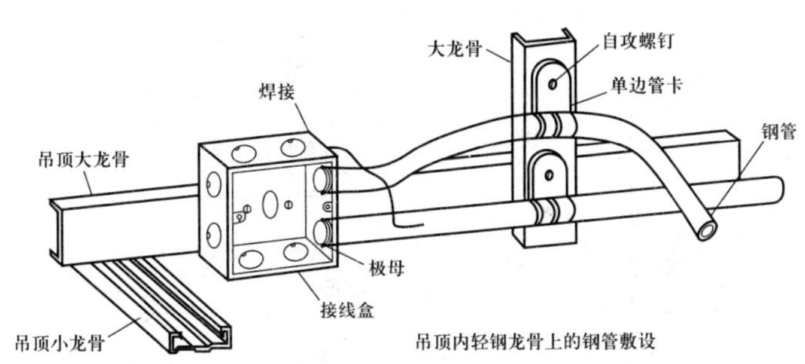

图 10-3　接线盒在吊顶内安装示意图（一）

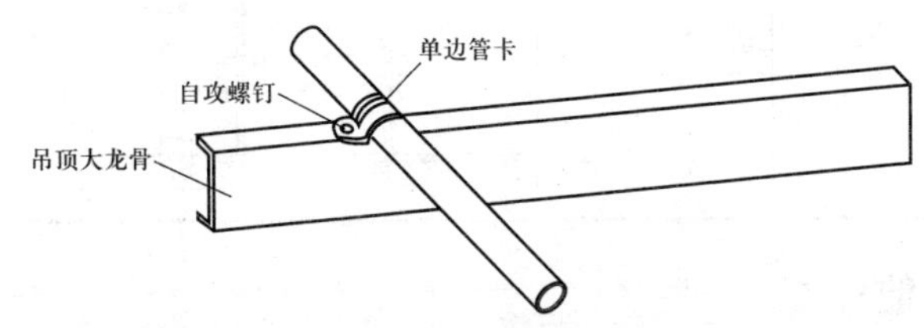

图 10-4　接线盒在吊顶内安装示意图（二）

地板型地面插座钢底盒的安装：

（1）钢底盒的定位。首先根据需要在安装地面插座的防静电地板块上开出方洞，一般开洞尺寸需要比钢底盒的实际外形尺寸大 5mm。

（2）安装深度。钢底盒的上端面一般需要低于地板表面 3~5mm。针对不同厚度的防静电地板块可通过在钢底盒上的安装弯角与防静电地板块底面间增减垫片进行安装深度的调整。

（3）钢底盒的固定。将需要穿线的钢底盒上的敲落孔敲掉，并且用蛇皮管接头连接好，再用自攻螺钉将钢底盒上的弯角固定在防静电地板上。

▶ 861. 终端接线盒怎样安装固定？

答： 终端接线盒安装固定示意见表 10-8。

表 10-8　　终端接线盒安装固定示意

类　　型	图　　解
明装	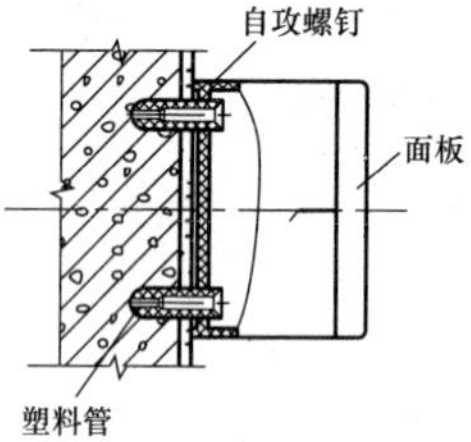 适用于接线盒明装
暗装	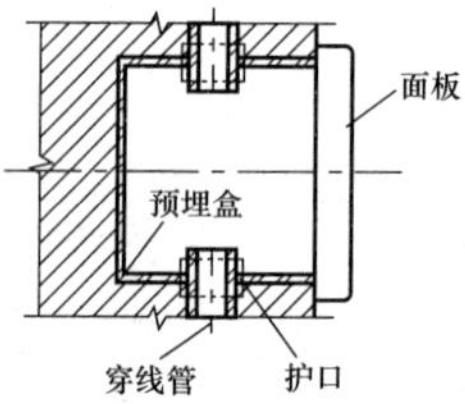 适用于接线盒暗装
两接线盒背靠背暗装	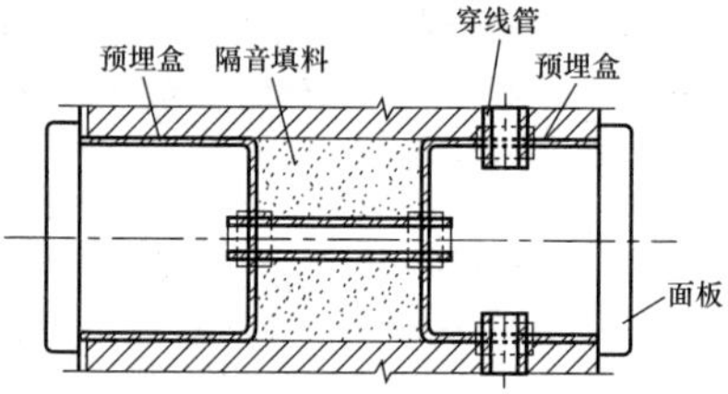

10.1.4　其他

▶ 862. 安装配电屏（箱）有哪些要求？

答： 安装配电屏（箱）的一些要求如下：

（1）座地式安装的配电屏（箱）一般需要安装高度不小于 5cm 的混凝土或

金属底架，以防地面水的侵蚀。

（2）配电箱可以采用明装挂墙式、暗装嵌入式。

（3）配电箱底边距地板的高度一般为 1.5m 左右。

（4）当配电箱箱体高度大于 0.8m 时，箱体的水平中线一般距地面为 1.5m 左右。

（5）需要根据设计要求准确确定配电箱安装位置。

（6）暗设配电箱应在箱体的主体墙面、柱面上用螺栓固定，所用的螺栓可以采用金属胀管螺栓、预埋螺栓等。

（7）暗设配电箱固定螺栓一般不得少于 4 枚。

（8）一般暗设配电箱，固定螺栓的直径不得小于 M8，并且还要设弹簧垫、平垫。

（9）配电箱箱口有的需要与装饰面平齐。

（10）配电箱外壁与墙有接触的部分一般需要涂防腐漆。

（11）配电箱的金属构架、电器的外壳需要进行良好接地。

（12）配电箱里的配线需排列整齐、绑扎成束。

（13）配电箱的线应涂有黄、绿、红、黑等颜色的分相标志。

▶ 863. 安装电能表箱有哪些要求？

答：安装电能表箱的一些要求如下：

（1）电能表箱一般可以采用户内明装挂墙式。

（2）工地临时用电场所通常采用户外挂杆式。

（3）当商铺门前采用 1~3 位电能表箱时，其安装高度为 1.7~1.8m。

▶ 864. LB101~LB104 照明配电箱结构是怎样的？

答：LB101~LB104 照明配电箱结构如图 10-5 所示。

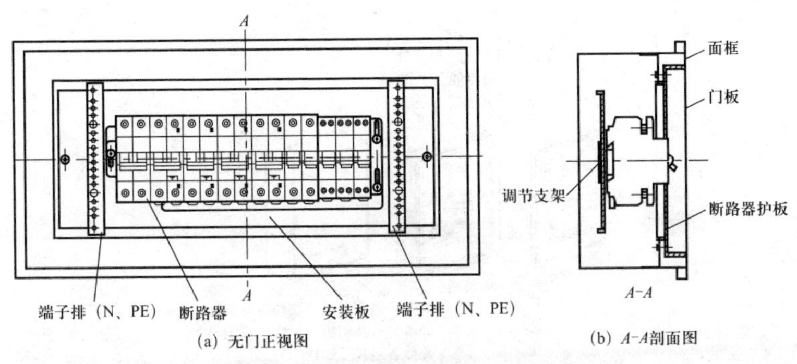

(a) 无门正视图　　(b) A-A剖面图

图 10-5 LB101~LB104 照明配电箱结构

▶ 865. LB105~LB107 照明配电箱结构是怎样的？

答：LB105~LB107 照明配电箱结构如图 10-6 所示。

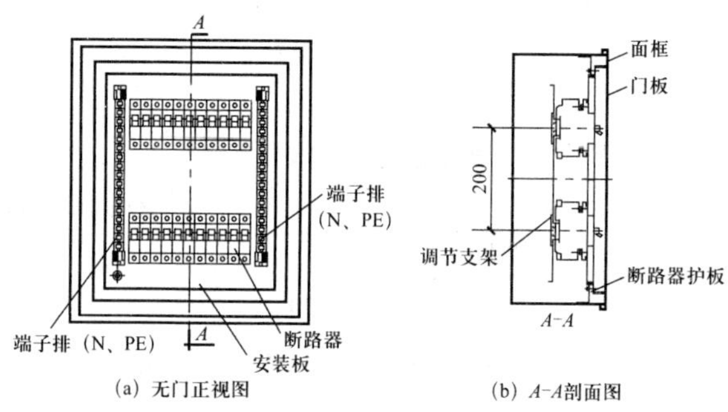

图 10–6　LB105~LB107 照明配电箱结构

▶ 866. LB301~LB305 照明配电箱结构是怎样的？

答：LB301~LB305 照明配电箱结构如图 10-7 所示。

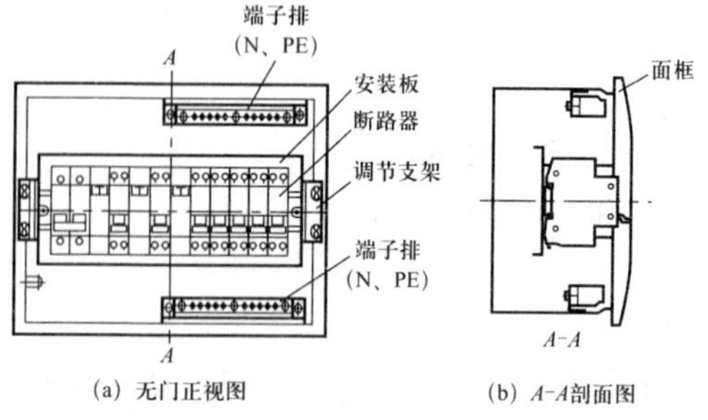

图 10–7　LB301~LB305 照明配电箱结构

▶ 867. MB10 系列电能表箱结构是怎样的？

答：MB10 系列电能表箱结构如图 10-8 所示。

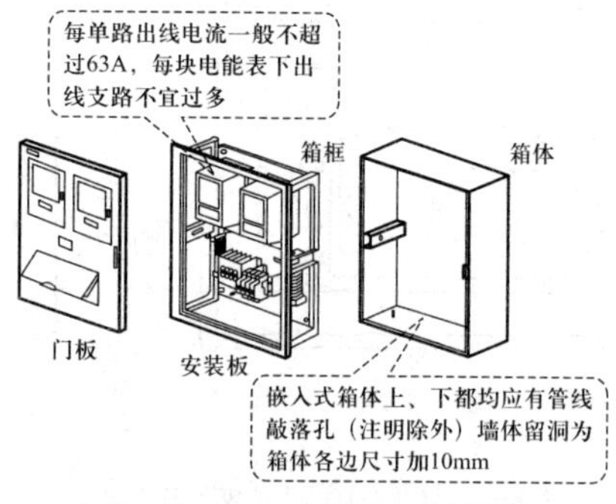

图 10–8　MB10 系列电能表箱结构

▶ 868. MB202 系列电能表箱结构是怎样的？

答： MB202 系列电能表箱结构如图 10-9 所示。

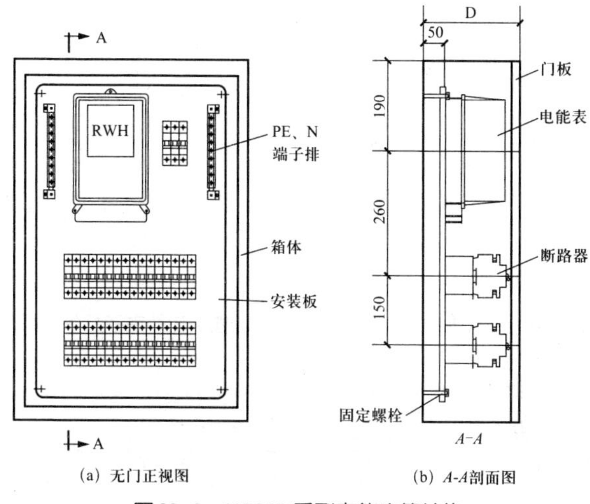

图 10-9　MB202 系列电能表箱结构

▶ 869.DTSY/DSSY 系列电子式三相预付费有功电能表怎样安装？

答： 电能表的安装主要是进线与出线的安装，不同的电能表具体接线有所差异。因此，实际安装时需要参阅相应电能表的说明书进行，有的电能表接线盒盖上有接线示意图。DTSY/DSSY 系列电子式三相预付费有功电能表的连接示意图如图 10-10 ～图 10-13 所示。

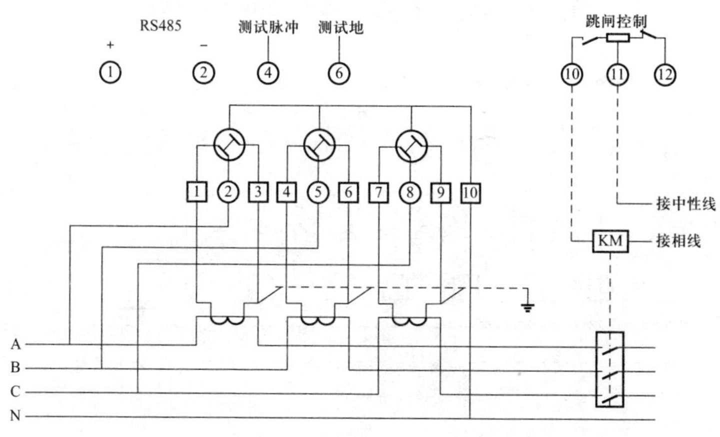

图 10-10　三相四线互感式（外控）电能表接线示意图

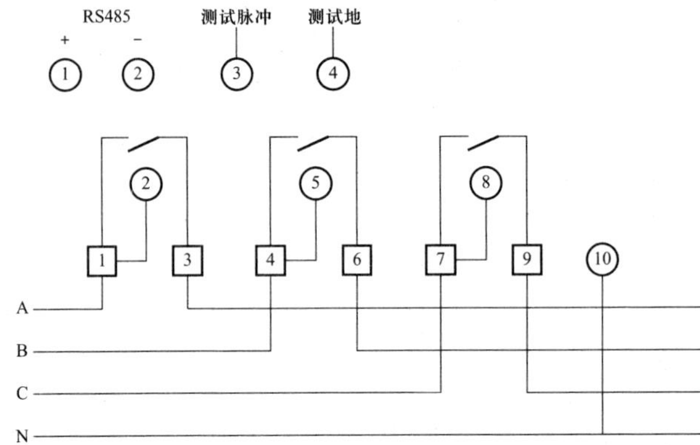

图 10-11　直入内控式电能表（带报警功能）功能端子接线示意图

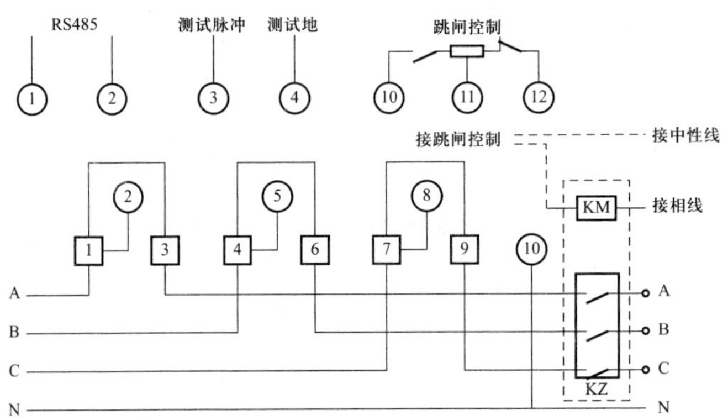

图 10-12　三相四线直入式（外控）电能表接线示意图

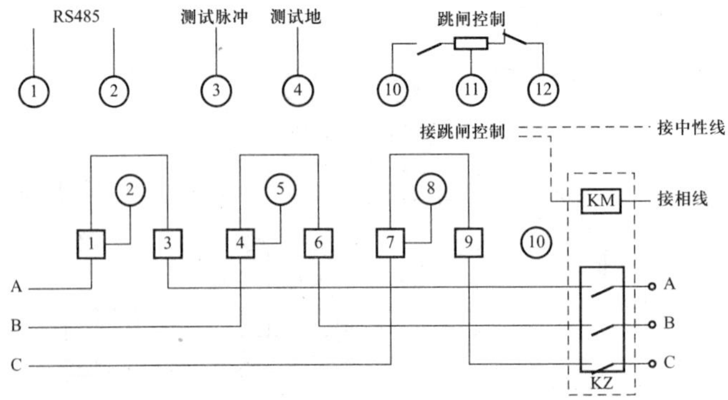

图 10-13　三相三线直入式（外控）电能表接线示意图

▶ 870. 零线、地线在安装剩余电流动作保护器时应怎样连接？

答：安装剩余电流动作保护器时，工作零线必须接剩余电流动作保护器，保护零线或保护地线不得接剩余电流动作保护器。

▶ 871. 带短路保护装置的单极开关与熔断器连接时能够接在相线上吗？

答：带短路保护装置的单极开关与熔断器，需要串接在相线上。但是，需要注意 TN-S 系统中的 N 线上不得装设短路保护装置。如果需要断开 N 线，则需要装设相线与 N 线一起切断的保护电器。

▶ 872. 怎样吊装设备？

答：设备吊装图例见表 10-9。

表 10-9　　设备吊装图例

名称	外　　形
方式 1	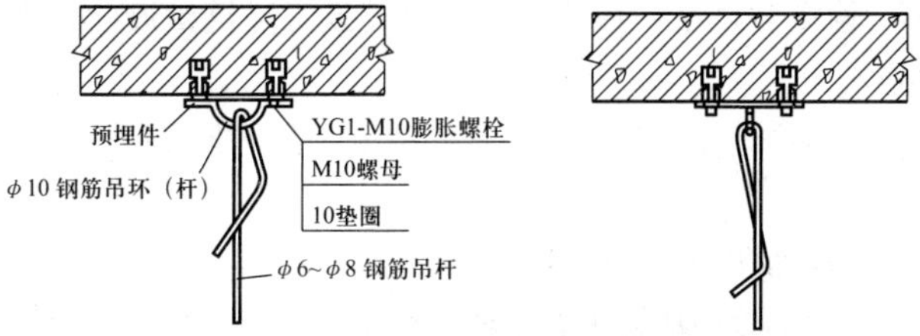 预埋件 YG1-M10膨胀螺栓 M10螺母 10垫圈 φ10 钢筋吊环（杆） φ6~φ8 钢筋吊杆
方式 2	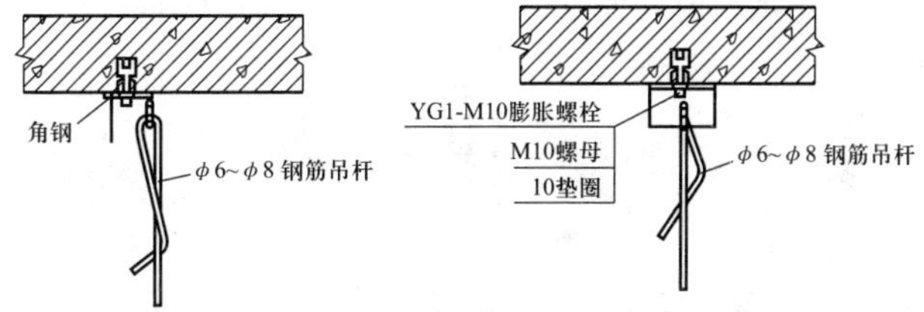 角钢 φ6~φ8 钢筋吊杆 YG1-M10膨胀螺栓 M10螺母 10垫圈 φ6~φ8 钢筋吊杆
方式 3	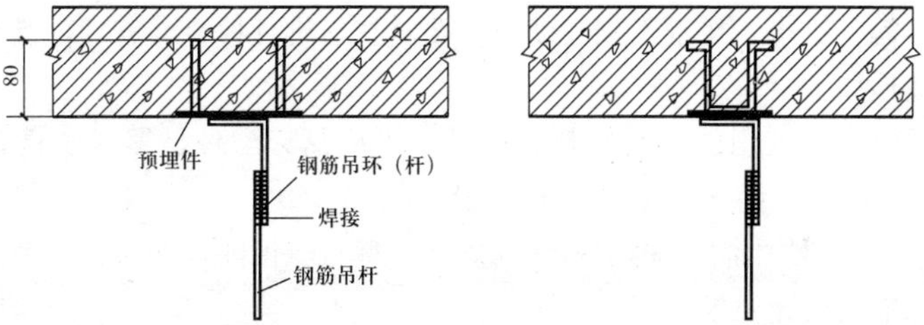 80 预埋件 钢筋吊环（杆） 焊接 钢筋吊杆

▶ 873. 感应门怎样接线？

答：感应门接线图例如图 10-14 所示。

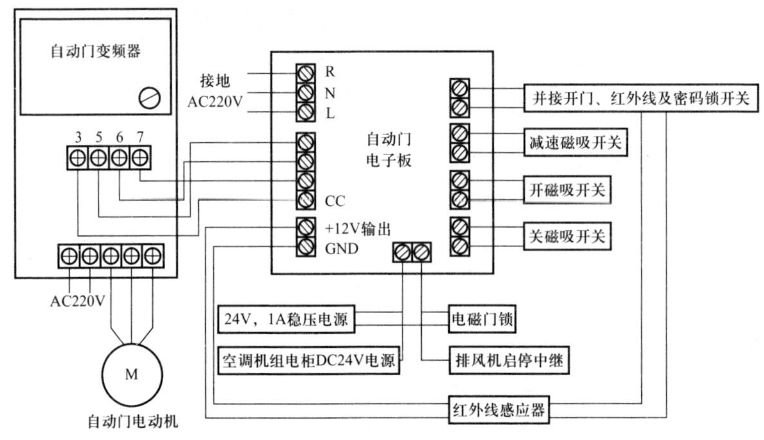

图 10-14 感应门接线图例

▶ 874. 管道穿过结构伸缩缝、抗震缝及沉降缝敷设时，需要采取什么保护措施？

答：管道穿过结构伸缩缝、抗震缝及沉降缝敷设时，需要采取的一些保护措施如下：

（1）墙体两侧采取柔性连接。

（2）在穿墙处做成方形补偿器，水平安装。

（3）在管道或保温层外皮上、下部留有不小于 150mm 的净空。

10.2 水

10.2.1 概述

▶ 875. 给水、排水工程安装前怎样对材料进行检查与管理？

答：给水、排水工程安装前需要对材料进行检查与管理，具体的一些方法与技巧如下：

（1）所使用的主要材料、成品、半成品、配件、器具、设备必须具有合格证。

（2）所用给水、排水材料的规格、型号、性能检测报告均需要符合国家技术标准或设计要求。

（3）给水、排水材料进场时应检查包装是否完好、表面是否有划痕、是否有外力冲击破损等现象。

（4）主要器具与设备运输、保管、施工过程中，应采取有效措施防止损坏或腐蚀。

（5）管道上使用冲压弯头时，所使用的冲压弯头外径应与管道外径相同。

（6）水表的规格应符合设计要求，且是自来水公司确认的表。

（7）热水系统选用符合温度要求的热水表。

（8）水表要选择表壳铸造规矩、无砂眼、裂纹，表玻璃盖没有损坏，铅封完整的水表。

（9）给水复合管、塑料管等管件均要符合设计要求。

（10）给水复合管、塑料管等管材和管件内外壁应光滑、平整，无裂纹、脱皮、气泡、凹痕、严重的冷斑等现象。

（11）给水复合管、塑料管等管材轴向不得有扭曲或弯曲，其直线度偏差应小于1%，且色泽一致。

（12）给水复合管、塑料管等管材端口必须垂直于轴线。

（13）给水复合管、塑料管等管材材质、规格应根据设计要求来选定。

（14）铜及铜合金管、管件内外表面应光滑、清洁，不得有裂缝、夹层、凹凸不平、绿锈等现象。

（15）阀门的规格型号应符合设计要求。

（16）阀门安装前，应做强度与严密性试验。

（17）热水系统阀门应符合温度要求。

（18）阀门阀体应铸造规矩，表面光洁、无裂纹，形状灵活、关闭严密，填料密封完好无渗漏，手轮完整无损坏。

（19）安装在主干管上起切断作用的闭路阀门，需要逐个做强度与严密性试验。

（20）螺纹密封面要完整，没有损伤、没有毛刺。

（21）非金属密封圈或密封垫片应质地柔韧、没有老化变质或分层等现象。

（22）非金属密封圈或密封垫片表面没有折损、没有皱纹等缺陷。

（23）法兰密封面完整光洁，没有毛刺，没有经向沟槽。

（24）镀锌钢管内、外表面的镀锌层没有脱落、锈蚀等现象。

（25）消防管道的主配件需要是经国家消防产品质量监督检验中心检测合格的产品。

▶ 876. 对阀门的强度与严密性试验的要求与条件是怎样的？

答：对阀门的强度与严密性试验的要求与条件如下：

（1）阀门的强度试验压力一般为公称压力的1.5倍。

（2）严密性试验压力为公称压力的1.1倍。

（3）试验压力在试验持续时间内应保持不变，且壳体填料及阀瓣密封面无渗漏。

▶ 877. 冷水管、热水管混水工程施工要求有哪些？

答：冷水管、热水管混水工程施工要求如下：

（1）装电热水器、分水龙头等时要预留冷水管、热水管。

（2）间距：一般电热水器、分水龙头冷、热水管上水管间距要大于15cm，个别间距为10cm，具体视实际情况而定。因此，施工前可以预先购买好相应设备。

（3）高度：冷水、热水上水管口高度要一致。

（4）垂直：冷水、热水上水管口要垂直于墙面。

（5）高出墙面：冷水、热水上水管口与内丝配合好，一般高出墙面2cm。

（6）冷水、热水管上、下平行安装时热水管需要安装在冷水管上方。

（7）冷水、热水管垂直平行安装时，热水管需要安装在冷水管左侧。

▶ 878.PE(聚乙烯)管怎样连接？

答：PE(聚乙烯)管连接的方法见表10-10。

表10-10　PE(聚乙烯)管连接的方法

名称	说　明
热熔连接	由相同热塑性塑料制作的管材与管件互相连接时，采用专用热熔机具将连接部位表面加热，连接接触面处的本体材料互相熔合，冷却后连接成为一个整体。 热熔连接有对接式热熔连接、承插式热熔连接、电熔连接
电熔连接	由相同的热塑性塑料管道连接时，插入特制的电熔管件，由电熔连接机具对电熔管件通电，依靠电熔管件内部预先埋设的电阻丝产生所需要的热量进行熔接，冷却后管道与电熔管件连接成为一个整体

▶ 879.PVC管怎样连接？

答：PVC管的连接方式有法兰连接、螺纹连接、粘接连接（刚性连接）、弹性密封圈连接（柔性连接）等。其中，DN20~DN160的管道与管件，管道与管道连接可同时采用两种连接方式。DN63以上的埋地管道施工中不宜采用粘接连接。

▶ 880. 水管什么时候需要装套管？

答：水管需要装套管的情况如下：

（1）管道穿墙应预埋钢套管。穿墙时，套管长度与墙壁平齐。

（2）管道穿越楼板时应预埋钢套管。穿楼板时，套管横跨楼面50mm。

（3）管道穿越前端时应设平稳支座，以防管道位移。

（4）管道穿过屋面时应设套管，并应严格做好防水法子。

（5）管道穿地下室的外墙时应设套管，并应严格做好防水法子。

（6）管道穿过根底墙时应预埋钢套管。钢套管与根底墙预留孔上方的净空高度不应小于 100mm。

▶ 881. 走水管时需要为水设备定位吗？

答：走水管之前一定要具体把水设备定位好，例如水龙头的具体位置与数量、过滤器、增压泵等。

▶ 882. 水管穿墙孔有什么要求？

答：水管穿墙孔的一些要求如下：

（1）对于采用 ϕ25×4.2mm 的 PPR 水管，单根穿墙孔的墙洞直径为 6cm。

（2）2 根 ϕ25 水管穿墙孔可以分别打 2 个直径为 6cm 的墙洞，也可以打一个直径为 10 cm 的墙洞。

▶ 883. 管道敷设时怎样测量、放线？

答：管道敷设测量、放线的技巧与方法如下：

（1）根据水管设计图纸所示的接管点、管线的坐标，进行实际门店管道中心轴线的测量以及放线。如果是小型的门店，没有设计图纸，则需要根据脑海中的逻辑管路与实际情况来测量以及放线定位。

（2）管道中心轴线误差，必须控制在设计或规范允许的范围内。

（3）穿墙管道一般要设置套管。

（4）套管的埋设位置、标高需要符合设计要求。

▶ 884. 什么是钎焊？

答：钎焊是利用熔点比母体低的钎料和母体一起加热，在母体不熔化的情况下，钎料熔化后因毛细吸附现象而填充进两母体连接处的缝隙，形成焊缝。在焊缝中，钎料与母体间相互溶解、扩散，从而牢固地结合。

▶ 885. 钎焊可以分为哪几种？

答：钎焊按所用钎料熔点的高低不同，可以分为软钎焊与硬钎焊：软钎焊是指钎料熔点小于 450℃的钎焊；硬钎焊是指钎料熔点大于 450℃的钎焊。

▶ 886. 管径不同的铜管连接方式一样吗？如何连接？

答：铜管连接一般采用专用接头或焊接，其中：

（1）管径小于 22mm 时，一般采用承插或套管焊接，并且承口应迎介质流向安装。

（2）管径大于或等于 22mm 时，一般采用对口焊接。

▶ 887. 铜管钎焊操作过程是怎样的？

答：铜管钎焊操作过程如下：

（1）安装前的准备工作。准备焊接机、清洁毛巾、管材割刀等。

（2）检查。检查工具、管材是否正确、合格。

（3）清洁管材、管件的焊接表面。清洁管材、管件的焊接表面的氧化膜、污物，切割时端口的毛刺。

（4）将铜管插入管件，并且插到底以及旋转，以保持均匀的间隙。

（5）管材、管件均匀加热。用气焊火焰对接头进行均匀加热，直到加热到钎焊温度，此时的温度一般为 650 ～ 750℃，被加热件变为樱红色，如图 10-15 所示。

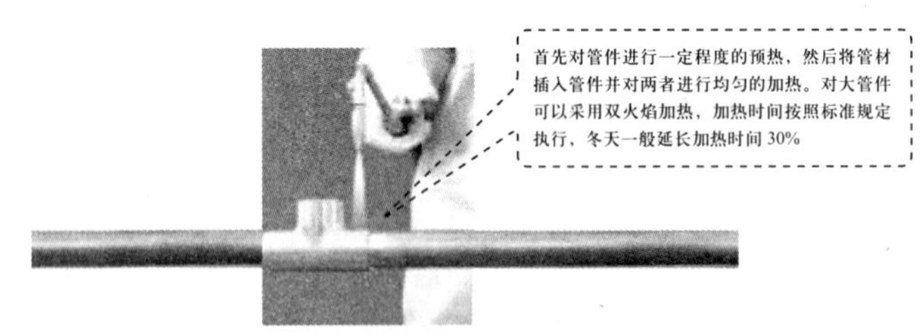

图 10-15　管材、管件均匀加热

（6）添加焊料、焊剂。达到钎焊加热温度时送入钎剂（紫铜管与黄铜件连接时送入钎剂，紫铜管与紫铜配件连接不必加入钎剂），用钎料来接触被加到高温的接头处，当铜管接头处的温度能使钎料迅速熔化时，表示接头处测试已达到钎焊温度，即可边加热边添加钎焊料，直至将钎缝填满，形成焊缝。添加焊料、焊剂时火焰不能直接对着焊料加热，如图 10-16 所示。

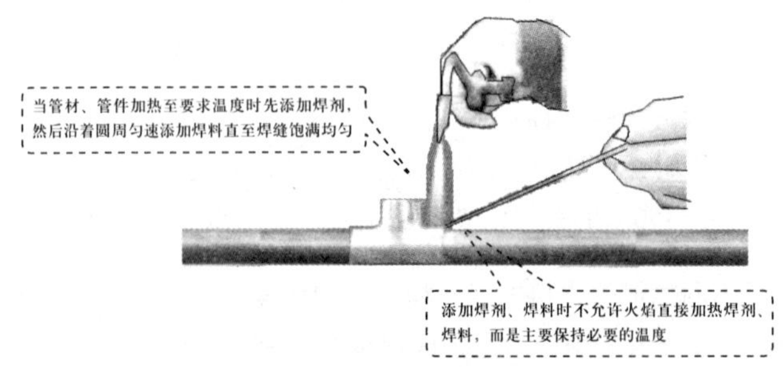

图 10-16　添加焊料、焊剂

（7）定型。移去火焰，停止加热后，不得移动铜管，特别是在焊料处于凝固过程中。

（8）冷却。一般采用自然冷却，使接头在静止状态下冷却结晶。严禁采用水、冰等强行冷却。在冷却 3~5min 后，可以采用湿毛巾擦拭冷却。

（9）将接头的残渣清理干净，待焊件自然冷却。

（10）焊完冷却后，进行试压。试压合格的即表示焊接安装合格。

注：铜管一般不埋地敷设，可以嵌墙、嵌天花板内敷设。

▶ 888. 管道支架、吊架、托架安装的要求是怎样的?

答：管道支架、吊架、托架安装的要求如下：

（1）位置正确。

（2）埋设要平整牢固。

（3）固定支架与管道固定要牢靠。

（4）固定支架与管道接触要紧密。

（5）固定在门店建筑结构上的管道支架、吊架不要影响结构的安全。

（6）安装在门店建筑结构上的管道支架、吊架不得影响顾客的购物便利。

（7）无热伸长管道的吊架、吊杆要垂直安装。

（8）有热伸长管道的吊架、吊杆应向热膨胀的反方向偏移。

（9）滑动支架要灵活，滑托与滑槽两侧间应留有 3 ～ 5mm 的间隙。

▶ 889. 管道支架或吊架间的距离规定是怎样的?

答：管道支架或吊架间的距离参考规定见表 10-11。

表 10-11　　管道支架或吊架间的距离参考规定

公称直径（mm）	25	32	40	50	70	80	100	150	200
距离（m）	3	4.0	5	6	7	7	8	8.0	9.5

注　室内管道支架或吊架间距离需要更密一些，即距离更小。

▶ 890. 镀锌钢管怎样安装?

答：镀锌钢管的安装方法如下：

（1）管径小于或等于 100mm 的镀锌钢管一般采用螺纹连接，并且套丝扣破坏的镀锌层表面及外露螺纹部分应做防腐处理。

（2）管径大于 100mm 的镀锌钢管应采用法兰或卡套式专用管件连接，并且镀锌钢管与法兰的焊接处要进行二次镀锌处理。

▶ 891. 塑料管与金属管件怎样连接?

答：塑料管、复合管与金属管件、阀门等的连接一般要使用专用管件进行连接，不得在塑料管上套丝。

▶ 892. 给水铸铁管怎样连接？

答：给水铸铁管管道一般采用水泥捻口或橡胶圈接口方式进行连接。

▶ 893. 给水立管与装有 3 个或以上配水点的支管连接有什么特殊要求？

答：给水立管与装有 3 个或以上配水点的支管连接的特殊要求如下：

（1）给水立管一般要安装可拆卸的连接件。

（2）装有 3 个或 3 个以上配水点的支管始端，一般也要安装可拆卸的连接件。

10.2.2 PPR

▶ 894. 怎样选择 PPR 进水管？

答：PPR 进水管品牌比较多，不同档次的产品较多，价格也相差较大。因此，在具体施工之前，需要具体明确采用哪种品牌的 PPR 管，并且考虑好如果市场断货，可选用同品质品牌的产品作为代用品。同时，选择 PPR 进水管的弯头、直头等配件也需要明确品牌、规格。另外，施工现场，一定要邀请店主验收 PPR 管。

▶ 895.PPR 进水管安装工艺程序是怎样的？

答：PPR 进水管安装工艺程序如下：

（1）PPR 进水管明敷安装工艺程序：水管下料→熔接→固定→修整→测试。

（2）PPR 进水管暗敷安装工艺程序：开凿→水管下料→管路支托架预埋→预装→检查→熔接→安装→固定→修整→测试。

▶ 896. PPR 进水管工程有哪些要求？

答：PPR 进水管工程的一些要求如下：

（1）管道排列要符合设计要求。

（2）安装要牢固。

（3）管道与器具、管道与管道连接要严密，不得有渗漏现象。

（4）进水管道在隐蔽前必须经过压力试验合格。压力一般为 0.6MPa，并且保压 10min 无渗漏，说明安装是合格的。

（5）PPR 管材与管件连接要采用热熔连接，不允许在管材与管件上直接套丝。

（6）PPR 管材与金属管道及用水器连接必须使用金属嵌件的管件。

（7）被连接的管材与管件接头处应平整、清洁、无油。

（8）使用带金属螺纹的 PPR 管件时，必须用足够的密封带，避免螺纹处漏水。

（9）管件不要拧得太紧，以免出现裂缝导致漏水。

（10）初始使用的 PPR 管道，其端部 4~5cm 最好切掉再熔接。

（11）冬季施工应避免踩压、敲击、碰撞、抛摔 PPR 管道。

（12）水管最好走顶，便于检修；若走地下，难以发现漏水，不方便维修。

▶ 897. PPR 管的切割用什么工具？其操作要领是怎样的？

答： PPR 管的切割采用割管器、管子剪。如果是应急切割，也可以采用小锯条锯割。但无论采用哪种工具切割，切割端面都要垂直于管轴，并且切面不要错位。

▶ 898. PPR 熔接怎样操作？

答： PPR 熔接操作的方法与步骤如下：

（1）准备材料，并且熔接施工前要检查待安装的管材、管件的品种规格是否符合施工要求，注意冷水管、热水管不能弄错或混用，管材、管件的外观质量要过关。

（2）插好熔接器电源。

（3）根据实际需要长度切割管材。切管必须使用切管器或专用剪刀垂直切断。

（4）清理被连接的管材，做到平整、清洁、无油。

（5）在需要熔接的一端做记号，即在管材插入深度处做记号 (等于管件的套入深度)。

（6）对整个插入深度的管材与管件的结合面加热。

（7）管材与管件完全融为一体，真正结合，不渗漏。

（8）施工完成后，进行试压、保压验收后方能封管及使用。试压时，冷水管、热水管可以连在一起成为一条水管，可一起试压。试压时间一般要 30min，打到 8~10kg，试验压力下 30s 内压力降不大于 0.05MPa，降至工作压力下检查，不渗不漏为合格。

注： *在加热与插接过程中不能转动管材、管件，应直接插入。正常熔接应在结合面有一均匀的熔接圈、结合环。*

▶ 899. PPR 暗敷管槽的深度与宽度是多少？

答： PPR 暗敷管槽的深度一般为管径加 20mm，宽度一般为管径加 40mm。

▶ 900. PPR 管试压合格后采用什么材料抹平？

答： PPR 管道安放完成，经试压合格后，可以采用水泥砂浆将管槽填实抹平即可。

▶ 901. 使用带金属螺纹的 PPR 管件需要注意哪些事项？

答：使用带金属螺纹的 PPR 管件需要注意的一些事项如下：

（1）使用带金属螺纹的 PPR 管件，需要采用生料带密封牢固。

（2）不要过度拧紧带金属螺纹的 PPR 管件，以免拧裂管件。

▶ 902. 怎样安装屋顶 PPR 水管？

答：屋顶 PPR 水管安装的方法如下：

（1）安装墙顶 PPR 水管不需要开槽，需要采用管卡固定。

（2）冷水管管卡距离一般是（50±5）cm，热水管管卡距离一般是（35±5）cm。

（3）管卡如果卡住没有到位，则会引发水管抖动，产生噪声。

（4）水管走向横平竖直。

（5）水管安放要自然，不得硬拉，出现扭曲等现象。

（6）水管布局一般参考墙壁并与之平行。

（7）2 根水管平行布置时，2 根水管间距一般为 10~15cm，以避免不透风时产生冷凝水而导致墙壁发霉。

▶ 903. 怎样安装墙壁 PPR 水管？

答：墙壁 PPR 水管安装的方法如下：

（1）墙壁 PPR 水管安装位置一定要与有关水设备位置相符。

（2）PPR 水管安装要保证与有关水设备安装合适，且数量相符。

（3）墙壁 PPR 水管暗敷一定要开槽。

（4）PPR 水管槽路有误差，只要不影响有关水设备位置、数量及安装情况，对一般的简易门店装修来说影响不大。

（5）如果是小型门店，进行 PPR 水管布局可以在现场画临时图，并且得到店主同意认可即可，可以不请专门的设计师来规划。

（6）墙壁 PPR 水管间距一般为 3~5cm。

▶ 904. 怎样安装地面 PPR 水管？

答：地面 PPR 水管安装的方法如下：

（1）根据设计要求，明确地面是否需要开槽，以及开槽的要求。另外，有些情况下安装地面 PPR 水管不需要开槽，可直接把 PPR 水管放在地面上。

（2）水管走向横平竖直。

（3）地面 PPR 水管安装后要注意保护，避免脚踩或者搬运其他建材时损坏。

▶ 905. 水路开槽画线有哪些要求？

答：水路开槽画线的一些要求如下：

（1）开槽画线要根据设计要求来进行。

（2）小型或者简易门店装饰，如果没有给水、排水施工图的，也要在开槽前画线，并且要把所有开槽的线全部画好。

（3）根据全部画好的线想象出实际布管图，并且虚拟各开关龙头、水设备是否正常。

（4）可以用墨线画线或者弹线。

（5）画线最好要画出开槽两边边沿线。

（6）混水龙头画线需要严格按照水龙头安装要求进行，最好能够与样品进行比对。

▶ 906. 水路开槽有哪些要求？

答：水路开槽的一些要求如下：

（1）开槽不得破坏、切断钢筋。如果必须切断钢筋，则需要改动水管布局。

（2）开槽深度的实际数值，需要结合泥工等的工艺要求进行。例如贴砖时需要加厚水泥，则开槽浅一点也可以。

（3）转让性的门店如果走明管对经营性不影响，则建议尽量走明管。

（4）水路与电路不能够同槽。

▶ 907.PPR 明装管道成排安装有哪些要求？

答：PPR 明装管道成排安装时，一些要求如下：

（1）直线部分：要互相平行。

（2）曲线部分：当管道水平或垂直并行时，应与直线部分保持等距；当管道水平上下并行时，弯管部分的曲率半径应一样。

▶ 908.PPR 管明敷或非直埋暗敷布管时冷水管的支架、吊架有什么要求？

答：PPR 管明敷或非直埋暗敷布管时一般要安装支架、吊架。冷水管支架、吊架最大间距参考数值见表 10-12。

表 10-12　　冷水管支架、吊架最大间距参考数值

公称外径（mm）	20	25	32	40	50	63	75	90	110
横管（mm）	650	800	950	1100	1250	1400	1500	1600	1900
立管（mm）	1000	1200	1500	1700	1800	2000	2000	2100	2500

注　冷水管、热水管共用支架、吊架时应根据热水管支架、吊架间距来确定。

▶ 909.PPR 管明敷或非直埋暗敷布管时热水管的支架、吊架有什么要求？

答：PPR 管明敷或非直埋暗敷布管时一般要安装支架、吊架。热水管支架、吊架最大间距参考数值见表 10-13。

表 10-13　　热水管支架、吊架最大间距参考数值

公称外径（mm）	20	25	32	40	50	63	75	90	110
横管（mm）	500	600	700	800	900	1000	1100	1200	1500
立管（mm）	900	1000	1200	1400	1600	1700	1700	1800	2000

▶ 910. PPR 管暗敷支架间距是多少?

答：PPR 管暗敷直埋管道的支架间距可以采用 1~1.5m。

▶ 911. 怎样判断 PPR 管熔接口是否正确?

答：PPR 管熔接口是否正确，可以采用观察法来判断：熔接口周边溢出均匀，溢出边呈圆环状，管件与管材贴合良好，说明是正确的。

▶ 912. PPR 法兰连接要领是怎样的?

答：PPR 法兰连接要领如下：

（1）首先把法兰盘套在管道上，然后把 PPR 法兰套与管材连接。

（2）校直两对应的连接件，使连接的两片法兰垂直于管道中心线，表面相互平行。

（3）法兰衬垫要采用耐热无毒橡胶圈。

（4）使用相同规格的螺栓。

（5）螺栓安装方向要一致。

（6）连接管道的长度应精确。

（7）紧固螺栓时，不应使管道产生轴向拉力。

（8）法兰连接部位应设置支、吊架。

注：丝扣或法兰连接的接口必须明露。

▶ 913. 不同品牌的 PPR 管可以混合连接吗?

答：如果不同品牌的 PPR 管热熔系数相差较大，建议不要混合连接。

▶ 914. PPR 铜管怎样连接?

答：PPR 铜管连接方法与普通 PPR 管一样，一般也是采用热熔器连接。

▶ 915. 塑料管材熔接器能够熔接哪些材料?

答：一些塑料管材熔接器能够熔接的材料有 PPR、PE（聚乙烯）、PPC（分嵌段共聚聚丙烯）。当然，具体还得根据塑料管材熔接器的型号、种类来确定。

▶ 916. 塑料管材熔接器功率与配接的模头是怎样的关系?

答：塑料管材熔接器功率与配接的模头的关系如下：

（1）600W 一般配 ϕ20、ϕ25、ϕ32 模头。

（2）800W 一般配 ϕ20、ϕ25、ϕ32、ϕ40、ϕ50、ϕ63 模头。

（3）1200 W 一般配 ϕ75、ϕ90、ϕ110 模头。

（4）2000W 一般配 ϕ160 模头。

▶ 917. 塑料管材熔接器主要参数有哪些?

答： 塑料管材熔接器主要参数有环境温度、相对湿度、电压范围、加热头温度、绝缘电阻、漏电流等。其中，电压范围一定要满足要求，以免加热塑料管材温度不够。门店水电工使用的塑料管材熔接器所用电压一般为 175~245V、频率为（50±1）Hz。门店水电工使用的塑料管材熔接器加热头温度一般为（260±5）℃，绝缘电阻不小于 1MΩ，漏电流不大于 5mA（交流有效值）。

▶ 918. 怎样选择塑料管材熔接器?

答： 塑料管材熔接器的选择方法如下：

（1）手提式熔接装置：适用于小口径管及其系统最后的连接。

（2）台车式熔接机：适用于大口径管预装配的连接。

▶ 919. 怎样使用简易塑料管材熔接器?

答： 简易塑料管材熔接器的使用方法如下：

（1）安装固定。首先固定熔接器的安装加热端头，然后把熔接器放置于架上，根据所需管材规格安装对应的加热模头，并用内六角扳紧。一般小模头安装在前端，大模头安装在后端。

（2）通电开机。接通带有接地保护线的电源，红色指示灯亮，待红色指示灯熄灭，绿色指示灯亮，表示熔接器进入自动控制状态，可以开始操作。

注意：在自动控温状态时，这说明熔接器处于受控状态，不影响操作。

（3）熔接管材。用切管器垂直切断管材，将管材与管件同时无旋转地推进熔接器模头内。当达到加热时间后立即把管材与管件从模头同时取下，迅速无旋转地直线均匀插入到所需深度，使接头形成均匀凸缘。

▶ 920. 不同 PPR 热熔深度、加热时间有什么规定?

答： PPR 采用塑料管材熔接器熔接时的热熔深度、加热时间的参考值见表 10-14。

表 10-14　　PPR 热熔深度、加热时间参考值

公称外径（mm）	热熔深度（mm）	加热时间（s）	加工时间（s）	冷却时间（min）
20	14	5	4	3
25	16	7	4	3
32	20	8	4	4

续表

公称外径（mm）	热熔深度（mm）	加热时间（s）	加工时间（s）	冷却时间（min）
40	21	12	6	4
50	22.5	18	6	5
63	24	24	6	6
75	26	30	10	8
90	32	40	10	8
110	38.5	50	15	10
160	55	60	25	20

注 如操作环境温度低于5℃，加热时间应延长50%。

▶ 921. 熔接器正常温度是多少？温度对熔接有什么影响？

答：正常熔接时，熔接器需要的温度一般为260~280℃，如果温度偏低，会出现虚焊现象；如果通过热水，因热胀冷缩会出现渗水现象。

如果温度过高，会破坏聚丙烯分子结构，容易出现不完全融合或者出现融合面异形，也会出现渗水现象。

▶ 922. 使用塑料管材熔接器有哪些注意事项？

答：使用塑料管材熔接器应注意的一些事项如下：

（1）不得把塑料管材熔接器自带的单相三极安全扁插头等专用插头换成两极插头或者其他不合格的插头。

（2）塑料管材熔接器插头应插入具有接地线的插座上。

（3）使用过程中，手及易燃物不能够触及塑料管材熔接器热块部分，以免发生意外。

（4）不要在加热温度未达到要求时用塑料管材熔接器熔接PPR。

（5）塑料管材熔接器指示灯显示异常时，需要判断是指示灯异常，还是塑料管材熔接器出现故障。

（6）塑料管材熔接器熔接PPR管时，要注意塑料管材熔接器是否需要调温。

（7）使用的模具要保持清洁，并且要配套使用。

（8）塑料管材熔接器熔接PPR管时，需要对管子进行全面检查，尤其注意是否有划伤的地方。

（9）如果是试验时用锤子或者重物敲击过的样管，建议不要采用，以免造成安全隐患。

（10）熔接时，一定要注意管材与管件不要倾斜，要横平竖直，并且注意管件弯头等朝向要正确。

（11）在允许的熔接时间内，可以在 5° 以内稍加旋转。如果超过熔接时间，则不可以强行校正。

（12）PPR 管熔接时间内，不得让刚熔接的地方受外力。

（13）PPR 管熔接时，需要考虑最后封闭操作是否方便，否则需要调整熔接流程或者顺序。

10.2.3 下水与防水

▶ 923. 门店下水管一般选择什么材质？

答：目前，门店下水管一般选择 PVC 管。

▶ 924. 安装下水管工程有哪些要求？

答：安装下水管工程的一些要求如下：

（1）下水管安装前，必须先将管内清理干净。

（2）注意下水管接口质量。

（3）接头管件的位置与朝向要准确，以确保安装后连接各用水设备的位置正确。

（4）下水管安装要牢固。

（5）下水管接口要紧密。

（6）下水管坡水要正确。

（7）下水管应无渗漏。

▶ 925. 漏水的原因有哪些？

答：漏水的原因如下：

（1）混凝土的水灰沙石配比不正确，造成裂缝。

（2）浇筑时振捣不够或超振。

（3）支撑浴室的梁侧模板的支撑木条在浇筑时未即时拆除，留在板中，形成孔洞。

（4）马蹬直接放在板底模上，并且上部钢筋露出板面，钢筋发生锈蚀，形成水路而出现渗漏。

（5）找平层施工前没有清理干净。

（6）找平层过厚，出现裂缝。

（7）找平层没有找坡或找坡不够，形成积水。

（8）防水层没有完全封闭，有孔洞与缝隙。

（9）防水层施工前没有做圆角。

（10）底板防水层上返高度不够，一般上返为150mm，但是要达到好的防水效果应至少返1000~1200mm。

（11）混凝土浇筑时混凝土已过初凝时间。

（12）浇筑中断时间过长，形成施工冷缝。

▶ 926. 防水砂浆地面做防水工艺程序是怎样的？

答：防水砂浆地面做防水工艺程序为：基层清理→拌合防水砂浆粉覆（1cm内），普通防水区域需向周围墙面返高0.3m，淋浴区域高1.8m → 24h闭水实验无渗漏。

▶ 927. 防水涂料地面做防水工艺程序是怎样的？

答：防水涂料地面做防水工艺程序为：基层清理→贴布→刷防水涂料→贴布→刷防水涂料→贴布→刷防水涂料→ 24h闭水实验无渗漏。

注：墙面防水上返墙面300mm，淋浴器安装墙面上返1800mm。

▶ 928. 怎样对聚合物迎水面防水胶进行防水处理？

答：聚合物迎水面防水胶防水处理方法如下：

（1）首先将水泥与沙搅拌均匀，再加入聚合物迎水面防水胶与水。

（2）将防水砂浆批荡在施工面，厚度一般为1.5cm以上，具体根据工程要求确定。

（3）施工后需要适当养护，24h后可做闭水试验，48h后不渗漏即为合格。

▶ 929. 对聚合物迎水面防水胶进行防水处理需要注意哪些事项？

答：对聚合物迎水面防水胶防水处理的一些注意事项如下：

（1）加入防水材料要搅拌均匀。

（2）使用合格水泥，沙为中细沙，含泥量小于3%。

（3）一次配量不宜过多，搅拌好的材料应在45min内用完。

（4）防水沙搅拌一定要均匀。

▶ 930. 临时采用彩钢板的门店屋面渗水表现在哪些方面？

答：临时采用彩钢板的门店屋面渗水表现在如下几个方面：

（1）彩钢板铝钉处因钢板牵动拉大孔，而产生漏水现象。

（2）彩钢板交接处出现翘边，引起搭接不严，而产生漏水现象。

（3）彩钢板与其他建筑交接处渗漏。

（4）彩钢板损坏引起渗漏。

▶ 931. 彩钢板如何进行防水处理?

答：彩钢板的防水处理方法如下：

（1）彩钢板屋面渗水层不曝露在外的，可以采用丙烯酸类防水涂料来做防水处理。

（2）彩钢板防水层曝露在外的，一般采用三元乙丙防水卷材做冷粘施工。

10.2.4 其他

▶ 932. 不同管径的干水管与支水管怎样连接?

答：干水管一般比支水管的管径要大，因此连接不同管径的干水管与支水管时，需要采用异径接头连接，如图 10-17 所示。

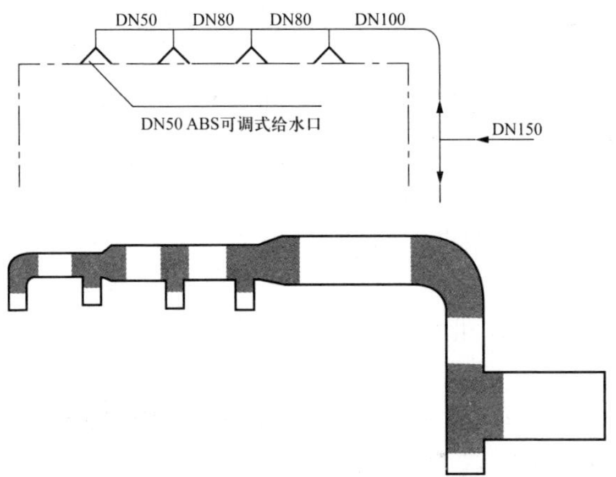

图 10-17 不同管径的干水管与支水管的连接

▶ 933. 同一门店房内，同类型的设备安装有要求吗?

答：同一门店房内，同类型的采暖设备、卫生器具、管道配件，除特殊要求外，一般要安装在同一高度上。

▶ 934. 怎样安装水表?

答：水表的安装方法与要求如下：

（1）水表需要安装在查看方便、不受曝晒、不受污染、不易损坏的位置。

（2）引入管上的水表应装在室外水表井、地下室、专用的房间内。

（3）装设水表部位的气温应在 20℃以上，以免冻坏水表。

（4）水表装到管道上之前，应先清除管道中的污物，以免污物堵塞水表。

（5）水表应水平安装，并使水表外壳上的箭头方向与水流方向一致。

（6）水表前后需要装阀门。

（7）对于不允许停水或设有消防管道的建筑，还应设旁通管，此时水表后侧应装止回阀，旁通管上的阀门应设铅封。

（8）为了保证水表计量准确，螺翼式水表后侧需要装止回阀，旁通管上的阀门需要设铅封。

（9）为了保证水表计量准确，螺翼式水表上游端需要有 8 ～ 10 倍水表公称直径的直线管段，其他类型的水表前后也需要有不小于 300mm 的直线管段。

▶ 935. 怎样安装阀门？

答：阀门的安装方法与要求如下：

（1）使用合格的、质量完好的阀门。

（2）安装前，需要仔细核对所用阀门的型号、规格是否符合设计要求。

（3）在搬运阀门时不允许随地抛掷，以免损坏阀门。

（4）在水平管道上安装阀门时，阀杆应垂直向上，或者倾斜某一角度。

（5）安装法兰式阀门时，应保证两法兰端面互相平行、同心。

（6）安装截止阀时，应使水流自阀盘下面流向上面，不得装反。

（7）安装升降式止回阀时，水平式的需要水平、正直，以保证阀芯升降灵活、工作可靠；垂直式的需要水流方向应自下而上。

（8）安装止回阀时，止回阀有严格的方向性，安装需要注意阀体所标水流方向。

（9）旋启式止回阀要保证阀瓣的旋转枢轴处于水平状态，宜安装在水平管道上；也可以安装在垂直管道上，但水流应自下向上流动。

（10）安装闸阀时，无方向性，允许水流从任意一端流入流出，但室外明露及埋地给水管道上的闸阀不宜用明杆阀门，以防阀杆锈蚀。

（11）安装旋塞和蝶阀时，允许水流从任意一端流入流出。

（12）阀门的开关要灵活。

▶ 936. 减压阀有什么作用？怎样连接减压阀？

答：减压阀的工作示意如图 10-18、如图 10-19 所示。

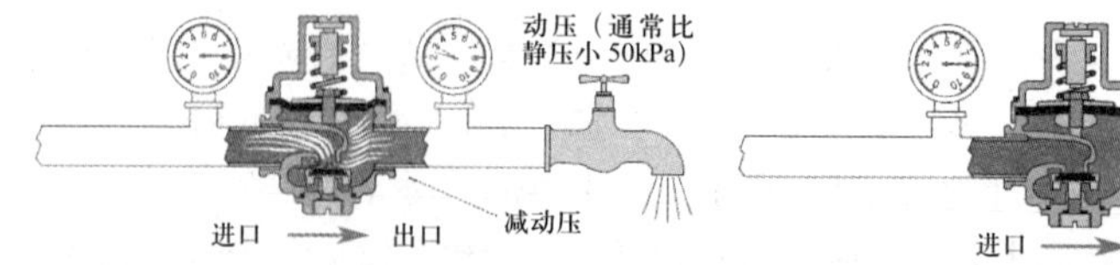

图 10-18　减压阀减动压示意图　　图 10-19　减压阀减静压示意图

减压阀的连接示意图如图 10-20 所示。

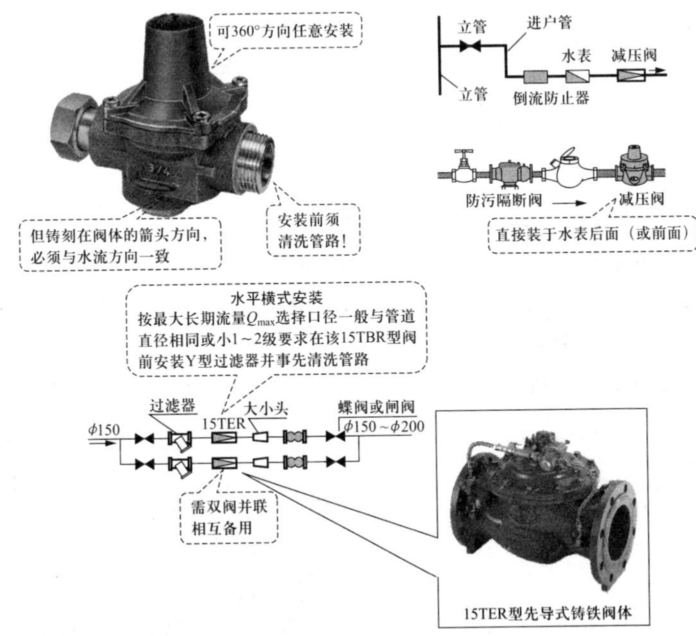

图 10-20　减压阀的连接示意图

▶ 937.UPVC 蝶阀怎样安装？

答： 有的 UPVC 蝶阀阀体材质是以 UPVC 原料制成，阀座垫圈是使用 EPDM 橡胶制成，阀体与管路承接规格需符合 ASTM D2467 的规范使整体管路系统达成统一配管要求。

气动 UPVC 蝶阀常被应用于一般纯水与生饮水的管路系统、排水和污水管路系统等领域。家装中应用 UPVC 蝶阀很少。

UPVC 蝶阀安装的一些注意事项如下：

（1）安装前，需要核对蝶阀的规格、材料是否与需要相符合。

（2）安装前，需要将管内杂物清理干净。

（3）安装前，需要确定相关配管根据有关规定固定好。

（4）配管的两法兰面间需要平行对准同心。

▶ 938. 安装不锈钢阀门有哪些注意事项？

答： 安装不锈钢阀门的一些注意事项如下：

（1）安装时，切忌撞击脆性材料制作的阀门。

（2）安装前，需要检查阀门，核对规格型号，鉴定有无损坏，清除阀内的杂物。

（3）对于阀门所连接的管路，一定要清扫干净。

（4）安装法兰气动阀门时，要注意对称均匀地固紧螺栓。

（5）安装螺口阀门时，需要将密封填料包在管子螺纹上，注意不要撒入阀门里，以免阀内存积，影响介质流通。

▶ 939. 球阀的特点、种类与安装是怎样的？

答：球阀是用带有圆形通道的球体作为启闭件，其球体随阀杆转动实现启闭动作的一种阀门。球阀的启闭件是一个有孔的球体，绕垂直于通道的轴线旋转，从而达到启闭通道的目的。

球阀主要用于截断或接通管道、设备介质，也可以用于流体的调节与控制。球阀具有流体阻力小、结构简单、重量轻、紧密可靠、不会引起阀门密封面的侵蚀等特点。

球阀的种类如下：

（1）根据操作方式，可以分为手柄球阀、齿轮（垂直 / 水平）球阀、电动球阀等。

（2）根据工作温度，可以分为 −29℃（−20 ℉）~ +200℃（392 ℉）球阀、−20℃ ≤ t ≤ 150℃球阀等。

（3）根据工作介质，可以分为水、煤气、天然气、液化气等。

（4）根据结构形式，可以分为浮动球球阀、固定球球阀、弹性球球阀等。

（5）根据通道位置，可以分为直通式球阀、三通式球阀、直角式球阀等。

球阀的安装方法与要点如下：

（1）安装前的准备。

1）球阀前后的管线需要准备好，且前后管道同轴，并保证管道能够承受球阀的重量，否则管道上需要配有适当的支撑。

2）阀的前后管线需要吹扫干净。

3）核对球阀的标志，检查球阀是否完好无损。

4）拆去球阀两端连接法兰上的保护件。

5）检查阀孔是否完好无损，以及清除可能有的污物。

（2）安装。

1）把阀装在管线上。用手柄驱动的阀可以安装在管道上的任意位置。带有齿轮箱或气动驱动器的球阀需要直立安装。

2）阀法兰与管线法兰间需要根据管路设计要求装上密封垫。

3）法兰上的螺栓需对称、逐次、均匀拧紧。

（3）安装后的检查。

1）关闭球阀数次，应灵活无滞涩。

2）根据管路设计要求对管道与球阀间的法兰结合面进行密封性能检查。

▶ 940. 什么是三角阀？它有什么作用？其安装有何要求？

答：三角阀管道在角阀处成90°的拐角形状，故又称为角阀、角形阀、折角水阀。三角阀的阀体有进水口、水量控制口、出水口三个口，其中水量控制口不是一个水管连接端口，而是控制出水口出水量的控制旋钮。

三角阀在具体应用中主要起以下四个作用：

（1）起转接内外出水口的作用。

（2）水压太大，可以在三角阀上面调节，关小一点，可以减小水压。

（3）开关的作用，如果水龙头有漏水等现象发生，可以把三角阀关掉，而不必关掉总阀。

（4）装修效果。三角阀有热水三角阀、冷水三角阀，一般用红、蓝标志区分。同一厂家同一型号中的冷、暖三角阀其材质绝大部分都是一样的，没有本质区别（也就是说热水三角阀、冷水三角阀可以互换使用）。区分冷暖的主要目的是将其作为冷、热标志，使得在安装后能够立即根据标志颜色判断出冷热水。但是，需要注意的是，有部分低档的慢开三角阀采用的是橡圈阀芯，由于橡圈材质不能承受水温90°的热水，这时，需要分冷三角阀、热三角阀。

三角阀安装要求：三角阀与水管连接的螺纹长度有20mm、28mm等尺寸，其与水管管件内丝的长度配合很关键。三角阀与水管连接的螺纹长度比水管管件内丝的长度短一点即可，不能够长。因为如果长，则三角阀的装饰盖不能够盖住三角阀与水管连接的螺纹。

有的三角阀预留了装饰盖的位置，大约为10mm，即装饰盖的总体位置为三角阀与水管连接的螺纹长度+螺纹后预留的装饰盖长度。

▶ 941. 一般水龙头的安装流程与使用注意事项是怎样的？

答：一般水龙头的安装流程如下：

（1）首先准备好水龙头的安装工具。

（2）安装前，检查配套零件是否齐全。常见龙头的零配件有：软管、胶垫圈、花洒、去水、拐子、装饰帽等。

（3）准备好防水胶带。

（4）检查水管阀门是否处于关闭状态，没有关闭需要关闭。

（5）用防水胶带在水龙头的螺纹上沿顺时针方向缠上几圈。注意：防水胶带缠的方向不要缠反，以免出现漏水现象。

（6）把水龙头以顺时针方向拧在水管的接口上，然后用扳手拧紧。

（7）打开水管阀门，正常通水即可。

使用水龙头的一些注意事项如下：

（1）开启使用时，不要用力过猛，以免造成损坏。

（2）使用完毕后，应把水龙头表面擦拭干净。

（3）水龙头使用一段时间后，切断冷热水流，用扳手小心拧下水嘴滤网，然后清洗水嘴滤网，之后再装上。

▶ 942. 感应龙头安装注意事项有哪些?

答：感应龙头安装的一些注意事项如下：

（1）安装时，首先需要彻底冲洗供水管，清除管道中的杂质。

（2）安装时，不得用强力冲击龙头，以免造成故障，引起漏水。

（3）安装、清洁龙头时，不得损伤感应窗口表面，以免造成故障。

（4）安装新的洗面盆时，可以将龙头与排水组件先在面盆上安装好。

（5）感应龙头安装，需要根据需要预备穿线管、连接线。穿线管一般安装在墙内。

（6）交流电源线可以采用带绝缘与护套层的电线，导体标称截面积一般大于 0.5mm^2，直流连接线采用导体标称截面积大于 0.3mm^2 的电线。

（7）安装直流龙头，需要注意电池的正负极，不能装反。另外，电池盒盖也需要拧紧，以防止电池受潮。

（8）安装交流龙头，需要正确连接导线。另外，龙头安装完毕后才可以向电源盒供电。

（9）电源盒需要安装在干燥且不会被水淋湿、浸泡的位置。

（10）禁止将交流 AC 220V 接入直流 DC 接线端。

（11）一般一个交流电源盒最多可供两个感应龙头。

（12）交流电的总电源必须有合适的熔断丝加以保护。

（13）龙头感应窗口不得靠近强紫外线或电磁场的地方。

（14）排线完毕后，需要检查并确保无误，才能够接电源，调试龙头。

（15）维修面盆时，可以用黑色电工胶布粘住感应窗口。

（16）维修交流龙头时，必须断开交流电源，以及关闭水源。

▶ 943. 安装洁具及辅料的工艺与工程有哪些要求?

答：安装洁具及辅料工艺与工程要求见表 10-15。

表 10-15　　安装洁具及辅料的工艺与工程要求

名　称	说　明
五金安装	工艺：按产品安装要求进行施工、安装。 工程标准：外表面需要清洁、牢固、没有损坏
安装镜子	
单件洁具安装	工艺：按洁具安装要求进行施工、安装。 材料：可以采用中性玻璃胶。 工程标准：外表面应清洁、牢固、无损坏；排水畅通、没有堵塞、各连接处不得渗漏
带裙边浴缸安装	工艺：按洁具安装要求进行施工、安装。 工程标准：外表面应清洁、牢固、无损坏；排水畅通、没有堵塞、各连接处不得渗漏；浴缸排水必须用硬管连接

▶ 944. 怎样安装地漏？

答：地漏的安装方法如下：

（1）盥洗室、厕所、浴室、卫生间及其他房间需从地面排水时，应在地面设置地漏。

（2）地漏一般安装在易溅水的器具及不透水地面的最低处。

（3）地漏不宜采用水封深度只有 20mm 的钟罩式地漏。

（4）当采用不带水封的地漏时，排水管应加装存水弯。

（5）地漏与排水管连接有承插、丝扣。

（6）地漏承插接口用胶水粘接。

（7）地漏丝扣接口要有钢管作排水管，并且丝扣处涂油缠麻与地漏连接好后，拧紧即可。

（8）地漏箅子顶面应低于设置处地面 5 ～ 10mm，以利排水，周围地坪面也要有不小于 0.01 的坡度。

（9）防臭地漏可以采用 100mm×100mm 镀铬地漏。

（10）地漏工程标准：与地面平整，能自然排水。

▶ 945. 洗涤盆安装要领有哪些？

答：洗涤盆安装的一些要领如下：

（1）洗涤盆应平整无损裂现象。

（2）洗涤盆排水栓应有不小于直径 8mm 的溢流孔。

（3）排水栓与洗涤盆连接时的排水栓溢流孔应尽量对准洗涤盆溢流孔，以保证溢流部位畅通，镶接后排水栓上端面应低于洗涤盆底。

（4）托架固定螺栓可采用不小于 6mm 的镀锌开脚螺栓或镀锌金属膨胀螺栓固定。

（5）墙体如果是多孔砖的墙，严禁使用膨胀螺栓固定。

（6）洗涤盆与排水管连接后应牢固密实、便于拆卸，连接处不得敞口。

（7）洗涤盆与墙面接触部位要用硅膏嵌缝。

（8）洗涤盆排水存水弯、水龙头如果是镀铬产品，安装时注意保护，不得损坏镀铬层。

▶ 946. 怎样安装洗脸盆?

答：洗脸盆的安装见表 10-16。

表 10-16　　洗脸盆的安装

<table>
<tr><th colspan="2">项　目</th><th>说　明</th></tr>
<tr><td colspan="2">支架安装</td><td>（1）根据排水管管口中心在墙上画垂线。
（2）由地面向上按照设计要求量出规定的高度，并且画出水平线（洗脸盆上沿口一般离地高 800mm）。
（3）根据盆宽在水平线上画出支架位置的十字线，即做记号。
（4）根据十字记号用电锤打孔洞，并且将洗脸盆支架找平栽牢。
（5）将洗脸盆置于支架上，并且找平、找正。
（6）最后将 $\phi 4$ 螺栓上端插到脸盆下面的固定孔内，下端插入支架内。
（7）适度拧紧螺母即可</td></tr>
<tr><td rowspan="2">排水管安装</td><td>S 形存水弯的连接</td><td>（1）首先在洗脸盆分排水栓丝扣下端涂上铅油，缠上少许麻丝。
（2）将存水弯上节打到排水栓上，并且注意松紧要适度。
（3）将存水弯下节的下端插入排水管口内，将存水弯套入上节内。
（4）把胶垫放在存水弯的下节连接处，把锁母用手拧紧后，再调直找正，然后用扳手拧紧。
（5）用油麻填塞排水管口间隙，并用油灰将排水管口塞严、抹平</td></tr>
<tr><td>P 形存水弯的连接</td><td>（1）首先在洗脸盆排水栓下端丝扣处涂上铅油，缠上少许麻丝。
（2）将存水弯立节拧在排水栓上，注意松紧要适度。
（3）将存水弯横节按需要的长度配置好，把锁母与铜压盖背靠背套在横节上，在端头缠好油盘根绳，并且试验安装高度是否合适，如果安装高度不合适则加以调整。
（4）把胶垫放在锁母口内，将锁母适度拧紧。
（5）把铜压盖内填满油灰后向墙面推进找平、按压严实，再擦净外溢油灰</td></tr>
<tr><td colspan="2">给水管连接</td><td>（1）量好管道尺寸，配好短管，装好角阀。
（2）如果是暗装管道，需要带铜压盖：先将压盖套在短节上，然后将铜压盖内填满油灰，向墙面推进找平、压实，并清理外溢油灰。
（3）按所需尺寸断好铜管，需揻弯的进行揻弯。
（4）将角阀与水嘴的锁线卸下，背靠背套在铜管上，两端分别缠好铅油麻丝或生料带，上端插入水嘴根部，并且带上锁母；下端插入角阀出水口内，并且带上锁母。
（5）将铜管调直、找正。上端用呆扳手拧紧，下端用普通扳手拧紧。
（6）清除锁母处外露填料</td></tr>
</table>

▶ 947. 怎样安装挂式小便器？

答：挂式小便器的安装方法如下：

（1）根据设计的距离、高度，对准给水管中心画一条垂线。

（2）从地面向上测量出所需的高度，并且画一水平线。

（3）根据小便器规格尺寸，由中心向两侧画出固定孔眼的距离，并且在横线上画好十字线，再画出上、下孔眼的位置。

（4）将孔眼位置剔成孔眼，并且用水泥栽入 ϕ6×70mm 螺栓或者膨胀螺栓。

（5）托起小便器挂在螺栓上，并把胶垫、眼圈套入螺栓，将螺母适度拧紧。也可以根据孔眼的部位在墙内埋入木砖，待木砖牢固后，再用木螺钉加铅垫圈或胶圈将小便器固定。

（6）小便器与墙面的缝隙需要采用白水泥嵌入补平、抹光。

（7）将小便器预留排水管口周围清理干净，取下临时管堵，将存水弯分别插入小便器的排水口内，间隙用油灰填塞密封，并用压盖压紧。

（8）挂式小便器冲洗管可明装，也可暗装，但冲洗管与小便器进、出水管中心线应重合。

（9）连接角阀时，应将通往小便器的短管卸下来，连同压盖用油灰安装在不便器上端的进水口上，而后将角阀用生料带缠好安装在做好的给水管道上并拧紧。

（10）对正小便器进水口中心，带上短管，找正短管与压盖。

（11）擦净多余的油灰。

（12）再将角阀上的压盖拧紧在墙面上。

一些小便器配件的安装方法如下：

（1）工型封水塞的安装：工型封水塞小端一般朝下，塞入电磁阀总成出水端。

（2）电磁阀的安装：首先确认过滤网已经放入电磁阀进水端内。一般电磁阀总成的进水端固定在水量调节阀上，出水端插入工型封水塞，再用扳手将螺母锁紧。

（3）感应机头的安装：感应机头可以根据图示方向装入陶瓷，长挡板从陶瓷内侧套入机头背面的两根螺柱上，然后装上弹垫、螺母，并将其锁紧。

（4）水量调节阀的安装：在水量调节阀外牙缠上生料带，然后旋入进水管，并用扳手锁紧。

（5）两侧插销的安装：插销基座装入陶瓷侧孔，并用螺母锁紧，插销旋入插销基座。

（6）水漏：水漏放入小便斗下水孔。

（7）小便斗盖的安装：小便斗盖放入陶瓷主体，插销旋入，使其固定于陶瓷主体上。

▶ 948. 怎样安装座便器？其安装要点有哪些？

答：座便器的安装流程：检查地面下水口管→对准管口→放平找正→画好印记→打孔洞→抹上油灰→套好胶皮垫→拧上螺母→水箱背面两个边孔画印记→打孔→插入螺栓→捻牢→背水箱挂放平、找正→拧上螺母→安装背水箱下水弯头。

安装座便器的一些必知知识如下：

下排式坐便器排污口安装距一般有 305mm、400mm、200mm 三种。

后排式坐便器排污口安装距一般有 100mm、180mm 两种。

下排式坐便器与带存水弯蹲便器排污口最大外径为 100mm。

后排式坐便器与不带存水弯蹲便器排污口最大外径为 107mm。

用冲洗阀的坐便器进水口中心至完成墙的距离应不小于 60mm。

用冲洗阀的小便器进水口中心至完成墙的距离应不小于 60mm。

大便器水道至少能通过直径为 41mm 的固体球。

小便器水道至少能通过直径为 19mm 的固体球。

壁挂式坐便器的所有安装螺栓孔直径应为 20~26mm 或为加长型螺栓孔。

大便器可以采用带有破坏真空的延时自闭式冲洗阀。

坐便器的一些安装要点如下：

（1）安装连体座便器，在水电安装时，需要考虑进水管口的高度、连体座便器的出水口与墙壁的间距、固定螺栓打孔位置不得有水管、电线管经过。智能座便器也要考虑上述情况。

（2）给水管安装角阀高度一般距地面到角阀中心为 250mm。

（3）安装连体坐便器应根据坐便器进水口离地高度而确定，但不小于 100mm。

（4）给水管角阀中心一般在污水管中心左侧 150mm 或根据坐便器实际尺寸确定。

（5）低水箱坐便器其水箱应用镀锌开脚螺栓或采用镀锌金属膨胀螺栓来固定。

（6）墙体如果是多孔砖则严禁使用膨胀螺栓，水箱与螺母间应采用软性垫片，不得采用金属硬势片。

（7）带水箱及连体坐便器的水箱后背部离墙应不大于 20mm。

（8）坐便器安装应用不小于 6mm 镀锌膨胀螺栓来固定，坐便器与螺母间应用软性垫片固定。

（9）坐便器污水管应露出地面 10mm。

（10）冲水箱内溢水管高度应低于扳手孔 30 ～ 40mm，以防进水阀门损坏时水从扳手孔溢出。

（11）坐便器安装时应先在底部排水口周围涂满油灰，然后将坐便器排出口对准污水管口慢慢地往下压挤密实填平整，再将垫片螺母拧紧。之后清除被挤出的油灰，在底座周边用油灰填嵌密实后立即用回丝或抹布揩擦清洁。

有的坐便器可以采用膨胀螺栓固定安装，并用油灰或硅酮连接密封，底座不得用水泥砂浆固定。

新型座便器的安装图例如图 10-21 所示。

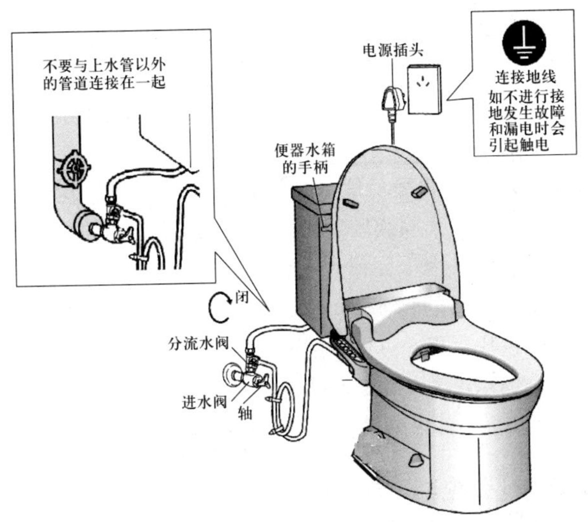

图 10-21 新型座便器的安装图例

▶ 949. 怎样安装浴盆？其安装要点有哪些？

答：浴盆的安装流程：浴盆安装 →下水安装→油灰封闭严密→上水安装→试平找正。

浴盆安装的一些要点如下：

（1）在安装裙板浴盆时，其裙板底部应紧贴地面，楼板在排水处应预留 250 ～ 300mm 洞孔，便于排水安装，在浴盆排水端部墙体应设置检修孔。

（2）其他浴盆（裙板浴盆除外）根据有关需求确定浴盆上平面高度，再砌两条砖做基础后安装浴盆。

（3）固定式淋浴器、软管淋浴器的高度按有关需求来确定。

（4）浴盆安装上平面必须用水平尺（或者水平确定管）校验平整，不得侧斜。

（5）各种浴盆冷水龙头、热水龙头或混合龙头的高度应高出浴盆上平面 150mm。

（6）安装水龙头时注意不要损坏镀铬层，并且镀铬罩与墙面应紧贴。

（7）浴盆排水与排水管连接应牢固密实，连接处不得敞口。

（8）浴盆上口侧边与墙面结合处应用密封膏填嵌密实。

▶ 950. 全自动无塔供水设备安装要点有哪些？

答： 全自动无塔供水设备的安装要点如下：

（1）找平水泵底座。

（2）将底座放在地基上，在地脚螺钉附近垫楔形垫铁，准备找平后填充水螺浆用。

（3）用水平仪检查底座的水平度，找平后扳紧地脚螺母用水泥浆填充底座。

（4）经 3~4d 水泥干固后，再检查水平度。

（5）将底座的支持平面、水泵脚、电动机脚的平面上的污物洗清除，并把水泵、电动机放到底座上。

（6）调整泵轴水平，找平后适当拧紧螺母。待调节完毕后再安装电动机，在不合水平处垫以铁板，泵与联轴器间留有一定间隙。

（7）把平尺放在联轴器上，检查水泵轴心线与电动机轴心线是否重合。如果不重合，在电动机或泵的脚下垫以薄片，使两个联轴器外圆与平尺相平。然后取出垫的几片薄铁片，用经过刨制的整块铁板来代替铁片。

（8）检查安装的精度，其中联轴器平面一周上最大与最小间隙差不得超过 0.3mm。两端中心线上下或左右的间隙差不得超过 0.1mm。

▶ 951. 压力罐有什么特点？其安装要点有哪些？

答： 压力罐内部气囊结构保证了水不与罐壁接触，因此压力罐壁内部无锈蚀，压力罐外部无凝露等现象。在制冷、暖通系统中压力罐与传统的压力罐相比，具有安装方便、不需要安装在最高点等优点。

压力罐可以应用于中央空调、锅炉、消防、水处理、热水器、采暖系统等领域中。

压力罐的一些安装要点如下：

（1）供暖系统中，一般将压力罐安装在系统水温相对最低点处，也就是安装在系统的回水端，储热水箱的冷水入水端。24L、24L 以下的压力罐因自重较轻，可以直接连到系统管道上。24L 以上的压力罐，考虑工作时进水与自重对系统管道产生较大的载荷，其自身带有三脚支架，可用金属软管把压力罐连接到系统，并用埋地螺钉固定压力罐支脚，从而保证使用过程中的平稳。

（2）压力罐出厂时预充压力已设定，一般为 1 ～ 4.0BAR。如果需要调整，需要使用压力表边测试边充气、放气，并要注意操作正确。没有把握不得擅自充气、放气。

（3）压力罐附近要安装安全阀，避免在系统压力异常的时候损坏压力罐与系统其他部件。

（4）在供暖、空调闭式循环系统上，不能把压力罐装在水泵的出水口，以免造成水泵的气蚀。

▶ 952. 简述管道泵的特点、相关概念及安装要求。

答：管道泵是通过电动机转子运行，带动叶轮旋转产生动力。其运行过程泵体会产生热量，泵头与电动机部门为机械密封与静环密封分隔，运行期间具有静音、无泄漏等特点。

泵是把原电动机的机械能转换为抽送流体能量的一种机器。增压泵常用于家用净水器前端增压、热水器水压不足增压（热水器水压不足，导致点不着火等问题）、自来水水压不足加压（采用蓄水箱供水＋增压泵，可大大增加水压并且保持水压稳定）、公寓水塔加压（公寓最上层因距离水槽过近导致水压不足水量过小或热水器不能点火使用）、鱼池渔缸用水循环、工业设备循环锅炉冷却等。

管道水泵的几个相关概念如下：

水泵杨程：杨程是指水泵向上送水的高度。有时，水泵还需要向远的地方送水，则平行送水每10m相当于消耗扬程1m。例如，水泵杨程标注为20m，要抽到10m高，然后送到20m远，则实际消耗杨程为12m。

水泵流量：流量就是水泵一定时间的出水量。水泵出水量跟杨程有关，杨程越高，流量相越小。

水泵吸程：是指水泵安装位置往下多少米。一般水泵最大吸程都是只有9m，这是由大气压限制的。

管道泵的一些安装要求如下：泵严禁安装在淋浴间或其他潮湿地方，水泵的电器部分严禁接触水。如果水泵安装于可能产生气泡的管道上，则需要给管道安装自动排气口。

▶ 953. 卫生器具安装一般规定有哪些?

答：卫生器具安装一般规定如下：

（1）安装好的卫生器具要平、稳、准、牢，无渗漏，使用方便，性能良好。

（2）卫生器具的安装要符合要求。

（3）卫生器具给水配件的安装高度要符合要求。

（4）连接卫生器具的排水管径、最小坡度要符合要求。

（5）卫生器具排水管上需要设置存水弯。

（6）安装卫生器具时，需要采用预支架或用膨胀螺栓进行固定。

（7）当采用木螺栓固定卫生器具时，需要采用预埋的经浸泡沥青漆已作防腐处理的木砖，且木砖应凹入净墙面 10mm。

（8）当陶瓷件直接用预埋螺栓或膨胀螺栓固定在墙上或地面上时，则螺栓需要加软垫圈。

（9）卫生器具的陶瓷件与支架接触处需要平稳妥帖，必要时应加软垫。

（10）卫生器具的陶瓷件与支架安装需要拧紧螺母时，不要用力过猛，以免造成陶瓷破裂。

（11）管道或附件与卫生器具的陶瓷件连接处，应垫以橡胶板、油灰等垫料或填料。

（12）固定洗脸盆、洗涤盆、浴盆、洗手盆、污水盆等排水口接头，应通过旋紧根母来实现，不得强行旋转落水口。

（13）洗脸盆、洗涤盆、浴盆、洗手盆、污水盆的落水口与盆底应相平或略低于盆底。

（14）需装设冷水与热水龙头的卫生器具，需要将冷水龙头装在右手侧，热水龙头装在左手侧。

第 11 章　检测与维护

11.1　电

▶ 954. 怎样检测电线接线保证项目、基本项目?

答：电线接线保证项目的检测可以参考其标准进行，具体见表 11-1。

表 11-1　电线接线保证项目检测参考标准

类型	项目	质量检测标准
保证项目	原材料	所有电线必须符合设计要求与现行标准规定
	导线连接	连接紧，导线接头不受力，并有足够的强度
	导线线芯	剥离导线绝缘层时，没有损伤导线线芯
	接地	接地线应保证导电的连续性，不允许设熔断器、开关，接地电阻小于 4Ω
	接头温升	小于 35K
	机械强度	接头强度大于导线强度的 80%。

电线接线基本项目的检测可以参考其检测标准进行，具体见表 11-2。

表 11-2　电线接线基本项目检测参考标准

项目	合　格	优　良
导线分支	接头应在接线盒、灯头盒、开关盒中处理，每个桩头接线不超过 2 根	接头应在接线盒、灯头盒、开关盒中处理，要求每个桩头接线为 1 根
导线敷设	无扭绞、曲结、绝缘层破损的缺陷	无扭绞、曲结、绝缘层破损的缺陷，并且导线要平直、整齐
螺钉或螺母连接	(1) 导线与电气元件连接后，裸露在外的没有绝缘的长度不能大于 3mm。 (2) 压紧连接应使用接线端子。 (3) 压紧连接孔内电线截面积应大于孔面积的 1/2	(1) 导线与电气元件连接后，裸露在外的没有绝缘的长度不能大于 1mm。 (2) 压紧连接应使用接线端子。 (3) 压紧连接孔内电线截面积应大于孔面积的 1/2。 (4) 安装整齐、牢固
铜铝线连接	采用套管压接或铜铝过渡接线端子	采用套管压接或铜铝过渡接线端子，且压接规范
铜线间连接	(1) 采用铰接法时铰接长度不小于 5 圈，采用绑扎法时绑扎长度为线芯直径的 10 倍。 (2) 连接后焊锡，先包绝缘带后用黑胶布包扎	(1) 采用铰接法时铰接长度不小于 5 圈，采用绑扎法时绑扎长度为线芯直径的 10 倍。 (2) 连接后焊锡，先包绝缘带后用黑胶布包扎。 (3) 要求接头均匀

续表

项目	合　　格	优　　良
铝线间连接	（1）禁用铰接法和绑扎法。 （2）单股铝线应使用铝套管压接。 （3）单股或多股铝芯连接，采用焊接法。先包聚氯乙烯绝缘胶带，再用黑胶布包扎	（1）禁用铰接法和绑扎法。 （2）单股铝线应使用铝套管压接。 （3）单股或多股铝芯连接，采用焊接法。先包聚氯乙烯绝缘胶带，再用黑胶布包扎。 （4）压接规范

▶ 955. 电气线路与管道间距离应满足什么要求？

答：电气线路与管道间的距离可以通过实际测量得到，将测得数值与表11-3对比，如果偏差较大，则说明不合格。

表 11-3　　电气线路与管道间最小距离

管道名称	配线方式	穿管配线（mm）	绝缘导线明配线（mm）	裸导线配线（mm）
蒸汽管	平行、管道上	1000	1000	1500
蒸汽管	平行、管道下	500	500	1500
暖气管、热水管	平行、管道上	300	300	1500
暖气管、热水管	平行、管道下	300	300	1500
通风、给排水及压缩空气管	平行	100	200	1500
通风、给排水及压缩空气管	交叉	50	100	1500

注　1. 对蒸汽管道，在管外包隔热层后，上下平行距离可减到200mm。
2. 暖气管、热水管应设隔热层。
3. 裸导线应加装保护网。

▶ 956. 门店电源插座易松易坏，以及插不进、拔不出是什么原因造成的？

答：门店电源插座易松、易坏的原因如下：

（1）插座安装不规范。

（2）没有针对具体门店电源插座的使用率、使用电器情况来选择插座。

（3）操作者操作不当。

（4）插座的插口内部的材料形变。

插座要么插不进，要么拔不出，这可能是插座的插口采用了加大的插口铜片，用来预设紧密度，延长插座使用寿命。这样结构的插座，在使用的最初几年，插口会比较紧，所以插头拔进拔出比较费劲。

▶ 957. 开关黏合、不能开或关是什么原因造成的？

答：开关黏合、不能开或关，可能是开关静触点与动触点之间出现黏合现象。出现此现象的主要原因是触点所选用的材料不佳或者开关动作迟缓，加上开关在闭合与断开的瞬间产生电火花，并且会积累一定时间，由此产生的高温使静触头与动触头熔焊在一起，出现黏合现象。因此，维修时，需要选择质量好的开关来代换。

▶ 958. 开关不能够控制插座是什么原因造成的?

答：如果选择的是没有连好导线的带开关插座，即分体式的，在操作时，没有在插座面板背后做串联连接后再接电源，而是在面板背后分别连接不同电源、负载，则插座面板上自带的开关不会控制插座，而是控制外接的负载。

因此，分体式的开关需要在插座面板后进行连接，才能够控制插座。

▶ 959. 开关没有断相线，以及多灯房间开关与控制灯具顺序不对应是什么原因造成的?

答：如果开关没有断相线，则需要按要求进行改正。

多灯房间开关与控制灯具顺序不对应时，需要仔细分清各路灯具的导线接线情况，并且做出相应调整，依次压接，保证开关方向一致。

▶ 960. 开关固定面板的螺钉不统一是什么原因造成的?

答：如果固定面板的螺钉不统一，有一字、十字螺钉。为了美观，应选用统一的螺钉。因此，遇到开关固定面板的螺钉不统一，则需要改正。

▶ 961. 开关、插销箱有内拱头接线怎么办?

答：如果开关、插销箱内有拱头接线，则改为以下接线方式：

（1）首先接导线总头，再分支导线接各开关或插座端头。

（2）采用 LC 安全型压线帽压接总头，然后分支进行导线连接。

▶ 962. 射灯的更换与使用有哪些注意事项?

答：射灯的更换与使用的一些注意事项如下：

（1）更换灯泡时禁止用手触摸，应避免在高温、高湿的环境下安装射灯。

（2）频繁使用射灯也会减少射灯的寿命。

▶ 963. 怎样延长白炽灯、荧光灯、节能灯等照明灯具使用寿命?

答：白炽灯、荧光灯、节能灯等照明灯具一般工作电流不大，但瞬间起动电流较大。因此，要防止过高电压与频繁启动，以延长其使用寿命。

▶ 964. 门店电压不够，电线发热常跳电是什么原因造成的?

答：门店电压不够，电线发热常跳电有以下原因：

（1）进线容量太小。

（2）控制器开关电流容量不够。

（3）插座线路分配不合理。

（4）电线的线芯容量不够。

11.2 水

▶ 965. 怎样测试暗装水管？

答：水管安装后一定要进行1.5倍水压的增压测试。冷水管与热水管试压不同，其中热水管试验压力应为管道系统工程压力的2.0倍，但不得小于1.5MPa；冷水管试验压力应为管道系统工作压力的1.5倍，但不得小于1.0MPa。

▶ 966. 金属、复合管给水管道系统试验压力是多少？

答：金属、复合管给水管道系统在试验压力下观测10min，压力降不应大于0.02MPa，再降到工作压力下进行检查，应没有渗漏现象。

注：当设计未注明试验压力时，给水管道系统试验压力均为工作压力的1.5倍，并且不得小于0.6MPa。

▶ 967. 塑料管给水管道系统试验压力是多少？

答：塑料管给水系统应在试验压力下稳压1h，压力降不得超过0.05MPa，再在工作压力的1.15倍状态下稳压2h，压力降不得超过0.03MPa，并且检查各连接处不得有渗漏现象。

注：当设计未注明试验压力时，给水管道系统试验压力均为工作压力的1.5倍，并且不得小于0.6MPa。

▶ 968. 怎样测试明装水管？

答：明装水管测试可以通过1.5倍水压的增压测试。如果没有增压设备，也可以采用下面简单测试法进行：

（1）关闭开关。关闭水表前面的水管开关，即水管总阀。然后打开门店的水龙头20min，确保没水再滴后，再关闭所有的水龙头。

（2）打开总阀。关闭水龙头，打开水管总阀。20min后查看水表是否走动。如果水表走动，即使走动非常缓慢，则说明漏水。如果漏水可以对水管进行仔细检查，若发现有水滴，则说明附近存在漏水的地方。

（3）卫生纸或者干燥布擦除。首先用干燥布或者卫生纸将水管擦干，然后仔细检查水管，如果发现某处潮湿，用干燥布或者卫生纸擦干，再观察此处是否还会潮湿。如果仍然潮湿，则说明该处可能出现渗漏现象。

▶ 969. 室外给水管道试验压力是多少?

答：室外给水管道水压试验长度一般不宜超过1000m，室外给水管道试验参考压力见表11-4。

表11-4 室外给水管道试验压力

管材	工作压力 P（MPa）	试验压力
碳素钢管		P+0.5MPa，并不小于0.9MPa
预、自应力钢筋混凝土管和钢筋混凝土管	$P \leqslant 0.6$	1.5P
	$P>0.6$	P+0.3MPa
铸铁管	$P \leqslant 0.5$	2P
	$P>0.5$	P+0.5MPa

▶ 970. 怎样检测卫生器具的安装高度?

答：卫生器具的安装高度可以用卷尺实际检测，将所测数值与表11-5中的参考数值对照，如果相差较大或者与设计所需尺寸不同，均说明不合格。

表11-5 卫生器具参考安装高度

卫生器具名称	卫生器具参考安装高度(mm)		备注
	居住、公共建筑	幼儿园	
污水盆(池)——架空式	800	800	自地面至器具上边缘
污水盆(池)——落地式	500	500	
洗涤盆(池)	800	800	
洗脸盆和洗手盆（有塞、无塞）	800	500	
盥洗槽	800	500	
浴盆	520	—	
蹲式大便器——高水箱	1800	1800	自台阶面至高水箱底
蹲式大便器——低水箱	900	900	自台阶面至低水箱底
坐式大便器——高水箱	1800	1800	自台阶面至高水箱底
坐式大便器——低水箱（外露排出管式）	900	900	自台阶面至低水箱底
坐式大便器——低水箱（虹吸喷射式）	470	370	自台阶面至低水箱底
大便槽冲洗箱	不低于200		自台阶至水箱底
妇女卫生盆	360		自地面至器具上边缘
化验盆	800		自地面至器具上边缘
淋浴器	2100		从喷头底部至地面
小便器——立式	1000		自地面至下边缘
小便器——挂式	600	450	自地面至下边缘
小便槽	200	150	自地面至台阶面

▶ 971. 怎样检测连接卫生器具的排水管径与最小坡度？

答：连接卫生器具的排水管径与最小坡度如果设计时没有要求，一般符合表 11-6 的规定才算合格。

表 11-6　　连接卫生器具的排水管径与最小坡度

卫生器具名称	排水管径 (mm)	管道最小坡度
大便器——高低水箱	100	0.012
大便器——拉管式冲洗阀	100	0.012
大便器——自闭式冲洗阀	100	0.012
单双格洗涤盆（池）	50	0.025
妇女卫生盆	40 ～ 50	0.020
淋浴器	50	0.020
污水盆（池）	50	0.025
洗手盆、洗脸盆	32 ～ 50	0.020
小便器——手动冲洗阀	40 ～ 50	0.020
小便器——自动冲洗水箱	40 ～ 50	0.020
饮水器	25 ～ 50	0.010 ～ 0.020
浴盆	50	0.020

▶ 972. 怎样检测一般卫生器具给水配件的安装高度？

答：一般卫生器具给水配件的安装高度如果设计时没有要求，一般符合表 11-7 的规定才算合格。

表 11-7　　一般卫生器具给水配件的安装高度

卫生器具给水配件名称	给水配件心距地面高度（mm）	冷热水龙头距离（mm）
大便槽冲洗水箱截止阀（从台阶面算起）	不低于 2400	
蹲式大便器（从阶面算起）——带防污助冲器阀门（从地面算起）	900	
蹲式大便器（从阶面算起）——低水箱角阀	250	
蹲式大便器（从阶面算起）——高水箱角阀及截止阀	2040	
蹲式大便器（从阶面算起）——脚踏式自闭冲洗阀	150	
蹲式大便器（从阶面算起）——拉管式冲洗阀（从地面算起）	1600	
蹲式大便器（从阶面算起）——手动自闭冲洗阀	600	
妇女卫生盆混合阀	360	
挂式小便角阀及截止阀	1050	
盥洗槽——冷热水管上下并行其中热水龙头	1100	150
盥洗槽——水龙头	1000	150

续表

卫生器具给水配件名称	给水配件心距地面高度（mm）	冷热水龙头距离（mm）
架空式污水盆（池）水龙头	1000	
立式小便器角阀	1130	
莲蓬头下沿	2100	
淋浴器——截止阀	1150	95（成品）
落地式污水盆（池）水龙头	800	
洗涤盆（池）水龙头	1000	150
洗脸盆——角阀（下配水）	450	
洗脸盆——冷热水管上下并行其中热水龙头	1100	
洗脸盆——水龙头(上配水)	1000	150
洗脸盆——水龙头（下配水）	800	150
洗手盆水龙头	1000	
小便槽多孔冲洗管	1100	
饮水器喷嘴嘴口	1000	
浴盆——冷热水管上下并行其热水龙头	770	
浴盆——水龙头（上配水）	670	
住宅集中给水龙头	1000	
坐式大便器——低水箱角阀	250	
坐式大便器——高水箱角阀及截止阀	2040	

▶ 973. 怎样检测卫生器具的保证项目、基本项目、允许偏差？

答：妇女卫生盆、化验盆、排水栓、地漏、污水盆、洗涤、淋浴器、大小便器、扫除口、加热器、煮沸消毒器、饮水器等卫生器具的保证项目的检测可以参考表 11-8 进行。

表 11-8　　卫生器具的保证项目检测参考

项　　目	检测参考标准
卫生器具排水口连接	卫生器具的排水口与排水管承口的连接处严密不漏
器具排水管径、坡度	排水管径、坡度符合设计要求与施工规范规定
强度及安装稳定性	单个部件的结构强度符合产品标准要求
安装装饰效果	整体观感效果与装饰的整体效果协调一致

妇女卫生盆、化验盆、排水栓、地漏、污水盆、洗涤、淋浴器、大小便器、扫除口、加热器、煮沸消毒器、饮水器等卫生器具的基本项目的检测可以参考表 11-9 进行。

表 11-9　　　　卫生器具的基本项目检测参考

项　目	检测参考	
	合　格	优　良
排水栓地漏	平整、牢固、没有渗漏，低于排水表面	平整、牢固，没有渗漏、低于排水表面、排水栓低于盆槽底表面 2mm，地漏低于安装处排水表面 5mm
卫生器具	埋设平正、牢固，防腐良好，放置平稳	埋设平正、牢固，防腐良好，放置平稳，器具洁净，支架与器具接触紧密

妇女卫生盆、化验盆、排水栓、地漏、污水盆、洗涤、淋浴器、大小便器、扫除口、加热器、煮沸消毒器、饮水器等卫生器具的允许偏差的检测可以参考表 11-10 进行。

表 11-10　　　　卫生器具的允许偏差

项　目		允许偏差（mm）
坐标	单独器具	≤ 10
	成排器具	≤ 5
标高	单独器具	±15
	成排器具	±10
器具水平度		≤ 2
器具垂直度		≤ 3

▶ 974. 怎样检测给水横管纵横方向弯曲的允许偏差与立管垂直度的允许偏差？

答： 给水横管纵横方向弯曲的允许偏差如果设计时没有要求，一般符合表 11-11 的规定才算合格。

表 11-11　　　　给水横管纵横方向弯曲的允许偏差与检验方法

项　目			允许偏差（mm）	检验方法
铸铁管	每 1m		≤ 1	水平尺、直尺、拉线、尺量
	全长（25m 以上）		≤ 25	
钢管	每 1m	管径小于或等于 100mm	1	
		管径大于 100mm	1	
	全长（25m 以上）	管径小于或等于 100mm	≤ 25	
		管径大于 100mm	≤ 25	
塑料管	每 1m		1.5	
	全长（25m 以上）		≤ 38	
钢筋混凝土管、混凝土管	每 1m		3	
	全长（25m 以上）		≤ 75	

给水立管垂直度的允许偏差如果设计时没有要求，一般符合表11-12的规定才算合格。

表11-12 给水立管垂直度的允许偏差与检验方法

项目		允许偏差（mm）	检验方法
铸铁管	每1m	3	吊线和尺量检查
	全长（5m以上）	≤15	
钢管	每1m	2（3）	
	全长（5m以上）	≤8（10）	
塑料管	每1m	3	
	全长（5m以上）	≤15	

▶ 975. 怎样检测成排管段、成排阀门的允许偏差?

答：成排管段、成排阀门的允许偏差如果设计时没有要求，同一平面上间距允许偏差为3mm，其可以通过尺子量测。

▶ 976. 怎样检测室内给水静置设备、离心式水泵安装的允许偏差?

答：室内给水静置设备安装的允许偏差如果设计时没有要求，一般符合表11-13的规定才算合格。

表11-13 室内给水静置设备安装的允许偏差与检验方法

项目	允许偏差（mm）	检验方法
坐标	15	经纬仪、拉线、尺量
标高	±5	水准仪、拉线、尺量
垂直度（每米）	5	吊线、尺量

室内离心式水泵安装的允许偏差如果设计时没有要求，一般符合表11-14的规定才算合格。

表11-14 室内离心式水泵安装的允许偏差

项目		允许偏差（mm）	检验方法
立式泵体垂直度（每m）		0.1	水平尺、塞尺
卧式泵体水平度（每m）		0.1	水平尺、塞尺
联轴器同心度	轴向位移（每m）	0.1	在联轴器互相垂直的四个位置上，用水准仪、百分表、测微螺钉、塞尺检查
	径向位移	0.8	

▶ 977. 怎样检测生活污水塑料管道、悬吊式与埋地雨水管道的敷设坡度?

答：生活污水塑料管道的坡度如果设计时没有要求，一般符合表11-15的规定才算合格。

表 11-15　　生活污水塑料管道的坡度

管径（mm）	标准坡度（‰）	最小坡度（‰）	检验方法
50	25	12	水平尺、拉线、尺量
75	15	8	
110	12	6	
125	10	5	
160	7	4	

悬吊式雨水管道的敷设坡度不得小于5‰，可以采用水平尺、拉线尺来量测。埋地雨水管道的最小坡度，也可以采用水平尺、拉线尺来量测，并且最小坡度要符合表11-16的规定，才是合格的。

表 11-16　　埋地雨水管道的最小坡度

管径（mm）	最小坡度（‰）	管径（mm）	最小坡度（‰）
50	20	125	6
75	15	150	5
100	8	200~400	4

▶ 978. 怎样检测排水塑料管道支吊架间距？

答：排水塑料管道支吊架间距可以通过尺子来量测，并且符合表11-17的规定，才是合格的。

表 11-17　　排水塑料管道支吊架间距

管径（mm）	50	75	110	125	160
立管（mm）	1.2	1.5	2.0	2.0	2.0
横管（mm）	0.5	0.75	1.10	1.30	1.60

▶ 979. 水管试压一般要保持多久时间？怎样验收排水水路？

答：水管试压一般要保持24h以及以上。

对排水水路做灌水实验，如果排水畅通，管壁无渗漏，成品完整无损、安装完整，则说明排水水路合格。

▶ 980. 怎样识读水表？

答：水表的识读方法如下：

（1）从表面的正方向看，不要斜看、侧看。

（2）从左到右抄读四位黑针的指示数值，依此为：千位（×1000），百位（×100），十位（×10），个位（×1）。

（3）在对应的位置点，选择数字，表示指示数值。

（4）红针表示为小数读数，如图11-1所示。

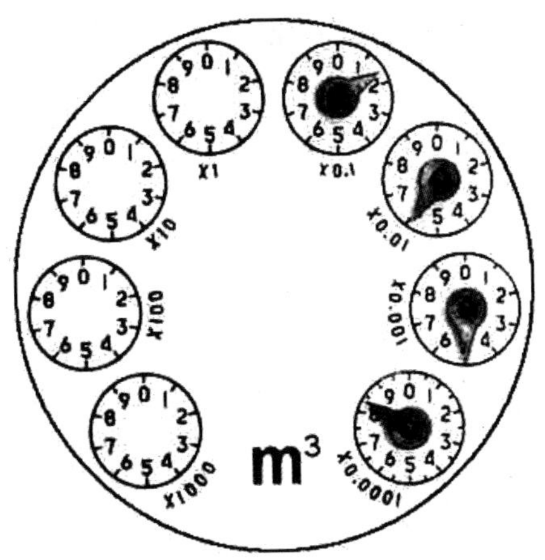

图 11-1　红针表示为小数读数

▶ 981. 水管出现问题的常见现象有哪些?

答：水管出现问题时的常见现象见表 11-18。

表 11-18　　水管出现问题时的常见现象

类　型	常见现象
水管走顶部	顶篷上出现阴湿现象、有水滴下
水管走地下	踢脚线发黑及表面出现水泡，木地板发黑及表面出现细水泡，墙漆表面发霉出现水泡，水泥板（地）有潮湿的现象

▶ 982. 水龙头漏水有哪些原因?

答：水龙头漏水的一些原因见表 11-19。

表 11-19　　水龙头漏水的一些原因

原　因	说　明
划伤	水龙头阀芯密封陶瓷片在使用过程中，由于受到坚硬物质的磨损而产生划痕，因而不能密封产生漏水
管路连接	进水软管与龙头本体连接出现漏水现象
水质差	如果水质差，也会造成阀芯内有垃圾，从而引发水龙头漏水的现象

▶ 983. 怎样防止水龙头电镀部分生锈?

答：有的水龙头进行过镍铬电镀处理（电镀的主要目的是装饰、防锈），电镀层上有很多人眼无法直接分辨的针孔小洞，如果潮湿气体或腐蚀性气体从针孔小洞逸出到电镀层以下，电镀层以下的材质就会生锈而渗出到表面。

防止水龙头电镀部分生锈的一种简单方法就是每个月用车蜡擦拭水龙头的电镀部分，这样可以保护水龙头电镀层。

▶ 984. 恒温水龙头忽冷忽热是什么原因造成的？

答： 恒温水龙头忽冷忽热的原因见表 11-20。

表 11-20　　恒温水龙头忽冷忽热的原因

原　因	说　明	解决方法
功率不足	采用的热水器功率不足，所需的热量无法满足需要	更换大一点功率的热水器
垃圾堵塞过滤网	垃圾堵塞过滤网被垃圾堵塞，会致使水压降低，从而造成忽冷忽热	清除角阀处的过滤网
热水用水量太少	热水用水量太少的现象主要发生在使用燃气式热水器的用户中以及夏季。主要原因是夏季热水相对用量较少，热水器容易满足用水量需求，满足用水量需求后即停止点火。等热水量不足时，又再次点火。这样反复点火、熄火、点火，致使热水供应有、无、有，导致出水忽冷忽热	将热水器的火势及温度相对调低

▶ 985. 淋浴、盆池用水龙头花洒出水时，为什么水龙头也出水？

答： 由于淋浴、盆池用水龙头的切换都是通过水压来控制的，如果进水水压过低，没有达到所要求的水压，水龙头的切换阀门虽然被顶起，但并没有完全被顶住密封，水龙头的出水管路仍然通水。因此，淋浴、盆池用龙头花洒出水时，水龙头同时出水。

该故障可通过增加水压来解决。

▶ 986. 为什么把手放在水龙头“冷水”位置也会有热水出来？

答： 这种现象主要发生在使用燃气式热水器的用户中，主要原因是水压偏高，“热水”管出来的水虽然减少，但压力仍足以顶开热水器压力阀门，从而使热水器点火、工作，则会出现把手放在水龙头“冷水”位置也会有热水出来的现象。

▶ 987. 水龙头接头处漏水时该怎么办？

答： 如果是水龙头接头处的漏水，一般是止水胶带损坏所致，则更换止水胶带即可：

（1）首先将水龙头拴紧，用扳钳将水龙头以逆时针方式回转取下。

（2）将螺纹孔向外，在螺纹部分用风印胶带顺时针卷上 5~6 回。

（3）看水龙头是否调整好，用水拴扳钳以顺时针方向拴入。

（4）安装完成后，进行试水，看是否还漏水。若不漏水，则说明水龙头已修好。

▶ 988. 水龙头出水口漏水时该怎么办？

答： 水龙头出水口漏水主要是由于水龙头内的轴心垫片磨损所致，更换新的轴心垫片即可：首先使用钳子将压盖栓转松取下，再然后用夹子将轴心垫片取出，再换上新的轴心垫片，装好即可。

▶ 989. 水龙头龙头栓下部缝隙漏水时该怎么办？

答： 水龙头龙头栓下部缝隙漏水主要是压盖内的三角密封垫磨损所引起，则更换新的三角密封即可：首先将螺钉转松取下栓头，将压盖弄松取下，然后将压盖内侧三角密封店取出，再换上新的三角密封垫，装好即可。

▶ 990. 水龙头水量变小时该怎么办？

答： 水龙头水量变小可能是发生漏水状况。如果是单枪龙头的止水磁盘卡住砂石，则拆解龙头清理即可。如果是胶垫损坏，则必须更换。

注： 冷热两边的胶垫最好能同时定期更换。

▶ 991. 单柄双控抽取水龙头出现故障如何维修？

答： 单柄双控抽取水龙头故障的维修图解如图 11-2 所示。

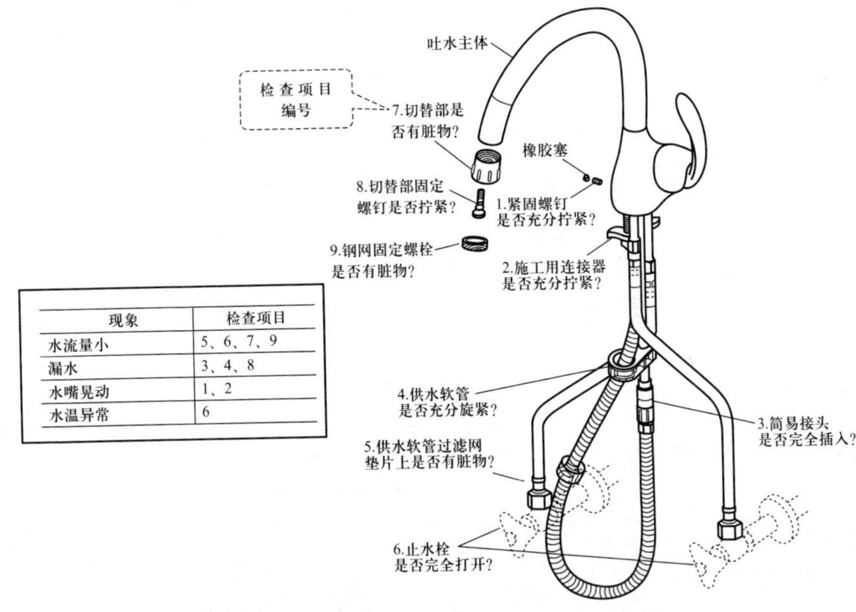

现象	检查项目
水流量小	5、6、7、9
漏水	3、4、8
水嘴晃动	1、2
水温异常	6

图 11-2　单柄双控抽取水龙头故障的维修图解

▶ 992. 怎样保养水龙头？

答： 水龙头的保养方法如下：

（1）每个月用车蜡擦拭水龙头电镀部分，可以保护水龙头电镀层。

（2）配有软管的水龙头需要注意使软管常保持自然舒展状态，以免折断。

（3）可以经常以软布（不带有杂质）蘸用清洁剂轻轻擦拭水龙头表面。

（4）不能够用金属丝团或带有较硬微粒的洁布等擦拭水龙头表面。

（5）硬物不可与水龙头相击，以免碰伤水龙头表面。

（6）开关水龙头时，用力不要过大，一般轻轻拧动或拨动即可。

（7）出水口配置筛网罩的水龙头，使用一段时间后应拆卸冲洗，以清除杂质。

（8）螺旋稳升式橡胶水龙头发生关闭不彻底，可能是较硬杂物卡入密封面，这时可以卸下手柄，拧下阀盖，清除阀芯杂质，然后按原样装好即可。

（9）陶瓷片阀芯密封水嘴关闭不彻底，可能是硬质杂物擦伤密封面或对阀芯所加的预紧力不够。若阀芯所加的预紧力不够，把手柄（手轮）卸下后将阀芯再稍稍拧紧即可。

▶ 993. 大便器感知式冲洗阀出现故障时怎样维修？

答：维修大便器感知式冲洗阀的方法见表11-21。

表11-21 维修大便器感知式冲洗阀的方法

故障现象	可能原因	处理方法
不冲水	总进水管路阀门或进水阀门关闭	打开总阀或进水阀门
	电源插座未连接	连接线路
	红外线感应器表面有污垢	清洁感应器表面
	红外线感应器表面损坏	更换红外线感应器
	红外线感应器前有障碍物	去除障碍物
	电池方向装错	按“+”“−”极安装
	电池没电	更换电池
	红外线感应器或电磁阀不动作	更换红外线感应器或电磁阀
	电磁阀内清洁孔被堵塞	清洁膜片内的小孔和过滤网
冲水量太小	进水脚阀或柱塞阀没有调节到合适位置	调节进水脚阀和柱塞阀的冲水量
冲水量太大		
流量太小	进水压力太低（小于0.05MPa）	需要增压
	进水脚阀没有充分打开	适当调节进水脚阀
流量太大	进水脚阀没有适当调节	适当调节进水脚阀
感应窗红灯闪烁	电池电量不足	更换电池
不止水	柱塞阀的清洁孔堵塞	清洁柱塞阀的清洁孔
	柱塞阀的密封区域有污垢	清洁柱塞阀密封区域
	电磁阀膜片的密封区域有污垢	清洁膜片密封区域和过滤网

▶ 994. 冲洗阀出现故障时怎样维修？

答：冲洗阀故障的维修图解如图11-3所示。

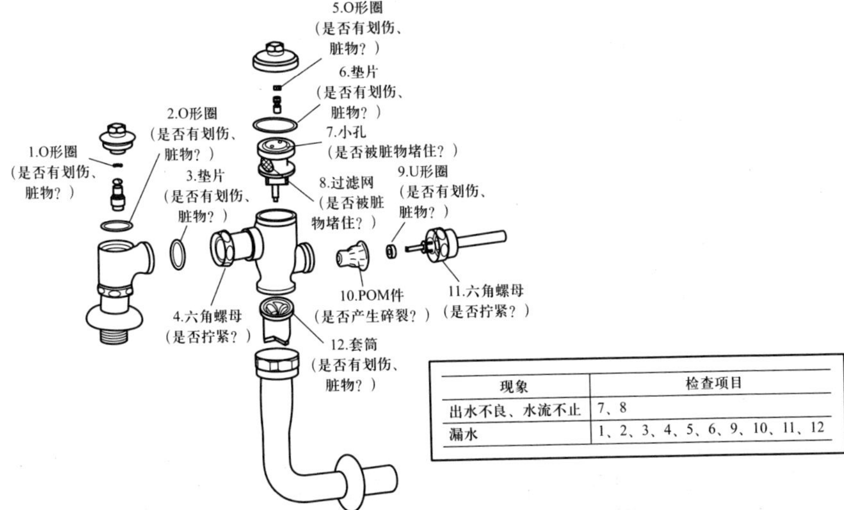

现象	检查项目
出水不良、水流不止	7、8
漏水	1、2、3、4、5、6、9、10、11、12

图 11-3 冲洗阀故障的维修图解

▶ 995. 自动关闭水栓出现故障时怎样维修？

答：自动关闭水栓故障的维修图解如图 11-4 所示。

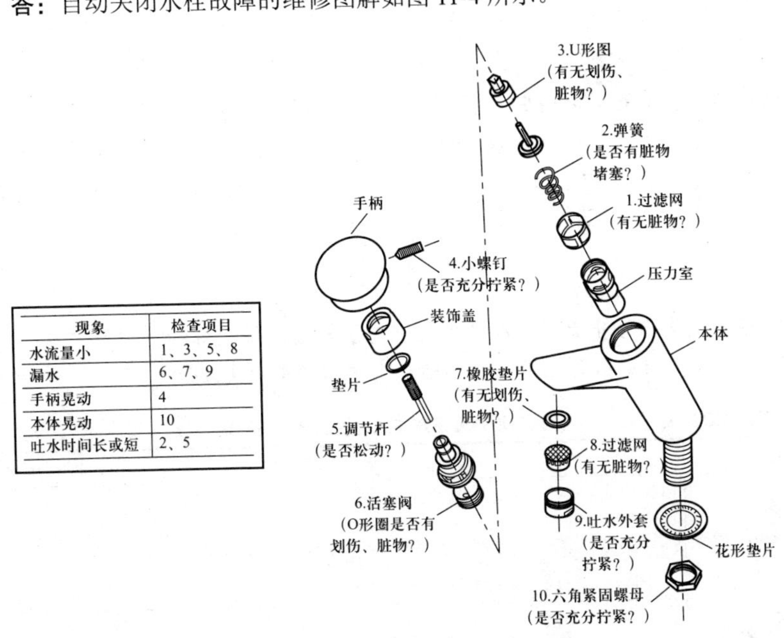

现象	检查项目
水流量小	1、3、5、8
漏水	6、7、9
手柄晃动	4
本体晃动	10
吐水时间长或短	2、5

图 11-4 自动关闭水栓故障的维修图解

▶ 996. 怎样为水管防冻？

答：水管防冻的方法如下：

（1）把外露的水管用保温管包起来。

（2）把水龙头关小，让水一直流。

▶ 997. 水管渗漏的简单测试方法有哪些？

答：水管渗漏的简单测试方法见表 11-22。

表 11-22　水管渗漏的简单测试方法

名　称	说　明
干毛巾擦拭法	首先采用干毛巾擦拭管路表面的冷凝水，如果水管很快又出现冷凝水，则说明水路可能存在渗漏现象
轻微破坏性试验法	手轻微拉、晃管体等轻微适度的破坏性试验，来检测水管是否渗漏
观察法	观察管件、阀门、水管等处是否出现渗漏现象
水表运转情况	所有的用水设备阀门关闭，看水表运转来判断是否出现渗漏现象

▶ 998. 怎样使用地暖分水器？

答：地暖分水器的使用方法与技巧如下：

（1）对地暖分水器上的任何一路转芯阀门关闭一半，则可以控制供暖房间的温度。

（2）通过调节地暖分水器上的手动排气阀可以将管路内的气体排出，从而保证整个管路中的采暖热水正常循环流动。

（3）通过调节地暖分水器上的排污阀，可以保证管路的清洁畅通。

（4）分水器处裸露的管子应尽量避免接触酒精、汽油、油漆、沥青等有机溶剂。

11.3　其他

▶ 999. 火灾自动报警系统布线的检测方法与要求是怎样的？

答：火灾自动报警系统布线的检测方法与要求见表 11-23。

表 11-23　火灾自动报警系统布线的检测方法与要求

名　称	要　求	检测方法
布线要求	（1）穿管绝缘导线或电缆的总截面积不应超过管内截面积的40%。 （2）不同系统、不同电压等级、不同电流类别的线路，不能够穿于同一根管内或线槽的同一槽孔内	目测
传输线路导线截面积	（1）多芯电缆截面积不小于 0.50mm^2，一般采用多芯线。 （2）管敷绝缘导线截面积不小于 1.00mm^2。 （3）槽敷绝缘导线截面积不小于 0.75mm^2	用千分尺测量单根导线直径

续表

名　称	要　求	检测方法
导线接头	导线接头应在接线盒内焊接或用端子连接	目测
管路材料	穿金属管、经阻燃处理的硬质塑料管、封闭式线槽	目测
管路加固	（1）在穿线之前，将管口去毛刺。 （2）进入吊顶内敷设，盒的内外侧均应套锁母。 （3）在吊顶内敷设各类管路和线槽，一般采用单独的卡具吊装或支撑物固定	目测，用手感触
管路接线盒	以下情况需要安装接线盒： （1）当管子长度每超过 45m 无弯曲时。 （2）当管子长度每超过 30m 有一个弯曲时。 （3）当管子长度每超过 20m 有两个弯曲时。 （4）当管子长度每超过 12m 有三个弯曲时	用卷尺测量管子长度，核定接线盒位置
管路连接处理	（1）导线穿管要符合设计要求。 （2）敷设潮湿场所管路的管口和管路连接处，要做密封处理	目测
接地电阻	（1）工作接地电阻，单独接地时电阻值应小于 4Ω。 （2）联合接地时，接地电阻值应小于 1Ω	接地电阻测试仪检测
绝缘电阻	系统每个回路对地绝缘电阻和导线间绝缘电阻应不小于 20MΩ	绝缘电阻表检测
线路电压等级	（1）采用铜芯绝缘导线、铜芯电缆。 （2）当额定工作电压不超过 50V 时，选用导线电压等级不应低于交流 250V。 （3）当额定工作电压超过 50V 时，导线的电压等级不应低于 500V	目测

▶ 1000. 典型火灾探测器、手动火灾报警按钮检测方法与要求是怎样的？

答：典型火灾探测器检测方法与要求见表 11-24。

表 11-24　　典型火灾探测器检测方法与要求

名　称	要　求	检测方法
安装间距	在宽度小于 3m 的内走道顶棚上设置探测器时，宜居中布置、感烟探测器的安装间距不应超过 15m，感温探测器的安装间距不应超过 10m，探测器距端墙距离不应大于探测器安装距离的 1/2	用卷尺、线坠、支撑杆等检验
安装倾斜角	探测器宜水平安装，当必须倾斜安装时，倾斜角不应大于 45°	用万能角度尺、线坠、支撑杆等检验
报警功能	（1）当被监视区域发生火情时，其响应阈值达到预定值。 （2）当探测器连线短路或与底座脱离时，应输出故障信号	用便携式火灾探测器试验器作探测器，手动造成探测器连线短路、断路
牢固程度	探测器底座安装要牢固	用手感触，用橡皮锤敲打
确认灯的安装位置	应面向便于人员观察的主要入口方向	目测

续表

名　　称	要　　求	检测方法
确认灯的功能	探测器报警后，应启动探测器确认灯	目测
设置位置	（1）探测器周围 0.5m 内不应有遮挡物。 （2）探测器至多孔送风顶棚孔口的水平距离不小于 0.5m。 （3）探测器至墙壁、梁边的水平距离不小于 0.5m。 （4）探测器至空调送风口边的水平距离不小于 1.5m	用卷尺测量
外观	（1）型号规格符合设计要求。 （2）表面涂覆层没有腐蚀、没有剥落、没有起泡、没有明显划痕、没有毛刺。 （3）文字符号清晰	目测

手动火灾报警按钮检测方法与要求见表 11-25。

表 11-25　　手动火灾报警按钮检测方法与要求

名称	要　　求	检测方法
安装高度	手动火灾报警按钮需要安装在距地面高度 1.3~1.5m 处	用钢卷尺检验
报警功能	操作报警按钮启动部位，应输出火灾报警信号，直到启动部位复原，报警按钮方可恢复原状态	手动操作报警按钮，使其处于报警状态，观察报警情况
距防火分区最远点距离	从一个防火分区的任何位置到最邻近的一个手动报警按钮的步行距离不大于 30m，手动按钮宜设置在公共场所的出入口处	用卷尺测量
牢固程度	安装牢固、不倾斜	目测，用手感触
确认功能	启动按钮，按钮处应有可见光指示	启动按钮，观察是否有可见光指示
外观	（1）型号规格符合设计要求。 （2）组件完整，标志明显	目测

参考文献

［1］阳鸿钧，等．家装电工现场通［M］．北京：中国电力出版社，2014.
［2］阳鸿钧，等．电动工具使用与维修 960 问［M］．北京：机械工业出版社，2013.
［3］阳鸿钧，等．装修水电工看图学招全能通［M］．北京：机械工业出版社，2014.
［4］阳鸿钧，等．轻松搞定家装管工施工［M］．北京：中国电力出版社，2016.